ESV
ERICH
SCHMIDT
VERLAG

AF568002

Erfolgreiche Prüfungsprozesse in der Internen Revision

Konzepte – Kommunikation – Konfliktmanagement

Von
Silvia Puhani

2. neu bearbeitete Auflage

ERICH SCHMIDT VERLAG

Bibliografische Information der Deutschen Nationalbibliothek
Die Deutsche Nationalbibliothek verzeichnet diese Publikation in der Deutschen Nationalbibliografie; detaillierte bibliografische Daten sind im Internet über http://dnb.d-nb.de abrufbar.

Weitere Informationen zu diesem Titel finden Sie im Internet unter
ESV.info/978-3-503-20962-0

Gedrucktes Werk: ISBN 978-3-503-20962-0
eBook: ISBN 978-3-503-20963-7

www.ESV.info

Satz: Lektorats- und Schreibservice Himmel, Geisenheim
Druck und Bindung: Difo-Druck, Untersiemau

Inhaltsverzeichnis

Vorwort zur 2. Auflage 9

Vorwort 11

1 Einleitung 13

2 Vor Prüfungsbeginn 15

2.1 Klärung des Prüfungsauftrags 15
2.1.1 Ziele der Auftragsklärung 15
2.1.2 Mögliche Schwierigkeiten bei der Auftragsklärung 16
2.1.3 Wie kann die Erfolgswahrscheinlichkeit erhöht werden? 17
2.1.4 Reaktionsmöglichkeiten für auftretende Phänomene 24
2.2 Klärung der eigenen Rolle 27
2.2.1 Ziele der Rollenklärung 27
2.2.2 Mögliche Schwierigkeiten bei der Rollenklärung 28
2.2.3 Wie kann die Erfolgswahrscheinlichkeit erhöht werden? 29
2.2.4 Reaktionsmöglichkeiten für auftretende Phänomene 30
2.3 Prüfungsvorbereitung im engeren Sinne 33
2.3.1 Ziele der Prüfungsvorbereitung im engeren Sinne 33
2.3.2 Mögliche Schwierigkeiten bei der Prüfungsvorbereitung im engeren Sinne 35
2.3.3 Wie kann die Erfolgswahrscheinlichkeit erhöht werden? 36
2.3.4 Reaktionsmöglichkeiten für auftretende Phänomene 38
2.4 Prüfungskonzept 44
2.4.1 Ziele des Prüfungskonzeptes 44
2.4.2 Mögliche Schwierigkeiten bei der Erstellung des Prüfungskonzeptes 44
2.4.3 Wie kann die Erfolgswahrscheinlichkeit erhöht werden? 45
2.4.4 Reaktionsmöglichkeiten für auftretende Phänomene 47
2.5 Die Prüfungsankündigung 54
2.5.1 Ziel der Prüfungsankündigung 54
2.5.2 Mögliche Schwierigkeiten bei der Prüfungsankündigung 57
2.5.3 Wie kann die Erfolgswahrscheinlichkeit erhöht werden? 59
2.5.4 Reaktionsmöglichkeiten für auftretende Phänomene 63

3 Vor-Ort-Phase ... 71
3.1 Eingangsgespräch auf Managementebene ... 71
3.1.1 Ziele des Eingangsgesprächs auf Managementebene ... 71
3.1.2 Mögliche Schwierigkeiten beim Eingangsgespräch ... 72
3.1.3 Wie kann die Erfolgswahrscheinlichkeit erhöht werden? ... 73
3.1.4 Reaktionsmöglichkeiten für auftretende Phänomene ... 77
3.2 Start der Prüfung im Fachbereich auf Arbeitsebene ... 97
3.2.1 Ziele des Starts der Prüfung im Fachbereich auf Arbeitsebene ... 97
3.2.2 Mögliche Schwierigkeiten beim Start der Prüfung im Fachbereich 97
3.2.3 Wie kann die Erfolgswahrscheinlichkeit erhöht werden? ... 98
3.2.4 Reaktionsmöglichkeiten für auftretende Phänomene ... 104
3.3 Prüfungsdurchführung ... 113
3.3.1 Ziele der Prüfungsdurchführung ... 113
3.3.2 Mögliche Schwierigkeiten bei der Prüfungsdurchführung ... 114
3.3.3 Wie kann die Erfolgswahrscheinlichkeit erhöht werden? ... 115
3.3.4 Reaktionsmöglichkeiten für auftretende Phänomene ... 131
3.4 Dokumentation ... 153
3.4.1 Ziele der Dokumentation ... 153
3.4.2 Mögliche Schwierigkeiten bei der Dokumentation ... 154
3.4.3 Wie kann die Erfolgswahrscheinlichkeit erhöht werden? ... 155
3.4.4 Reaktionsmöglichkeiten für auftretende Phänomene ... 156
3.5 Information über Zwischenstände ... 159
3.5.1 Ziele der Information über Zwischenstände ... 159
3.5.2 Mögliche Schwierigkeiten bei der Information über Zwischenstände ... 159
3.5.3 Wie kann die Erfolgswahrscheinlichkeit erhöht werden? ... 160
3.5.4 Reaktionsmöglichkeiten für auftretende Phänomene ... 162

4 Abstimmung ... 169
4.1 Fixierung der Sachverhalte ... 169
4.1.1 Ziele der Fixierung der Sachverhalte ... 169
4.1.2 Mögliche Schwierigkeiten bei der Fixierung der Sachverhalte ... 169
4.1.3 Wie kann die Erfolgswahrscheinlichkeit erhöht werden? ... 170
4.1.4 Reaktionsmöglichkeiten für auftretende Phänomene ... 173
4.2 Vereinbarung von Maßnahmen ... 180
4.2.1 Ziele der Vereinbarung von Maßnahmen ... 180
4.2.2 Mögliche Schwierigkeiten bei der Vereinbarung von Maßnahmen 181
4.2.3 Wie kann die Erfolgswahrscheinlichkeit erhöht werden? ... 182
4.2.4 Reaktionsmöglichkeiten für auftretende Phänomene ... 191
4.3 Revisionsinterne Abstimmung ... 207
4.3.1 Ziele der revisionsinternen Abstimmung ... 207
4.3.2 Mögliche Schwierigkeiten bei der revisionsinternen Abstimmung 207
4.3.3 Wie kann die Erfolgswahrscheinlichkeit erhöht werden? ... 209

4.3.4 Reaktionsmöglichkeiten für auftretende Phänomene 210
4.4 Ergebnisbesprechung mit den Führungskräften eines Fachbereichs 217
4.4.1 Ziele der Ergebnisbesprechung 217
4.4.2 Mögliche Schwierigkeiten bei der Ergebnisbesprechung 217
4.4.3 Wie kann die Erfolgswahrscheinlichkeit erhöht werden? 218
4.4.4 Reaktionsmöglichkeiten für auftretende Phänomene 220
4.5 Abschlussbesprechung mit mehreren Fachbereichen 232
4.5.1 Ziele der Abschlussbesprechung mit mehreren Fachbereichen 232
4.5.2 Mögliche Schwierigkeiten bei der Abschlussbesprechung 232
4.5.3 Wie kann die Erfolgswahrscheinlichkeit erhöht werden? 233
4.5.4 Reaktionsmöglichkeiten für auftretende Phänomene 238

5 Berichterstattung 251
5.1 Berichterstellung 251
5.1.1 Ziele der Berichterstellung 251
5.1.2 Mögliche Schwierigkeiten bei der Berichterstellung 252
5.1.3 Wie kann die Erfolgswahrscheinlichkeit erhöht werden? 252
5.1.4 Reaktionsmöglichkeiten für auftretende Phänomene 255
5.2 Berichtsabstimmung intern 263
5.2.1 Ziele der internen Berichtsabstimmung 263
5.2.2 Mögliche Schwierigkeiten bei der internen Berichtsabstimmung 263
5.2.3 Wie kann die Erfolgswahrscheinlichkeit erhöht werden? 264
5.2.4 Reaktionsmöglichkeiten für auftretende Phänomene 266
5.3 Berichtsabstimmung extern 275
5.3.1 Ziele der externen Berichtsabstimmung 275
5.3.2 Mögliche Schwierigkeiten bei der Berichtsabstimmung 275
5.3.3 Wie kann die Erfolgswahrscheinlichkeit erhöht werden? 276
5.3.4 Reaktionsmöglichkeiten für auftretende Phänomene 278
5.4 Berichtsversand 289
5.4.1 Ziele des Berichtsversands 289
5.4.2 Mögliche Schwierigkeiten beim Berichtsversand 289
5.4.3 Wie kann die Erfolgswahrscheinlichkeit erhöht werden? 289
5.4.4 Reaktionsmöglichkeiten für auftretende Phänomene 290

6 Follow-up 293
6.1 Maßnahmenverfolgung 293
6.1.1 Ziele der Maßnahmenverfolgung 293
6.1.2 Mögliche Schwierigkeiten bei der Maßnahmenverfolgung 294
6.1.3 Wie kann die Erfolgswahrscheinlichkeit erhöht werden? 296
6.1.4 Reaktionsmöglichkeiten für auftretende Phänomene 300
6.2 Verlängerung von Maßnahmen 319
6.2.1 Ziele der Maßnahmenverlängerung 319
6.2.2 Mögliche Schwierigkeiten bei der Maßnahmenverlängerung 319

6.2.3 Wie kann die Erfolgswahrscheinlichkeit erhöht werden? 320
6.2.4 Reaktionsmöglichkeiten für auftretende Phänomene 322
6.3 Eskalationsprozess durch die Interne Revision 325
6.3.1 Ziele des Eskalationsprozesses durch die Interne Revision 325
6.3.2 Mögliche Schwierigkeiten beim Eskalationsprozess durch die Revision 325
6.3.3 Wie kann die Erfolgswahrscheinlichkeit erhöht werden? 326
6.3.4 Reaktionsmöglichkeiten für auftretende Phänomene 327

7 Fazit 329

Danksagung 331

Anekdote von den Creeping Devils – Überleben und arbeiten in schwierigsten Kontexten (von Dr. Gunther Schmidt) 333

Literaturverzeichnis 337

Stichwortverzeichnis 339

Vorwort zur 2. Auflage

Im Nachhinein betrachtet, machte ich ganz zu Beginn meiner Tätigkeit in der Internen Revision wohl so ziemlich alles falsch, was man falsch machen konnte. Mit zunehmender Fachkompetenz wurde mir immer mehr klar, dass diese allein nicht genügte, um meine Revisionsarbeit erfolgreich zu gestalten. Daher suchte ich nach Unterstützung – zunächst in meinem damaligen Umfeld. Auf meine Frage, wie ich als Revisorin wirksamer werden könne, hörte ich oft die Antwort: „Wenn Du nicht willst, dass Dein Erfolg von anderen abhängt, dann wechsle den Job. Verlass die Interne Revision und such Dir etwas anderes." Das konnte und wollte ich so nicht akzeptieren, sah ich doch, dass einige Revisionskollegen weniger Schwierigkeiten hatten als andere. Manchen ging alles leicht von der Hand, es schien förmlich zu fließen. Vorschnell unterstellte ich, dass diese einfach mehr Glück hatten im Hinblick darauf, bei welchen Revisionspartnern sie prüften. Doch natürlich ließ sich diese These nicht aufrechterhalten. Es war offensichtlich, dass manche meiner Kolleginnen und Kollegen einfach ein geschickteres Händchen hatten als andere – und insbesondere auch als ich. Doch wie gelang ihnen das? Wie konnten sie die Wahrscheinlichkeit für ein gutes Gelingen scheinbar mühelos steigern? Damit meine ich keine rosaroten weichgespülten „Alles-ist-gut"- Prüfungsergebnisse, sondern solche, bei denen Schwachstellen identifiziert und diese anschließend behoben wurden, sodass die Revisionsprüfung im Unternehmen eine bleibende Wirkung erzielte. Ich wünschte mir Antworten auf diese Fragen, begann meine Suche und probierte viel aus. Hieraus entstand nach einigen Jahren dieses Buch. Es sollte insbesondere Neueinsteigern in die Interne Revision all das bieten, was ich damals so schmerzlich vermisst hatte, als ich noch nicht wusste, welche Vielfalt an Handlungsmöglichkeiten uns auch unter den schwierigsten Kontextbedingungen zur Verfügung stehen.

Seit der Veröffentlichung dieses Buches habe ich von vielen Revisorinnen und Revisoren reichlich positive Rückmeldungen erhalten. Als besondere Auszeichnung betrachte ich dabei, dass sich unter denjenigen, die mir zurückmelden, sie könnten diesem Buch viel abgewinnen, häufig auch erfahrene Revisorinnen und Revisoren befinden. Oft durfte ich lesen, man habe von der Lektüre meines Buches trotz langjähriger eigener Revisionserfahrung noch profitiert. Dies bestärkte mich darin, nach weiteren möglichen Antworten zu suchen auf die Frage, wie Prüfungsprozesse erfolgreich zu gestalten sind. Und ich kann Ihnen versichern: Auch nach mehr als 20 Jahren in der Internen Revision lerne ich weiterhin dazu. Leider würden viele meiner Lernerfahrungen den Rahmen dieses Buches sprengen. Das liegt ganz einfach daran, dass die Varianten menschlichen Verhaltens in unterschiedlichen Kontextbedingungen unerschöpflich sind. Doch am wichtigsten bleibt ohnehin, das *eigene* Verhalten fortlaufend zu reflektieren und stets daraus zu lernen. Nur so entwickeln Sie sich zu einer souveränen Prüferpersönlichkeit. Aufgrund der Fülle des Materials habe ich in diese 2. Auflage keine weiteren Praxisbeispiele aufgenommen. Diese finden Sie stattdessen in meinem Podcast „Interne Revision – souverän, kollegial und wirksam". Er erscheint auf meiner Webpage www.puhani.com, auf allen gängigen Podcast-Plattformen und in der Mediathek des Erich Schmidt Verlags.

Die zweite Auflage enthält folgende Anpassungen:

Ich habe die Bezeichnung „Geprüfter" durch den respektvolleren Ausdruck „Revisionspartner" ersetzt. Denn ich bin davon überzeugt, dass wir trotz aller Herausforderungen, vor die uns einige „spezielle" Zeitgenossen stellen, grundsätzlich immer daran arbeiten sollten, unsere Arbeitsbeziehung mit ihnen mindestens auf dem gleichen Niveau zu halten, wenn nicht sogar zu verbessern. Diese sprachliche Veränderung soll Sie auf unbewusster Ebene dabei unterstützen, dies in Ihrer Prüfungspraxis umzusetzen. Denn unser Unbewusstes ist schneller, präziser und viel mächtiger als unser bewusstes Denken.

Selbstverständlich wurden orthografische und grammatikalische Fehler ausgemerzt.

Inhaltlich habe ich in Kapitel 2.1.3 Ergänzungen vorgenommen, nachdem in mir die Erkenntnis gereift war, dass wir Revisoren es mit unterschiedlichen Kategorien von Prüfungsgegenständen zu tun haben, die unterschiedliche Prüfungsprozesse erfordern. Wie mir besonders durch die Coronapandemie klar geworden ist, sollten insbesondere komplexe Themen, deren Kontext von Ungewissheit geprägt ist, als eigene neue Prüfungskategorie behandelt werden. Diese wird allerdings erst in einem weiteren Buch, das als Ergänzung zu diesem gedacht ist und sich noch in der Entstehung befindet, eingehender behandelt. In dieser zweiten Auflage meines ersten Buches beschränke ich mich einstweilen auf meine zwischenzeitlichen Erkenntnisse und konzeptionellen Weiterentwicklungen auf dem Gebiet aller herkömmlichen Prüfungsgegenstände und ihren entsprechenden Prüfungsprozessen. Denn auch in Zukunft wird es nicht nur komplexe Themen geben, die neue Prüfungsansätze erfordern, sondern daneben auch weiterhin all diejenigen, welche mit den herkömmlichen Methoden zu bewältigen sind.

Ich wünsche Ihnen erfolgreiche Prüfungsprozesse!

Braunschweig, im Januar 2022, Silvia Puhani

Vorwort

Als Prüfer und Revisor gerät man leicht in schwierige Situationen: berechtigte Prüfungsergebnisse werden zerredet, man wird unfair attackiert, man fühlt sich politischen Spielchen ausgeliefert und sitzt zwischen allen Stühlen. Das kann leicht zu Frustration und der Sinn-Frage führen, was man hier eigentlich macht. Die Regeln der üblichen Sozialisation und des fairen und kollegialen Umgangs miteinander scheinen nicht zu gelten. Echte Kooperation und Zusammenarbeit mit den geprüften Bereichen scheint nicht möglich. Auf beiden Seiten werden gerne kriegerische Metaphern und markige Sprüche verwendet. Und das, obwohl man doch in ein und demselben Unternehmen arbeitet.

Als ich Dr. Gunther Schmidt zum ersten Mal vor dem Hintergrund seiner früheren herausfordernden beruflichen Situation von den Creeping Devils – einer bestimmten Kakteenart – erzählen hörte, fühlte ich mich spontan an meine Revisionstätigkeit erinnert. Die Creeping Devils, welche auch in der ödesten und trostlosesten Wüste nicht nur ihr Überleben sichern, sondern auch unter diesen schwierigen Kontextbedingungen schöne Blüten treiben können, haben mich fasziniert. Dr. Gunther Schmidt hat sie in seinem Berufsleben genutzt, um aus diesem von ihm empfundenen tristen „Wüsten-Kontext" einen spannenden, herausfordernden Kreativ-Kontext zu imaginieren, in welchem er auch in schwierigsten Situationen flexibel und handlungsfähig durch den Wüstensand surfen konnte. So sah er sich nicht mehr als Opfer der Situation, sondern hat aktiv die Position eines Handelnden eingenommen und versucht, das Beste aus dieser Situation zu machen. Als ich das hörte, hat es mich inspiriert, die Haltung eines Forschers einzunehmen und ebenfalls auszutesten und zu erproben, welche Einflussmöglichkeiten für mich als Revisorin unter den von mir vorgefundenen schwierigen Kontextbedingungen bestehen.

Dieses Wissen und diese Erfahrungen möchte ich an Sie weitergeben, in der Hoffnung, dass Sie hiervon profitieren und es Sie unterstützen wird, eine Prüfung von Anfang bis Ende effektiver und effizienter durchzuführen. Im Nachhinein hat es mich sehr erstaunt, wie groß unser Möglichkeitenraum ist und wie viele Einflussmöglichkeiten trotz aller Widrigkeiten dennoch bestehen, um nachhaltige Veränderungen zu erreichen und die gemeinsame Kooperation zu verbessern. Auch habe ich festgestellt, dass wir Revisoren alle vor mehr oder weniger den gleichen Herausforderungen stehen. Denn vieles ist systemimmanent. Entstehende Schwierigkeiten sind nicht automatisch auf Ihre Fachkenntnisse oder Ihre Person zurückzuführen. Der „Tone at the Top" des Vorstands, die Rückendeckung der Revision durch die Geschäftsführung, das unternehmensinterne Ansehen der Revision und das revisionsinterne Umfeld sind Rahmenbedingungen, die beachtet und in Betracht gezogen werden müssen. Dies darf jedoch nicht als Entschuldigung dafür dienen, die Sache von vornherein zum Scheitern zu verurteilen und die Hände in den Schoß zu legen. Vielmehr sind wir verpflichtet, auch unter den schlechtesten Kontextbedingungen das Bestmögliche herauszuholen, unser eigenes Verhalten zu reflektieren und daraus zu lernen.

In einer Wüstenlandschaft ist Überleben – geschweige denn Erfolg – nicht ohne Weiteres garantiert oder leicht zu erreichen. Für diese anspruchsvolle Aufgabe bedarf es bestimmter Voraussetzungen wie z. B. Vorbereitung und Know-how. Der Erfolg ist in einem Wüsten-Kontext unwahrscheinlich – wenn auch nicht aussichtslos. Daher wäre es kontraproduktiv, sich zu sehr unter Druck zu setzen. Das Gelingen einer Prüfung hängt von vielen Faktoren und von vielen Beteiligten ab. Ich habe akzeptiert, dass ich von meiner Seite aus den Erfolg einer Prüfung nicht garantieren kann. Dennoch kann ich sehr viel dafür tun, die Erfolgswahrscheinlichkeit einer Prüfung zu steigern.

Ich wünsche Ihnen viel Spaß beim Lesen wie auch beim kreativen Abwandeln und Ausprobieren und habe die Hoffnung, dass Ihnen diese Lektüre das bleibende Gefühl vermittelt, jegliche auftretende Situation schon einmal erlebt und erfolgreich überstanden zu haben. Mit neu gewonnener Souveränität werden Sie negative Entwicklungen früher erkennen und Schritt für Schritt unterbinden können.

Viel Erfolg!

Kiel, im Juni 2014, Silvia Puhani

1 Einleitung

Wie schwer kann eine Arbeit sein, in der man selbst nicht operativ tätig ist, nichts zu entscheiden hat und eigentlich nur beurteilt, was im Rest des Unternehmens passiert oder nicht passiert? Dachten Sie zu Beginn auch, der gesunde Menschenverstand würde genügen, um ein guter Revisor zu sein? Ganz nach Lehrer Bömmel aus der Feuerzangenbowle: *„Da stelle mer uns mal janz dumm ...“*. Ja, ich gebe zu, auch ich dachte, es sei einfach, ein guter Revisor zu sein und wollte nicht glauben, dass eine ca. dreijährige Prüfertätigkeit notwendig ist, bevor eine erste Prüfungsleitung wirklich Aussicht auf Erfolg haben kann. Denn bei den Prüfungsleitern, die es perfekt beherrschen, sieht es so leicht aus. Doch ich wurde eines Besseren belehrt: Es handelt sich um eine anspruchsvolle Tätigkeit. Ich habe erfahren, dass es zwar einfach, aber auch gleichzeitig sehr schwer sein kann, ein guter Revisor und Prüfungsleiter zu sein. Das ist wie mit dem Schwimmen: Beim Zusehen denkt man, dass man das auch kann; ist man aber erst einmal im Wasser, ist man fest davon überzeugt, untergehen zu müssen, und wundert sich, wie sich die anderen Schwimmer über Wasser halten können. Dieses Buch dient als Rettungsring für den Sprung ins kalte Wasser der Revisionspraxis und unterstützt in jeder Prüfungsphase das freie Schwimmen – allerdings nur in ruhigen Gewässern. In wilden Gewässern, mit Haien, Strudeln und Strömungen stößt dieses Buch an Grenzen. Ruhige Gewässer und andere Hilfsmittel wären geeigneter. Bei striktem Badeverbot grenzt es sogar an Selbstmord, genau dort Schwimmen lernen zu wollen.

Der Aufbau des Buchs orientiert sich am Ablauf einer gewöhnlichen Prüfung (nicht Fraud). Je nach Organisation können dabei Varianten auftreten. Für manche beinhaltet die Prüfungsvorbereitung die Prüfungsankündigung, für andere nicht. Manchmal fallen Ergebnis- und Abschlussbesprechung zusammen, ein andermal nicht. Für die leichtere Darstellung habe ich einzelne Schritte gedanklich zusammengefasst, umsortiert oder in mehrere Kapitel unterteilt; nicht um Ihnen Vorgaben zu machen, wie oft oder in welcher Reihenfolge Sie sich mit verschiedenen Vertretern der Fachbereiche oder der Revision über welche Themen oder Probleme unterhalten sollen. Vielmehr geht es mir darum, Ihnen die Wichtigkeit bestimmter Vorgehensweisen darzustellen und Ihnen viele in der Praxis erprobte Beispiele zu typischen oder auch unerwarteten Reaktionen und Verhaltensmustern aufzuzeigen. Lassen Sie es auf sich wirken. Lernen Sie die Beispielsätze bitte nicht auswendig. Passen Sie sie stattdessen an Ihre Person und Ihre spezifische Situation an. Sie wandern in der Praxis immer auf einem kontextabhängigen, schmalen Grat zwischen grundsätzlicher Kooperationsbereitschaft und notwendiger Grenzziehung, müssen wichtige Informationen von Finten und taktischen Manövern unterscheiden können. Aus diesem Grund kann

Ihnen dieses Buch auch keine Patentlösungen für jede Situation und in jedem Kontext bieten. Es geht darum, dass Sie sehen, Sie sind mit Ihren Problemen nicht alleine. Es liegt nicht automatisch an Ihnen, wenn im Prüfungsprozess bestimmte Phänomene auftreten. Vieles ist systemimmanent. Das ist zwar manchmal unangenehm, aber nichts Schlimmes. Wir sollten lediglich vielfältige Möglichkeiten kennen, damit umgehen zu können. Überprüfen Sie für sich, welche Anregung für Sie hilfreich sein könnte.

Ich werde Sie im Folgenden als Prüfungsleiter[1] ansprechen, zum einen, da letzterer die einzelnen Phasen des Prüfungsprozesses, nach denen das Buch gegliedert ist, in die Wege leiten muss, zum anderen, da auch Revisionsneulinge manchmal eine Prüfungsleitung übernehmen müssen oder – in kleineren Internen Revisionen – Prüfer, Prüfungsleiter und manchmal sogar Revisionsleiter in Personalunion verkörpern. Sollten Sie zurzeit noch keine Prüfungsleitung übernehmen, erläutert Ihnen das Buch, worum sich Ihr Prüfungsleiter zu kümmern hat, schafft Verständnis für diese schwierige Aufgabe und zeigt Ihnen zieldienliche Verhaltensweisen und wichtige Anhaltspunkte für die Führung von unten auf: Sie erfahren, was Sie von Ihrem Prüfungsleiter für eine gelingende Prüfung einfordern können bzw. müssen.

Ein kleiner Hinweis zu der hier vorgestellten Sammlung an Beispielen: Ich wurde schon selbst geprüft und habe als Interne Revisorin in unterschiedlichen Unternehmen gearbeitet. Viele Beispiele stammen von Teilnehmern meiner Seminare, von Revisionskollegen aus anderen Häusern, die ich über Arbeitskreise, Tagungen oder Kongresse kennenlernen durfte. Sollten Sie der Meinung sein, die Beispiele wären utopisch und so etwas würde nicht vorkommen, dann genießen Sie Ihre aktuelle berufliche Situation! Dies ist eine Sammlung der Phänomene, die einem suggerieren könnten, sich vielleicht doch einen anderen Beruf zu suchen – nicht eine Sammlung von Heile-Welt-Szenarien. Denn für letztere würde die übliche gesellschaftliche Sozialisierung vollkommen ausreichen. Es geht um Verhaltensmöglichkeiten in schwierigen Situationen. Manches mag vor dem Hintergrund Ihrer Unternehmenskultur kurios oder auch undenkbar sein. Meine Erfahrung und die Rückmeldung meiner Seminarteilnehmer bestätigen jedoch, dass auch kaum vorstellbare Szenarien dennoch möglich sind. Es ist besser, alle Eventualitäten zu kennen, um ggf. nicht an ihnen zu verzweifeln. Für die aufgezeigten Reaktionsmöglichkeiten gilt: Sie wirken wie in der Medizin. Ein falsches Medikament kann katastrophale Auswirkungen haben. Beim richtigen Medikament kommt es auf die richtige Dosis an: Zu viel ist tödlich, zu wenig nicht ausreichend, und wenn man gar nichts unternimmt, sollte es nicht verwundern, wenn es nicht besser, sondern schlimmer wird. Aus diesem Grund werbe ich für eine bestimmte Haltung, die wie ein innerer Kompass die Auswahl adäquater Handlungsalternativen erleichtert.

[1] Die Verwendung der männlichen Form gilt in gleicher Weise auch für die weibliche Form.

2 Vor Prüfungsbeginn

2.1 Klärung des Prüfungsauftrags

2.1.1 Ziele der Auftragsklärung

Mit zunehmender Erfahrung als Prüfungsleiterin wuchs in mir die Erkenntnis, dass die Aktivitäten vor dem eigentlichen Prüfungsbeginn mit zu den wichtigsten Elementen des Prüfungsprozesses gehören. Aus der Mediation kenne ich den Spruch: Ein guter Beginn ist der Schlüssel zu einem guten Ende. Dieser bewahrheitet sich in jeder Prüfung. Investitionen in die Planung und Vorbereitung einer Prüfung lohnen sich. Abkürzungen hingegen müssen später teuer bezahlt werden.

Ausgangspunkt Ihrer Aktivitäten sind die bestehenden Vorgaben aus der Prüfungsplanung durch das Revisionsmanagement. Diese bestehen mindestens aus dem mehr oder minder konkreten Prüfungsthema, den Mitgliedern des Prüfungsteams und dem zeitlichen Rahmen. Weitere Vorgaben können z. B. der Hintergrund zur Themenauswahl, die Prüfungsstrategie, grobe inhaltliche Schwerpunkte oder konkrete Wünsche der Revisionsleitung sein. Ergebnis der Vorbereitung sollte ein Einvernehmen zwischen Prüfern, Prüfungsleitung und Revisionsmanagement sein, was, wie, bis wann und mit welchen Mitteln zu prüfen ist. Damit nicht zu Beginn das Unbekannte zu groß, das Thema zu gewaltig, der Inhalt zu komplex und die Koordination zu aufwendig ist, empfiehlt sich ein schrittweises Vorgehen.

Sobald Sie mit den ersten Vorbereitungen der Prüfung starten, lohnt es sich, den erhaltenen Prüfungsauftrag zu hinterfragen und für sich Klarheit zu schaffen. In unserer schnelllebigen Zeit ändert sich viel. Führungskräfte wechseln, Unternehmensbereiche werden neu gegründet oder umstrukturiert, Prozesse werden verändert, IT-Systeme eingeführt usw. Die Jahresplanung liegt vielleicht schon Monate zurück, Revisoren scheiden aus, werden krank, oder sind noch in anderen Aktivitäten gebunden und stehen nicht zur Verfügung. All das ist nicht immer vorhersehbar und kann daher in der Prüfungsplanung nicht berücksichtigt werden. Umso wichtiger ist es, zunächst zu reflektieren, was wie geprüft werden soll.

Für die zielfokussierte Auftragsklärung sollten Sie sich zu Beginn, auch und gerade wenn Sie der Meinung sind, diese Zeit nicht zu haben, unbedingt Zeit nehmen. Folgende Fragen sollten Sie zunächst grob beantworten können. Das Finetuning erfolgt in der Prüfungsvorbereitung[2] und im Prüfungskonzept[3]:

---

2 Vgl. Kapitel 2.3 Prüfungsvorbereitung im engeren Sinne.

3 Vgl. Kapitel 2.4 Prüfungskonzept.

- Was ist die Ursache des Prüfungsauftrags? (Woher?) Z. B. aus einem Schadenfall, aus dem Whistleblowing, aus Vermutungen, aus der Mehrjahresplanung, aus einem festgelegten Turnus usw.
- Was ist Ihr Prüfungsziel? – Woraufhin wollen Sie das Thema prüfen? Z. B. Wirtschaftlichkeit, Sicherheit, Ordnungsmäßigkeit, Funktionsfähigkeit usw.
- Was sollen die inhaltlichen Schwerpunkte der Prüfung sein?
- Wo wird das Thema sinnvoll abgegrenzt (Was nicht?)?
- Welche Prüfungsart (Wie?) werden Sie anwenden? Z. B. Funktionsprüfung, Einzelfallprüfung, Systemprüfung, Kombinationen daraus usw.
- Wie soll das Prüfungsvorgehen sein? Z. B. Interview, Analysen usw.
- Was soll der Prüfungsumfang sein (Wie viel?)? Z. B. Einzelfälle, Stichproben, bewusste Auswahl eines Zeitraums, Vollprüfung, Datamining usw.
- Bis wann soll die Prüfung beendet sein? Wie ist Ihre Zeitplanung?
- Sind die Ihrer Prüfung zugeordneten Ressourcen im Einklang mit dem Auftrag (Womit?)? Z. B. wird es ohne Prüfer mit IT-Kenntnissen schwierig, eine IT-Prüfung durchzuführen.
- Sind die Ressourcen- und Zeitvorgaben noch aktuell?
- Kann sich daraus im Bericht eine sinnvolle „Story“ mit einem roten Faden ergeben? Der Bericht sollte eine sinnvoll abgerundete Einheit bilden und nicht nur eine Ansammlung einzelner unzusammenhängender Aspekte.

Wenn Sie all diese Fragen beantworten können (achten Sie auf Vollständigkeit und Klarheit), reflektieren Sie, ob der Auftrag wirklich Sinn ergibt. Sind alle diese Rahmenbedingungen geeignet, das Prüfungsziel zu erreichen? Vollständig haben Sie den Auftrag erst dann geklärt, wenn Sie die obigen Fragen nicht nur beantworten können, sondern über jede Antwort zwischen Ihnen, Ihrem Chef und Ihren Prüfern Einvernehmen herrscht. Hierbei hilft zu wissen, dass zwischen Ihnen als Prüfungsleiter und dem Revisionsmanagement grundsätzlich Zielkongruenz besteht. Beide wollen eine effektive Prüfung (fundierte Berichtsaussagen), eine effiziente Prüfungsdurchführung (risikoorientiertes Vorgehen und zielorientierte Prüfungshandlungen) und die Akzeptanz der Prüfer in den geprüften Fachbereichen.

2.1.2 Mögliche Schwierigkeiten bei der Auftragsklärung

Wenn Sie für sich den Prüfungsauftrag hinterfragen, kann es sein, dass Sie zu dem Ergebnis kommen, dass Sie über unvollständige Informationen verfügen, der Auftrag so nicht durchführbar erscheint, für Sie keinen Sinn ergibt oder Ähnliches. Dann gibt es zunächst zwei Möglichkeiten: (1) Sie ignorieren Ihr Störgefühl und machen in der Hoffnung weiter, dass es schon werden wird, oder (2), Sie sprechen Ihren Chef darauf an. Das Störgefühl zu ignorieren (1), kann ich nicht empfehlen. Üblicherweise wird dann der Rest noch schlimmer. Auch wenn Sie möchten, dass Ihr Störgefühl „weg“ sein sollte, nutzen Sie es stattdessen als kleine Erinnerungshilfe, dass hier etwas noch nicht in Ordnung ist. Die Führungskraft darauf anzusprechen (2), muss schnellstmöglich erfolgen. Auch wenn es unangenehm ist, ist dies der richtige

– wenn auch nicht einfache – Weg. Dies bedeutet auch, nicht jeden Auftrag Ihres Chefs so anzunehmen, wie er Ihnen präsentiert wird. Bedenken Sie: Sollten Sie Ihren Auftrag nicht erfolgreich abschließen können, wird es auf Sie zurückfallen. Dann interessiert es niemanden mehr, unter welchen widrigen Umständen Sie ihn angenommen haben.

2.1.3 Wie kann die Erfolgswahrscheinlichkeit erhöht werden?

Ich spreche hier davon, die Erfolgswahrscheinlichkeit zu erhöhen und nicht davon, dass die Klärung gelingen muss. Warum mache ich das? Weil es sich bei einer Prüfung um Interaktionen mit anderen Individuen (und nicht mit Maschinen) handelt. Hierbei kann eine einzelne Person den Erfolg nicht zu 100 % sicherstellen. „Man kann letztlich niemand völlig dazu bringen oder zwingen, ein Angebot von außen gegen den eigenen Willen umzusetzen.“[4] Das liegt nicht in unserer Macht und daher ist es auch nicht sinnvoll, sich ein unerreichbares Ziel zu setzen. Ein Erfolg wäre leider unrealistisch. Setzen Sie sich ein Ziel, welches Sie nicht nur beeinflussen können, sondern bei dem Sie die Zielerreichung in der Hand haben. Es genügt, wenn Sie das in Ihrer Macht Stehende tun.

► Auf die passende Prüfungskategorie achten

Wir haben es in der Internen Revision mit unterschiedlichen Prüfungsgegenständen zu tun. Diese unterscheiden sich nicht nur nach ihrem Inhalt, sondern auch nach der Art der zugrunde liegenden Anforderungen an den Revisionspartner (*Was* ist zu tun?) und der enthaltenen Handlungsspielräume bei der Umsetzung (*Wie* ist es zu tun? Besteht Methodenfreiheit?). Je geringer die Handlungsspielräume sind, umso eher kann die Interne Revision die Art und Weise der Umsetzung antizipieren.

Die zugrunde liegenden Anforderungen („Was?“ und „Wie?“) können in den Extremfällen entweder klar und eindeutig definiert oder vollkommen offengelassen sein. Herrscht Klarheit und Eindeutigkeit, besteht eine Kausalität zwischen Anforderung und Umsetzung in Form einer Wenn-dann-Beziehung. Im Gegensatz dazu war z. B. zu Beginn der Coronapandemie weder, was zu tun, noch wie es zu tun ist, klar. Dazwischen liegen alle Fälle in denen das „Was?“ und/oder das „Wie?“ nur zu einem gewissen Grad klar sind. Ein „Was?“ ist z. B. unklar, wenn eine Anforderung unterschiedlich verstanden oder interpretiert werden kann. Ein „Wie?“ kann z. B. unklar sein, wenn die Vorschriften Methodenfreiheit gewähren: Das Unternehmen soll die Vorschriften z. B. im Hinblick auf Art und Umfang der Geschäftstätigkeit „angemessen“ umsetzen – wie genau, bleibt offen; Hauptsache, der jeweilige Zweck wird erfüllt. Dementsprechend kann der Internen Revision zum Zeitpunkt der Prüfungsvorbereitung die tatsächliche Methodik bereits bekannt und die Umsetzung durchweg klar sein, ungünstigstenfalls aber auch vollkommen unbekannt respektive unklar. Damit ergeben sich verschiedene Kategorien von Prüfungsgegenständen und Fragestellungen:

4 Schmidt, Gunther: Einführung in die hypnosystemische Therapie und Beratung, S. 15.

▷ Kategorie 1
Prüfungsgegenstände werden der ersten Kategorie zugeordnet, wenn sowohl das „Was?" als auch das „Wie?" klar und eindeutig definiert sind. Die Vorgaben sind linear-kausal, d. h. sie liegen als eindeutige „Wenn-dann-Bedingungen" (= Konditionalprogramme) vor. Hieraus lässt sich eine eindeutige Correct Practice ableiten, bei der zumindest Experten wissen, was wie genau zu tun ist. Bei einfachen Dingen ist das sogar für jeden offensichtlich. Hierdurch ist das Prüfungsthema relativ leicht abgrenzbar. Man definiert vorab, was genau geprüft wird und zu welchem Prüfungsstichtag man welche Stichprobe zieht. In der Prüfungsvorbereitung können von Prüfern mit ausreichendem Fachwissen Checklisten erstellt werden, die im Laufe der Prüfung abzuarbeiten sind. Da keinerlei Zusammenhänge zwischen verschiedenen Punkten der Checkliste bestehen, kann ihre Abarbeitung in beliebiger Reihenfolge erfolgen und auf mehrere Prüfer verteilt werden, ohne dass dies eine interaktive Kommunikation zwischen diesen erfordern würde. Da ferner das Fachwissen in der ausgearbeiteten und in Form von geschlossenen Fragen formulierten Checkliste steckt, kann diese sogar von fachfremden Prüfern abgearbeitet werden. Das dabei immer zugrunde liegende Schema lässt sich in den beiden einfachen Fragen zusammenfassen: „Entspricht die tatsächliche Ausführung der Arbeiten den bestehenden Vorgaben?" „Entsprechen die internen Vorgaben den ggf. vorhandenen externen Vorschriften?" Geht der Fachbereich eindeutig nach den oben dargestellten Schemata (Correct Practice, Konditionalprogramme) vor, d. h. er behandelt den Prüfungsgegenstand als ein Thema der Kategorie 1, so sollte die Interne Revision im Sinne der Risikoorientierung trotzdem hinterfragen, ob diese Einschätzung aktuell bestätigt werden und in nächster Zeit so bestehen bleiben kann. Liegen externe Regeln vor, so genügt es darauf zu achten, ob diese korrekt in interne Regeln übersetzt und ob letztere eingehalten wurden. Oft wird diese Kontrolltätigkeit von der 2nd-Line-of-Defence (Qualitätsmanagement, Compliance, Controlling usw.) übernommen. Mit dem zunehmenden Einsatz von Process-Mining und anderen Datenanalysen der Grundgesamtheit können eine vollständige Abdeckung und eine gute Kontrolltiefe erreicht werden.

Ergebnis der Prüfung ist immer eine kontextunabhängige Aussage, ob etwas korrekt umgesetzt wurde oder nicht, bzw. eine Fehlerquote der Abarbeitung. Diskussionen mit Revisionspartnern kommen so gut wie nicht vor, da der Prüfungsgegenstand keine Graubereiche enthält. Bei der Berichterstattung genügt es, Fehlerquoten anzugeben und alle Beanstandungen aufzulisten. Positivaussagen sind nicht erforderlich.

Prüfungen der ersten Kategorie verleiten zu der Annahme, mit den Revisionspartnern gar nicht erst zu sprechen, sei nicht nur praktikabel, sondern sogar viel effizienter. Für den Fall echter (!) Prüfungen der ersten Kategorie teile ich diese Einschätzung: Diese können und sollten sehr effizient durchgeführt werden.

Sollten sich jedoch in der Prüfung Schäden oder überraschende Auffälligkeiten zeigen, deutet dies darauf hin, dass der Prüfungsgegenstand die erste Kategorie überschreitet. Wenn sich dies bei der Suche nach den zugrunde liegenden Ursachen bestätigt, gehört der Prüfungsgegenstand bereits zu einer anderen Kategorie.

▷ Kategorie 2
Hier liegt das „Was?" in Form einer meist externen Zweckvorgabe vor. D. h. der Fachbereich hat etwas so umzusetzen, dass es einen bestimmten Zweck erfüllt, wie z. B. eine nach Art und Umfang der Geschäftstätigkeit angemessene Risikosteuerung. *Wie* er dies angeht, bleibt ihm überlassen, da Methodenfreiheit besteht. Meist werden solcherlei unspezifische externe Vorgaben intern in spezifische Arbeitsanweisungen für durchzuführende Aktivitäten übersetzt.

In einer Prüfung ist dann die Frage zu klären: *„Ist das Vorgehen angemessen?"* Diese Frage nach der Angemessenheit kann jedoch meist nicht pauschal beantwortet werden. Die typische Antwort lautet dann: *„Es kommt darauf an"*, wobei mit „darauf" die jeweiligen Umstände und Rahmenbedingungen gemeint sind. Eine Methode oder ein Verhalten, das in einem bestimmten Kontext tadellos angemessen ist, kann sich unter anderen Bedingungen als vollkommen untragbar erweisen. Denn Zweckorientierung und Methodenfreiheit bedeutet auch, dass ein Zusammenhang besteht zwischen der Zweckerfüllung in dem gegebenen Kontext und der gewählten Methodik. Ist beispielsweise ein Risiko für ein Unternehmen von geringer Bedeutung, muss es auch nicht so genau gemessen werden, sodass dazu also eine recht einfache Messmethode angewandt werden kann. Unterliegt dagegen ein großer Anteil des Geschäftsvolumens diesem Risiko, wird eine ausgeklügeltere Methode erforderlich. Andernfalls kann die Risikomessung nicht als angemessen beurteilt werden. Daher entstehen bei Prüfungsgegenständen der zweiten Kategorie sog. *Best Practices*, die als Orientierungsgrößen dienen. Prüfer können sich somit nicht mehr auf eine in jedem Fall gültige Correct Practice zurückziehen. Stattdessen müssen sie zunächst den Sinn und Zweck der Regelung verstehen. Im Hinblick auf diesen werden dann die konkreten Handlungsmuster im Fachbereich betrachtet, und insbesondere geprüft, ob sie den Kontextbedingungen gerecht werden.
Diese Kategorie bietet also den Revisionspartnern grundsätzlich Raum für Diskussionen. Seien sie nun begründet oder nicht – sie verlangen auf jeden Fall den Revisoren hohe kommunikative Fähigkeiten ab, vor allem, wenn es darum geht

- Einigkeit über die Ist-Situation zu erzielen,
- Schwachstellen zu kommunizieren,
- Maßnahmen zu vereinbaren,
- Prüfungsergebnisse zu erläutern,
- Rein unternehmenspolitische oder von Einzelinteressen getriebene Argumentationen zu kontern und
- Jeden Prüfungsbericht möglichst im Einvernehmen mit dem Revisionspartner abzustimmen.

Ein Prüfer, der glaubt, aus Effizienzgründen auf eine frühzeitig begonnene und während des gesamten Prüfungsprozesses aufrechterhaltene Kommunikation verzichten zu können, wird oft schon bei der Vereinbarung der Maßnahmen, sehr wahrscheinlich bei der Berichtsabstimmung, aber spätestens beim Follow-up ein Vielfaches an Aufwand betreiben müssen. Bei der Berichterstattung z. B. muss den Berichtsempfängern unbedingt verdeutlicht werden, wie relevant die Kontextbedingungen jeweils für die prüferische Beurteilung waren. Eine reine Auflistung aller Beanstandungen genügt in der zweiten Kategorie nicht mehr und würde nur zu vermeidbarem Widerspruch und Dissens führen. Man erzielt also bei Prüfungsgegenständen dieser Kategorie die höchste Effizienz, wenn man frühzeitig und laufend mit den Revisionspartnern kommuniziert. Und genau dabei ist dieses Buch mit seinen zahlreichen Musterbeispielen für zielführende Diskussionsverläufe in verschiedensten Situationen besonders hilfreich.

▷ Kategorie 3
Genau wie in der vorherigen Kategorie orientieren sich die an den Fachbereich gestellten Anforderungen auch hier wieder an einem zu erfüllenden Zweck. Darüber hinaus existiert aber auch noch die Vorgabe, dass die Geschäftstätigkeit bestimmten Werten entsprechen muss, die für das gesamte Unternehmen gelten. Dabei kann es sich z. B. um einen Code of Conduct handeln, oder um bestimmte, teils ethische, teils unternehmerische Vorstellungen, die es (in Zukunft) zu verwirklichen gilt: z. B. Agilität, Innovationskraft, Resilienz, Nachhaltigkeit, eine bestimmte (Risiko-)Kultur, gute Zusammenarbeit oder ein verantwortungsvolles Gesundheitsmanagement. Derlei Werte bestimmen z. B. auch den Umgang mit einer Pandemie.

Da es sich bei solchen Sollvorgaben in Form von ethischen Werten und unternehmerischen Vorstellungen meist um sehr schwammige und dehnbare Begriffe handelt, herrscht in dieser Kategorie für den Fachbereich naturgemäß eine wesentlich höhere Handlungsfreiheit als bei den enger gefassten Prinzipien (z. B. „Angemessenheit“) der zweiten Kategorie. Somit existiert in den beteiligten Fachbereichen zu Anfang auch noch kein konkreter Modus Operandi. Ob man Vorgehensweisen, die man in der Praxis testet, letztendlich beibehält, hängt davon ab, ob sie

a) Den gewünschten Zweck erfüllen und
b) Dabei keine übergeordneten Werte verletzen.

Auf Basis dieser beiden Prämissen bilden sich in der Praxis spezifische *Working Practices* heraus. Diese müssen ständig an die gerade konkret vorliegenden Rahmenbedingungen angepasst werden, sind also extrem variabel und unterscheiden sich u. a. je nach:

- Organisationseinheit
- Situation
- Interaktion
- Beteiligten Individuen und
- Unternehmenskultur

Damit versteht sich von selbst, dass sich solche *Working Practices* nicht blind auf andere Kontexte übertragen lassen, wie es bei *Correct Practices* uneingeschränkt, und bei *Best Practices* zumindest in vielen Fällen grundsätzlich möglich ist.
Bei dieser Kategorie von Prüfungsgegenständen spielt der Output bzw. das Ergebnis eine sehr große Rolle. Dementsprechend sind in der Prüfung folgende Fragen zu stellen:

- Wie effektiv erfüllt das Ergebnis den übergeordneten Zweck?
- Erwiesen bzw. erweisen sich die konkreten Bewältigungsmuster in der Praxis als geeignet für die jeweils vorliegenden Gegebenheiten?

Diese Fragen genügen in der dritten Kategorie jedoch noch nicht. Hier muss auch die „Stimmigkeit" hinterfragt werden:

- Wie sehr bewegen sich die konkreten Bewältigungsmuster im Einklang mit den übergeordneten Werten?
- Inwieweit harmoniert die tatsächlich herrschende Unternehmenskultur, die sich in konkretem Verhalten zeigt, mit den von der Unternehmensführung verkündeten Werten?

Alle darauf aufbauenden spezifischeren Fragen, die mit dem Revisionspartner zu diskutieren sind, betreffen die konkrete Auslegung der Werte durch den Fachbereich im Hinblick auf die Zweckerfüllung. Während die soziale Dimension in Prüfungen der ersten Kategorie vollständig ausgeblendet werden konnte und in Prüfungen der zweiten Kategorie lediglich bei der Interaktion mit den Revisionspartnern und innerhalb des Prüfungsteams eine Rolle spielte, wird sie nun bei Prüfungen der dritten Kategorie selbst zum Prüfungsgegenstand.

In dieser Kategorie unterscheidet die Interne Revision nicht mehr zwischen richtig/falsch oder angemessen/unangemessen, sondern zwischen „stimmig" und „nicht stimmig". Da diese Einschätzung einer noch größeren Subjektivität unterliegt, darf sich die Interne Revision nicht anmaßen, selbst vorzugeben, was stimmig ist und was nicht. Vielmehr wird dies gemeinsam mit den Revisionspartnern während der Prüfungsdurchführung erarbeitet. Durch die Auseinandersetzung mit den in dieser Kategorie auftretenden Fragestellungen (s.o.) wird die Unternehmenskultur stark in den Fokus gerückt. Diesbezügliche Diskussionen mit den Revisionspartnern und nötigenfalls auch mit dem Vorstand mögen zwar wenig effizient erscheinen und daher selten willkommen sein. Trotzdem sind sie von entscheidender Bedeutung für das gesamte Unternehmen. Denn darin werden offene Auslegungsfragen der Unternehmenskultur geklärt und kulturelle Sollvorgaben (z. B. „Solche Geschäfte machen wir nicht!" oder „So arbeiten wir nicht zusammen!") für alle Beteiligten transparent gemacht. Die Interne Revision betreibt auf diese Weise Kulturentwicklung.

Dass nur etablierte Prüferpersönlichkeiten Prüfungen der dritten Kategorie durchführen sollten, versteht sich von selbst.

▷ (Beinahe-)Schadenfälle

Bei (Beinahe-)Schadenfällen wird häufig davon ausgegangen, dass ein Prüfungsgegenstand der ersten Kategorie vorliegt (*Was?* und *Wie?* sind klar vorgegeben) und man vermutet die Ursache dementsprechend in der Ausführung einer bestimmten Tätigkeit. Man fragt also: *„Wie wurde dieses und jenes erledigt?"* Doch manchmal führt das zu dem Ergebnis, dass in den Fachbereichen sämtliche Aufgaben anweisungskonform erledigt wurden. In diesem Fall ist das *Was?* erneut zu hinterfragen und kann letztendlich dazu führen, dass im Ergebnis die Vorgaben anzupassen sind. (Beinahe-)Schäden können die verschiedensten Hintergründe haben: Wurden Vorgaben nicht eingehalten, muss z. B. geklärt werden, ob es sich um einen simplen menschlichen Fehler handelt, ob die Regeln im Sinne der Zielerreichung gebeugt wurden, oder ob gar eine bewusste Schädigung des Unternehmens, also Fraud, vorliegt. Häufig verändern sich auch die Rahmenbedingungen dahingehend, dass ein Fall auftritt, der von einem als Konditionalprogramm formulierten Regelwerk einfach nicht mehr abgedeckt werden kann. Enthalten die Regelwerke Freiheitsgrade (Zweckprogramme), muss eine Entscheidung getroffen werden, bei der man sich nicht sicher sein kann, dass sie die richtige ist. Stellt sie sich nachträglich als nicht zielführend heraus, entsteht ein (Beinahe-)Schadenfall, ohne dass sich jemand falsch verhalten hätte. „Entscheidung unter Unsicherheit" spielt bei allen Prüfungsgegenständen, die nicht ausschließlich zur ersten Kategorie gehören, eine wichtige Rolle. Wichtig ist daher, bei (Beinahe-)Schadenfällen nicht zu schnell auf menschliches Versagen abzustellen, sondern immer auch die gegebenen Rahmenbedingungen zu betrachten. Denn letztere wirken auf verschiedensten Ebenen als eine starke Einladung für ein bestimmtes gewünschtes oder auch unerwünschtes Verhalten.

Auf die spezifischen Vorgehensweisen zur Prüfung von (Beinahe-)Schadenfällen wird in einem anderen Werk eingegangen werden.

▷ Die Grenzen sind im Fluss

Die Einteilung in diese Prüfungskategorien dient der Hervorhebung und damit der Veranschaulichung der unterschiedlichen Themenstellungen. In der Realität sind meist keine so eindeutigen Unterscheidungen möglich und die Übergänge fließend. Sprichwörtlich im Fluss befindet sich ja sogar unsere ganze Welt, sodass sich der umfassendste Kontext ständig ändert. Daher sollte die Einordnung eines Prüfungsthemas in eine dieser Kategorien nie als dauerhaft verstanden werden. Vielmehr erfolgt sie immer nur anhand von situativ und zum jeweiligen Zeitpunkt erfolgten Beobachtungen, Erklärungen und Bewertungen und ist daher regelmäßig zu überprüfen. Damit wird ersichtlich, dass sich nicht das gesamte bisherige Prüfungsvorgehen einer Internen Revision sofort verändern wird, sondern dass alle Grundkonzepte bestehen bleiben und nur um weitere Ansätze ergänzt werden. Insbesondere werden die Prüfungsgegenstände, die klar der ersten Kategorie zugeordnet werden können, auch weiterhin mit den entsprechenden Ansätzen geprüft werden. Entwicklungen wie die fortschreitende Digitalisierung und Automatisierung, insbesondere durch Bots, Blockchain-Technologie und Artificial Intelligence, werden allerdings über kurz oder lang dafür sorgen, dass bestimmte Prüfungsthemen obsolet werden oder sich deutlich verändern und dann in eine höhere Kategorie aufsteigen werden. Dadurch werden für die Interne Revision Prüfungen der ersten Kategorie überall dort an Relevanz verlieren, wo sie nicht das Aufsichtsrecht ausdrücklich vorschreibt. Aber auch bei den externen gesetzlichen Vorschriften kann ein Trend zu stärkerer Prinzipienorientierung beobachtet werden.

Jeder Prüfungsgegenstand wird auch weiterhin Elemente enthalten, die relativ traditionell zu prüfen sind. Auch müssen Prüfungsergebnisse – egal, welcher Prüfungskategorie sie unterliegen – durch entsprechende Nachweise belegt werden. Und obwohl die entsprechenden Belege in der dritten Kategorie nicht mehr alle schwarz auf weiß als Zahlen oder Fakten präsentiert werden können, so bleibt doch die Tatsache bestehen, dass sie trotzdem wie bisher gesammelt und dokumentiert werden müssen.

► Unangenehme Dinge frühzeitig ansprechen
Kein Mensch kann von Ihnen verlangen, dass Sie eine unlösbare Aufgabe kommentarlos übernehmen. Als Prüfungsleiter haben Sie die Verantwortung dafür, nur solche Aufträge anzunehmen, die Sie auch erfüllen können. Laden Sie sich nichts Unmögliches auf. Unangenehme Dinge bei Ihrem Chef anzusprechen ist nicht einfach, denn jeder Mensch hat seine eigene Sicht der Dinge und verfügt über einen einzigartigen Erfahrungsschatz. Dies führt in der Regel dazu, dass die jeweiligen vor dem inneren Auge entstehenden Bilder nicht zusammenpassen. Ihr Chef findet die Vorgaben in Ordnung, sieht Sinn in der Prüfung und hält alles insgesamt für machbar. Sie jedoch bezweifeln die Machbarkeit und halten die Prüfung, so wie bisher geplant, nicht für sinnvoll.

► Fordern Sie die für die Prüfung notwendigen Rahmenbedingungen ein[5]
Fehlt notwendiges Spezial-Know-how, können nur oberflächliche Ergebnisse herauskommen. Einen Bericht in einer Sprache zu schreiben, die Sie nicht gut genug beherrschen, ist ebenfalls nicht aussichtsreich. Bleiben Sie freundlich, aber hartnäckig. Überlegen Sie, was Sie von Ihrem Chef benötigen. Zeigen Sie Verständnis für die Situation (z. B. die Vorgaben der Prüfungsplanung). Signalisieren Sie Loyalität und Engagement für die Prüfung. Versuchen Sie die Verantwortung zurück an Ihren Chef zu geben, indem Sie ihm erläutern, dass Ihr Engagement für seine bzw. Ihre gemeinsamen Ziele (z. B. Planungssicherheit) nur dann bestmögliche Ergebnisse liefern wird, wenn Sie von ihm das Benötigte erhalten. Thematisieren Sie Planungsunsicherheiten, Risiken und mögliche Auswirkungen. Sollte Ihr Chef Ihnen nicht entgegenkommen, stellen Sie Ihre eigene Sicht der Dinge, Ihre Definition oder Auslegung dar. Lehnen Sie im Zweifel die Übernahme der Prüfungsleitung ab, falls die Rahmenbedingungen für Sie nicht erfüllt sind und Sie mögliche Auswirkungen bedacht haben. Was könnte in der Konsequenz schlimmstenfalls passieren?

[5] Vgl. 2.1.4 Beispiel: Vorschnelle Auftragsannahme aufgrund geringer Vorkenntnisse.

2.1.4 Reaktionsmöglichkeiten für auftretende Phänomene

► Beispiel: Ihr Chef blockt ab

Sie (PL) möchten sich mit Ihrer Führungskraft (FK) über den Prüfungsauftrag austauschen. Er lehnt das ab.

FK: *„Es ist nicht nötig, dass wir uns hierüber austauschen."*

PL: *„Um spätere Missverständnisse zu vermeiden, halte ich persönlich es für wichtig, mit Ihnen den Auftrag genau abzuklären."*

Sie nennen hier zunächst den Grund und verweisen auf sich selbst. Es ist Ihnen persönlich wichtig – auch wenn es Ihrem Chef nicht wichtig ist. Ihnen ist es wichtig.

FK: „Ich verstehe Ihr Problem nicht. Zeigen Sie doch mal, was Sie können."

PL: „Das mache ich gerne. Ich werde eine Risikoanalyse erstellen und Sie Ihnen übermorgen vorstellen. Wann passt es Ihnen übermorgen?"

Hier wird durch die Darstellung der Vorgehensweise der Chef informiert und der Versuch unternommen, einen kurzfristigen Termin zu erhalten.

PL: „Um Missverständnisse zu vermeiden, möchte ich Ihnen (in dem Termin) kurz darstellen, wie ich den Prüfungsauftrag verstehe."

Hier werden wieder der Grund und das eigene Bedürfnis („*... möchte ich Ihnen ...*") angeführt. Die Erläuterung der eigenen Sichtweise folgt dann in dem Termin.

► Beispiel: Zweifel an der Kompetenz des Prüfungsleiters

FK: „Wenn Ihnen Ihr Auftrag nicht klar ist, muss ich an Ihrer Kompetenz als Prüfungsleiter zweifeln."

Entweder ignorieren Sie diesen Angriff trotz seiner Unfairness und gehen gleich dazu über, die eigene Sicht der Dinge darzustellen[6], oder Sie leiten ihn mit einer Aussage über das eigene Empfinden, die den Inhalt des Angriffs [Inkompetenz] in den Konjunktiv setzt, wie an einem Blitzableiter ab. Sprechen Sie dann sofort Ihre weitere geplante Vorgehensweise an und schlagen Sie einen konkreten Termin vor:

PL: „Das fände ich sehr bedauerlich. Ich werde eine Risikoanalyse erstellen und Ihnen übermorgen einen risikoorientierten Vorschlag zur Prüfungsdurchführung machen. Passt Ihnen 11 Uhr?"

► Beispiel: Auftrag, jemanden „rauszuprüfen"

FK: „Prüfen Sie mal bei Herrn X. Er muss weg! Liefern Sie mir Prüfungsergebnisse, damit wir uns möglichst leicht von ihm trennen können!"

Solange Sie über keine weiteren Informationen verfügen und diesen Auftrag haben, ist dies ein Angriff auf Ihre Objektivität. Daher gilt es nun zu klären, ob eine Informationsasymmetrie vorliegt. Vielleicht kennt Ihr Chef weitere Hintergründe, von denen Sie noch nichts wissen. Also: nachfragen und offen bleiben.

PL: „Aus welchem Grund will sich unser Unternehmen von Herrn X trennen? Was ist vorgefallen? Bestehen Ihrerseits Vermutungen für ein Fehlverhalten?"

Bei dieser Variante deuten Sie über das Wort „Vermutungen" an, dass es für Sie zu diesem Zeitpunkt noch keine Fakten und damit auch keine Vorverurteilung gibt.

---

6 Vgl. 2.1.4 vorheriges Beispiel: Ihr Chef blockt ab.

Sollte die Antwort nicht über Vorverurteilungen hinausgehen, stellen Sie Ihrem Chef Ihre eigene Position klar und deutlich dar:
PL: „Solange ich für die Leitung dieser Prüfung verantwortlich bin, gilt für mich die Unschuldsvermutung, bis ausreichende belastende Beweise vorliegen. Ich fühle mich der Objektivität verpflichtet und werde mich entsprechend verhalten. Sollten Sie gegen meine Haltung Einwände haben, ist es wahrscheinlich besser, wenn Sie eine andere Person als Prüfungsleiter benennen."
Bei dieser Variante geben Sie ein klares Statement dazu ab, wozu Sie stehen und ziehen eine klare Grenze. Diese Variante sollten Sie nur wählen, wenn es sich wirklich um eine Vorverurteilung handelt und man Sie instrumentalisieren möchte.

► Beispiel: Vorschnelle Auftragsannahme aufgrund geringer Vorkenntnisse
Gerade bei neuen Themen oder auf unbekanntem Terrain für mindestens einen der Beteiligten (PL oder FK) kann es leicht passieren, dass sich keiner die Blöße geben möchte, klipp und klar zu sagen, dass er sich in diesem Thema nicht auskennt. Das kann leicht dazu führen, dass eine zu unpräzise Vereinbarung getroffen wird.
FK: „Ihr nächster Auftrag ist das-und-das. Prüfen Sie es bis dann-und-dann."
Sorgen Sie dafür, dass Ihre Führungskraft sich nicht auf eine Vereinbarung berufen kann, deren Inhalte Sie nicht erfüllen können, weil Sie die Sache anders ausgelegt haben. Fragen Sie so früh wie möglich nach und klären Sie Ihren Auftrag.
PL: „Welche Art von Prüfung sollte es sein? Haben Sie sich eine bestimmte Vorgehensweise vorgestellt? Welche Schwerpunkte möchten Sie gesetzt haben?"
Ohne konkrete Antwort empfehle ich ein schrittweises Vorgehen.
PL: „Vielen Dank für die Informationen. Ich schlage vor, ich verschaffe mir einen Überblick über das Thema, reflektiere Ihre Ideen und stelle Ihnen dann mein Konzept für die Prüfung vor. Passt es Ihnen in drei Tagen?"
Gegen diese verantwortungsvolle Herangehensweise lässt sich nichts einwenden.

► Beispiel: Zu geringe Ressourcen zugeteilt
Sie erkennen, dass entweder mehr Ressourcen oder ein geringerer Prüfungsumfang nötig wären. Wie sprechen Sie Ihre Führungskraft darauf an?
PL. „Für die Prüfung X wurde in der Prüfungsplanung folgendes Prüfungsziel mit der-und-der Vorgehensweise festgelegt. Sicherlich hatte man hierfür gute Gründe. Ich habe eine Aufstellung gemacht, welche Aktivitäten nötig sind, um das Ziel zu erreichen. In Summe ergibt dies eine Ressourcenausstattung von A (gewünscht). In der Prüfungsplanung war aber B (zu niedrig) vorgesehen. Das ist eine Differenz in Höhe von D Tagen." [PAUSE] *„Wie sehen Sie das?"*
Falls nichts erwidert oder keine eine Rückfrage an Sie gestellt wird, fahren Sie fort.
PL: *„Mit dieser Differenz D könnte ich wie folgt umgehen: Entweder ich reduziere den Prüfungsumfang, oder ich erhalte zusätzliche Ressourcen. Die erste Alternative hat folgende Vor- und Nachteile ... Die zweite Alternative hat folgende Vor- und Nachteile ... Daher bin ich zu dem Schluss gekommen, dass ..."*
Vielleicht genügt es schon, wenn Sie hier Ihre Schlussfolgerung ansprechen. Es kann jedoch auch sein, dass Sie sich das Folgende anhören müssen:

FK: „Ach was, dann arbeiten Sie einfach schneller und machen weniger Pausen."
PL: „Ich kann gut verstehen, dass wir uns an die Vorgaben der Prüfungsplanung halten müssen. Jedoch sehe ich bezüglich der Ressourcen ungünstige Auswirkungen für die Erreichung des gewünschten Ziels." [PAUSE] *„Selbstverständlich werde ich für die Prüfung mein Bestes geben. Damit dieses Engagement jedoch bestmöglich wirkt und die vorgegebenen Prüfungsinhalte ausreichend abgedeckt werden können, benötige ich Ihre Zustimmung, entweder die Ressourcen zu erhöhen, oder den Prüfungsumfang zu reduzieren."*
Falls Ihr Chef auch nach dieser Wiederholung Ihrer Argumentation (Technik: „Sprung in der Schallplatte") noch nicht einlenkt, lassen Sie ihm einen gesichtswahrenden Ausweg. Am einfachsten vertagen Sie das Thema. Dann hat er Gelegenheit, in der Zwischenzeit in Ruhe darüber nachzudenken.

► Beispiel: Sie merken, Sie befinden sich außerhalb Ihrer Komfortzone
Selbstzweifel oder Panik angesichts eines neuen Prüfungsthemas sind nicht ungewöhnlich. Schließlich verlassen Sie Ihre Komfortzone. Innerhalb dieser befindet sich alles, was Sie routiniert erledigen können oder bereits zur Gewohnheit geworden ist. Wenn Sie sich zu weit von Ihrer Komfortzone entfernen, geraten Sie in die sogenannte Panikzone, die Sie überfordert und blockiert. Doch zwischen der Komfortzone und der Panikzone liegt der Bereich, in welchem Sie wachsen können. Dieser ist gekennzeichnet durch neue, spannende Aufgaben und Herausforderungen. In diesem Bereich der Lern- oder Wachstumszone können Sie über sich hinauswachsen, kleine Risiken eingehen und Neues ausprobieren. Wenn Sie sich regelmäßig in Ihre Wachstumszone begeben, werden Sie Ihre Komfortzone Schritt für Schritt erweitern. Überprüfen Sie regelmäßig, in welcher Zone Sie sich befinden. Verfolgen Sie die Strategie der kleinen Schritte. Wagen Sie Neues und achten Sie auf die Dosierung. Wenn Sie sich in Ihrer Wachstumszone befinden, wird es für Sie spannend. Beobachten Sie, was Sie herausfordert und wann es für Sie zur Routine wird.

2.2 Klärung der eigenen Rolle

2.2.1 Ziele der Rollenklärung

Sie wollen mit Ihrem Chef eine einheitliche und einvernehmliche Auffassung über Ihre Kompetenzen, Verantwortlichkeiten und Aufgaben als Prüfungsleiter erreichen. Diese lässt sich in inter- und intrapersonale Aspekte gliedern. Erstere beziehen sich insbesondere auf den Chef und das Prüfungsteam, letztere auf Sie selbst.

Interpersonale Aspekte:

- Was sind Ihre Aufgaben und Kompetenzen als Prüfungsleiter?
  - Haben Sie als Prüfungsleiter tatsächlich die Kompetenz, den Prüfern zu sagen, was sie tun sollen? Z. B. auch wenn die Prüfer einem anderen Abteilungsleiter unterstehen als Sie?
- Wie ist die Ablauforganisation des Prüfungsprozesses gestaltet?
- Wer informiert wann wen worüber?
  - Wo müssen Sie wen wann einbeziehen?
  - Wann wollen Sie einbezogen werden?
- Was wird wann wem zugeliefert?
  - Wer hat Ihnen was bis wann zu liefern?
  - Was müssen Sie wem bis wann abliefern?
  - Wer verschickt was?
- Wer muss wozu wann zustimmen?
  - Mit wem muss was (z. B. Prüfungsankündigung, Berichtsentwurf, Maßnahmen, Bericht) bis wann abgestimmt werden?
  - Was passiert, wenn man sich einmal nicht einig ist?
- Wer muss was wann entscheiden?
  - Wer unterschreibt was?
- Wie wollen Sie als Prüfungsleiter im Prüfungsteam agieren?
  - Wer nimmt an welchen Besprechungen teil?
  - Wie und in welcher Frequenz sollen die Interaktionen erfolgen?

Intrapersonale Aspekte:

- Sind Sie der Sache gewachsen? (z. B. bzgl. Thema, Prüfungskollegen, Fachbereichen usw.)
- Benötigen Sie Unterstützung?
- Sollten Sie jemanden darüber informieren, falls Sie Unterstützung benötigen?
- Können Sie sich mit dem Auftrag weiterentwickeln?
- Woran möchten Sie arbeiten?
- Worauf möchten Sie besonders achten?
- Ist das, was man von Ihnen verlangt, realistisch?

Bereits hier ist die Frage zu stellen, ob hierüber Einvernehmen mit den Beteiligten besteht und der Prüfungsauftrag von Ihnen zielführend und erfolgsversprechend erledigt und abgearbeitet werden kann oder nicht.

2.2.2 Mögliche Schwierigkeiten bei der Rollenklärung

Klassischerweise ist das, was am ehesten Probleme verursacht, die Tatsache, dass üblicherweise jeder der Beteiligten denkt, man sei sich einig und habe das gleiche Verständnis. Jeder hat oder entwickelt sein eigenes Bild und ist damit zufrieden – nur leider entsprechen sich die Bilder nicht. Es passiert ganz leicht, dass man sich missversteht. Denn jeder verbindet etwas anderes mit einem Begriff. Das liegt daran, dass jeder von uns Begriffe vor seinem eigenen Erfahrungshintergrund versteht. Wechseln Sie in ein Unternehmen, werden Sie unversehens bei vielen Begriffen nochmals ganz von vorne anfangen müssen. Besonders problematisch ist es, wenn Sie sich mit Ihrer Führungskraft missverstehen und Sie genau das tun, was Sie verstanden haben, Ihr Chef aber etwas anderes erwartet. Da Ober bekanntlich Unter sticht, werden Sie im Endeffekt schlecht dastehen.

Beispiel: In der Bankenwelt gibt es viele Spezialbegriffe, die durch verschiedene Abteilungen und Mitarbeiter unterschiedlich interpretiert werden. Ein „Klassiker“ ist hier z. B. der Begriff „Handelsergebnis“. Mitarbeiter des Rechnungswesens gehen grundsätzlich von nach Handelsrecht (z. B. nach HGB oder IAS/IFRS) zu ermittelnden Werten aus, Mitarbeiter des Handels dagegen von nach finanzmathematischen Regeln zu ermittelnden Werten. Beim Vergleich der beiden jeweils nach ihren Ermittlungskriterien richtigen Zahlenwerte ergeben sich unweigerlich Unterschiede. Doch jeder der beiden behauptet, die richtigen Zahlen geliefert zu haben. Auch wenn die unterschiedlichen Definitionen im Unternehmen, in den Abteilungen und bei den Mitarbeitern grundsätzlich bekannt sind, empfiehlt es sich, in Gesprächen, in Gruppendiskussionen oder bei Konflikten nachzufragen, von welcher Definition des Begriffs „Handelsergebnis“ gerade gesprochen wird.

Selbst wenn die Rollenklärung kurz thematisiert wird, genügt dies nicht, wenn das Gespräch wie folgt verläuft:
FK: „Wissen Sie, welche Rolle Sie als Prüfungsleiter haben? – Ja? Wissen Sie, welche Kompetenzen, Verantwortungen und Aufgaben Sie haben? Ja? Wunderbar, dann fangen Sie mal an.“

Meinungsverschiedenheiten oder besser: Verständigungsschwierigkeiten können selbst dann auftreten, wenn z. B. die Führungskraft erklärt, wie sie die Sache sieht, und der Prüfungsleiter zuhört und das Gesagte bestätigt. Durch das Zuhören baut sich beim Prüfungsleiter ein eigenes Bild auf, welches in entscheidenden Nuancen doch differieren kann und so letztendlich zu einer unterschiedlichen Sicht der Dinge führt. Die reine Bestätigung reicht nicht aus. Mögliche Probleme sind z. B. fehlende, diffuse oder widersprüchliche Rollenerwartungen oder Verantwortungszuweisungen oder unrealistische Kompetenzerwartungen (als Generalist fehlen Ihnen z. B. dringend benötigte Spezialkenntnisse).

Meist ist der Handlungsdruck des Prüfungsleiters deutlich höher als der der Führungskraft. Denn wenn es schiefgeht, kann die Führungskraft die entstandenen Probleme leicht auf den „schlechten“ Prüfungsleiter schieben. Dieser wird das umgekehrt auch versuchen, hat es dabei aber deutlich schwerer. Denn wie gesagt: „Ober sticht

Unter". Letztendlich wird es trotzdem an beiden hängen bleiben. Umso wichtiger ist es, dass dieses Problem unklarer Rollen, Kompetenzen, Zuständigkeiten und Aufgaben von vornherein gelöst wird. Jeder Prüfungsleiter sollte mit seiner Führungskraft Einvernehmen über seine spezifische Rolle, seine Kompetenzen, seine Verantwortung und Aufgaben erreichen.

2.2.3 Wie kann die Erfolgswahrscheinlichkeit erhöht werden?

► Die eigene Sichtweise, Begriffe und Perspektiven erläutern
Erhöhen Sie die Erfolgswahrscheinlichkeit, indem Sie aus Ihrer Sicht Ihre Rolle, Kompetenzen, Verantwortung, Aufgaben und Begriffe darlegen, und dann den Anderen bitten, zu wiederholen, was er verstanden hat.[7] Wenn Sie die Wiederholung hören, gleichen Sie ab, ob Sie beide wirklich ein gleiches Verständnis über das Thema haben. Gleichen Sie ebenfalls ab, ob Sie auch darüber einig sind, was nicht zu Ihrer Rolle gehört, was nicht Ihre Kompetenz, Verantwortung oder Aufgabe ist.

Außerdem erläutern Sie Ihr Verständnis der Rollen, Kompetenzen, Verantwortung Aufgaben und Begriffe auch Ihrem Prüfungsteam. Stellen Sie dar, was Sie und was jeden Einzelnen Ihres Teams betrifft. Vergessen Sie hierbei nicht die Informations- und Dokumentationsanforderungen, die Sie von Ihrem Team erwarten.

► Dokumentation von Vereinbarungen
Fixieren Sie alle Rahmenbedingungen, Vorgaben und Absprachen sowie alle Themen, die offengeblieben sind; ebenso alle evtl. schon vereinbarten Termine, an denen diese noch offenen Punkte besprochen werden sollen. Dokumentieren Sie alles in der dafür vorgesehenen Prüfungsdokumentation, einer E-Mail oder einem Gesprächsprotokoll. Das klingt vielleicht recht rigide und aufwendig, aber bedenken Sie: Es dient sowohl Ihrem Schutz – falls Ihr Chef sich an Absprachen nicht mehr erinnern kann – als auch dem Schutz der Führungskraft – falls Sie Ihre Rolle nicht wie vereinbart erfüllen. Sobald es schriftlich fixiert ist, können Sie beide darauf zurückgreifen. Und da auch Ihr Chef Interesse an einem guten Gelingen Ihrer Prüfung hat, kann und wird er nichts dagegen haben.

► Hart in der Sache, freundlich im Ton[8]
Sollte Ihre Führungskraft der Meinung sein, alles sei klar, dann fragen Sie nach. Versuchen Sie, Klarheit und Verbindlichkeit zu erreichen. Bleiben Sie dabei hart in der Sache und freundlich im Ton. Schärfe wäre kontraproduktiv. Vorsicht: Bei drohendem Gesichtsverlust eskaliert die Situation sehr schnell. Lassen Sie Ihrem Gesprächspartner immer einen gesichtswahrenden Ausweg.

Es mag sich für Sie als Prüfungsleiter – seien Sie nun neu oder erfahren – eigenartig anhören, mit Ihrem Chef über Ihre Rolle, Kompetenz, Verantwortung und Aufgaben zu sprechen. Es ist dennoch wichtig, da es Sie vor eventuellen späteren Vorwürfen

7 Vgl. Malik, Fredmund: Unternehmenspolitik und Corporate Governance, S. 235.

8 Claudio Aquaviva (1543–1615), fünfter Ordensgeneral der Jesuiten.

oder Beschuldigungen schützt. Bei Ihrer nächsten Prüfungsleitung können Sie Ihre bestehende Abmachung dann reflektieren, sie mit Ihrem Chef besprechen und gemeinsame Adjustierungen vornehmen. Ihre Führungskraft wird es Ihnen vielleicht nicht kurzfristig, aber langfristig hoch anrechnen, dass Sie für sich eingetreten sind und geholfen haben, einen Standard für die Revision zu entwickeln.

2.2.4 Reaktionsmöglichkeiten für auftretende Phänomene

► Beispiel: Keine intrapersonale Rollenklarheit als Prüfungsleiter
Es handelt sich um Ihre erste Prüfungsleitung. Sie sind sich nicht sicher, was diese Rolle alles beinhaltet. Wie gehen Sie damit um?

Hierzu bieten sich verschiedenste Möglichkeiten an: Sie könnten

- Es einfach ausprobieren und loslegen. Das kann ich nicht empfehlen. Es ist schwer genug, bei vollständiger Rollenklarheit eine Prüfung gut zu leiten. Machen Sie es sich nicht unnötig schwer!
- Im Revisionshandbuch nachlesen. Das sollten Sie unbedingt tun, denn Ihr Chef wird Sie hierauf ohnehin verweisen.
- Andere erfahrene Prüfungsleiter beobachten und befragen.
- Ihr persönliches Erfahrungswissen als Prüfer in einem Prüfungsteam nutzen. Was hat warum geklappt oder nicht? Was hat Ihnen gefallen und was nicht? Was liegt Ihnen? Was ist Ihnen wichtig?
- Was-wäre-wenn-Szenarien durchspielen, um eigene Klarheit zu gewinnen und Prioritäten zu setzen.

Was auch immer Sie tun – nehmen Sie sich für eine Prüfung nie zu viel, d. h. insbesondere immer nur ein Thema vor.[9]

► Beispiel: Ein Austausch sei sinnlos oder nicht nötig
Ihr Chef hält es nicht für nötig, sich mit Ihnen über Ihre Rolle auszutauschen.
FK: „Es ist nicht nötig, dass wir uns hierüber austauschen.“
PL: „Ich kann nachvollziehen, dass Ihnen das Thema klar ist; mir aber eben noch nicht. [PAUSE]
PL: „Um spätere Missverständnisse zu vermeiden, ist es mir wichtig Ihnen darzulegen, wie ich meine Rolle verstehe. Und zwar ...“ Oder
PL: „Um spätere Missverständnisse zu vermeiden, ergibt es für mich persönlich Sinn, mit Ihnen Einigkeit über meine Rolle zu haben.“ Oder
PL: „Um spätere Diskussionen zu vermeiden, bräuchte ich es halt, dass wir uns darüber austauschen. Wie sehen meine Kompetenzen tatsächlich aus? Was bedeutet das? Wem habe ich was zu sagen?“
Hier informieren Sie über Ihre Wahrnehmung. Es ist Ihnen wichtig. Auch wenn es Ihrem Chef nicht wichtig ist.

---

9 Vgl. 2.1.4 Beispiel: Sie merken, Sie befinden sich außerhalb Ihrer Komfortzone.

► Beispiel: Es sei alles im Revisionshandbuch definiert
Wahrscheinlich verweist Ihr Chef Sie auf das Revisionshandbuch.
FK: „Ich verstehe überhaupt nicht, was Sie haben. Wir haben doch alles definiert, was wir benötigen. Das Revisionshandbuch legt alles dar."
ALLES, also ALLES, das ist wirklich viel! Bei der generellen Anmerkung „ALLES" sollten Sie spezifisch werden. Das ist eine schöne Steilvorlage. Jetzt nennen Sie am besten konkrete Punkte, die Ihnen zu unspezifisch sind, und zu denen Sie Klarstellung benötigen.
PL: „Ja, da habe ich nachgeschlagen. Die grundlegenden Dinge sind im Revisionshandbuch dargelegt.

- Das Kapitel im Revisionshandbuch zum Thema Verantwortung wirft bei mir folgende Frage auf: Wo beginnt sie und wo endet sie?" Oder
- Allerdings ist dort erwähnt, dass es sich nur um eine Richtschnur handelt und auch abweichend gehandhabt werden darf. Bei Kapitel X stellen sich mir folgende Fragen ..."

FK: „Wenn es im Revisionshandbuch nicht geregelt ist, können wir uns je nach Fall entscheiden, wie wir die Sache handhaben wollen. Das muss nicht jetzt sein."
PL: „Um es für mich klar zu haben, möchte ich das jetzt gerne mit Ihnen besprechen. Sehen Sie, wenn ich in der Ankündigung/im Bericht als Prüfungsleiter genannt werde, hat das für mich Auswirkungen. Gerne können wir einzelne Themen, wenn sie relevant werden, besprechen. Zum jetzigen Zeitpunkt benötige ich Klarheit über meine Verantwortung zu Beginn einer Prüfung. Wofür bin ich verantwortlich und wofür nicht?"

► Beispiel: Es sei bereits alles kommuniziert
FK: „Es ist bereits alles kommuniziert."
PL: „Mir sind folgende Festlegungen bekannt ..." Oder
PL: „Ich habe mich über die kommunizierten Rollenvorgaben informiert. Hierzu habe ich im Revisionshandbuch nachgelesen, mit den Kollegen gesprochen und Ihre letzten Anweisungen per E-Mail durchgesehen. Über dieses und jenes habe ich keine Klarheit. Wie wäre es in dem-und-dem Fall zu handhaben?" [PAUSE]
Falls nichts kommt, fahren Sie fort und erläutern Sie Ihr geplantes Vorgehen.
PL: „Ich werde dies wie folgt handhaben ..."

► Beispiel: Angriff – Zweifel an Ihrer Qualifikation und Kompetenz
FK: „Wenn Ihnen die definierten Rollen/Kompetenzen/Funktionen/Aufgaben nicht klar genug sind, und Sie noch weitere Fragen dazu stellen, muss ich stark an Ihrer Kompetenz und Qualifikation als Prüfungsleiter zweifeln."
PL: „Das fände ich sehr bedauerlich. Um Missverständnisse zu vermeiden, stelle ich Ihnen kurz dar, wie ich meine Rolle/Kompetenzen/Funktionen/Aufgaben sehe und interpretiere ..."
Dagegen kann Ihre Führungskraft kaum etwas haben. Falls wirklich Missverständnisse bestehen, oder Ihre Führungskraft anderer Auffassung ist, wird sie dies sagen.

► Beispiel: Geringe Vorkenntnisse offenbaren

Sie erkennen, dass es sich um ein für Sie neues Prüfungsthema und/oder unbekanntes Prüfungsgebiet handelt. Wie sprechen Sie Ihre Führungskraft darauf an?

PL: „Herr X, wie Sie wissen, handelt sich bei der Prüfung um ein für mich neues Thema/unbekanntes Prüfungsgebiet. Ich erweitere gerne meine Kenntnisse und freue mich über die Gelegenheit, diese Prüfung durchzuführen. [PAUSE] *Um möglichst effizient zu belastbaren Ergebnissen zu kommen, möchte ich mit Ihnen gerne folgende iterative Vorgehensweise vereinbaren: Ich werde mir zunächst einen Überblick über das Prüfungsthema/-gebiet verschaffen. Anschließend möchte ich mit Ihnen meine Ideen zu den Schwerpunkten der Prüfung, der Herangehensweise und der Prüfungskonzeption besprechen und fixieren. Hierzu stelle ich mir eine enge Begleitung durch Sie vor, damit Sie kurzfristig steuernd eingreifen können. Wie sehen Sie das?"*

Sie haben hierbei Ihren Chef mit Namen angesprochen, unterstellen seine Kenntnis und zeigen Ihre Bereitschaft, Ihr Wissen zu erweitern. Dann nutzen Sie den Wunsch jedes Chefs nach maximaler Effizienz und stellen ihm vor, wie Sie vorgehen wollen. Das Ganze schließt mit einer offenen Frage ab, die als Antwort mehr als ein einfaches „Ja" oder „Nein" erfordert.

Falls Ihr Chef einwenden sollte, dass er sich ebenfalls nicht auskennt, entlassen Sie ihn nicht aus seiner Verantwortung. Gerade dann ist es für Sie aus Selbstschutz wichtig, dass er die Prüfung eng begleitet, damit er gut informiert ist und Sie beide gemeinsam die notwendigen Prüfungsentscheidungen treffen können.

2.3 Prüfungsvorbereitung im engeren Sinne

2.3.1 Ziele der Prüfungsvorbereitung im engeren Sinne

Wozu sollten Sie eine Prüfung revisionsintern vorbereiten? Ist das nicht reine Zeitverschwendung? Nein. Meiner Erfahrung nach nicht. Sie werden die investierte Zeit im Prüfungsverlauf mehrfach zurückgewinnen und Ihren Stresspegel deutlich reduzieren können. Was Sie jetzt in der Prüfungsvorbereitung nicht klären, führt später zu bösen Überraschungen. Wenn z. B. das Thema der Prüfung doch nicht so klar war, oder ob nun die Niederlassungen und Tochtergesellschaften enthalten sein sollen oder nicht. Meiden Sie Abkürzungen. Investieren Sie gerade zu Beginn einer Prüfung Zeit, um Klarheit zu schaffen und Einvernehmen zu erzielen. Gehen Sie dazu schrittweise vor. Und bedenken Sie die Auswirkungen und wem es angelastet würde, falls sich später herausstellte, dass doch kein Einvernehmen erzielt wurde.

Sie befinden sich an folgendem Ausgangspunkt: Ihre Rolle ist geklärt. Der Auftrag ergibt zunächst einmal Sinn und ist bereits grob abgeklärt. D. h. Sie kennen die Hintergründe der Auftragsvergabe, das Prüfungsziel und gewünschte inhaltliche Schwerpunkte. Sie haben eine Idee, wie das Prüfungsthema abgegrenzt werden soll, welche Prüfungsart geplant ist und vielleicht auch zur Vorgehensweise. Sie kennen die gewünschte, nun aktualisierte Zeit- und Ressourcenplanung und die grobe „Story" für Ihren Bericht. Es genügt aber nicht, wenn nur Ihre Führungskraft das Prüfungsthema kennt. Jetzt beschäftigen Sie sich auf Grundlage der bisherigen Erkenntnisse mit dem Prüfungsthema, sammeln Informationen (z. B. über Vorabgespräche, aktuelle Reports, Vorberichte, Analysen), verschaffen sich selbst einen Überblick über das Prüfungsgebiet und führen eine detaillierte Risikoanalyse durch.

- Was kann im Argen liegen oder „schiefgehen"?
- Welche Auswirkungen hätte das?
  - Auf das Unternehmen insgesamt?
  - Auf einzelne Bereiche?
- Wie sollte den Risiken begegnet werden?
- Wie wird den Risiken begegnet? Ist das ausreichend?
- Wer wäre in der Lage, diesen Risiken zu begegnen?
- Ist derjenige, der in der Lage ist, den Risiken zu begegnen, bereits dafür verantwortlich?
- Wer ist alles beteiligt?
- Wer hat welche Interessen?

Identifizieren Sie so die entscheidenden Punkte der Prüfung.
Nach der Risikoanalyse fixieren Sie Ihr Prüfungsthema, entwerfen ein klares Zielbild für Ihre Prüfung und legen anhand der entscheidenden Punkte Meilensteine fest. Auf dieser Basis beschäftigen Sie sich dann mit den zugehörigen organisatorischen

Dingen. Dies bedeutet, dass Sie viele Fragen aus der Auftragsklärung[10] erneut überdenken und ggf. Adjustierungen vornehmen müssen.

- Was ist Ihr Prüfungsziel? – Woraufhin wollen Sie das Thema prüfen?
- Was sollen die inhaltlichen Schwerpunkte der Prüfung sein?
- Welche Inhalte sollen abgedeckt werden?
- Wo wird das Thema sinnvoll abgegrenzt? (Was wird nicht geprüft?)
- Welche Prüfungsart (Wie?) werden Sie anwenden? Z. B. Funktionsprüfung, Einzelfallprüfung, Systemprüfung, Kombinationen daraus usw.
- Wie soll das Prüfungsvorgehen sein? Z. B. Interview, Analysen usw.
- Was soll der Prüfungsumfang sein? (Wie viel und worüber soll berichtet werden?) Kann sich daraus im Bericht eine sinnvolle „Story" mit einem roten Faden ergeben?
- Bis wann soll die Prüfung beendet sein? Wie ist Ihre Zeitplanung?
- Sind die Ressourcen- und Zeitvorgaben aus der Planung noch aktuell?
- Stehen die zugeordneten Ressourcen im Einklang mit dem Auftrag? (Womit?)

Können unter diesen Voraussetzungen das Prüfungsziel und die Schwerpunkte usw. aufrechterhalten werden, oder wäre es unter Risikogesichtspunkten (→ Was kann schlimmstenfalls passieren?) besser, Anpassungen vorzunehmen?

Ihr Augenmerk sollte dabei immer sein:

- Was ist langfristig das Beste für das Unternehmen?
- Ist dieses Beste mit den vorgegebenen Rahmenbedingungen durch Sie und Ihr Prüfungsteam erreichbar?

Bei neuen Themen, bei denen zunächst Informationen gesammelt werden müssen, um die konkrete Vorgehensweise abstimmen zu können, erfolgt die Prüfungsvorbereitung in mehreren sich wiederholenden Schritten. Auch wenn es schön wäre, in einem Termin bereits alles zu fixieren, bin ich davon überzeugt, dass es bei der Prüfungsvorbereitung keine Abkürzungen gibt, die nicht später mit hohem Preis bezahlt werden müssten. There aren't any shortcuts! Es lohnt sich, die Zeit zu Beginn zu investieren und schrittweise vorzugehen.

Zusätzlich sollten in der Prüfungsvorbereitung erforderliche Daten angefordert und möglichst schon analysiert werden. Lehrbücher fordern den Abschluss der Datenanalyse zum Ende der Prüfungsvorbereitung, da die gewonnenen Ergebnisse wichtige Erkenntnisse für zu bildende Prüfungsschwerpunkte liefern können. Dies ist in der Praxis jedoch nicht immer umsetzbar.

---

10 Vgl. Kapitel 2.1.1 Ziele der Auftragsklärung.

Fragen Sie sich, welche Schwierigkeiten in der Prüfung auftreten und welche Auffälligkeiten durch die Prüfung identifiziert werden könnten. Besprechen Sie sich zeitnah mit Ihrer Führungskraft und Ihren Prüfern. Legen Sie je nach Bedarf Gesprächstermine fest zur Reflektion des Status quo und zur frühzeitigen Adjustierung der weiteren Schritte. Ist eine Prüfung erst einmal fertig vorbereitet, können nicht mehr so leicht Anpassungen vorgenommen werden.

2.3.2 Mögliche Schwierigkeiten bei der Prüfungsvorbereitung im engeren Sinne

Bei der Prüfungsvorbereitung kann einiges schiefgehen. Wie schon gesagt: Was jetzt nicht geklärt wird, wirft später möglicherweise größere Probleme auf. Z. B. haben Sie vielleicht doch noch keine Klarheit und/oder Einigkeit erzielt über

- das Thema der Prüfung,
- die konkreten Inhalte (z. B. „mit oder ohne Ausland?"; Betrachtung der Niederlassungen mit oder ohne Tochterunternehmen),
- den geplanten Aufwand; bzw. der budgetierte Aufwand ist zu gering, um ein umfassendes und fundiertes Prüfungsergebnis zu erreichen,
- die Dauer der Prüfung oder Sie haben eine unrealistische Vorgabe zu erfüllen,
- die anzufordernden Daten, den Umfang der durchzuführenden Datenanalysen; oder es entstehen Probleme bei der Datenbereitstellung,
- die genaue Festlegung der Herangehensweise/Vorgehensweise,
- die konkreten Zeitpläne; oder diese sind unrealistisch.

Unvorhergesehenes kann ebenfalls passieren:

- Ansprechpartner sind nicht verfügbar.
- Die Informationsbeschaffung ist schwieriger als gedacht.
- Datenanalysen werden nicht rechtzeitig oder fehlerhaft durchgeführt.
- Das Zeitbudget für die Prüfungsvorbereitung wird überschritten.
- Die Grobanalyse des Prüfungsobjekts, Identifikation und erste Einschätzung der Risiken ergibt zu gute (→ d. h. es ist nicht relevant) oder zu schlechte (→ d. h. die Prüfungstiefe muss erhöht werden) Ergebnisse.
- Im Fachbereich regt sich schon bei den ersten Vorgesprächen erheblicher Widerstand gegen die Prüfung.

Oder Sie selbst laufen Gefahr, den Überblick und damit Ihr Ziel aus den Augen zu verlieren:

- Sie drohen in der Informationsflut zu ersticken.
- Sie fallen auf taktische Köder oder falsche Fährten der Fachbereiche herein.
- Die Einarbeitung in ein neues Thema ist schwieriger als gedacht.
- Ihr Stresslevel steigt – Sie geraten in Panik.

Zusätzlich gibt es – auch hier wieder – den Fall, dass man denkt, man sei sich einig, und später feststellt, dass dem doch nicht so ist. Abgesehen von den fachlichen Themen, auf die hier nicht eingegangen wird, lassen sich alle Probleme in folgende vier Kategorien einteilen: (1) innerhalb der Revision, (2) zwischen Prüfungsleiter und Führungskraft, (3) zwischen Prüfungsleiter und Prüfungsteam oder (4) mit dem Fachbereich. Was auch immer die Ursachen sind, Sie müssen frühzeitig eingreifen, um Ihre Prüfung zu retten.

2.3.3 Wie kann die Erfolgswahrscheinlichkeit erhöht werden?

► Missverständnisse und das Dilemma der Kommunikation vermeiden

Entscheidend für eine höhere Erfolgswahrscheinlichkeit, ist die Art und Weise der Kommunikation.

- Die Kommunikation sollte möglichst direkt, d. h. über möglichst viele Sinneskanäle, am besten in einem persönlichen Gespräch und nicht per „Stille Post", oder per Videokonferenz, Telefon oder Mail erfolgen.
- Legen Sie Abstimmtermine (mit Ihrem Chef und mit Ihrem Team) fest und halten Sie diese ein. Falls mehrere Führungskräfte der Revision in Ihre Prüfung einzubeziehen sind, vereinbaren Sie schon jetzt, wer der Beteiligten im Fall der Fälle zu welchen Themen das letzte Wort haben soll.
- Fordern Sie notwendige Rahmenbedingungen aktiv ein.
- Achten Sie auf die Lösbarkeit der Aufgaben.
- Schaffen Sie Transparenz über die aktuelle Situation.
    - Was ist der aktuelle Stand?
    - Was waren die Folgen bisheriger Vereinbarungen (z. B. zu Ziel und Vorgehen)?
    - Wie ist die weitere Vorgehensweise bisher geplant?
    - Welche Adjustierungen möchten Sie vornehmen?
    - Welche Planungsunsicherheiten bestehen?
    - Welche Risiken und Auswirkungen sind damit verbunden?

Fordern Sie als Prüfungsleiter alle erforderlichen Rahmenbedingungen ein.[11] Machen Sie sich eine Liste von Dingen, die Sie benötigen und die vorhanden sein sollten. Schließlich sind Sie als Prüfungsleiter in der Regel mit den Themen vertrauter als Ihre Führungskraft. Schließen Sie vermeidbare Irrtümer aus.

Natürlich können auch in der Kommunikation selbst sehr viele Missverständnisse entstehen. Dem interessierten Leser empfehle ich die Werke von Friedemann Schulz von Thun; insbesondere die dreibändige Reihe „Miteinander reden". Hier werden „Das Quadrat der Nachricht" und das Modell des „Inneren Teams" ausführlich erläutert.

---

[11] Vgl. Kapitel 2.1.3. Fordern Sie die für die Prüfung notwendigen Rahmenbedingungen ein.

Nach Konrad Lorenz werden Kommunikationsstörungen im Sender-Empfänger-Modell wie folgt zusammengefasst[12]:

gedacht	ist nicht gesagt
gesagt	ist nicht gehört
gehört	ist nicht verstanden
verstanden	ist nicht gekonnt
gekonnt	ist nicht gewollt (= einverstanden)
gekonnt und gewollt	ist nicht angewandt
angewandt	ist nicht beibehalten

Es geht Ihnen als Prüfungsleiter im Wesentlichen um Klarheit und Einigkeit. Wie erreichen Sie das? Indem Sie ausgiebig nachfragen und Definitionen und Begriffe klären.[13] Doppelt hält in solchen Fällen wirklich besser.

Am Einfachsten und Sichersten verhindern Sie Missverständnisse, indem Sie jedes Mal, wenn Sie Ihre Sicht erzählen, die vom Gesprächspartner verwendeten Begriffe aufgreifen und erläutern, wie Sie diese verstehen. Bitten Sie den anderen, das, was Sie gesagt haben, mit eigenen Worten zu wiederholen. Aus diesem Grund genügt es auch nicht, wenn sich Prüfungsleiter und Führungskraft nur schriftlich über eine Prüfung austauschen. Das schriftliche Fixieren ist wichtig, um Vereinbarungen festzuhalten, jedoch nicht ausreichend. Versuchen Sie als Prüfungsleiter, Ihrer Führungskraft Ihr Verständnis zu vermitteln. Sobald Sie auch nur das vage Gefühl haben, dass ein Missverständnis bestehen könnte, sprechen Sie Ihren Chef darauf an.[14]

► Neugier und Offenheit
Eine Möglichkeit, Missverständnissen ihre Problematik zu nehmen, besteht darin, sich bewusst zu machen, dass man sich wahrscheinlich missverstehen wird. Gehen Sie von folgender Annahme aus: In der Regel werde ich missverstanden; in seltenen Ausnahmefällen werde ich nicht missverstanden. Dann verhalten Sie sich entsprechend anders und können dadurch die Wahrscheinlichkeit des gegenseitigen Verstehens steigern. Dieses Verhalten zeigt sich in einer neugierigen und offenen Grundhaltung. Sollte man eventuell doch nicht aneinander vorbeireden? Stellen Sie Ihrem Gesprächspartner viele Fragen, lassen Sie sich wichtige Begriffe erklären und Vorgehensweisen erläutern. Haken Sie nach, sobald Sie unsicher sind, und fassen Sie das, was Sie verstanden haben, stets in eigenen Worten zusammen.

► Den Konjunktiv nutzen
Nachhaken kann allerdings penetrant wirken und zu Konfrontationen führen. Um dies abzumildern, nutzen Sie Gedankenspiele, in welchen Sie mögliche Alternativen

12 Vgl. https://www.nur-zitate.com/zitat/11098, Abfrage: 11.9.2021.

13 Vgl. Kapitel 2.2.3. Die eigene Sichtweise, Begriffe und Perspektiven erläutern.

14 Vgl. 2.3.4; Beispiel: Mögliche Missverständnisse ansprechen.

mit ihren Auswirkungen darstellen und dabei den Konjunktiv verwenden. Das ermöglicht Kurskorrekturen, ohne Ihrer Kompetenz zu schaden und ohne Gesichtsverlust für beide Seiten.[15]

► Informationsgrundlagen schaffen
Die Interne Revision verfügt über aktive und passive Informationsrechte gegenüber den Fachbereichen sowie über ein außerordentliches Prüfungs- und Weisungsrecht bei Sonderprüfungen oder falls Gefahr in Verzug ist. Dies ist in den IIA Standards nachzulesen und sollte Bestandteil der vom Vorstand verabschiedeten Rahmenbedingungen der Internen Revision sein. Das aktive Informationsrecht bedeutet, dass die Fachbereiche auf Anfrage der Internen Revision auskunftspflichtig sind. Das passive Informationsrecht bedeutet, dass die Fachbereiche die Revision bei wichtigen Dingen von sich aus informieren müssen, die Revision an Gremien teilnehmen darf und über Zugangsrechte und Systemzugriffe verfügt. Die nötigen Informationen aus den Fachbereichen können Sie also z. B. mittels der Prüfungsankündigung anfordern. Vergessen Sie hierbei nicht, Liefertermine zu setzen.

Bei einem für Sie neuen Prüfungsthema ist es erforderlich, dass Sie sich zunächst eine besonders gute Informationsgrundlage schaffen. Sicherlich enthält der Vorbericht einiges Brauchbares. Lassen Sie sich jedoch nicht zu sehr darauf ein. Denn jeder Prüfer hat seine spezifische Sichtweise und achtet auf jeweils andere Dinge. Lassen Sie sich nicht von etwaigen Vorergebnissen einlullen. Nehmen Sie diese als Information auf und stellen Sie sie in Ihrer Prüfung infrage. (Wenn damals etwas funktioniert oder nicht funktioniert hat, so kann sich das inzwischen leicht geändert haben). Selbstverständlich informieren Sie sich über den Inhalt und Stand des Follow-up. Treten Sie in Kontakt zum Fachbereich und führen Sie ein unverbindliches Vorgespräch über Ihr Prüfungsthema oder den Prozessablauf. Nutzen Sie die Gelegenheit und fragen Sie nach guten Auswertemöglichkeiten, bestehenden Reports und Ähnlichem. Besprechen Sie, welche Daten sinnvollerweise anzufordern sind.

Achtung: Hinterfragen Sie jede Antwort! Will man Sie an der Nase herumführen, oder sind das ehrliche Antworten? Zeigt der Gesprächspartner eine positive oder eine ablehnende Haltung gegenüber der Prüfung? Sie werden merken: Je besser Ihre Arbeitsbeziehung zum Fachbereich ist und je vertrauensvoller Sie zusammenarbeiten können, umso einfacher werden diese Vorabgespräche verlaufen.

2.3.4 Reaktionsmöglichkeiten für auftretende Phänomene

► Beispiel: Mögliche Missverständnisse ansprechen
Sie vermuten, dass Sie sich mit Ihrer Führungskraft doch missverstehen, was die Bedeutung eines bestimmten Begriffes oder eine bestimmte Sichtweise anbelangt.

---

15 Vgl. 2.3.4; Beispiel: Kaum umsetzbare Entscheidungen oder unzumutbare Rahmenbedingungen.

Da jeder Mensch die Welt auf Grundlage seiner persönlichen Erfahrungen sieht, erschafft jeder sein individuelles geistiges Abbild von ihr. Es ist also eher unwahrscheinlich, dass zwei Menschen unter einer Sache das Gleiche verstehen oder die gleiche Vorstellung von ihr haben. Gehen Sie also, wie gesagt, davon aus, dass Sie vieles missverstehen. Das nimmt den Missverständnissen weniger den Überraschungseffekt. Sprechen Sie mögliche Missverständnisse explizit an.
PL: „Um mögliche Missverständnisse zu vermeiden, möchte ich kurz darstellen, was ich unter X verstehe und wie ich die Sache sehe....“
Völlig falsch wäre es, an dieser Stelle zu fragen: *„Sind wir uns einig?“* und dann ein einfaches „Ja“ zu akzeptieren. Lassen Sie sich nicht damit abspeisen. Haken Sie nach. Das ist Ihr Job und Ihre Kernkompetenz. Gewöhnen Sie sich an, alle Schlüsselbegriffe von sich aus zu definieren. Erläutern Sie, was Sie worunter verstehen und grenzen Sie ab, was Sie nicht darunter verstehen. Fertigen Sie eine Skizze (z. B. von einem Prozess, von Datenflüssen, von Definitionsüberlappungen) an. Sie müssen ja nicht die exakt gleiche Sichtweise haben. Ihre Sichtweisen sollten aber soweit deckungsgleich sein, dass Sie über die gleichen Dinge sprechen.

Schreiben Sie im Anschluss an das Gespräch auf, was Sie verstanden haben und worauf Sie sich mit Ihrer Führungskraft geeinigt haben. Geben Sie diese schriftliche Zusammenfassung Ihrer Führungskraft oder legen Sie sie in Ihrer Prüfungsakte ab. Wahrscheinlich müssen Sie bei der Erstellung des Berichts erneut darauf zugreifen. Die frühzeitige Information Ihres Chefs über die unterschiedliche Verwendung ein und desselben Begriffs in Ihrem Unternehmen spricht für ein bedachtes und gewissenhaftes Vorgehen. Sie wird Ihnen auch später in der Abschlussbesprechung zugutekommen.

► Beispiel: Zugesagter Prüfer steht nicht zur Verfügung
Sie sind Prüfungsleiter und sollen die Prüfung gemeinsam mit weiteren Revisionskollegen durchführen. Insbesondere benötigen Sie unbedingt die Fachexpertise eines Kollegen, die Ihnen in der Planung zugesagt, aber von dessen Chef (nicht Ihrem) abgezogen wurde. Was ist zu tun?

Sprechen Sie zunächst mit dem Prüfer und bitten ihn um eine realistische Einschätzung, ob, und wenn ja, wann er zur Verfügung stehen kann. Überlegen Sie, welche Optionen Sie haben (z. B. die Prüfung verschieben, ohne den Prüfer weitermachen, aber dessen Thema X ausklammern usw.) Danach handeln Sie nach dem Motto: „Melden macht frei“ und gehen zu Ihrem Chef. Erläutern Sie ihm die Situation und schlagen ihm die verschiedenen Optionen vor. Bringen Sie Ihre Haltung zum Ausdruck, z. B. dass Sie gerne die Prüfungsleitung übernehmen, aber unter diesen Bedingungen das Thema X leider nicht abdecken können.

Achtung: Hier besteht die große Gefahr, dass Sie mit einem *„Das werden Sie schon hinbekommen; ich traue es Ihnen zu“* abgespeist werden. Komplimente sind schön und gut. Trotzdem müssen Sie verhindern, dass Ihnen später Vorwürfe gemacht werden, Sie hätten Thema X nicht ordentlich geprüft, keine aussagekräftige

Berichtspassage geliefert oder Ähnliches. Achten Sie darauf, dass Sie hierfür nicht zur Verantwortung gezogen werden können. Z. B. schicken Sie nach dem Gespräch eine Mail mit den Gesprächsergebnissen an Ihren Chef und den Chef des nicht zur Verfügung stehenden Prüfers.

► Beispiel: Ihr Chef bleibt Antworten oder Vorgaben schuldig
In diesem Fall fragen Sie zunächst nach.
PL: „Wir haben noch keine Vereinbarung zu X getroffen. Gibt es hierzu von Ihrer Seite Wünsche oder konkrete Vorgaben?"
Werden Ihnen dennoch keine Vorgaben gemacht und keine Wünsche geäußert, machen Sie einen Vorschlag.
PL: „Vielen Dank für Ihr Vertrauen. Ich werde zunächst ..., dann ... und Sie anschließend über den aktuellen Stand informieren."
Ist es Ihnen jedoch sehr wichtig, eine konkrete Vorgabe zu erhalten, verwenden Sie das Modell A oder B. D. h., schlagen Sie zwei verschiedene Varianten vor, zwischen denen sich Ihr Chef entscheiden soll.
PL: „Möchten Sie, dass ich A oder B mache?"

► Beispiel: Gesetzte Vorgaben werfen Probleme auf
Sollte Ihr Vorgesetzter Entscheidungen oder Rahmenbedingungen setzen, die Ihnen als Prüfungsleiter Schwierigkeiten bereiten oder für Sie unzumutbare Probleme aufwerfen, gehen Sie ähnlich vor: Setzen Sie Ihre Führungskraft davon in Kenntnis, was diese Entscheidung für die Prüfung bedeutet, und wie Sie sich infolgedessen verhalten werden. Sehr elegant ist es, hierbei für Ihre Führungskraft eine gesichtswahrende Kursänderung zu ermöglichen. Nutzen Sie also intensiv den Konjunktiv.
PL: „Für die Prüfung benötige ich bis [Termin] Datenauswertungen, um die Zugriffsrechte zu prüfen. Ich möchte Sie davon in Kenntnis setzen, dass ich diese Auswertungen nicht termingerecht/in der gewünschten Form erhalten habe. Dies hat die Auswirkung ... Ohne die Datenauswertungen wüsste ich nicht, wie ich das Prüfungsziel effizient erreichen könnte. Hätten Sie einen Vorschlag?" Oder
PL: „Die Prüfung hat das Ziel X. Um das fundiert zu beurteilen, benötige ich einen IT-Prüfer. Derzeit steht mir kein IT-Prüfer zur Verfügung. Selbstverständlich könnte ich die Prüfung auch ohne die Unterstützung eines IT-Prüfers durchführen. Ich befürchte jedoch, dass dies nicht effektiv und sicherlich nicht effizient möglich wäre, da die anderen Prüfer nicht über das erforderliche Know-how verfügen. Dies könnte dazu führen, dass die Prüfung nicht termingerecht beendet werden würde und hätte negative Auswirkungen auf die Zielerreichung der Revision." Oder
PL: Möglicherweise habe ich Sie ja falsch verstanden. Ich meinte verstanden zu haben, dass X der Rahmen ist, in welchem ich mich zu bewegen habe. Wenn dies so wäre, dann bestünde das Risiko von A, welches ich nicht oder nur durch B kompensieren könnte. Das würde C bedeuten.
Ihr Chef könnte antworten:
FK: „Ja, Sie haben mich falsch verstanden – nie hören Sie mir richtig zu!"

Versuchen Sie, sich nicht angegriffen zu fühlen. Manchmal ist es eben leichter und langfristig angenehmer, kurzfristig zu verlieren und dafür die Kurskorrektur zu erreichen. Denken Sie doch nur an Ihre Kindheit zurück. Da haben Sie vielleicht auch gerne Wetten verloren oder waren im Unrecht *(„Ich wette um fünf Mark, dass Du diesen Regenwurm nicht essen wirst!“)*. Solche Wetten haben manche von uns gerne verloren, nur um dem anderen beim Essen des Regenwurms zusehen zu können.

▶ Beispiel: Informationsflut
Sie merken, der Fachbereich schüttet Sie mit Informationen zu. Wie dämmen Sie die Informationsflut ein? Wie behalten Sie den Überblick?

Bedanken Sie sich für die Zusendung. Ggf. nutzen Sie die Mail-„Ausrede“ (Anhänge zu groß/Postfach voll), äußern Ihren Wunsch nach spezifischen Informationen und lassen sich die relevanten Passagen vom Fachbereich heraussuchen und benennen (z. B. Dokument A, Kapitel B, Seite C, Absatz D).
PL: „Herr X, ich habe gesehen, Sie wollten mir Unterlagen mailen. Wie Sie sicherlich wissen, unterliegen bei uns im Haus die Mailpostkörbe und einzelne Mails einer Größenbeschränkung. Ich konnte Ihre Mail daher nicht empfangen. Bitte senden Sie mir nur genau das eine Dokument, in welchem Y enthalten ist.“ Oder
PL: „Herr X, vielen Dank für die umfassenden Informationen. Obwohl alles sicherlich sehr interessant wäre, ist es mir zeitlich leider nicht möglich, alle Unterlagen nach Y durchzusehen. Bitte nennen Sie mir das spezifische Dokument mit Kapitel und Seitenzahl/Abschnitt, in welchem Y dargestellt ist. Vielen Dank.“ Oder
PL: „Herr X, vielen Dank für die Unterlagen, die Sie mir gemailt haben. Nach Durchsicht Ihrer Unterlagen ist es mir nicht möglich gewesen, in angemessener Zeit das Gewünschte zu identifizieren. Aber da es ja Ihre Dokumentation ist, finden Sie sich darin bestimmt besser zurecht. Nennen Sie mir bitte genau die Stelle, in der Y enthalten ist, oder geben mir konkret den Auszug dieser Passage. Vielen Dank.“

▶ Beispiel: Köder oder falsche Fährte
Sie merken, der Fachbereich wirft Ihnen einen Köder hin bzw. will Sie auf eine falsche Fährte locken.
FB: „Nein, also bei uns müssen Sie nicht prüfen, aber in dem-und-dem Bereich, da geht es ja drunter und drüber! Also ich sage Ihnen, das ist echt kaum zu glauben, was da abgeht!“
Hier gibt es je nach Ihrer Persönlichkeit und nach Ihren bisherigen Erfahrungen mit Ihrem Gesprächspartner verschiedene Möglichkeiten.

▷ Humor
Sie reagieren mit Humor und lachen.
PL: „Haha!/Nice try!/Netter Versuch!/Kann man ja mal versuchen ...“

▷ Ignorieren
Sie gehen nicht darauf ein und ignorieren den Versuch. Es waren nur Schallwellen. Immerhin haben Sie die Gefahr erkannt und damit die Gefahr gebannt.
PL: „Das mag interessant sein, ist aber nicht mein Thema. Also, ich fragte ...“

▷ Vermutung: Es entspricht der Wahrheit
Falls Sie der Meinung sind, da könnte vielleicht doch etwas dran sein, bitten Sie am besten gleich um eine Risikoanalyse inkl. Begründung. Wenn Sie möchten, können Sie gleich nachfragen, was der Gesprächspartner denn bisher in dieser Sache unternommen hat. Erwähnen Sie, dass Sie über so einen wichtigen Hinweis aus dem Fachbereich ein Gesprächsprotokoll anfertigen müssen und um Gegenzeichnung der inhaltlichen Richtigkeit bitten werden. Vielleicht gibt es hierzu ja auch eine Regelung im Revisionshandbuch, die Sie hier erwähnen können, z. B. dass Hinweise außerhalb des aktuellen Prüfungsthemas schriftlich beim Revisionsleiter eingereicht werden müssen.
PL: „Oh, das ist ja interessant. Wie schätzen Sie das Risiko ein – und mit welcher Begründung?“
PL: „Was haben Sie denn in dieser Gelegenheit bereits unternommen?“
PL: „Wenn wir solch wichtige Informationen erhalten, müssen wir ein Gesprächsprotokoll anfertigen. Leider. Ich würde mir die Arbeit auch gerne ersparen. Aber Sie wissen ja – die Vorschriften. Moment, ich mache mir eben Notizen und werde Ihnen dann das Protokoll mit der Bitte zuschicken, mir die inhaltliche Richtigkeit zu bestätigen. Ist das O.K.?“

▷ Vermutung: Es ist eine falsche Fährte
Wenn die falsche Fährte sehr offensichtlich ist, sprechen Sie Ihren Gesprächspartner offen auf Ihre Vermutung an. Es geht hier weniger um eine Eskalation, als vielmehr darum, ein Signal zu setzen, dass Sie es gemerkt haben und sich nicht so plump manipulieren lassen.
PL: „Wollen Sie mich hiermit etwa auf eine falsche Fährte locken?“

Achtung: Falls Sie wissen, dass Sie grundsätzlich gerne auf Köder anspringen, und Sie vor Ihrem Gespräch die Gefahr bereits wittern, dann nehmen Sie sich eine kleine Erinnerungshilfe mit in den Termin; z. B. eine Büroklammer, die Sie an einen Angelhaken erinnern soll. Legen Sie die Büroklammer auf den Tisch oder befestigen Sie sie so an Ihren Unterlagen, dass Sie sie sehen können. Wenn nun ein Köder ausgeworfen werden sollte, wird es Ihnen viel leichter fallen, noch einmal darüber nachzudenken, ob Sie wirklich anbeißen wollen.

▶ Beispiel: Fehlende Zugriffsrechte
Sie stellen zu spät fest, dass Sie die notwendigen Zugriffsrechte für das relevante IT-System nicht besitzen. Und nun?

Gestehen Sie sich selbst ein, dass das nicht gut gelaufen ist. Schauen Sie nach vorne und fragen sich: *„Was ist jetzt zu tun?“* Fordern Sie die benötigten Zugriffsrechte an und erkundigen Sie sich, wie lange das dauern wird. Dann melden Sie das Ihrem Chef. Wahrscheinlich muss er den Antrag für die Zugriffsrechte sowieso unterschreiben.
PL: „Ich hatte zu spät festgestellt, dass ich nicht alle benötigten Zugriffsrechte hatte. Hier ist der Antrag. Man hat mir versichert, dass ich die Zugriffsrechte bis dann-und-dann erhalten werde. Das wird sich auf die Prüfung so-und-so auswirken.“

► Beispiel: Kostenverrechnung

Der Fachbereich informiert Sie, dass er die Datenabzüge aufgrund des erheblichen Aufwands nicht mehr kostenlos zur Verfügung stellen möchte. Die Kosten sollen der Internen Revision verrechnet werden. Sie haben von dieser Praxis noch nie gehört. Wie gehen Sie damit um?

- Erkundigen Sie sich, ob es Absprachen zwischen der IT und der Internen Revision hierzu gibt.
- Melden Sie den Vorfall Ihrer Führungskraft.
- Fragen Sie nach, ob diese von so einer Absprache Kenntnis hat.
- Holen Sie sich das Einverständnis, die Daten dennoch jetzt anfordern zu dürfen (auch wenn die Frage der Kostenverrechnung noch nicht geklärt sein sollte).
- Ggf. machen Sie Meldung, dass Sie die noch nicht erhaltenen Daten trotz der Kostenfrage angefordert haben, wann sie voraussichtlich geliefert werden, oder dass die Daten gar nicht eintreffen werden und welche Auswirkungen das haben wird.

2.4 Prüfungskonzept

2.4.1 Ziele des Prüfungskonzeptes

Das Management der Aufmerksamkeit eines Unternehmens gehört zu den wichtigsten Steuerungsinstrumenten.[16] Die Interne Revision ist eine Institutionalisierung einer methodischen Beobachtung des Unternehmens. Dies bedeutet auch: Für den Erfolg und die Handlungsfähigkeit des Unternehmens ist es extrem wichtig, dass die Interne Revision ihre Aufmerksamkeit auf die richtigen Dinge richtet und durch die Beobachtung des Unternehmens das Unternehmen selbst in seiner eigenen Beobachtung beeinflusst. „Die Beeinflussung der Beobachtung des Unternehmens ist die wichtigste Methode, eine schlagkräftige Organisation zu bilden und handlungsfähig zu machen."[17] Daraus folgt: Ist die Revision ein kritischer Beobachter, erhöht sie die Handlungsfähigkeit des Unternehmens; schaut sie weg, schadet sie ihm.

Das Prüfungskonzept ist das Gerüst Ihrer Prüfung, an dem Sie sich mit Ihrem Prüfungsteam entlanghangeln. Es ist sozusagen das Gerippe, das mit Fleisch versehen werden muss. Es gliedert Ihre Prüfung, legt eine hoffentlich zielführende Vorgehensweise fest, definiert Prüfungshandlungen (→ Wofür ist was zu tun?), ordnet die Prüfer zu (→ Wer prüft was?) usw. Je nach Revision dient es entweder lediglich als Erinnerungsstütze für alle zu prüfenden Untergebiete, oder ist mit Prüfungsergebnissen (und den späteren Berichtspassagen) zu füllen und unterstützt die Dokumentation aller Aktivitäten. Das Prüfungskonzept lenkt die Aktivitäten Ihres Teams und damit auch die Aufmerksamkeit der Fachbereiche auf die Prüfungsthemen.

2.4.2 Mögliche Schwierigkeiten bei der Erstellung des Prüfungskonzeptes

Wie Sie wissen, ist die Revision angehalten, alle Prüfungsergebnisse zu dokumentieren und im Prüfungsbericht vollständig darzustellen. Auch der Wirtschaftsprüfer hat ein Eigeninteresse an einer ausführlichen Dokumentation durch die Interne Revision und nutzt diesen Hebel gerne bei der Beurteilung letzterer. Je nachvollziehbarer die vollständige Darstellung gestaltet ist, umso leichter fällt dem externen Prüfer die Beurteilung. Nach meiner Beobachtung ist man in der Revision zunehmend dazu übergegangen, die Gliederung des Berichts konsistent zum Prüfungskonzept zu halten. Und genau dies ist die große Herausforderung. Sie müssen sich bereits bei der Erstellung des Prüfungskonzepts und ohne die Prüfungsergebnisse zu kennen folgende Gedanken über die Zeitplanung und die Gliederung des Berichts machen:

- Es entsteht erheblicher Dokumentationsaufwand, wenn Sie den Bericht nicht analog zum Prüfungskonzept gliedern, um einen roten Faden oder eine „runde Story" abliefern zu können. Welche Gliederung wäre effizienter?
- Decken sich die getroffenen Annahmen Ihres Konzeptes (z. B. zur Situation und möglichen Ursachen) mit dem Kontext?
- Festlegungen reduzieren Ihre Flexibilität für eine modulare Gliederung.

---

16 Vgl. Sprenger, Reinhard, K.: Radikal führen, S. 137.

17 Simon, Fritz B.: Gemeinsam sind wir blöd!?, S. 215.

- Haben Ihr Chef und der Wirtschaftsprüfer dafür Verständnis, falls Sie aus Gründen der Vollständigkeit alle Punkte auflisten, auch wenn Sie später aus Gründen der Risikoorientierung manches nur oberflächlich betrachten?
- Welche Flexibilität gönnen Sie sich und Ihrem Team für die Abarbeitung?
- Was ist, wenn der Fachbereich die vorhandene Checkliste kennt und antizipiert, sie Lücken enthält, oder sich die „Welt" inzwischen verändert hat?
- Wie allgemein oder spezifisch dürfen die Vorgaben für den Prüfer sein?
  - Sind sie zu detailliert, um in der Praxis anwendbar zu sein, oder verbieten sie dem Prüfer eigene Gedankengänge?
  - Oder sind sie zu grob, um einem unerfahrenen Prüfer genügend Anhaltspunkte für seine Aufgabe an die Hand zu geben?
- Sind die Prüfungshandlungen wirklich sinnvoll und zielführend?
- Richtet sich das Prüfungskonzept tatsächlich an den wichtigen Themen des Unternehmens aus? (Wie unbequem soll bzw. darf es für alle Beteiligten werden?)
- Erlaubt dies alles ein effektives und effizientes Vorgehen?

2.4.3 Wie kann die Erfolgswahrscheinlichkeit erhöht werden?

► Vorausschauende Gliederung des Konzepts für den späteren Bericht
Für den „roten Faden" oder die gute Story eignet sich insbesondere eine Gliederung anhand einer **logischen Abfolge**, wie z. B. eines Prozessablaufes, des Risikosteuerungskreislaufes, des Mehr-Ebenen-Modells des Risikomanagements[18], von Elementen des COSO- oder COBIT-Würfels, oder aber sich an den Gliederungspunkten einer Vorschrift (z. B. Gesetzestext, MaRisk usw.) zu orientieren.
Sollten Sie völliges **Neuland** betreten, gehen Sie den Weg der Mitte (z. B. zwischen Granularität und Flexibilität)[19], entwickeln Sie Ihr Konzept erst beim Prüfen, recherchieren Sie und veranstalten Sie einen revisionsinternen Workshop oder ein Brainstorming. Je stärker sich Kontextbedingungen verändern und je größer der Prüfungsumfang, umso höher ist das notwendige Abstraktionsvermögen der Prüfer, umso weniger hilfreich sind standardisierte Fragenkataloge oder Patentrezepte und umso stärker kommen kreative, nicht standardisierte Prüfungsmethoden zum Einsatz.[20] Gehen Sie aufkommende Schwierigkeiten früh an.

► Effektivität und Effizienz der Prüfung bereits mit dem Konzept erhöhen
Der Grundstein für die spätere Effektivität und Effizienz einer Prüfung wird bereits mit dem Prüfungskonzept gelegt.
Für die Effektivität der Prüfung müssen Sie sich ständig fragen:

- Worüber soll ich im Bericht eine Aussage treffen?
- Was muss ich dazu in Erfahrung bringen?
- Wofür benötige ich Nachweise?

---

18 Vgl. hierzu Lang, Dunja: Take a Walk on the Wild Side, S. 42.
19 Vgl. 2.4.4; Beispiel: Wie konkret soll das Prüfungskonzept sein?
20 Vgl. Haferkorn, Petra: Mehr als nur ein paar Fragen, S. 186.

Für die Effizienz der Prüfung müssen Sie sich ständig fragen:

- Was bringt mir diese Prüfungshandlung in Bezug auf die Berichtsaussage?
- Welche Prüfungshandlungen kann ich weglassen, ohne die Berichtsaussage verändern zu müssen?
- Will ich nur ein vorgegebenes Sollkonzept gegen das „Ist" der Realität halten? Genügt es mir also, Abweichungen zu finden und eine Korrektur herbeizuführen, oder will ich mehr? Will ich die Sollvorgaben hinterfragen? Denn genau diese Vorgaben, die heute das Überleben des Unternehmens sichern, können morgen in den Abgrund führen.[21] Ist das Soll im Vergleich zu Art und Umfang der Geschäftstätigkeit angemessen?
- Sollen bei den einzelnen Prüfungshandlungen auch gleichzeitig die zugrunde liegenden impliziten und expliziten Annahmen hinterfragt werden?
- Wie stehen die expliziten und impliziten Annahmen in Bezug zu möglichen Interessen und Incentivierungen der Fachbereiche? Stehen diese im Einklang? Ist es überhaupt ein Ziel der Beteiligten (z. B. (Risiko-)Controlling, Compliance), Abweichungen zu melden, oder entspricht die Zielerreichung dem Nichtvorhandensein von Abweichungen?
- Soll in der Prüfung auch die im Fachbereich hoffentlich stattfindende Reflexion des (Risiko-)Managementprozesses an sich betrachtet werden? Z. B.: Wie gut wird der vorhandene Prozess optimiert? Welche Anreize gibt es für die Identifikation von Schwachstellen? Wie werden identifizierte Schwächen aufgenommen? Wie gut wird mit identifizierten Schwächen umgegangen?
- Wird in dem zu prüfenden Prozess eine Strategie der Evolution konzeptionell berücksichtigt? Deckt das Prüfungskonzept die notwendige Evolution ausreichend ab?

Steht Ihr Prüfungskonzept, führen Sie einen abschließenden Quercheck durch.

- Richtet es sich an Ihren internen Vorgaben und Rahmenbedingungen aus?
- Sollen diese als gegeben vorausgesetzt oder hinterfragt werden?
- Richtet es sich an der späteren Berichterstattung aus?
- Lässt es genügend Platz für eine tiefgehende Ursachenanalyse?
- Wurden „überflüssige" Prüfungshandlungen entfernt?

▶ Vorausschauendes Handeln
Nutzen Sie auch Ihr Prüfungsteam dazu, die Gliederung mehrfach zu überprüfen. Hier ist „Mehrhirndenken" nach Fritz B. Simon von großem Vorteil. Sprechen Sie rechtzeitig mit und in Ihrem Prüfungsteam. Stimmen Sie frühzeitig ab, wo eine Befragung oder Prozessaufnahme genügt, wo mit wem gesprochen werden muss, wo intensiver geprüft werden soll und wofür Nachweise gesammelt werden müssen.

[21] Vgl. Simon, Fritz B.: Gemeinsam sind wir blöd!?, S. 22.

Wann erfolgt der regelmäßige Austausch? Wer informiert wen wann worüber in außergewöhnlichen Situationen? Wer hat welche „Holschuld" und wer welche „Bringschuld"?[22] Im Nachhinein lassen sich solche Dinge kaum besprechen, ohne die Schuldfrage zu thematisieren. Nutzen Sie die Chance und besprechen Sie Ihre Informationsflüsse und Ihr Vorgehen so früh wie möglich. Nichts ist schlimmer, als im Endspurt tiefgreifende Veränderungen vornehmen zu müssen.

2.4.4 Reaktionsmöglichkeiten für auftretende Phänomene

▶ Beispiel: Zeitlicher Verzug bei Erstellung des Prüfungskonzepts

FK: „Sie haben das Thema schon ewig und haben mir noch kein Prüfungskonzept vorgelegt!"

Es schadet nie, seinem Chef zuzustimmen – zumal, wenn er im Recht ist.

PL: „Ja, ich habe Ihnen das Konzept noch nicht vorgestellt. Wann darf ich Ihnen mein Konzept vorstellen?"

Eine weitere Variante ist die, das Thema aufzunehmen und umzuleiten.

PL: „Ich sitze tatsächlich schon länger an der Prüfungsvorbereitung. Die Gründe lagen [wie Sie wissen] in der Schwierigkeit der Datenbeschaffung und in der umfangreichen Follow-up-Tätigkeit. Sie wissen doch, diesen Monat waren diverse wesentliche Maßnahmen fällig und der Fachbereich X hat wieder einmal nicht unaufgefordert geliefert und dann war die Lieferung auch noch unbrauchbar. Darüber wollte ich sowieso schon mit Ihnen sprechen. Bitte sprechen Sie in Ihrem nächsten Jour fixe mit dem Bereichsleiter diese laxe Rückmeldehaltung an. Das kostet mich und die Kollegen richtig viel Zeit."

▶ Beispiel: Blackout

Sie haben keine Idee, wie Sie die Prüfung am besten aufsetzen und konzipieren sollen. Wie kommen Sie zu einer Lösung?

Dies ist kein Problem, sondern spricht für Ihre gute Selbsteinschätzung. Eine Prüfung zu konzipieren ist nicht einfach. Hier legen Sie den Grundstein für belastbare Ergebnisse und ein schlankes Vorgehen. Sie können eine oder mehrere der folgenden Varianten ausprobieren:

- Wenn Sie Probleme mit einem weißen Blatt Papier haben, versuchen Sie, Ihre Gedanken jemandem zu erzählen.
- Skizzieren Sie verschiedene Gliederungskonzepte und testen Sie diese gegen erwartete Ergebnisse auf eine runde Story.
- Orientieren Sie sich am Vorbericht oder am Bericht des Wirtschaftsprüfers.
- Gliedern Sie anhand von Vorschriften, Risikosteuerungskreisläufen, Prozessabläufen, COSO- oder COBIT-Konzepten.
- Befragen Sie nette Kollegen oder Ihre Revisionskontakte.
- Suchen Sie im Internet nach Literatur zu dem Thema und orientieren Sie sich an der Gliederung der Artikel.

---

22 Vgl. zu den Begriffen Hol- und Bringschuld Kapitel 6.1.3.

▶ Beispiel: Bestehendes Konfliktpotenzial
Sie merken, dass Konfliktpotenziale bestehen (z. B. bzgl. der Arbeitskoordination im Prüfungsteam). Wie gehen Sie damit um?
Sprechen Sie so etwas so früh wie möglich an. Nutzen Sie Ich-Botschaften und den Konjunktiv. Versuchen Sie, sich stark an der Zukunft zu orientieren.
PL: „Ich habe den Eindruck, dass es bisher noch nicht so richtig rund läuft, wie ich es mir für die Zukunft wünschen würde."
Pause einlegen und Reaktion abwarten. Mit dem „noch" drücken Sie Ihre Zuversicht aus. Antworten Sie auf Rückfragen. Falls nichts kommen sollte, stellen Sie eine offene Frage.
PL: „Was meint Ihr?"
Halten Sie sich nicht lange an der Vergangenheit auf. Lassen Sie die Schuldfrage möglichst ungeklärt. Richten Sie Ihre Aufmerksamkeit nach vorne.
PL: „Wir werden die nächsten fünf Wochen eng zusammenarbeiten. Wie können wir das bestmöglich bewerkstelligen?"

▶ Beispiel: Wie konkret soll das Prüfungskonzept sein?
Bei dieser Frage scheiden sich die Geister. Einige wollen im Vorhinein jedes einzelne Schrittchen vorgegeben, zeitlich geplant und einem Prüfer zugewiesen haben. Andere wollen die kreative Freiheit und zu Beginn nur eine grobe Orientierungshilfe oder Richtschnur. Selbstverständlich kann die zeitliche Planung umso konkreter erfolgen, je detaillierter und standardisierter die Prüfungshandlungen festgelegt wurden.

Das Prüfungskonzept sollte sich in seinem Detaillierungsgrad sowohl am Prüfungsgegenstand als auch an der Kompetenz und Erfahrung des Prüfers ausrichten. Je unerfahrener der Prüfer, umso konkreter sollten die Vorgaben sein und umgekehrt. Haben Sie einen Prüfungsgegenstand, der bestimmten feststehenden Vorgaben unterliegt (z. B. ein konkretes Kreditengagement oder die Einhaltung bestimmter §§ des WpHG), empfiehlt sich ein standardisiertes und detailliert vorgegebenes Prüfungskonzept. Haben Sie einen Prüfungsgegenstand, der keinen konkreten Vorgaben unterliegt (z. B. Beurteilung der Ursachen und eingeleiteten Maßnahmen zu den im Branchenvergleich überdurchschnittlich häufigen Burn-out-Fällen in Ihrem Unternehmen), empfiehlt sich ein anderes Vorgehen mit einem zu Beginn weniger konkreten Prüfungskonzept. Diese Relativierung mag verwundern, da das Revisionsmanagement und die Fachbereiche ja in jedem Fall wünschen, dass sich der Prüfer zunächst schlau machen und dann erst ein Konzept erstellen soll, damit gleich zu Beginn alles tipptopp vorbereitet und damit auch planbar ist. Darauf kann ich nur aus meiner Erfahrung antworten. Es gibt immer vieles, das nicht vorhersehbar ist. In solchen Fällen sollten Konzepte verwendet werden, die sozusagen dem Lernen „on-the-audit" entsprechen. Professor Dr. Manfred Spitzer vergleicht Lernvorgänge mit dem Golfspielen. Lange Schläge haben eine große Trefferunsicherheit. Es ist sehr unwahrscheinlich, mit einem langen Schlag einzulochen. Viele kurze Schläge, die viel präziser sind, dauern ewig. Daher wählen Golfspieler, die ja mit möglichst wenigen Schlägen einlochen wollen, eine logarithmische Vorgehensweise. Sie starten mit einem langen Schlag in die grobe Richtung, nähern sich dann mit immer kürzer werdenden Schlägen an, bis für den letzten „Put" oft nur noch wenige Zentimeter fehlen. Genau so sollte die Vorgehensweise bei unbekannten Prüfungsgebieten sein. Man unternimmt einen ersten Schritt. Ob dieser in die richtige Richtung geht, wird möglichst früh durch Vorgespräche oder das Eingangsgespräch überprüft und das Konzept ggf. adjustiert. Stimmt die Richtung, werden die nächsten weiteren größeren Schritte festgelegt. Sie nähern sich in logarithmisch vielen und exponentiell kleiner werdenden Schritten ihrem Prüfungsziel. Ja, ich höre den Aufschrei. Dies bedeutet, dass die letzten Schritte des Konzeptes auch erst während der Prüfung durch den Prüfungsleiter festgelegt werden. Schließlich wird so adjustiert, dass man innerhalb der vorgesehenen Prüfungszeit den Sack zubekommt. Denn auch während einer Prüfung lernen Sie ständig weiter. Und „Lernen" erfolgt – neurologisch nachgewiesen – nun mal logarithmisch.

▶ Beispiel: Keine fixe Sollvorgabe – und nun?
Wenn Sie gewohnt sein sollten, immer eine Sollvorgabe in Form von Gesetzen, Richtlinien, Anweisungen o.Ä. zu haben, kann es Sie unter Stress setzen, wenn diese für ein Prüfungsthema nicht vorgegeben sind, sondern von Ihnen selbst entwickelt werden müssen. Was ist zu tun?

Das Fehlen von Sollvorgaben kann für Ihr Unternehmen auch große Chancen bieten; allerdings nicht in dem Sinne, dass die Interne Revision weniger zu tun hätte. Vielmehr ergibt sich dadurch die Möglichkeit, die unternehmensspezifischen Besonderheiten einzubeziehen.
Fragen Sie sich:

- Was könnte alles passieren oder dem Fachbereich missglücken?
  Sammeln Sie in einem Brainstorming alle möglichen und „unmöglichen" Ereignisse.
- Welche Auswirkungen hätte das?
  Denken Sie die Sache zu Ende! D. h., welche Auswirkungen haben wiederum die Auswirkungen? Welche Risiken bestehen?
  Ordnen Sie alle Auswirkungen nach ihrer Schwere (→ Sie gehen risikoorientiert vor). Jetzt ziehen Sie eine gedankliche Trennlinie zwischen Dingen, die zwar passieren könnten, aber keine allzu schlimmen Auswirkungen haben und Dingen, die gravierendere Auswirkungen haben. Hierbei berücksichtigen Sie, falls vorhanden, den Ihnen bekannten oder von Ihnen vermuteten „Risikoappetit" des Vorstands. Sollte die Vorgabe sein, „Solange niemand stirbt und das Unternehmen überlebt, nehmen wir es in Kauf", wird Ihre Trennlinie anderswo verlaufen, als bei der Vorgabe „Unsere Reputation ist uns heilig. Wir wollen möglichst 100 % Sicherheit".

- Welche Ursachen haben die schlimmsten Auswirkungen?
  Geben Sie sich hierbei nicht mit dem Offensichtlichen zufrieden! Es genügt nicht, auf der obersten Ebene zu bleiben und zu sagen: *„Weil die Kontrolle versagt hat."* Fragen Sie sich weiter: Was könnte die Ursache dafür sein, dass die Kontrolle versagt hat? Und was könnte davon wieder die Ursache sein? Und was davon? Und was davon?

Jetzt haben Sie einige Anhaltspunkte für Ihre eigenen Sollvorstellungen. Am Schönsten wäre es natürlich, die Ursachen zu beseitigen. Wenn Sie allerdings sehr tief gehen, stoßen Sie oft auf Themen, die sich nicht über eine Maßnahme verändern lassen, wie z. B. die Unternehmenskultur oder die vorherrschende Kontrollkultur. In solchen Fällen gehen Sie am besten zweigleisig vor. Zum einen konzentrieren Sie sich auf die oben identifizierten Anlässe und zum anderen verfolgen Sie eine mehrjährige Strategie zur Verfolgung des Themas (siehe nächstes Beispiel).

► Beispiel: Verfolgung eines mehrjährigen Themas
Es kann passieren, dass Sie bereits in der Prüfungsvorbereitung erkennen, dass das Thema für eine Prüfung zu groß ist; dass so viele Missstände zu beheben wären; dass Sie bei der Argumentation sofort mit großen Widerständen rechnen müssten; dass das Thema so politisch ist, dass Sie Gefahr laufen, verbrannt zu werden usw.

Wenn Sie dieses Thema dennoch weiterverfolgen wollen, bietet sich ein schrittweises und mehrjähriges Vorgehen an. Um es besser erläutern zu können: Stellen Sie sich vor, in Ihrem Unternehmen gäbe es keinerlei Zugangsbeschränkungen, es gäbe keine Passwörter, jeder könnte überall hin, könnte jedes IT-System benutzen, Test- und Produktionsumgebungen wären nicht getrennt, Sie wüssten nicht, wer wirklich Administratorenrechte hat oder benötigt, ja man wäre sich nicht einmal darüber klar, ob nur Mitarbeiter die Kantine benutzen. Ihr langfristiges Ziel ist, dass der Zugang beschränkt wird und ein Rollenkonzept für die Benutzung bestimmter Gebäude, Räume und IT-Systeme eingeführt wird. Wenn Sie nun in einem Bericht alles auf einmal mit einer z. B. dreimonatigen Umsetzungsfrist fordern würden, machten Sie sich damit bestimmt nicht nur viele neue Freunde und bekämen verständigen Abarbeitungseifer zu spüren. Sollte dies in Ihrem Unternehmen tatsächlich freudig und aufgeschlossen aufgenommen und umgesetzt werden, dann fordern Sie das sofort. Falls nicht, nutzen Sie die folgende langfristigere Strategie:

Wenn in einem Unternehmen große Projekte angegangen werden, dann werden diese in mehrere Phasen und diese wieder in mehrere Meilensteine untergliedert. Überlegen Sie sich also, aus welchen Phasen Ihr Projekt bestehen würde. Hier wäre z. B. Phase 1: Zutrittsbeschränkung der Räume/Gebäude, Phase 2: Zugriffsbeschränkung der IT-Systeme, Phase 3: Administratorenrechte, Phase 4: getrennte Test- und Produktionsumgebung. Dann überlegen Sie sich, welche einzelnen Meilensteine in jeder Phase erledigt werden müssten. In Phase 1 (Zutrittsbeschränkung) z. B. sollte jeder Mitarbeiter eine elektronische Karte erhalten, die ihm Einlass gewährt. An allen

Gebäuden/Räumen sollten Schlösser angebracht werden, die nur mit dieser elektronischen Karte zu öffnen sind. Es sollte eine Anweisung festgelegt werden, die in einem späteren Schritt auch zu kontrollieren ist, dass Mitarbeiter ihre Schlüsselkarte unternehmensfremden Personen oder Kollegen nicht geben/leihen dürfen. Am praktischsten wäre, wenn die Karte vom Mitarbeiter zu verschiedenen Zwecken benutzt werden müsste (z. B. um sich am IT-System anzumelden, um das Mittagessen oder den Kaffee zu bezahlen usw.) – so kann sie kaum verliehen werden. Später sollte festgelegt werden, wer wo Zutritt hat und wo nicht.

Die Idee ist jetzt, dass Sie in Ihrer Prüfung als Sollkonzept nur die ersten Meilensteine einer oder mehrerer Phasen aufnehmen. Beschränken Sie Ihre Prüfung also auf die ersten Projektschritte und Meilensteine. Sie selbst haben in der Revision das volle Bild und das volle Ziel. Im ersten Jahr fordern Sie in Ihrer Prüfung also die ersten Meilensteine, im nächsten Jahr führen Sie ein Follow-up auf die ersten Meilensteine durch und fordern die nächsten, im darauffolgenden Jahr erfolgt das Follow-up auf das Bisherige und Sie fordern wieder die nächsten Meilensteine usw. Bitte reflektieren Sie jeweils, ob Sie noch auf dem richtigen Weg sind.

So entwickeln Sie Ihr Unternehmen organisch dahin, wo Sie es am liebsten sofort gehabt hätten. Die Geschwindigkeit der Veränderung richtet sich dabei nach Ihrem Unternehmen. Durch personelle Wechsel kann sich die zwischenzeitliche Geschwindigkeit erhöhen oder auch deutlich reduziert werden. Verlieren Sie nicht die Geduld. Es ist eine langfristige, aber auch eine sehr nachhaltige Strategie.

► Beispiel: Nachweis der Nichtexistenz mittels Prüfung
Meiner Erfahrung nach müssen das Prüfungskonzept und die Vorgehensweise genau dann am besten sein, wenn etwas im Unternehmen nicht existiert. Ist etwas vorhanden, aber schlecht, sind Sie mit Ihrer Prüfung vielleicht ganz schnell fertig, weil es so offensichtlich schlecht ist und dies leicht nachgewiesen und argumentiert werden kann. Ist aber etwas, was Ihrer Meinung nach existieren sollte, nicht vorhanden, dann ist der Nachweis der Nichtexistenz, z. B. strategischer Konzepte, Umsetzungspläne, Anweisungen, Reports der letzten sechs Monate usw. schwierig. Sie laufen immer Gefahr, dass in einer sehr späten Prüfungsphase oder in der Schlussbesprechung jemand etwas aus der Schublade „herbeizaubert" und Ihre Aussage, es sei nicht vorhanden, Lügen straft.

Verfolgen Sie hier die Strategie, sich schnellstmöglich abzusichern und Ihre Prüfungsfeststellungen so schnell und schlank wie möglich zu fixieren:
Fordern Sie in Ihrer Prüfungsankündigung (hier sind üblicherweise die wichtigen Leute auf dem Verteiler, die Sie in der Schlussbesprechung und Berichtsabstimmung wieder treffen werden) grundsätzlich immer die Unterlagen an, von denen Sie vermuten, dass sie nicht existieren. Noch ein Tipp: Wenn Sie schreiben: *„Bitte legen Sie die-und-die Unterlagen bereit"* oder *„Bitte senden Sie uns kurzfristig die-und-die Unterlagen"*, dann werden Sie diese Unterlagen nicht oder nicht so schnell er-

halten. Warum? Weil Sie keinen festen Termin gesetzt haben. Setzen Sie eine großzügige, aber eindeutige Frist. Je nach Unternehmen und der individuellen Vorwarnfrist sollte alles spätestens zwei Wochen vor Start Ihrer Vor-Ort-Phase vorliegen, damit Sie Zeit haben, alles durchzusehen. Wenn die Lieferung nicht erfolgt oder verzögert ist, haken Sie nach und setzen eine kurze Lieferfrist (z. B. zwei Tage). Wenn Sie nach dieser Frist nichts oder nicht alles erhalten haben, rufen Sie den vorgesehenen Lieferanten an und informieren Sie ihn, dass Sie, da Sie die Unterlagen nicht erhalten haben, in Ihrer Prüfung leider (!) davon ausgehen müssen, dass die geforderten Unterlagen nicht existieren und dass Sie in Ihrem Bericht vermerken werden, dass die Unterlagen nicht bereitgestellt werden konnten. Die nachträgliche Erstellung der Unterlagen können Sie dann gleich als Maßnahme (selbstverständlich mit Termin) vereinbaren.
PL: „Ich hatte in der Prüfungsankündigung die-und-die Unterlagen von Ihnen angefordert. Trotz Nachfrist konnten mir die Unterlagen nicht geliefert werden. [Hier wird absichtlich eine Passivkonstruktion verwendet: also nicht „Sie konnten nicht liefern“, sondern „Unterlagen konnten nicht geliefert werden“ oder „Unterlagen wurden nicht geliefert“. Das klingt weniger aggressiv, verhindert eine Eskalation des Konflikts und kostet Sie nichts]. *„Das werde ich in den Bericht aufnehmen. Die Unterlagen werden Sie nacherstellen müssen. Welchen Termin stellen Sie sich für die Maßnahmenerledigung vor?“*
Nach dem Telefonat schreiben Sie eine Mail und informieren alle im Verteiler der Prüfungsankündigung über dieses Gespräch, Ihre Schlussfolgerung und die Auswirkungen. Dies ist Ihr Sicherungsnetz. So haben Sie den Vorteil, dass der Revisionspartner nicht mehr plötzlich am Ende der Prüfung behaupten kann, die Unterlagen wären da gewesen oder hätten bereitgelegen. Sollte Ihnen dennoch jemand z. B. in der Abschlussbesprechung unterstellen, Sie hätten nicht richtig geprüft, selbstverständlich würden die geforderten Unterlagen vorliegen, können Sie denjenigen anhand dieser Mail sofort widerlegen. Nutzen Sie zusätzlich die Möglichkeit, nicht nur das verspätete Auftauchen der Unterlagen, sondern vor allem die negative Art und Weise der Zusammenarbeit mit der Internen Revision zu thematisieren. Sie hätten um die Unterlagen zu Beginn der Prüfung gebeten, sie nicht erhalten und alle relevanten Personen darüber informiert. Tenor: So lasse ich nicht mit mir umspringen. Da die Fachbereiche die Mail erhalten haben, werden sie sich auf diese Diskussion mit hoher Wahrscheinlichkeit nicht einlassen. Sie müssen also nicht befürchten, dass Vorher-nicht-Existentes herbeigezaubert wird.

► Beispiel: Sie merken, Sie wollen etwas Unangenehmes weglassen
Es ist völlig normal, wenn Sie in sich die Tendenz verspüren, etwas aus der Prüfung auszugrenzen, bei dem Sie ein schlechtes Gefühl haben. Vielleicht vermuten Sie hier tieferliegende Gründe oder Themen, die vom Unternehmen ausgeblendet werden und in der Unternehmenskultur „unansprechbar“ sind; Themen, bei denen Sie wissen, dass sie zeitaufwendig werden und politische Diskussionen nach sich ziehen werden; Themen, bei denen Sie Gefahr laufen, Ihren Bericht nicht rechtzeitig

abliefern zu können; Themen, die Sie sich und Ihren Prüfern nicht zutrauen; Themen, bei denen Sie sich nicht sicher sein können, dass Sie den Rückhalt des Revisionsmanagements erhalten. Diese Liste ließe sich beliebig fortsetzen.

Fragen Sie sich, ob Sie den einfachen oder den richtigen Weg gehen wollen. Fragen Sie sich, welche Auswirkungen welcher Weg hätte und was hiervon wieder die Auswirkungen wären. Überlegen Sie sich, was Ihnen wichtig ist, und was welche Priorität genießt. Gäbe es noch einen dritten Weg, eine kreative Alternativlösung, mit welcher Sie sowohl das Eine als auch das Andere erreichen könnten?

Zweifellos wird jede Variante ihren Preis haben. Vielleicht ist der Preis für Ihr „Sehnsuchtsziel" zu hoch, aber Sie wären bereit, auch Zweitbestes in Betracht zu ziehen?[23]

---

[23] Vgl. zu diesem Dilemma: Schmidt, Gunther: Einführung in die hypnosystemische Therapie und Beratung, S. 105–106, sowie Puhani, Silvia: Der Revisor als moderner Hofnarr, S. 41–46.

2.5 Die Prüfungsankündigung

2.5.1 Ziel der Prüfungsankündigung

Zunächst das Offensichtliche: Mit der Prüfungsankündigung informiert die Interne Revision das betroffene Management, also die Fachbereiche und ggf. die zuständigen Vorstände, offiziell über eine anstehende Revisionsprüfung. Inhalt sind der Prüfungsgegenstand, der Starttermin sowie ggf. die geplante Dauer der Prüfung. Ebenso werden der Prüfungsleiter und das Prüfungsteam sowie die zuständige Führungskraft in der Internen Revision namentlich benannt. Teilweise sind diese Ankündigungen durch das Hoheitsrecht der Internen Revision auf Information bzw. Prüfung geprägt. Manche der Ankündigungen enthalten Standardfloskeln, den Prüfungsleiter bitte zu unterstützen, Gesprächspartner zu benennen, Informationen zu liefern, Räume zur Verfügung zu stellen oder benannte Unterlagen bereitzuhalten oder vorab zuzusenden.

Aber haben Sie sich schon einmal überlegt, was wirklich dahintersteckt? Aus welchen Gründen kündigt die Interne Revision üblicherweise jede Prüfung im Unternehmen an? Hierzu zwei Gedankenspiele:

Nr. 1: Stellen Sie sich vor, Sie sind an einer bestimmten Sache im Unternehmen interessiert (z. B. an der Vergütung einer bestimmten Person). Sie gehen ohne Prüfungsauftrag in die Fachbereiche und verlangen nach Auskünften. Die Kollegen weisen Sie mit den Worten ab: *„Da könnte ja jeder kommen. Das ist vertraulich. Das geht Sie nichts an."* Abgesehen von datenschutzrechtlichen Bestimmungen ist das bei Gültigkeit des „Need-to-Know-Prinzips" in Ihrem Unternehmen eine gute und richtige Reaktion der Kollegen. Wer so reagiert, handelt im Sinne des Unternehmens, denn nach dem „Need-to-Know-Prinzip" soll nicht jedem Mitarbeiter jede Information uneingeschränkt zur Verfügung stehen. Jetzt könnten Sie kontern: *„Ich bin von der Internen Revision und habe ein uneingeschränktes Informationsrecht. Geben Sie mir bitte die verlangten Auskünfte."* Sollten Prüfungen nicht angekündigt werden, könnten Revisoren das uneingeschränkte Informationsrecht missbrauchen und die Integrität der Internen Revision gefährden. Integrität und uneingeschränktes Informationsrecht sind ein hohes Gut, mit welchem sensibel umzugehen ist. Wäre es unter diesen Umständen nicht vollkommen in Ordnung, wenn Sie vom Fachbereich ohne vorliegende Prüfungsankündigung und demzufolge ohne Prüfungsauftrag keine Auskunft erhielten?

Nr. 2: Stellen Sie sich vor, Sie arbeiten z. B. als Sachbearbeiter in einem Unternehmen. Sie erhalten einen internen Anruf und jemand befragt Sie zu einem bestimmten Vorgang. Sie denken an nichts Böses und beantworten die Fragen. Einige Monate darauf will Ihr Chef Sie sprechen. Das Gespräch ist nicht schön. Es startet mit Vorwürfen und wird später nicht besser. Sie wissen erst gar nicht, wieso Ihr Chef Ihnen Vorwürfe macht. Dann dämmert es Ihnen langsam. Derjenige, der damals etwas von Ihnen wissen wollte, war ein Revisor und hat nun einen Bericht geschrieben, der Ihrem Chef zugeschickt wurde und – wen wundert es – den Chef überrascht und ihm nicht gefällt.

So ein intransparentes Vorgehen der Internen Revision schürt nachvollziehbar negative Phantasien und Misstrauen beim Revisionspartner. Wie z. B.: „*Wieso wusste ich das nicht vorher? Wieso hat mir das keiner gesagt? Geht die Revision willkürlich vor? Wie kommen die darauf? Was wollen die von mir? Haben die es auf mich abgesehen? Wollen die mich absägen? Ist das geplant, um meine Abteilung aufzulösen? Will mich der Kollege aus dem anderen Bereich/der anderen Abteilung hereinlegen? Hat mich jemand denunziert?*" Diese negativen Phantasien lösen Stress aus und öffnen das Feld für Gegenreaktionen. Nur sehr selbstbewusste und gefestigte Gesprächspartner würden aufgrund ihrer gereiften Persönlichkeit sich davon nicht zu Machtdemonstrationen, Dominanzgebärden oder Manipulationsversuchen herausgefordert fühlen. Doch schon aus strategischen, politischen oder taktischen Gründen wird auch ein Manager mit gereifter Persönlichkeit ein Machtspielchen gegenüber der Revision anzetteln, wenn er der Meinung ist, damit seine Interessen erfolgreicher vertreten zu können. In manchen Fällen kann es für den geprüften Bereichsleiter zieldienlicher sein, die Revision beim eigenen Vorstand z. B. als inkompetent darzustellen, anstatt sich um das unangenehme Thema zu kümmern.

Eine moderne Revision will diese Herausforderungen zu unerwünschten Gegenreaktionen gerne vermeiden und, sollten Gegenreaktionen auftreten, diesen nach Möglichkeit den Wind aus den Segeln nehmen. Je weniger Misstrauen die Fachbereiche haben, umso geringer der Stress und umso geringer die Gegenreaktionen. Wie ist das zu erreichen?

Grundsätzlich führt der Weg zu höherem **Vertrauen** über die eigene Verwundbarkeit.[24] Ja wirklich – die Interne Revision sollte sich in bestimmten Punkten verletzlich machen, um das Vertrauen der geprüften Fachbereiche zu gewinnen bzw. zu stärken. Das mag zunächst paradox klingen. Denn kämpfen wir nicht um ein besseres „Standing" bzw. um Anerkennung von Vorstand und anderen Unternehmensbereichen? Sind wir nicht ständig unter Rechtfertigungszwang, ob und wenn ja, welchen (Mehr-)Wert wir erbringen?

Das stimmt alles. Doch die Interne Revision besitzt ein sehr mächtiges Instrument: den Revisionsbericht. Er wird ausschließlich innerhalb der Revision erstellt und soll die „objektive Wahrheit" enthalten. Die geprüften Fachbereiche haben keine oder nur in sehr geringem Umfang Mitspracherechte. Sollte der Revisionsbericht die „objektive Wahrheit" nicht enthalten, so ist es für die geprüften Fachbereiche sehr schwer, dies zu berichtigen. Es gilt der Spruch: „You never get a second chance for a first impression". Bezüglich des Revisionsberichts besteht ein Machtungleichgewicht zugunsten der Internen Revision.

Im Dienste des Vertrauensgewinns liegt es also im Interesse der Internen Revision, das Machtungleichgewicht punktuell zu reduzieren und für die eigene Verletzlichkeit zu sorgen. Zu diesem Zweck bietet sich etwas an, das einerseits kein zu großes

24 Vgl. Sprenger, Reinhard, K.: Radikal führen, S. 266.

Eingeständnis darstellt, sondern der Revision ohnehin am Herzen liegt, und wofür andererseits die geprüften Fachbereiche aus Eigeninteresse freiwillig eine Kontrollfunktion für die Revision übernehmen: die Vorgabe, dass Interne Revisoren nur im Rahmen ihres Prüfungsauftrags agieren dürfen.

Die Ankündigung von Prüfungen folgt dieser Strategie. Die Interne Revision möchte, dass ihre Mitarbeiter integer sind und z. B. nicht wild im Unternehmen nach etwas fragen, für das sie keinen Prüfungsauftrag haben. So benennt die Interne Revision gerne das Prüfungsthema, das Prüferteam sowie die Prüfungsdauer und vertraut darauf, dass der Fachbereich darauf achten wird, wer was bei ihm nachfragt. Wenn also andere Personen nach Informationen außerhalb angekündigter Prüfungsthemen fragen würden, würde der Fachbereich die Auskunft verweigern und sich ggf. bei der Revisionsleitung beschweren, sollte der Fragesteller der Revision angehören.

Eine weitere Möglichkeit, um dem Vorurteil eines willkürlichen Vorgehens oder des Machtmissbrauchs vorzubeugen, wäre, **Transparenz** über revisionsinterne Regeln und Verfahren zu schaffen, z. B. über die Notwendigkeit von Mehrjahres- und Jahresplanung, die Ableitung von Prüfungsthemen oder die Vorgabe, dass Prüfungen (Ausnahme: Fraud-Verdacht) mit einem gewissen zeitlichen Vorlauf angekündigt werden sollen.

Das Mittel der Transparenz, eine anstehende Prüfung beim Fachbereich und in einigen Unternehmen auch beim Vorstand anzukündigen, setzt die Revision unter einen gewissen Druck und macht sie angreifbar:

- Wenn klar ist, wann eine Prüfung beginnt bzw. begonnen hat, dann wird leicht erkennbar, wie lange sie gedauert hat.
- Wenn die geplante Prüfungsdauer kommuniziert wurde, wird auch transparent, wann und wie weit die geplante Prüfungsdauer überschritten wurde.
- Wenn der Vorstand oder der Bereichsleiter der geprüften Einheit sich zwischenzeitlich nach dem Prüfungsstand erkundigt, sollte die Revision auskunftsbereit sein.
- Wenn Thema und Inhalte der Prüfung benannt wurden, können diese nicht mehr unbegründet verändert oder sogar gewechselt werden.
- Wenn der Prüfungsleiter und das Prüfungsteam benannt wurden, ist es nicht unauffällig möglich, Teammitglieder auszutauschen.

Und ich versichere Ihnen, der Fachbereich wird genau darauf achten, ob die Revision sich an ihre eigenen Vorgaben hält. Eine Prüfungsankündigung ist sozusagen ein selbst auferlegter Zwang zur Fokussierung und zur zielgerichteten Fertigstellung der Prüfung. Sie gibt den Empfängern die Möglichkeit, Rechenschaft einzufordern. Wenn die Interne Revision dem Unternehmen dann auch noch in ihrer täglichen Praxis zeigt, dass sie die gültigen Regeln einhält und diese nicht je nach Situation opportunistisch variiert, reduziert dies das Misstrauen und mögliche Gegenreaktionen der Revisionspartner.

2.5.2 Mögliche Schwierigkeiten bei der Prüfungsankündigung

Vielleicht denken Sie jetzt: mögliche Schwierigkeiten? Bei der Prüfungsankündigung? Wenn ich alle internen formalen und inhaltlichen Vorgaben einhalte, was soll es dann für Schwierigkeiten geben?

Auch wenn Sie alle internen formalen und inhaltlichen Vorgaben der Revision eingehalten haben, Ihr Chef sein Einverständnis zur Prüfungsankündigung gegeben hat, und Sie diese an die gemäß Organigramm richtigen, d. h. zuständigen oder verantwortlichen Personen geschickt haben, ist das noch keine Garantie, dass es keine Schwierigkeiten geben wird. Für Fachbereiche kommt die Ankündigung einer Prüfung oft wie ein Schock. Ganz so, als wenn Sie erfahren, dass der Abschlussprüfer nicht nur die gesamte Prüfungsdokumentation Ihrer letztjährigen Prüfung haben möchte, sondern sich auch noch mit Ihnen über Risikoanalyse, Ableitung des Prüfungskonzeptes, Vorgehen, Abstimmung, Dokumentation und Follow-up unterhalten möchte. Es wäre fast nicht normal, wenn das nicht automatisch zu einem schlechten Gewissen führen würde.

Eine Prüfungsankündigung etabliert eine nicht gleichwertige Beziehung von Dominanz und Unterwerfung. Einer, der Prüfer, ist oben, und mindestens einer, der Revisionspartner, ist unten. Und bei dieser Oben-unten-Beziehung finden sich die Alphatiere aus den Fachbereichen nicht in ihrer üblichen dominanten Position wieder. Allein das kann bei Gesprächspartnern, mit denen die Revision noch kein belastbares Beziehungsgefüge etabliert hat, z. B. bei neuen Gesprächspartnern oder bei solchen, die bisher kaum oder unterdurchschnittlich oft das „Vergnügen" mit der Revision hatten, zu Kränkungen oder Stress und entsprechenden unerwünschten Gegenreaktionen führen.

Als ob das noch nicht genug wäre, kann das Thema an sich zu Aufregung führen. Prüfer und Revisionspartner können, was die Abgrenzung des Prüfungsthemas und den Grad der Prüfungstiefe anbelangt, immer unterschiedlicher Auffassung sein.

Bei der Abgrenzung des Prüfungsthemas bestehen verschiedene Dilemmata: Vor dem Hintergrund der vorhandenen Prüfungskapazität und begrenzter Ressourcen und der aktuellen Ansicht, dass sich eine gute Qualität einer Revisionsprüfung in einer vorab definierbaren und zeitnahen Berichterstattung zeigt, besteht die Tendenz, dass sich die Revision entscheidet, eher kleinere, einfache, stark abgegrenzte und damit vorhersehbarere prüfbare Themen auszuwählen. Dies hat den Vorteil höherer Planungssicherheit, zeitlicher Punktlandungen, höherer Planerfüllung und besserer Beurteilung der Funktionsfähigkeit der Revision durch Externe (Wirtschaftsprüfer oder Quality Assessoren). Meist kommt dies auch den geprüften Bereichen entgegen. Die Zuständigkeiten dürften klar sein und, falls es zu negativen Aussagen kommen sollte, kann das einzelne kleine Thema dann im Gesamtkonzept als irrelevant „wegdiskutiert" werden. Natürlich erwarten die geprüften Bereiche aber auch einen „Mehrwert" durch die Prüfung. Je kleiner und spezieller die Themen, umso „fachlicher" und inhaltlich anspruchsvoller können sie werden. Hier läuft die Revision in die Fragestellung hinein: „Muss ein Interner Revisor der bessere Fachspezialist sein?“ und das erfordert in der Revision eine starke Spezialisierung und hohen Weiterbildungsaufwand. Sollte die Revision über diese Spezialisten nicht verfügen, handelt sie sich den Vorwurf ein, keinen „Mehrwert“ bringen zu können und nur unqualifizierte Leute zu beschäftigen. In Fällen, in denen den Revisionspartnern die enge Themenwahl nicht entgegenkommt, setzt sich die Interne Revision dem Vorwurf aus, „nicht das Richtige“ oder härter: „immer nur das Falsche“ zu prüfen. Es käme doch eher auf den Gesamtzusammenhang an: das große Ganze, die unklaren Verantwortlichkeiten im Gesamtkontext, die Auseinandersetzungen mit anderen Unternehmensbereichen und deren zuständigen Vorständen. Ganz so, als ob die Revision gemäß dem Gleichnis von den Blinden und dem Elefanten nur einzelne Teile eines Elefanten prüfen würde, aber fest der Ansicht sei, es handele sich gleichzeitig um eine Säule, ein Seil, einen Ast, einen Handfächer und um eine Wand, und dabei selbst nie das Bild zusammenfügen kann, das alles zusammen einen Elefanten ergibt.

„Eine Version des Gleichnisses erzählt, dass sechs blinde Männer gebeten wurden zu bestimmen, wie ein Elefant aussieht, indem sie – jeder für sich – einen anderen Körperteil des Tieres untersuchen.

Der Blinde, der das Bein befühlt, sagt, dass ein Elefant wie eine Säule sei; der, der den Schwanz befühlt, dass ein Elefant sich wie ein Seil anfühle; der, der den Rüssel befühlt, dass ein Elefant Ähnlichkeit mit einem Ast habe; der, der das Ohr befühlt, dass ein Elefant wie ein Handfächer sein müsse; der, der den Bauch befühlt, dass ein Elefant sich wie eine Wand darstelle; der, der den Stoßzahn befühlt, dass ein Elefant wie eine solide Röhre sein müsse.

Ein Weiser erklärt ihnen:
Ihr habt alle recht. Der Grund, warum ein jeder von euch es anders erklärt, ist der, dass ein jeder von euch einen anderen Körperteil des Elefanten berührt hat. Denn in Wahrheit hat ein Elefant alle die Eigenschaften, die ihr erwähnt habt.“[25]

Aus meiner praktischen Erfahrung möchte ich hinzufügen, dass es ja fast noch einfach wäre, aus verschiedenen kleineren Prüfungsthemen die Schlussfolgerung zu ziehen: „das ergibt einen gesunden Elefanten“. Es besteht das zusätzliche Problem, dass sich Organisationen verändern. In der Praxis prüfen wir ein mutierendes Geschöpf, dessen Gesundheitszustand wir beurteilen sollen.

Umgekehrt besteht auch ein Dilemma, wenn die Interne Revision versucht „die Gesundheit des Elefanten“ zu prüfen. Es handelt sich um ein großes Thema. Selbst eine vorgeschobene Risikoanalyse kann nur die gravierendsten und wahrscheinlichsten Krankheiten betrachten. Und dieser lebende Organismus verhält sich nicht unbedingt getreu einer strikten Ursache-Wirkungs-Kette. Angenommen wir würden feststellen, der Elefant würde ketterauchen, dann berge dies das Risiko, dass der Elefant er-

25 https://de.wikipedia.org/wiki/Die_blinden_Männer_und_der_Elefant; Elephant and the Blind Men. In: Jain Stories. JainWorld.com. Abfrage: 11.9.2021.

krankt. Das muss er aber nicht – Helmut Schmidt lässt grüßen. Hierbei in vorgegebener Zeit zu belastbaren Prüfungsergebnissen und einem zeitnah versendeten Bericht zu kommen, ist sehr herausfordernd und sollte nur besonders erfahrenen Prüfungsleitern angetragen werden. Doch selbst wenn sich die Revision dieses großen Themas annimmt, kann dies bei den geprüften Fachbereichen Stress auslösen. Vielleicht wissen oder ahnen die Revisionspartner bereits, dass es dem Elefanten nicht gut geht, doch niemand möchte es dem Vorstand sagen. Sie wissen ja: Der Überbringer schlechter Botschaften ... Wenn nun jedoch die Interne Revision ein großes Thema aufgreift, das bisher nicht oder nicht auf diese Weise kommuniziert oder auf den Präsentierteller gelegt wurde, kann es leicht auf die Revisionspartner zurückfallen. Diese haben eben auch eine Informationspflicht dem Vorstand gegenüber.

In solchen Fällen haben Sie ebenfalls die Gelegenheit, Phänomene der Abwehr beobachten zu können, wie z. B.: blocken und zur Konflikteskalation herausfordern, sachlich argumentieren mit dem Ziel, die Prüfung abzuwehren, zu verändern oder zu verschieben, taktische Machtspiele betreiben (z. B. mit der Einschaltung des Vorstands drohen) oder unsachliche Reaktionen zeigen (z. B. beleidigt reagieren und auf kollegiale inoffizielle Informationen und Vorwarnungen pochen). Dies könnte man als Problem betrachten. Es wäre aber auch möglich, dies als eine gute Gelegenheit zu sehen, wieder einmal in Gespräche mit den Fachbereichen einzusteigen, die Kommunikation zu suchen und aufrechtzuerhalten.

2.5.3 Wie kann die Erfolgswahrscheinlichkeit erhöht werden?

▶ Den Dialog mit dem Fachbereich suchen

Falls Sie nicht schon in der Prüfungsvorbereitung spezifische Gespräche mit den Fachbereichen geführt haben, weil Ihnen z. B. zugrunde liegende Prozesse und Inhalte bereits bekannt waren, ist es jetzt höchste Zeit, diesen Dialog mit den Fachbereichen zu führen, um Störungen auf der Beziehungsebene zwischen Fachbereich und Revision bzw. zwischen Revisionspartner und Prüfungsleiter zu vermeiden.

Aus Revisionssicht ist uns hoffentlich zu einem gewissen Teil die „Großwetterlage“ des Unternehmens, die Machtposition des Fachbereichs und der betroffenen Personen bekannt. Wir wissen, wer neu ist, wo umstrukturiert wird oder kürzlich wurde, wer Mitarbeiter abgeben muss, und wer neue Bereiche und Abteilungen aufbauen darf. Vielleicht vermuten wir auch, wer im Unternehmen mit wem „gut kann“ und welche informellen Netzwerke bestehen. In vielen Fällen haben wir als Revisoren wohl nur eine Ahnung davon, ob unser Prüfungsthema für unsere Gesprächspartner „ans Eingemachte“ geht, vielleicht einen lange schwelenden Konflikt aufdecken würde oder aber aus Sicht der Fachbereiche tatsächlich unwichtig ist, oder vielleicht andere Themen bestehen, die relevanter wären. Da wir nicht wissen können, welche Erfahrungen andere Menschen gemacht haben und was in ihnen vorgeht, schlage ich vor, gehen wir so damit um, dass wir das, was uns wichtig ist, erläutern (wie z. B. unser Verständnis von Revision), dem Gesprächspartner zuhören und mit einer neugierigen Haltung Fragen stellen. Getreu der Devise: Ein guter Start ist der Beginn von einem guten Ende. Zur Verbesserung der Zusammenarbeit können wir erfragen, welche Erfahrungen aus bisherigen anderen Prüfungen vorliegen, und welche Erwartungen hieraus bzgl. der aktuellen Prüfung bestehen. Das bietet weitere Chancen für zukünftige Vereinbarungen.

Manche Internen Revisionen geben sich intern die Vorgabe, anstehende Prüfungen bis zur Prüfungsankündigung keinesfalls beim Fachbereich anzusprechen. Hintergrund ist meist, das Überraschungsmoment so lange wie möglich zu behalten und kurzfristige „Quick-fixes" vonseiten des Fachbereichs zu vermeiden, damit die Interne Revision über den „tatsächlichen" Ist-Zustand und nicht eine bereits „geschönte" Version berichten kann. Das hat den Vorteil, dass die Interne Revision augenfälligere Merkmale für ihre Wirksamkeit sammeln und gegenüber den Stakeholdern darstellen kann. Verzichtet die Interne Revision hingegen zu einem gewissen Grad auf die strikte Geheimhaltung bis zur offiziellen Prüfungsankündigung, kann sie ihre Vertrauensbasis stärken, ohne an Effektivität einzubüßen. Nach meiner Meinung wird jeder Fachbereich noch einmal schnell überprüfen, ob er alles parat hat und alles in Ordnung ist. Das kann er gerne tun. Die Sachen, die sich so schnell beheben lassen, sind es aus meiner Sicht nicht wert, von der Revision aufgenommen, angemerkt und im Follow-up überprüft zu werden. Es sind üblicherweise Kleinigkeiten, die aber in großem Ausmaß Revisionskapazitäten binden können. Interessant sind aus meiner Sicht sowieso nur die Dinge, für die es keine Zuständigkeit oder keinen Prozess gibt; Dinge, an die der Fachbereich nicht gedacht hat oder die im Unternehmen nicht gesehen wurden; Dinge, die an den Schnittstellen verloren gingen; schwelende Konflikte, die den reibungslosen Ablauf behindern usw. Und diese Dinge lassen sich auch nicht kurzfristig beheben. Aus diesem Grund schadet es meiner Meinung nach nicht, die grundsätzliche Geheimhaltung aufzuweichen und mit dem Fachbereich frühzeitig und vor allem vor der offiziellen Prüfungsankündigung in den Dialog zu treten.

Auch wenn Sie vieles dort schon in den Fachbereichen z. B. auf Arbeitsebene vorbesprochen haben, achten Sie darauf, die zuständige Führungskraft im Fachbereich auf die anstehende Prüfung hinzuweisen, und erinnern Sie sie an bereits geführte Gespräche zum Prüfungsthema. Es schadet auch nicht, sich der konkreten Ansprechpartner zu vergewissern und sich nach eventuell bestehenden organisatorischen, personellen oder zeitlichen Problemen durch die angekündigte Prüfung zu erkundigen und diese zu besprechen.

Selbst wenn Sie der Meinung sind, es sei alles klar und besprochen, man kenne sich doch schon seit Jahren, die Beziehung sei gefestigt, bedeutet das noch lange nicht, dass dem tatsächlich so ist. Außerdem kann man jede Gelegenheit nutzen, um die Zusammenarbeit zu verbessern, die gegenseitige Beziehung zu stärken oder die Chance auf gute oder bessere Vereinbarungen zu erhöhen. Z. B. können das Ziel und der Nutzen der Prüfung dargestellt werden. Nutzen Sie die Chance,

- den Fachbereich auf die anstehende Prüfung hinzuweisen, (gerade wenn es eine geplante (Routine-)Prüfung ist, also keine Sonderprüfung aufgrund irgendwelcher aktueller Themen: Sagen Sie das. Das entlastet den Fachbereich).
- Frühzeitig auf Bedenken, Gegenargumente oder Probleme einzugehen.
- Ansprechpartner zu erfragen oder sich bekannter Ansprechpartner zu vergewissern.
- An- und Abwesenheiten der Ansprechpartner zu erfragen (besonders in der Urlaubszeit oder bei erhöhtem Arbeitsaufwand im Fachbereich z. B. wegen Projekten oder Ultimo-Aktivitäten).
- Organisatorische Dinge zu klären.
- Nach Hinweisen/besonderen Interessensgebieten der Führungskraft zu fragen.
- Sich Vorschläge zur Prüfung zu erfragen und sich anzuhören, selbst wenn Sie nicht vorhaben, diesen Vorschlägen zu folgen. Solange Sie diese lediglich als unverbindliche (!) interessante Hinweise Ihres Gesprächspartners aufnehmen und aufmerksam hinterfragen, besteht keine Gefahr für Ihre Unabhängigkeit.

► Flexibler Umgang mit Einwänden
Selbstverständlich gilt auch hier: Versuchen Sie bei Einwänden möglichst frühzeitig zu erkennen, ob sie wirklich substanziell sind oder lediglich ein taktisches Mittel und Ablenkungsmanöver, um sich Ihnen und Ihrer Prüfung zu entziehen.

- Einwände aufgreifen
  Greifen Sie die Einwände des Fachbereichs auf. Sie zu übergehen oder von vornherein abzulehnen, führt nur zur Eskalation der Situation.
- Einwände offen diskutieren
  Diskutieren Sie die Einwände offen und ehrlich. Erläutern Sie Ihre eigenen Zwickmühlen z. B. bei der Festlegung des Prüfungszeitpunkts (Krankheit, Urlaube des Prüfungsteams, Ultimo-Aktivitäten, die nächste Prüfung usw.).
- Rücksichtnahme signalisieren
  Wenn es Ihnen damit wirklich ernst ist, schadet es auch nicht zuzusagen, dass Sie als Prüfungsleiter und auch Ihre Prüfer so weit wie möglich Rücksicht auf die Belastung des Fachbereichs nehmen werden. Bitten Sie die Führungskraft, Sie zu informieren, sobald es zu viel werden sollte. Das schafft eine psychologische Hürde, die erst einmal genommen werden muss. Der Fachbereich hat eine weiche Zusage erhalten und muss dann erst noch einmal auf die Revision zugehen. Falls es dazu kommen sollte, können Sie immer noch nach der konkreten Situation fragen und erläutern, wieso etwas wirklich nötig war, oder auch zugeben, dass die eine oder andere Sache vielleicht auch anders hätte gehandhabt werden können.
- Ablenkungsmanöver erkennen
  Üben Sie sich darin, mögliche Ablenkungsmanöver zu erkennen. Einer der Klassiker ist z. B. ein zwischenzeitlich geplantes Projekt, welches alle Schwächen beheben wird.

- Den Nutzen der Prüfung darstellen
  Stellen Sie den Nutzen der Prüfung dar. Gerade Führungskräfte, die im Fachbereich neu sind, erkennen Ihre Prüfung vielleicht als gute Gelegenheit, um selbst zu erfahren, wie es um das Thema steht.
- Auf den Prüfungsplan verweisen
  Bei sehr vehementem Widerstand ist es am einfachsten, auf den vom Vorstand genehmigten Prüfungsplan zu verweisen. Nutzen Sie die Einführung einer höheren Macht [den Vorstand], der per Beschluss die Revision dazu verpflichtet hat, diese Prüfung in diesem Jahr und vielleicht sogar zu diesem Termin durchzuführen. Sie würden ja auch lieber darauf verzichten, aber leider, leider gibt es diesen Beschluss ...
- Fehlende eigene Spielräume darstellen
  Wenn eine Prüfung im Prüfungsplan steht, dann muss sie nun einmal durchgeführt werden. Sollten die Argumente des Fachbereichs sehr gut und sehr nachvollziehbar sein, können Sie dessen Leiter auch bitten, kurzfristig einen Vorstandsbeschluss zur Änderung des Prüfungsplans zu erwirken. Während der Fachbereich hierzu nun aktiv werden müsste, können Sie einfach abwarten, was passiert, und die Prüfungsvorbereitung fortsetzen. Ganz ehrlich: Dass dann tatsächlich ein Vorstandsbeschluss vorgelegt wurde, habe ich noch nie erlebt. Davor schrecken die meisten zurück.

So lange Sie die Prüfungsankündigung noch nicht versendet haben, besteht die Möglichkeit darin, auf Bedenken oder Probleme der Fachbereiche einzugehen und die Ankündigung so zu formulieren, dass Ihre Rücksichtnahme deutlich wird und Einvernehmen ggf. zu erkennen ist.

- Wie vorab mit Herrn X besprochen, werden wir uns bei der Prüfung auf die uns vorab zur Verfügung gestellten Unterlagen stützen und uns bei Bedarf an Herrn Y wenden.
- Um die Belastung des Fachbereiches zu minimieren werden wir ...
- Als ersten Gesprächstermin haben wir mit X und Y ... vereinbart. Dieser Termin dient der allgemeinen Information, der Festlegung der effizientesten Vorgehensweise und der Identifikation der neben dem allgemeinen Anweisungswesen benötigten Unterlagen.

Verstehen Sie mich hier bitte richtig: Es geht nicht darum zu kuschen. Es kann meiner Meinung nach nicht angehen, dass ein Fachbereich im übertragenen Sinne nur laut „Buh!“ rufen muss, und die Revision entschuldigt sich und zieht sich zurück. Geplante Prüfungen müssen durchgeführt werden. Aber wir können vielleicht in dem einen Fall die Urlaubssituation berücksichtigen und in einem anderen Fall unsere Vorgehensweise so variieren, dass es uns nicht viel kostet, dem Fachbereich aber einen großen Nutzen stiftet. Das stärkt das Vertrauensverhältnis und verbessert die zukünftige Zusammenarbeit.

2.5.4 Reaktionsmöglichkeiten für auftretende Phänomene

► Beispiel: Beschwerde: Prüfung nicht früh genug angekündigt

FB: „Ich dachte, Sie kündigen Ihre Prüfungen immer mit einer Frist von X Wochen vorher an. Sie haben diese Frist nicht eingehalten! Ich werde mich bei Ihrem Chef beschweren!"

Das hört sich nach einer Lappalie an, ist es aber nicht, weil die Einhaltung von solchen Vorgaben der Vertrauensbildung zwischen dem Fachbereich und der Revision dient. Um nicht in eine solche Situation zu kommen, sprechen Sie den Fachbereich vor Versand der Ankündigung an. Erläutern Sie die Gründe, entschuldigen Sie sich vorab und versuchen Sie, sein Einverständnis für einen vorzeitigen Start einzuholen. Falls nichts zu machen ist, und Sie das Einverständnis nicht erhalten, erläutern Sie Ihre Gründe und entschuldigen Sie sich für die Unannehmlichkeiten.

PL: „Normalerweise halten wir die Frist von X Wochen immer ein. In diesem Fall war es mir nicht möglich. Prüfer P hat in so-und-so-vielen Wochen Urlaub/geht in Erziehungsurlaub/hat einen geplanten Kuraufenthalt. Davon habe ich erst kürzlich erfahren. Um die Prüfung rechtzeitig vorher abschließen zu können, musste ich (mit Einverständnis meines Chefs) die übliche Frist der Vorankündigung verkürzen. Ich setze auf Ihr Verständnis."

► Beispiel: Beschwerde: Keine rechtzeitige Information

FB: „Also wissen Sie, das kenne ich ja gar nicht von Ihnen! Sonst verstehen wir uns doch so gut. [= implizites Kompliment] *Erst letzte Woche hatten wir einen Jour fixe und jetzt kommen Sie mir mit der schriftlichen Ankündigung! Ohne mir vorher etwas zu sagen! Das hätte ich von Ihnen nicht gedacht!"*

Ganz ehrlich: Ginge es Ihnen nicht genauso, wenn Sie sich in die Situation des Revisionspartners versetzen? Wenn ja, dann signalisieren Sie Verständnis (Verständnis zu signalisieren bedeutet noch lange nicht, dass Sie dem Gesprächspartner Recht geben. Sie haben Verständnis – mehr nicht.) oder, wenn Sie dem Gesprächspartner tatsächlich Recht geben, entschuldigen Sie sich dafür.

PL: „Ich verstehe, dass Sie darüber verärgert sind."

PL: „Sie haben Recht. In unserem Jour fixe letzte Woche hatte ich das total vergessen. Entschuldigung."

PL: „Stimmt, wir hatten letzte Woche unseren Jour fixe. Da hatte ich vergessen, das anzusprechen/mir war zu dem Zeitpunkt gar nicht bewusst, dass dies auch in Ihren Zuständigkeitsbereich fällt – Entschuldigung."

Es kann aber auch sein, dass es in Ihrem Unternehmen nicht üblich ist, über anstehende Prüfungen zu informieren. Dann sorgen Sie für Transparenz und sagen Sie das so, dass die persönliche Zusammenarbeit nicht gefährdet wird. Wenn es eine allgemeine Ansage ist, dann kann dieser Konflikt mit den entsprechenden Personen in der Revision ausgetragen werden. Aber bitte nicht mit Ihnen.

PL: „Es ist revisionsintern nicht erwünscht, dass wir vorab über anstehende Prüfungen informieren. Bessergesagt – es ist uns nicht erlaubt."

Oder das tatsächliche Prüfungsthema ist erst kürzlich entstanden und war letzte Woche noch nicht absehbar. Vielleicht hätte ein anderer Revisionskollege die Prüfung geleitet oder es kam aufgrund anderer Gründe zu Änderungen des konkreten Prüfungsinhalts.

PL: „Ja, Herr X, Sie haben Recht [Das kostet nichts], *wir hatten letzte Woche unseren Jour fixe und ich habe es nicht angesprochen. Damals hatten wir noch geplant, dass konkret A geprüft werden sollte. Dann stellte sich aber heraus, dass wir bei A kein Neugeschäft abgeschlossen haben. Daher mussten wir kurzfristig auf B umschwenken. Sollte so etwas wieder passieren, werde ich Sie vor Versand der Prüfungsankündigung kontaktieren."*

Die Entschuldigungen, die ich hier eingebaut habe, kosten Sie nicht viel. Höchstens Ihren Stolz. Warum sollten Sie diese Chance nicht nutzen? Es tut Ihrem Gesprächspartner doch sooo gut, einen Punkt gegen die Revision zu machen. Gönnen Sie ihm die Genugtuung, wenn es Sie nichts oder nichts Wesentliches kostet.

▶ Beispiel: „Damit helfen Sie dem Unternehmen nicht"

Stellen Sie sich vor, Sie erhalten nach Versand der Ankündigung einen Telefonanruf von einer Führungskraft des Fachbereichs mit folgendem Inhalt:

FB: „Also, wenn Sie das prüfen ... Das hilft uns als Unternehmen doch nicht!"

Sie könnten das jetzt als Panikreaktion oder Einschüchterungsversuch auffassen, oder als Kompliment dafür, ins Schwarze getroffen zu haben. In dem Wissen, bei der risikoorientierten Auswahl des Prüfungsthemas alles richtig gemacht zu haben, fragen Sie freundlich und neugierig in einer offenen Frage nach weiteren Informationen oder Hintergründen.

PL: „Was meinen Sie damit?" oder *„Wirklich?"* oder *„Ach ja?"* [PAUSE]

PL: „Erzählen Sie."

Zumindest gibt das dem Fachbereich die Möglichkeit, Dampf abzulassen. Wenn Sie Glück haben, erfahren Sie etwas zu den Hintergründen des Anrufs. Es ist nicht nötig und wäre nicht gut, wenn Sie sich jetzt sofort positionieren. Halten Sie Ihre Einschätzung offen.

PL: „Vielen Dank für die Informationen. Ich werde darüber nachdenken." Oder

PL: „Ich werde das intern besprechen."

▶ Beispiel: Wutausbrüche und Beschimpfungen

Wenn Sie beschimpft werden, können Sie verschiedene Techniken anwenden, die leicht klingen, Sie aber vor große Herausforderungen stellen können:

Verfügt Ihr Gesprächspartner über einen höheren Status als Sie oder neigt er zu cholerischem Verhalten, ignorieren Sie den Wutausbruch und warten Sie ab. Nach ca. fünf Minuten hört fast jeder auf. Setzen Sie sich zurück, schauen Sie Ihren „Gesprächspartner" freundlich an und warten Sie ab, bis er nichts mehr sagt. Bestimmen Sie selbst, wer Sie ärgern darf. Nachdem der Revisionspartner zu schimpfen aufgehört hat, warten Sie noch einmal mindestens 10 Sekunden ab, ob er nicht gleich wieder ansetzt. Und dann, erst dann sagen Sie etwas, das zurück zu Ihrem Sachthema lenkt. Sind Sie jedoch der Meinung, die Beschimpfung sei inszeniert und nur ein

Versuch Sie einzuschüchtern, könnte eine sachliche und neutral formulierte Rückfrage Wirkung zeigen:
PL: „Sie haben offenbar Einwände gegen die Prüfung. Welche sind es genau?"

Es bietet sich an, den Vorstand als höhere Macht einzuführen, der man auch als Revisor unterworfen ist. Z. B.:
PL: „Die Prüfung war so in unserem Jahresplan vorgesehen. Der Jahresplan wurde so vom Vorstand verabschiedet. [= Einführung einer höheren Macht]. *Wir müssen die Prüfung durchführen."*

Verwenden Sie auch gerne die „Sprung in der Schallplatte"-Technik: D. h., suchen Sie nicht nach neuen Argumenten. Wenn Sie ein gutes Argument oder ein wichtiges Statement haben, wiederholen Sie den Schlüsselsatz immer wieder; mindestens aber drei Mal:
PL: „Ich weiß nicht, wie ich es Ihnen anders sagen soll: Die Prüfung muss durchgeführt werden."

Sollte die Beschimpfung nicht auf die Sache (also die Prüfung), sondern auf Ihre Person (z. B. mangelnde Qualifikation oder Eignung) gehen, haben Sie folgende Optionen:
PL: „Wenn Sie für diese Prüfung einen anderen Prüfungsleiter präferieren, sprechen Sie diese Dinge bitte direkt mit meiner Führungskraft ab. Eine Entscheidung hierüber liegt nicht in meiner Kompetenz. Sprechen Sie hierzu Herrn X an. Vielen Dank."
PL: „Herr Y [= direkte Ansprache], *ich möchte Sie darüber informieren, dass ich so nicht mit mir sprechen lasse."*
Dann können Sie noch anfügen:
PL: „Wollen wir jetzt noch einmal von vorne beginnen, oder machen wir einen neuen Termin aus?"
Durch diese Alternativen geben Sie einen Antwortraum vor. Sie sagen *„Wollen Sie A oder B?"* Wenn nun die Antwort kommt: *„Ich will weder A noch B, sondern C"*, führt Sie diese vielleicht auch schon zum Ziel, weil Sie dann mit C eine weitere Möglichkeit haben, ein vernünftiges Gespräch zu führen.

Wenn Sie in einer Sackgasse stecken, können Sie auch den Schatten der Zukunft einführen.
PL: „Wenn wir jetzt so weiter machen würden wie bisher, wo stünden wir dann in einer Stunde/morgen/nächste Woche?"
Suchen Sie sich auf alle Fälle aus, worauf Sie reagieren wollen und worauf nicht.

► Beispiel: Drohung, den eigenen Fachvorstand einzuschalten
FB: „So geht das nicht. Ich lasse mir das nicht gefallen. Ich habe bereits den Vorstand angesprochen. Er hat mir seine Unterstützung zugesagt. Lassen Sie die Prüfung besser bleiben, bevor das noch negativ auf Sie zurückfällt."
In solchen Fällen lohnt es sich, für die Revision ein solides Rahmenwerk zu haben. Es ist auf alle Fälle ein „netter" Versuch, Sie von Ihrem Vorhaben abzubringen. Das klappt jedoch nur, wenn Sie es zulassen.

PL: „Vielen Dank für diese Information [das kostet Sie nichts], *ich werde meinen Chef darüber informieren. Solange ich von ihm nichts Gegenteiliges höre, ist es meine Aufgabe, die Prüfung durchzuführen."*
Das sollte schon mal wirken. Nun kommt es auf Ihr Rahmenwerk an. Möglicherweise lässt es folgende Antwort zu:
PL: „Die Prüfung ist Bestandteil der Jahresplanung. Die Jahresplanung wurde vom Gesamtvorstand beschlossen. Eine vom Gesamtvorstand in der Jahresplanung beschlossene Prüfung kann gemäß den Rahmenbedingungen der Revision nur durch einen weiteren Beschluss des Gesamtvorstands abgesagt oder verschoben werden. Über so einen Beschluss des Gesamtvorstands liegt mir noch keine Information vor. Bitte informieren Sie mich, sobald Ihnen das Vorstandsprotokoll vorliegt und mailen es mir zu. Bis dahin muss ich meine Arbeit weiter durchführen."

► Beispiel: Angeblich ungünstiger Zeitpunkt
FB: „Sie dürfen mich gerne prüfen – aber nicht jetzt. Der Zeitpunkt passt gar nicht."
Lassen Sie sich nicht um den Finger wickeln. Signalisieren Sie, dass Sie verstanden haben, worum es geht, und versuchen Sie eine kooperative „Ja-Haltung" zu etablieren.[26] D. h., Sie fragen nach etwas, auf das Sie mit hoher Wahrscheinlichkeit eine bestätigende Antwort erhalten.
PL: „Ihnen passt der Prüfungszeitpunkt nicht?" [Ja abwarten]
Dann fragen Sie nach Fakten und Hintergründen und bewerten diese.
PL: „Aus welchen Gründen kommt die Prüfung ungelegen?"
Signalisieren Sie grundlegendes Verständnis über die Verallgemeinerung „man".
PL: „Das kann man ja verstehen." [Verständnis ist kein Zugeständnis!]
Prüfen Sie den Gehalt der Aussage, denken Sie laut darüber nach (Was spricht dafür und was dagegen). Sollte der Prüfungszeitpunkt auch aus Ihrer Sicht nicht optimal sein, bieten Sie ggf. Rücksichtnahme an und fragen nach weiteren Details. Sie haben immer noch den Ausweg, es mit Ihrer Führungskraft besprechen zu müssen.
PL: „Um Ihre Position nachvollziehen zu können, benötige ich folgende Fakten:

- Welche Ansprechpartner können Sie aus welchen Gründen für welchen Zeitraum nicht zur Verfügung stellen?
- Gibt es Alternativen zu diesen Ansprechpartnern?
- Wann stünden die Ansprechpartner wieder zur Verfügung?
- Für welche Themen wird welcher Ansprechpartner wofür genau benötigt?
- Da Sie sich als Chef sicher bestens auskennen: Stünden Sie zur Verfügung?
- Ist eine zeitliche Staffelung möglich?
- Bestehen Dokumentationen, Arbeitsanweisungen und Datenauswertungen, die als alternative Informationsquelle dienen könnten?"

Wenn Sie in diese Richtung fragen, wird sich schnell herausstellen, ob es nur ein vorgeschobener Grund ist, oder ob wirklich ein sehr ungünstiger Zeitpunkt vorliegt.

[26] Vgl. Schmidt, Gunther: Liebesaffären zwischen Problem und Lösung, S. 59.

Ggf. erhalten Sie, wenn Sie in Richtung eines Managementaudits fragen, bereits die ersten Prüfungsergebnisse auf dem Silbertablett serviert.
PL: „Ist das Arbeitsaufkommen dieser Einheit konstant oder starken Schwankungen unterworfen?"
PL: „Wie steuern Sie diese Einheit?"
PL: „Wie schätzen Sie Ihre aktuelle Personalausstattung ein?"
PL: „Wenn Sie die aktuelle Personalausstattung als zu gering erachten, was haben Sie diesbezüglich bereits unternommen?"
Bleiben Sie freundlich und an der Sache interessiert. Ziehen Sie Ihre Schlussfolgerung. Bleiben Sie verbindlich und klar. Kommen Sie auf den Punkt und versuchen Sie dabei unnötige Schärfe und einen möglichen Gesichtsverlust Ihres Gesprächspartners zu vermeiden. Sollten Sie zu dem Schluss kommen, dass Sie Ihre Prüfung dennoch durchführen möchten, führen Sie eine höhere Macht (= den Vorstand) ein.
PL: „Sehen Sie, die Revision hat einen Jahresplan und alle dort vorgesehenen Prüfungen sollen gemäß Beschluss des Gesamtvorstands auch in diesem Jahr durchgeführt und abgeschlossen werden. Damit hat die Revision wenig Spielraum."
Machen Sie eine kleine Pause und lassen diese Sätze wirken. Warten Sie ab, ob es wirklich nur um den Zeitpunkt geht, oder ob nicht das dahinter liegende Interesse ein anderes ist. Wiederholen Sie gerne noch einmal Ihre Aussage. Erklären Sie, dass Sie gebunden sind und sich ebenfalls vor dem Vorstand rechtfertigen müssen.
PL: „Wissen Sie, wir als Revision müssen ebenfalls Rechenschaft ablegen und auch die Revision wird vom Wirtschaftsprüfer jährlich einer Prüfung unterzogen. Wenn wir unseren Prüfungsplan nicht erfüllen, müssen wir uns ebenfalls vor dem Vorstand dafür verantworten. Wir bräuchten schon sehr gute Gründe, um eine Prüfung nicht zum geplanten Zeitpunkt durchzuführen."
Hiermit haben Sie eine Gemeinsamkeit mit dem Revisionspartner in den Vordergrund gerückt: Sie beide müssen sich vor dem Vorstand verantworten.

► Beispiel: Angeblich falsches Thema
Sollte der Revisionspartner in einem ersten Informationsgespräch oder nach Erhalt der Ankündigung kontern:
FB: „Das ist das völlig falsche Thema. Sie müssten sich nicht X, sondern unbedingt Y prüfen. Bei Y haben wir im Unternehmen die größten Risiken."
Dann sollten Sie auf der Hut sein. Es kann der Wahrheit entsprechen oder ein geschickt ausgelegter Köder sein, den Sie schlucken sollen. Um zu entscheiden, ob es sich nur um eine Finte handelt oder nicht, fragen Sie nach.
In diesem Moment gibt es zwei Möglichkeiten: Sie bleiben erst bei Thema X und wechseln erst später zu Thema Y oder umgekehrt. Bedenken Sie, wie wichtig dem Gesprächspartner Y ist und wie emotional er bei der Sache ist. Möchte er sehr dringend von Y erzählen, können die Informationen über X knapp ausfallen, da er in Gedanken bei Y ist. Beginnen Sie mit Y, kann es dagegen passieren, dass Sie mit

einem längeren Vortrag eingelullt werden. Der Gesprächspartner wird Ihnen irgendetwas erzählen, was möglichst nicht in seinem Verantwortungsbereich liegt und Sie von X ablenkt.

▷ Variante 1: zuerst nach Y und dann nach X fragen:
Beim Nachfragen empfehlen sich offene Fragen. Und denken Sie daran: Nach der offenen Frage unbedingt schweigen!
PL: „Woran machen Sie fest, dass X das falsche Thema sein soll?" [PAUSE] *„Wieso soll Y wichtiger sein?"* [Schweigen Sie und warten Sie ab.]
Hören Sie sich in Ruhe die Ausführungen an. Anschließend haken Sie nach, bis Sie konkrete Fakten erhalten. Achtung: Lassen Sie sich Belege für diese Fakten geben.
PL: „Welche Kriterien und Fakten sprechen für Y und gegen X?"
Jetzt kann es passieren, dass der Revisionspartner vorhat, Sie über Stunden zu unterhalten.
Fragen Sie dennoch alles ab, was Sie zu Thema X wissen wollten.
PL: „Nur der Vollständigkeit halber und damit ich das Thema besser einschätzen kann, hätte ich nun noch gerne die Informationen zu Thema X."

▷ Variante 2: zuerst nach X und dann nach Y fragen:
PL: „Vielen Dank für diese Information. Das klingt sehr interessant, und ich möchte gerne später darauf zurückkommen. Bitte geben Sie mir zunächst von X einen Überblick. (Wie stellt sich Thema X aus Ihrer Sicht dar?)"
Denken Sie daran, später unbedingt nach Y zu fragen. Falls der Revisionspartner zwischenzeitlich immer wieder auf Y umschwenken will, holen Sie Ihn regelmäßig zurück. Da Sie die Gesprächsführung haben, bedeutet es auch, dass Sie es lenken und damit auch festlegen, was wann wie lange besprochen wird. Denken Sie an den Sprung in der Schallplatte und wiederholen Sie, jedes Mal:
PL: „Ich werde später gerne auf Y zurückkommen. Nun interessiert mich aber zunächst X."
Selbstverständlich können Sie Gefahr laufen, dass der Revisionspartner Ihnen diese Penetranz übelnehmen wird. Wie gesagt: Beide Varianten sind möglich. Es gibt kein Besser oder Schlechter, sondern nur den kontextsensitiven, situativen Umgang mit Gesprächssituationen.

▶ Beispiel: Die Suche in den Anweisungen
Stellen Sie sich vor, Sie haben in der Ankündigung nach der Arbeitsanweisung eines spezifischen Themas oder nach einer bestimmten Passage einer Arbeitsanweisung gefragt und bekommen nun folgende Reaktion:
FB: „Suchen Sie sich das doch selbst aus den Anweisungen heraus!"
Auch wenn Sie im Sinne einer guten Beziehung mit dem Fachbereich gerne nachgeben wollten – lassen Sie sich darauf nicht ein. Schon im Interesse Ihrer Arbeitseffizienz bietet es sich an, sich solche Informationen auf dem Silbertablett liefern zu lassen. Vielleicht identifizieren Sie nicht die richtige Anweisung, vielleicht wird sie gerade aktualisiert, vielleicht ist die Anweisung sehr umfangreich, und Sie benötigen

nur einen kleinen Ausschnitt. Vielleicht ist sie auf Deutsch nicht aktuell, aber auf Englisch. Lassen Sie sich die spezifische Passage zeigen oder die aktuellste Anweisung liefern. Damit umgehen Sie vermeidbare Fehler.

Überzeugen Sie Ihren Gesprächspartner durch maximale Transparenz, dass es für ihn nicht den Worst Case darstellt, wenn er Ihnen die richtige Passage der Anweisung heraussucht.
PL: „Ach, Sie können sich ja gar nicht vorstellen, was ich als Revisor schon so alles erlebt habe. Ich möchte einfach nur sicherstellen, dass ich die aktuellste Anweisung zu dem Thema habe, und garantiert nicht die falsche Passage für relevant halte. Manche Anweisungen sind sehr verschachtelt aufgebaut. Da lese ich vorne etwas und hinten steht dann doch eine Ausnahme, womöglich in irgendeiner Fußnote, drin. Und sollte ich da etwas nicht richtig zuordnen, dann würden Sie das spätestens nach dem Berichtsentwurf alles raussuchen und mir darlegen. Das möchte ich uns beiden ersparen. Was halten Sie davon?"
Meistens erübrigt sich dann jede weitere Diskussion.

▶ Beispiel: Unvollständige Zulieferung
Sie erhalten vom Fachbereich nicht alle benötigten und angeforderten Daten.
Wie gehen Sie damit um?

Fragen Sie sich:

- Welche Auswirkungen hat das auf meine Prüfung?
- Komme ich trotzdem zu einem sinnvollen Ergebnis und erreiche mein Prüfungsziel?
- Was ist jetzt zu tun?
- Wie lange dauert das?

Informieren Sie Ihren Chef und zeigen Sie ihm dabei Ihre Anforderungsliste:
PL: „Ich möchte Sie darüber informieren, dass ich von X nicht alle angeforderten Daten erhalten habe. Die Nachlieferung wird voraussichtlich so-und-so lange dauern/Die Daten können nicht geliefert werden. Dies hat folgende Auswirkungen für meine Prüfung ..."
Geben Sie unter Setzung einer kurzen Frist eine Rückmeldung an den Zulieferer:
PL: „Ich hatte die-und-die Daten angefordert. Sie haben mir das-und-das geliefert, wobei das-und-das nicht in der Lieferung enthalten war. Bitte liefern Sie diese Daten umgehend nach. Ich benötige die Daten bis heute/morgen Abend."

▶ Beispiel: Unterlagen werden nicht geliefert
In der Prüfungsankündigung bitten Sie um Unterlagen, die Ihnen vorab zugeschickt werden sollen. Hierauf erhalten Sie folgende Reaktion:
FB: „Das steht doch im Gesetz/in der Vorschrift – Lesen Sie das dort nach."
Vielleicht ärgern Sie sich jetzt oder überlegen, dieser Aufforderung zu folgen. Ich schlage vor, Sie sehen das als verständlichen Versuch an, die Zulieferung umgehen

zu wollen, und entscheiden sich, dieser Aufforderung nicht nachzukommen. Sprechen Sie den Gesprächspartner möglichst bald darauf persönlich an.

PL: „Herr X, ich habe Sie um Lieferung von Unterlagen gebeten. Vielleicht hatte ich das nicht konkret genug ausgedrückt. Ich meine Ihre spezifischen Anforderungen an den anderen Unternehmensbereich Y für das-und-das [Prüfungsthema].“

Warten Sie geduldig eine Antwort ab und schweigen Sie. Falls Ihr Gesprächspartner die Informationen immer noch nicht liefern möchte, wiederholen Sie noch einmal Ihre Forderung (= Sprung in der Schallplatte).

PL: „Ich wiederhole mich da gerne. Ich benötige von Ihnen die spezifischen Anforderungen Ihrer Einheit an den anderen Unternehmensbereich Y für das-und-das [Prüfungsthema].“

Falls Sie auch jetzt die angeforderten Unterlagen nicht erhalten, kann es sein, dass diese nicht explizit existieren. Das möchte Ihr Gesprächspartner verständlicherweise nicht sofort zugeben. Sehen Sie ihm also in die Augen und legen Sie in die folgende Erwiderung Ihre größtmögliche Überzeugungskraft und Klarheit:

PL: „Das hört sich für mich so an, als ob Sie mir die Unterlagen entweder nicht geben können oder nicht geben wollen. Da ich nicht von letzterem Fall ausgehe, müsste ich in meinem Bericht festhalten, dass Ihre Einheit keine spezifischen Anforderungen an den anderen Unternehmensbereich gestellt hat.“ [PAUSE]

Nun geben Sie dem Gesprächspartner mit einer strategischen Pause, in der Sie den Blickkontakt aufrechterhalten, die Gelegenheit, darüber nachzudenken. Wenn nun von seiner Seite nichts folgt, dann beenden Sie das Thema mit:

PL: „Was halten Sie von folgender Formulierung. Die Einheit A hat zum Thema B keine spezifischen Anforderungen an den Unternehmensbereich Y gestellt.“

Möglicherweise werden Sie dann noch etwas hin und her diskutieren, bis Sie sich letztendlich auf eine bestimmte Formulierung einigen werden. Versäumen Sie nicht, das Thema bereits jetzt abzuschließen.

PL: „In meinem Bericht muss ich zu dieser Feststellung auch die daraus entstehenden Risiken darstellen. Welche Risiken entstehen daraus aus Ihrer Sicht?“

Und schon sind Sie bezüglich dieses Themas in einer weiteren Prüfungsphase.

► Beispiel: Der Umgang mit eigenen Fehlern

Sie haben z. B. bei der Datenanforderung einen Fehler gemacht. Und nun?

Gestehen Sie sich Ihren Fehler ein. Haken Sie ihn ab und schauen Sie nach vorne. Versuchen Sie, ihn zu korrigieren und fragen Sie sich: *„Was ist jetzt zu tun?“* In der Fernsehserie „Klimbim“ sagte Ingrid Steger einmal: *„Aus Fehlern wird man klug, drum ist einer nicht genug!“* Nutzen Sie die Gelegenheit und lernen Sie aus Ihrem „Fehler“ bzw. aus Ihrer „Lernchance“.

3 Vor-Ort-Phase

3.1 Eingangsgespräch auf Managementebene

3.1.1 Ziele des Eingangsgesprächs auf Managementebene

Die Vor-Ort-Phase sollte mit einem Eingangsgespräch auf Managementebene beginnen. Dieses führt der Prüfungsleiter ggf. mit Unterstützung seiner Führungskraft mit einem hochrangigen Vertreter des geprüften Bereichs (z. B. dem Bereichsleiter) durch. Werden mehrere Bereiche geprüft, sollte je Bereich jeweils ein Gespräch geführt werden. Die in der Prüfung hauptsächlich befragten Personen, meist Sachbearbeiter, gehören in der Regel nicht zum Teilnehmerkreis.

Aus Sicht der Internen Revision sollten in dem Gespräch folgende **Ziele** erreicht werden:

- In den ersten Minuten eine gute Atmosphäre schaffen (Ein guter Start ist der Beginn von einem guten Ende) und eine gute Arbeitsbeziehung aufbauen.
- Den Prüfungsauftrag sowie dessen Sinn erläutern.
- Den Prüfungsleiter durch das vertretene Revisionsmanagement gegenüber dem Management des Fachbereichs wirksam in sein Amt einführen.
- Die Teammitglieder mit ihren jeweiligen Aufgabenbereichen vorstellen.
- Transparenz über Prüfungsaktivitäten schaffen. Über das Ziel, die Themen, den Umfang, den Ablauf und die zeitliche Planung der Prüfung informieren.
- Das Management des Fachbereichs zu den Stärken und Schwächen des Prüfungsgegenstandes befragen.
- Das Management um Ansprechpartner für die jeweiligen Themen bitten.
- Weitere organisatorische Dinge klären (z. B. mögliche Abwesenheiten).
- Eine Einigung über die für beide Seiten praktikabelste und effizienteste Vorgehensweise erreichen.
- Eine konstruktive Kommunikation herstellen; den vom Manager gewünschten Kommunikationsfluss zwischen Management und Prüfungsleiter erfragen und festlegen.
- Eventuell vorhandenen Befürchtungen der Gesprächspartner begegnen.
- Eventuellen Störungen auf der Beziehungsebene entgegenwirken und den Gesprächspartnern bereits jetzt den Wind aus den Segeln nehmen.

Eine kleine Erinnerung zur **Unabhängigkeit** der Internen Revision: Als Interner Revisor sind Sie zur Unabhängigkeit verpflichtet – gegenüber anderen und sich selbst. Die externe Unabhängigkeit bedeutet u. a., dass Sie uneingeschränkten Zugang zu Informationen erhalten müssen. Sie unterliegen keinem Zwang und keiner Verpflichtung, den Prüfungsumfang oder Ihre Risikoeinschätzung zu verringern oder zu verändern. Sollte bereits im Eingangsgespräch diesbezüglicher Druck aufgebaut werden, erinnern Sie sich an Ihre interne Unabhängigkeit.

3.1.2 Mögliche Schwierigkeiten beim Eingangsgespräch

Ein schlechter Start kann im Wechselspiel zwischen Revision und Fachbereich leicht Gegenreaktionen provozieren, wie z. B. Vorverurteilungen, Vorwürfe und Befürchtungen – besonders wenn das Management neu ist, noch nie geprüft wurde oder wenn in der Vergangenheit mit der Revision (ggf. auch in einem anderen Haus) schlechte Erfahrungen gemacht wurden. Durch die starke Aufmerksamkeitsfokussierung auf gegenseitige „Feindbilder" kann sich im „Kopfkino" leicht eine „self-fulfilling prophecy" bilden. Hieraus können Stressreaktionen und Kommunikationsprobleme entstehen, welche die Situation weiter eskalieren lassen.

- Die Prüfung kann beim Management Befürchtungen oder Angst auslösen oder verstärken und als Angriff auf die eigene Person oder Position verstanden werden.
- Der Manager hat die Revision vorverurteilt, bevor die Prüfung begonnen hat.
- Der Manager bemängelt, dass die Revision das falsche Thema prüft.
- Dem Manager wird nicht klar, was eine Prüfung für ihn bedeutet, wie sie ablaufen soll, wer welche Rollen und Aufgaben hat.
- Die weitere Kommunikation und Interaktion werden nicht ausreichend geklärt.
- Es wird keine Einigung über die weitere, für beide Seiten akzeptable Vorgehensweise erzielt.
- Das Management weigert sich, eine Einschätzung der Stärken und Schwächen des Prüfungsgegenstandes abzugeben.
- Der Prüfungsleiter, ein Prüfer oder die Führungskraft der Revision widersprechen sich in ihren Aussagen, oder einer der Revisoren gibt unabgestimmte Äußerungen von sich.
- Sie (re)agieren als Prüfungsleiter nicht zieldienlich.

Der Worst Case wäre zweifellos, wenn Sie das Eingangsgespräch nicht dazu nutzen könnten, um Transparenz zu schaffen, Befürchtungen zu reduzieren und in Ihrer Rolle als Prüfungsleiter etabliert zu werden. Eine Ursache dafür könnte z. B. sein, dass vonseiten des Revisionsmanagements nicht genügend Zeit oder Interesse vorliegt, um dies zusammen mit Ihnen anzugehen. In diesem Fall könnte der Fachbereich infolge des starken Hierarchiegefälles auf dieses Gespräch mit Ihnen (und Ihrem Team) dann verzichten wollen.

3.1.3 Wie kann die Erfolgswahrscheinlichkeit erhöht werden?

► Je Fachbereich ein Gespräch auf Augenhöhe führen

Nun, in der Vor-Ort-Phase, treten Sie als Prüfungsleiter in das direkte Gespräch mit den Fachbereichen ein. Führen Sie jeweils ein separates Gespräch, um Koalitionsbildungen zu vermeiden und einen offenen Informationsaustausch zu fördern. Das Verhalten jedes Beteiligten ist dabei immer gleichzeitig Ursache und Wirkung des Verhaltens der anderen Beteiligten.[27] Es entsteht eine Art wechselseitiges kontinuierliches Feedback der gegenseitigen Einflussnahme.[28] Wie soll man sich also verhalten und welche Grundhaltung sollte man einnehmen? Das „Harvard-Konzept[29]" propagiert, die eigenen Argumente mutig und konsequent unter gleichzeitiger Beachtung der emotionalen Bedürfnisse zu vertreten. Verknüpfen Sie eine kooperative Grundhaltung mit Konsequenz in der Sache. Je angespannter das Klima und je belasteter die gegenseitige Beziehung ist, umso größer ist die Gefahr unsachlicher Interventionen (z. B. dem Erzeugen von Schuld- oder Angstgefühlen, Dominanzgebärden, Imponiergehabe, Kampfdialektik als Mittel zum Zweck und aufgrund der eigenen Frustration).[30] Für die Interne Revision sollte meiner Meinung nach folgende Haltung Ihre Interaktion mit den Fachbereichen und Ihr Verhalten bestimmen: Versuchen Sie, Ihren Gesprächspartnern vorurteilsfrei und in sich ruhend gegenüberzutreten. Selbstverständlich können Sie Hypothesen zu möglichen Prüfungsergebnissen bilden und Erwartungen zu verschiedensten Was-wäre-wenn-Szenarien haben. Ziehen Sie aber immer die Möglichkeit in Betracht, dass es auch anders sein könnte und agieren Sie als offener, neugieriger und aufmerksamer Forscher in der Exploration unbekannter Gebiete. Nehmen Sie zunächst die Fakten, Sachverhalte und Phänomene fragend, beobachtend und vor allem beurteilungsfrei auf und hinterfragen und erkunden Sie diese. Beachten Sie verschiedenste Perspektiven und Kontexte (Stakeholder, Umwelten, Beteiligte, aber auch Wechselwirkungen zwischen diesen). Verhalten Sie sich in der Kommunikation sensibel gegenüber verschiedensten Kontexten und Feedbacks. Betätigen Sie sich als kommunikativer Katalysator mit dem Ziel, mittels Perspektivenwechsel und Sensibilisierung im Unternehmen Veränderungen zu bewirken: Setzen Sie Impulse, um die Fachbereiche zu animieren, konkrete Handlungen anzustoßen. Falls dies nicht genügen sollte, scheuen Sie sich nicht vor einem konfrontativen Dialog. Begeben Sie sich in eine Rolle einer Person, die sich für die Überlebensfähigkeit des Systems engagiert, ohne mit dem System zu verschmelzen oder sich vereinnahmen oder instrumentalisieren zu lassen; jemand, der trotz seiner notwendigen Distanziertheit noch als „einer von uns" wahrgenommen wird.[31]

---

27 Vgl. Schmidt, Gunther: Liebesaffären zwischen Problem und Lösung, S. 21.

28 Vgl. Schmidt, Gunther: Liebesaffären zwischen Problem und Lösung, S. 56.

29 Vgl. Fisher, Roger, Ury, William, Patton, Bruce, M.: Das Harvard-Konzept.

30 Vgl. Thiele, Albert: Argumentieren unter Stress, S. 16.

31 Vgl. Doppler, Klaus: Über Helden und Weise, S. 6.

In anderen Worten: Ich will nicht, dass die Revision die Fachbereiche immer „in die Pfanne haut“ oder „den Kampf gewinnt“, oder um des lieben Friedens willen immer automatisch „den Kürzeren ziehen“ soll. Nein. Ich stehe ein für Gespräche auf Augenhöhe, die immer das Ziel haben, das Unternehmen zu verbessern bzw. die Überlebenswahrscheinlichkeit des Unternehmens zu erhöhen. Bei diesem Ziel ist nicht von Anfang an klar, wer „Recht“ hat und wer sich durchsetzen soll. Es geht immer um den Kontext und die Ziele des Gesamtunternehmens. Um insgesamt zu gewinnen, kann man auf kleinere Siege (z. B. nur um „Recht“ zu haben) gut verzichten. Ich verstehe die Interne Revision als einen dem Unternehmen langfristig zur Verfügung stehenden Sparringpartner, der zur Reflexion über den Status quo einlädt, indem er u. a. bisher Unausgesprochenes anspricht und zum Perspektivenwechsel einlädt.[32] Sozusagen als geistige Hebamme für eine bessere Unternehmensorganisation. Auch wenn wir die Geburt begleiten und unterstützen, sie ggf. sogar einleiten, ist es nicht die Revision, die das Baby tatsächlich gebiert.

► Die Gesprächsteilnehmer
Drängen Sie in einem hierarchischen Unternehmen darauf, als Prüfungsleiter mindestens Ihre Führungskraft als weiteren Gesprächsteilnehmer des Eingangsgesprächs an Ihrer Seite zu haben. Dies ist umso wichtiger, je höher die Managementebene des Fachbereichs vertreten ist. Als Faustregel gilt: Je höher die Managementebene im Fachbereich, umso ranghöher sollte die Revision vertreten sein. Das **Hierarchiegefälle** zwischen Fachbereich und Revision (Fachbereich höher) sollte üblicherweise eine, bei sehr hierarchisch aufgestellten Unternehmen maximal zwei Stufen betragen. Ggf. werben Sie um die Teilnahme des Revisionsleiters.

Wenn möglich, sollte die gleiche Anzahl an Personen aus dem Fachbereich und aus der Revision bei dem Termin anwesend sein. Bei großen Teamprüfungen limitiert dies die Anzahl der Prüfer, die Sie zu dem Gespräch mitnehmen sollten. Beharren Sie jedoch auf die Anwesenheit mindestens eines Prüfers an Ihrer Seite, damit dieser Sie bei der Protokollierung des Gesprächs unterstützen kann.

► Die Amtseinführung
Achten Sie darauf, dass Sie durch das Revisionsmanagement in Ihrer Rolle als Prüfungsleiter gestärkt werden. Hierzu gehört eine bedeutungsgebende Amtseinführung gegenüber Ihren Prüfern und dem Fachbereich. Dies ist umso wichtiger, je neuer Sie in dieser Rolle sind. Lassen Sie sich vorstellen und lassen Sie Ihre Aufgaben, Zuständigkeit und Verantwortung erläutern. Wenn dies eine Ihnen höhergestellte Person (wie z. B. Ihr Chef) übernimmt, wird es die bestmögliche Wirkung haben. *(→ „Herr X leitet diese Prüfung. Das bedeutet, dass er Ihr Ansprechpartner für alle Themen zu dieser Prüfung ist [nicht ich als Führungskraft in der Revision]“.)* Hier-

32 Vgl. Puhani, Silvia: Der Revisor als moderner Hofnarr, S. 41–42.

mit umgehen Sie, dass Ihre Position von Beginn an untergraben wird, oder Unklarheiten bezüglich Ihrer Rolle bestehen. Daher war es auch so wichtig, zunächst mit Ihrer Führungskraft Einvernehmen über Ihre Rolle herzustellen.[33] Bei der Teilnahme weiterer Prüfer an der Prüfung sollte dargestellt werden, welche Person welches Thema prüfen wird. Falls der Revision nicht bekannt ist, welcher Ansprechpartner im Fachbereich welche Themen abdeckt, ist dies der ideale Zeitpunkt, um das zu klären.

▶ Die Sinnhaftigkeit der Prüfung erläutern
Erläutern Sie den Prüfungsauftrag und dessen Sinn aus Sicht der Revision. Argumente liefern Ihnen Ihre risikoorientierte Prüfungsplanung und Ihre Prüfungsvorbereitung. Geben Sie unbedingt bekannt, ob es sich um eine langfristig geplante Prüfung oder um eine Sonderprüfung aufgrund eines aktuellen Anlasses handelt. In ersterem Fall heben Sie hervor, dass sie ein reiner Routinevorgang ist, der nun (nach 1–3 Jahren) turnusmäßig wieder ansteht. Befürchtungen des Revisionspartners – schlimmstenfalls die einer Vendetta gegen seine Person oder Position – werden dadurch zerstreut. Im Fall einer Sonderprüfung erläutern Sie den Grund und geben Ihrem Gesprächspartner Raum für eine Stellungnahme. Erläutern Sie die Konsequenzen einer Zeitpunkt- bzw. Zeitraumbetrachtung des Prüfungsgegenstands.

▶ Transparenz und eine wertschätzende Arbeitsatmosphäre schaffen
Versuchen Sie, mögliche Befürchtungen zu reduzieren, indem Sie Transparenz schaffen. Sollte die Revision als zu mächtig erscheinen, können als vertrauensbildende Maßnahmen Machtungleichgewichte gezielt reduziert werden.[34] Treten Sie kongruent auf, d. h. achten Sie darauf, dass Sie das, was Sie sagen, auch konsequent so umsetzen.[35]

Um die Erfolgswahrscheinlichkeit zu erhöhen, sollte die Interne Revision versuchen, von Beginn an eine wertschätzende Arbeitsatmosphäre zu schaffen. Dies erreichen Sie z. B. dadurch, dass das Gespräch in den Räumen des Revisionspartners stattfindet und es mit einem langsamen Aufwärmen und Ankommen durch gemeinsamen Small Talk startet. Nehmen Sie ein angebotenes Getränk an und trinken Sie auch im Laufe der Besprechung davon. Dies ist ein einfaches Signal: Vielen Dank für die Gastfreundschaft, ich bin kooperativ eingestellt.

Ist es für den Manager im Fachbereich die erste Revisionsprüfung, stellen Sie die Aufgabe der Revision generell dar. Gehen Sie nicht davon aus, dass dem Fachbereich bekannt ist, was Revision ist, wie sie arbeitet, oder was Sie persönlich darunter verstehen. Erklären Sie Ihrem Gesprächspartner, was auf ihn zukommt. Erläutern Sie im Zweifelsfall lieber zu viel und erlauben Sie Ihrem Gesprächspartner, Sie zu un-

33 Vgl. Kapitel 2.2 Klärung der eigenen Rolle.

34 Vgl. Kapitel 2.5 Die Prüfungsankündigung.

35 Vgl. dazu auch Malik, Fredmund: Unternehmenspolitik und Corporate Governance, S. 325.

terbrechen, falls die Informationen bekannt sind. Versuchen Sie, Fragen und Einwände vorwegzunehmen. Wenn Sie die Prüfungskriterien vorstellen, betonen Sie die Zukunftsorientierung der Internen Revision, die sich z. B. darin äußern könnte, dass einzelne Fehler gegenüber nachhaltig ergriffenen Maßnahmen zur Sicherstellung wichtiger ordnungsgemäßer Abläufe in den Hintergrund treten. Informieren Sie, dass die standardmäßige Vorgehensweise darin besteht, alles mit dem Gesprächspartner vorab zu diskutieren und Ergebnisse immer abzustimmen, bevor sie dem Vorstand berichtet werden. Ein persönliches Versprechen des Prüfungsleiters, dies in jedem Fall zu tun, kann dem Gesprächspartner weitere Sicherheit geben.

Sollte der Manager ein alter Bekannter sein und auf eine Vorprüfung bestehen, erwähnen Sie die Ergebnisse der letzten Prüfung. Falls die letzte Prüfung (Inhalt, Ergebnis usw.) noch bekannt sind, zeigen Sie, dass Sie sich vorbereitet haben. Stellen Sie die Gemeinsamkeiten und Unterschiede zur aktuellen Prüfung dar. Auch wenn die Vorgehensweise der Prüfungsdurchführung schon bekannt ist, bietet es sich an, die zugrunde liegende Struktur gemeinsam zu besprechen und ein gemeinsames Verständnis der Vorgehensweise festzuhalten.

Zusätzlich kann bei den Bereichsleitern der geprüften Bereiche nachgefragt werden, ob diese regelmäßige zu Zwischenständen informiert werden möchten, oder nur dann eine Information wünschen, wenn sich Diskussionspunkte abzeichnen. Dies signalisiert, dass die Bereiche der Internen Revision nicht hilflos ausgeliefert sind, sondern durchaus ihre Wünsche zum Kommunikationsfluss äußern können und diesen wenn möglich entsprochen wird. Damit kann die für alle Seiten praktikabelste und effizienteste Vorgehensweise gefunden werden.

Wenn Unklarheiten bezüglich des Ablaufs der Prüfung, der Rollen der Prüfer oder der weiteren Kommunikation bestehen, wird hoffentlich der Manager des betroffenen Fachbereichs dies ansprechen. Fragen Sie trotzdem vorab auf alle Fälle nach, damit Sie Unklarheiten zeitnah aus dem Weg räumen können.
PL: „Ich habe Ihnen eben den Ablauf der Prüfung, die Zuständigkeiten der Prüfer und das weitere Vorgehen erläutert. Wir haben uns darauf geeinigt, dass ich Ihnen wöchentlich einen aktuellen Zwischenstand der Prüfung mitteilen werde und dabei alle Themen, die aufkommen, ansprechen werde.“ [PAUSE] *„Welche Fragen oder Anmerkungen haben Sie hierzu?“*

▶ Den Stand der Zulieferungen besprechen
Es lohnt sich, im Eingangsgespräch den aktuellen Stand der Zulieferung zu besprechen. Listen Sie auf, was Sie bereits erhalten haben und was noch aussteht und bis wann Letzteres zugesagt wurde. Falls die Termine noch nicht stehen, holen Sie sich eine feste Zusage vom Bereichsleiter des Fachbereichs. Wenn Sie glauben, bereits alles zu haben, lassen Sie sich dies ebenfalls bestätigen.

▶ Die Management Summary bereits jetzt formulieren
Um vorzubeugen, dass Sie aufgrund der Informationsflut den Wald vor lauter Bäumen nicht mehr sehen und Schwierigkeiten bekommen, eine top-down Management

Summary zu erstellen ist, sich bereits ab der Prüfungsvorbereitung nach jedem Gespräch zu fragen, welche Erkenntnis Sie bisher haben. Läuft z. B. das Eingangsgespräch auf Managementebene gut, also offen und ehrlich, sollten Sie bereits zu diesem Zeitpunkt, spätestens nach der ersten Woche der Prüfungsdurchführung, Ihre Kernbotschaft des Berichts kennen. Warum das so ist? Fritz B. Simon vergleicht es damit, dass wir immer nur nach den Ostereiern suchen, die wir selbst vorher versteckt haben. D. h., wir haben z. B. aus der Vorbereitung eine Hypothese und versuchen diese durch unsere Prüfungstätigkeit zu bestätigen, oder zu widerlegen. Dann entspricht die Kernbotschaft der eventuell noch zu verneinenden Hypothese. Stellen Sie Hypothesen zu Ihrem Prüfungsthema auf (z. B. es bestehen Probleme in der Zusammenarbeit mit anderen Unternehmensbereichen). Orientieren Sie sich dabei an Ihrem Prüfungskonzept. Fragen Sie sich nach jedem Gespräch, wie Ihre Kernaussage aktuell aussieht. Wie ist die Situation? Was können Sie bereits jetzt zu Ihrem Prüfungsthema aussagen? Und jetzt das Wichtigste: Notieren Sie sich das sofort. Fangen Sie an, bereits mit Beginn der Prüfungsdurchführung Ihren Bericht zu schreiben. Und zwar nicht die Details, sondern ausschließlich die Management Summary. Nach einer Woche Prüfungsdurchführung sollten Sie unbedingt die Management Summary zu Papier gebracht haben, weil die in der Prüfung immer größer werdende Informations- und Detailflut die für die Formulierung der Gesamtwürdigung notwendige Abstraktion immer schwieriger macht. Überlegen Sie parallel in der Prüfungsdurchführung immer, welche Prüfungshandlungen noch nötig sind, um Ihre Kernaussage zu unterlegen.
Wenn Sie dann gegen Ende der Prüfungsdurchführung den Bericht schreiben, lesen Sie sich Ihre anfangs formulierte Kernaussage noch einmal durch und nehmen notwendige Anpassungen vor. Nach meiner Erfahrung sind das dann nur noch Kleinigkeiten.

► Die Abschlussbesprechung vorbereiten
Nutzen Sie im Eingangsgespräch die Gelegenheit, direkt mit dem Bereichsleiter zu sprechen. Es lohnt sich, die gesamte Prüfungsthematik top-down mit ihm kurz durchzugehen und abzufragen. Dann hat er später weniger Chancen, neue Informationen aus dem Hut zu zaubern oder einen größeren Kurswechsel durchzuführen. Weisen Sie ihn auf das spätere Abschlussgespräch hin. Betonen Sie Ihren Wunsch, das Abschlussgespräch mit ihm persönlich zu führen, da Sie ihm Ihr Prüfungsergebnis persönlich darlegen und mit ihm diskutieren möchten. Dass Sie Letzteres zu diesem Zeitpunkt natürlich noch nicht kennen, ist kein Problem. Für Sie lohnt es sich immer, ein Abschlussgespräch zu führen. Wenn es unproblematisch ablaufen wird, umso besser; zumal es trotzdem die Gelegenheit bietet, für schwierigere Gespräche zu üben und eine gewisse Routine zu erlangen.

3.1.4 Reaktionsmöglichkeiten für auftretende Phänomene

► Beispiel: Das Revisionsmanagement verzichtet auf eine Teilnahme
In Abhängigkeit von der Hierarchie und der Unternehmenskultur haben Sie folgende Optionen, falls Ihr eigener Chef nicht am Eingangsgespräch teilnehmen möchte:

▷ Unternehmen mit flacher hierarchischer Struktur
In einer Unternehmenskultur, in der grundsätzlich jeder mit jedem statusunabhängig spricht, führen Sie das Eingangsgespräch ohne Ihren Chef.

▷ Streng hierarchisch agierende Unternehmen
Agieren Sie in einem streng hierarchischen Unternehmen und in einer Kultur, in der Status und Hierarchie als sehr wichtig angesehen werden, versuchen Sie, Ihren Chef dazu zu bewegen, dennoch am Eingangsgespräch teilzunehmen; ggf. verschieben Sie den Termin. Auch wenn es sich vielleicht so anhören mag, ist dies keineswegs übertrieben! In stark hierarchisch geprägten Organisationen unterhält man sich nur unter seinesgleichen. Falls das Hierarchiegefälle zu groß wäre, könnte es passieren, dass der Leiter des Fachbereichs aufgrund der Abwesenheit eines ebenbürtigen Gesprächspartners vonseiten der Revision die Besprechung spontan verließe. In diesem Zusammenhang erhält man als Organisator eines Gespräches manchmal schon im Vorhinein Anfragen, wer alles seine Teilnahme fest oder vorbehaltlich zugesagt habe. Wenn Sie dann nicht mit einer möglichst hochrangigen Führungskraft der Revision aufwarten können, sieht es für das Eingangsgespräch auf Managementebene schlecht aus. Das macht Ihren Chef hierbei so unentbehrlich. Am besten verweisen Sie auf eine bestehende oder ursprünglich geplante Vereinbarung aus der Prüfungsvorbereitung zur Teilnahme am Gespräch.
PL: „Herr X, wir hatten in der Prüfungsvorbereitung vereinbart, dass Sie am Eingangsgespräch teilnehmen werden. Nun habe ich gesehen, dass Sie den Termin abgelehnt haben." [PAUSE]
Schauen Sie Ihren Chef fragend an. Üblicherweise erfolgt eine Reaktion.
FK: „Ja, stimmt, aber jetzt habe ich einfach keine Zeit. Sie brauchen mich doch nicht wirklich. Das schaffen Sie schon alleine."
Das ist jetzt ein Versuch, Sie über ein Kompliment einzuwickeln. Aber es geht hier nicht um Ihre Kompetenz, sondern um das Hierarchiegefälle. Stimmen Sie also den Teilen der Aussage zu, denen Sie guten Gewissens zustimmen können.
PL: „Ja, ich bin mir sicher, dass ich das Gespräch mit dem Bereichsleiter gut führen kann und werde." [PAUSE] *„Nur wird es wohl nicht dazu kommen. Ich habe aus dem Vorzimmer des Bereichsleiters schon die Frage erhalten, wer auf unserer Seite alles teilnehmen wird und befürchte, dass er den Termin nach unten delegieren wird."* [PAUSE] *„Sie wissen ja, wie wichtig die Einschätzung des Managements aus dem Fachbereich zu unserem Prüfungsobjekt ist. Auf diese kann ich für den Bericht nicht verzichten."* [PAUSE] *„Könnten Sie es nicht doch irgendwie möglich machen, an dem Termin teilzunehmen?"*
Falls Ihr Chef eine Teilnahme weiterhin ablehnt, versuchen Sie den Revisionsleiter zu einer Teilnahme zu bewegen. Informieren Sie Ihren Chef darüber.
PL: „Schade. Nun gut, dann werde ich wohl den Revisionsleiter bitten müssen, an dem Eingangsgespräch teilzunehmen, um das Hierarchiegefälle zu überbrücken."

▶ Beispiel: Allgemeiner Umgang mit unfairen persönlichen Angriffen
FB: „Sie sind ein perfektionistischer Erbsenzähler!"

Werden Sie unfair angegriffen, stehen Ihnen vier Konterstrategien zur sachorientierten Deeskalation zur Verfügung.[36] Je nachdem, wie penetrant oder unverschämt der Angreifer und je höher die Eskalationsstufe, desto stärker die Mittel. Ausgangsbasis ist immer, dass Sie den unfairen Angriff oder die manipulative Taktik als solche erkennen. Ihr Ziel sollte es immer sein, unter Aufrechterhaltung des Dialogs den unfairen Angriff zu stoppen und gleichzeitig die Fronten nicht zu verhärten. Die Arbeitsbeziehung sollte keinen dauerhaften Schaden nehmen. Dies funktioniert umso erfolgreicher, je früher Sie eingreifen.

▷ Stufe 1: Sie **ignorieren** den unfairen Angriff und gehen nicht darauf ein.
Gehen Sie immer nur auf den sachlichen Gehalt von Aussagen ein und ignorieren Sie alle emotionalen Angriffe auf Ihre Person. Nutzen Sie Brückensätze, wie z. B.: *„Das erstaunt mich." „Ich weiß nicht, wie Sie zu Ihrer Einschätzung kommen." „Ihre Aussage zeigt mir, dass Sie offenbar Einwände haben."* Wiederholen Sie Ihre besten Argumente und Fakten oder stellen Sie eine unmittelbare Rückfrage nach konkreten Argumenten bzw. Fakten. Das verschafft Ihnen eine Atempause.
PL: „Was genau meinen Sie damit?" Oder *„Was konkret ...?"* Oder *„Worauf bezieht sich Ihre Behauptung?"* Oder *„Aus welchen Gründen ...?"*

▷ Stufe 2: Sie reagieren mit schlagfertiger **Ironie** auf den Angriff.
Üblicherweise suchen sich Angreifer Schwächere. Falls man Sie mittels provokanter Sprüche zum Schweigen oder zum Rückzug bringen will, nutzen Sie einen augenzwinkernden und ironisierenden Konter. Signalisieren Sie, dass Sie nicht ein typisches „Opfer" sind und lenken Sie zurück zur Sache.
PL: „Danke für das Kompliment. Also bezüglich der Prüfung ..."
PL: „Auch mir macht es Freude, mit Ihnen zu reden."
PL: „Ich hoffe, Sie fühlen sich jetzt besser. Können wir nun fortfahren?"
PL: „Das ist Ihre Meinung. Kommen wir zurück zum Thema."
PL: „Ich habe nicht die Absicht, das zu kommentieren."
Oder Sie übersetzen den Angriff in etwas für Sie Positives.
PL. „Ja, da gebe ich Ihnen Recht, ich nehme meine Arbeit sehr genau." Oder
PL: „Wenn Sie unter einem perfektionistischem Erbsenzähler jemanden verstehen, der Sorgfalt im Detail walten lässt und sich hohen Qualitätsstandards verpflichtet fühlt, bedanke ich mich bei Ihnen für das Kompliment."

▷ Stufe 3: Sie **identifizieren** den Angriff und sprechen ihn direkt an.
Verbalisieren Sie Ihre Gedanken und sprechen Sie den Angriff konkret, klar und unmissverständlich an. Das signalisiert erstens, dass Sie es bemerkt haben und zweitens, dass Sie das nicht durchgehen lassen und sofort klein beigeben, sondern auch Ihre Muskeln spielen lassen und sich Respekt verschaffen können (→ Wer sich wie ein Schaf verhält, zieht Wölfe an!). Wechseln Sie auf die Metaebene.
PL: „Ich denke, so kommen wir nicht weiter." Oder

[36] Vgl. Thiele, Albert: Sag es stärker, S. 67–79 und S. 217–224.

PL: „Ich würde gerne unser Gespräch auf höherem Niveau fortsetzen.“ Oder
PL: „Ich würde gerne unser Gespräch auf der Sachebene fortsetzen.“ Oder
PL: „Moment mal. Das ist jetzt aber echte Zeitverschwendung. Dafür stehe ich nicht zur Verfügung.“ Oder
PL: „Beleidigungen werden nicht zu einem Abbruch der Prüfung führen.“ Oder
PL: „Bitte unterlassen Sie diese Äußerungen unter der Gürtellinie.“ Und dann:
PL: „Mich verwundert Ihre Reaktion auf unsere Prüfung. Erklären Sie mir das bitte? Ich möchte das gerne nachvollziehen können.“
Versuchen Sie wieder herauszuhören, was wirklich los ist. Versuchen Sie durch Nachfragen das dahinter liegende Interesse Ihres Gesprächspartners herauszufinden. Suchen Sie nach der Ursache und den Hintergründen der Ablehnung. Wenn Sie diese Ursache gefunden haben, sprechen Sie darüber und gehen Sie darauf ein.
Falls weiterhin unfair und penetrant gestört wird:
PL: „Ich habe nun schon einige Male versucht, unser Gespräch auf der Sachebene fortzusetzen. Leider bisher vergeblich.“
Falls Ihr Gesprächspartner sich auch dann noch nicht auf die Sachebene begibt, gehen Sie zu Stufe 4 über und bieten Sie an, eine Pause einzulegen oder das Gespräch zunächst abzubrechen und am nächsten Tag fortzusetzen.

▷ Stufe 4: Sie **isolieren** den Angreifer und brechen das Gespräch ab.
Versuchen Sie trotz Abbruch des Gesprächs unbedingt, die Kommunikation aufrechtzuerhalten, das Klima nicht unnötig zu belasten, um den Dialog später weiterzuführen.[37] Orientieren Sie sich hierbei an Ihren übergeordneten Prüfungszielen. Der Abbruch eines Gesprächs birgt für Sie zwei Gefahren: Erstens könnten Schroffheit und der Eindruck von Endgültigkeit eine spätere Wiederaufnahme unmöglich machen, und zweitens geraten Sie dadurch mit Ihrer Prüfung leicht in Zeitverzug. Sollte Ihrem Gesprächspartner Ihr Zeitdruck bekannt sein, kann es sich auch um ein taktisches Manöver handeln, um die Prüfung zu verzögern. Setzen Sie dieses Mittel also so sparsam wie möglich ein.
PL: „Ihre beleidigende(n) Aussage(n) akzeptiere ich nicht.“ Oder *„Für einen unsachlichen Austausch stehe ich nicht zur Verfügung.“* Oder *„Unter diesen Umständen bin ich nicht bereit, das Gespräch fortzusetzen. Bei einem besseren Gesprächsklima können wir unser Thema gerne wieder aufnehmen.“*
Sollten Sie allerdings bemerken, dass die Chemie zwischen Ihnen beiden nicht stimmt, wird auch eine Unterbrechung nicht zielführend sein. Bringen Sie nach Möglichkeit dann lieber frühzeitig einen anderen Revisor ins Spiel.

▶ Beispiel: Der Gesprächspartner lässt sich gehen oder wird aufbrausend
Kalkuliert eingesetzte Wutanfälle, lautstarke Killerphrasen oder Attacken im emotionalen Grenzbereich zielen darauf ab, Sie in die Defensive zu drängen, einzuschüchtern oder mundtot zu machen.[38] Möglicherweise verliert Ihr Gesprächspartner aber

---

37 Vgl. Thiele, Albert: Argumentieren unter Stress, S. 21.
38 Vgl. Thiele, Albert: Sag es stärker!, S. 79.

auch bloß, seinem cholerischen Temperament entsprechend, die Beherrschung oder „lässt angestauten Dampf ab“, was ihm sogar gut tun kann, solange er in Ihnen einen besonnenen Gesprächspartner hat, der nicht gleich an der Eskalationsschraube dreht. Gewähren Sie nach Möglichkeit dem Gesprächspartner in dieser Hinsicht einigen Freiraum. Auch wenn der Leiter eines Fachbereichs durch eine Revisionsprüfung verständlicherweise unter Stress geraten kann, gibt ihm das noch lange nicht das Recht, Sie persönlich anzugreifen. Signalisieren Sie klar und deutlich, wenn es Ihnen zu weit geht oder zu persönlich wird.

PL: „Ich habe durchaus Verständnis dafür, dass Sie erst mal Dampf ablassen wollen. Aber das ging jetzt zu weit. So lasse ich nicht mit mir reden.“

Warten Sie mit Äußerungen auf der Sachebene, bis der Orkan vorübergezogen ist – Sie würden sonst nur Öl ins Feuer gießen.[39]

▶ Beispiel: Der Fachbereich setzt Sie durch Informationswünsche unter Druck

Sie merken, Sie können viele der Fragen des Bereichsleiters entweder nicht beantworten, oder wollen sich zu diesem Zeitpunkt noch nicht auf eine Antwort festlegen. Keine Panik! Definieren Sie sein Anliegen um. Der Wunsch nach Informationen ist häufig ein Wunsch nach Berechenbarkeit. D. h., der Leiter des Fachbereichs wünscht sich Berechenbarkeit dessen, was in der Prüfung passieren wird. Seine Fragen zielen eigentlich gar nicht auf spezifische Inhalte oder große Datenmengen ab und erfordern häufig auch keine sofortigen Antworten, sondern dienen als Test Ihrer Haltung. Der Fachbereich testet, ob er sich erlauben kann, Vertrauen in den Aushandlungsprozess mit Ihnen zu setzen. Sollten Sie dies ignorieren und die Fragen übergehen oder nicht ernst nehmen, wird dies für Ihre Prüfung wahrscheinlich negative Konsequenzen haben. Also antworten Sie entsprechend.

PL: „Hierzu kann ich Ihnen beim aktuellen Stand noch keine gesicherte Auskunft geben. Um nicht ins Blaue hinein Versprechungen zu machen, werde ich die Sache klären und wieder auf Sie zukommen. Bis wann benötigen Sie die Antwort?“

Falls die gesetzte Frist zu kurz erscheint, können Sie pauschal antworten.

PL: „Ich werde sehen, was ich machen kann.“

▶ Beispiel: Fachbereich lehnt Prüfer ab oder äußert ähnliche Befindlichkeiten

Sollte sich bereits im Eingangsgespräch zeigen, dass z. B. ein bestimmter Prüfer unerwünscht ist oder sonst etwas im Argen liegt und für Spannungen sorgt, sollten Sie dies sofort ansprechen. Damit geben Sie dem Management des Fachbereichs die Möglichkeit, etwas auszusprechen, über das sie dann reden können, oder im Sinne der früheren Eheschließungszeremonie „für immer zu schweigen“.

PL: „Bitte korrigieren Sie mich, wenn ich das jetzt falsch verstanden haben sollte. Bestehen von Ihrer Seite Einwände gegen den Prüfer X?“

Wenn darauf nichts erfolgt, können Sie sich später (z. B. in der Abschlussbesprechung) darauf berufen, dass es im Eingangsgespräch die Gelegenheit gab, dies anzumerken, und es nun zu spät hierfür sei.

---

39 Vgl. Thiele, Albert: Sag es stärker!, S. 83.

Werden dagegen tatsächlich Einwände vorgebracht, dann versuchen Sie, diese möglichst sachlich zu besprechen. Fragen Sie nach Fakten und Hintergründen. Das kann für Ihre Prüfung wichtig sein. Dennoch ist hierbei hauptsächlich der – hoffentlich anwesende – Chef des Prüfers X gefordert, das Thema mit dem Bereichsleiter direkt zu regeln. Sind Sie selbst der Chef des betroffenen Prüfers, oder ist dieser nicht anwesend, nehmen Sie die Fakten und Hintergründe auf, halten Sie sich bedeckt und informieren Sie den Bereichsleiter, dass Sie dies zunächst intern besprechen wollen und wieder auf ihn zukommen werden.

▶ Beispiel: Sie sollen Gründe für personelle Konsequenzen suchen
Wenn Sie als Prüfungsleiter tatsächlich den Auftrag haben, eine Person „raus zu prüfen", muss das die gegenseitige Arbeitsbeziehung nicht zwangsläufig beschädigen. Als Prüfungsleiter können Sie dem Revisionspartner offenbaren, dass es Ihr Auftrag ist, Informationen gegen ihn zu sammeln. Erläutern Sie, wie Sie zu diesem Auftrag stehen. Wenn es Ihrem Selbstverständnis entspricht, offen und unvoreingenommen in eine Prüfung zu gehen, betonen Sie das. Erklären Sie explizit, dass mit diesem Auftrag von Ihrer Seite noch keine Vorverurteilung besteht. Bitten Sie den Revisionspartner, Sie zu unterstützen, damit Sie die Vorwürfe mit Ihrer Prüfung gut widerlegen können und das Thema dauerhaft vom Tisch kommt.
PL: „Den Auftrag, Informationen über Ihr mögliches Fehlverhalten zu sammeln, habe ich von meiner Führungskraft erhalten. Ich verstehe diesen Auftrag so, dass ich mir ein Bild über alle Fakten verschaffe. Dies bedeutet: sowohl über Dinge, die positiv als auch über Dinge, die negativ wirken. Zu meinem Selbstverständnis als Revisor gehört es, unvoreingenommen an die Prüfung heranzugehen, die Themen aus verschiedenen Perspektiven zu beleuchten und die Auswirkungen zu beurteilen. Vorverurteilungen gibt es für mich nicht. Nur weil mein Chef gerne ein anderes Ergebnis hätte, bedeutet das für mich nicht, dass ich mich mit meinem Urteil danach ausrichten werde. Ich bin für meine Ergebnisse selbst verantwortlich. Ich werde mir meine eigene Meinung bilden und bitte Sie, mich dabei zu unterstützen. Je besser Ihre Unterstützung ist, umso einfacher kann es mir gelingen, die bestehenden Vorwürfe zu widerlegen und das Thema dauerhaft zu beenden."
Das klingt zwar etwas einseitig (pro Revisionspartner), doch umso eher aktiviert es seine Unterstützung. Außerdem hatten Sie beteuert, Sie möchten möglichst alle Perspektiven betrachten. Es wird schwierig genug sein, im Fall des Falles Ihren Chef zu überzeugen. Die Asymmetrie liegt bereits vor. Sie versuchen sie auszugleichen.

▶ Beispiel: Sie werden sachlich angegriffen – falsches Thema, falscher Zeitpunkt
FK: „Was fällt Ihnen ein, mit diesem Thema zu mir zu kommen?"
Es wäre für den weiteren Prozess nicht sehr hilfreich, sich hierüber zu ärgern. Versuchen Sie, wie ein Verhaltensforscher zu denken: *„Aha, spannend. Was hat wohl diese Reaktion ausgelöst? Was steckt dahinter? Verhält sich der geprüfte Manager immer so? Kommen wir ungelegen? Laufen parallel wichtige Projekte? Gibt es etwas zu verbergen? Ist der geprüfte Manager am Ende seiner Kräfte?"* Das sind span-

nende Fragen, die Ihnen helfen, alert und interessiert und dennoch offen und freundlich zu bleiben. Auf so einen Angriff gleich zu Beginn sollte am besten die gleichrangige Führungskraft aus der Revision antworten, damit der hierarchische Abstand nicht zu hoch ist. Unter- oder Überordnungsverhältnisse erschweren einen zielführenden Austausch. Sollten Sie selbst antworten, bleiben Sie freundlich, an der Sache interessiert, verbindlich und klar. Kommen Sie auf den Punkt und versuchen Sie dabei, Schärfe und Gesichtsverlust für den anderen zu vermeiden.

PL: „Herr B, wir haben dem Organigramm entnommen, dass das Thema X in Ihren Verantwortungsbereich fällt. Habe ich das richtig gesehen?

Wenn Sie keinen Fehler gemacht haben, und davon gehe ich aus, muss eine Antwort mit *„Ja"* oder mit *„Ja, aber"* kommen.

FK: „Ja, aber deshalb müssen Sie doch jetzt nicht dieses Thema prüfen!"

Jetzt haben Sie einen konkreten Ansatzpunkt, um nach dem zugrunde liegenden Interesse des Revisionspartners nachzufragen. Eine offene Frage bietet sich an. Bitte stellen Sie nie direkt eine „Warum?-Frage"; erfahrungsgemäß kommt das nicht gut an. Das erinnert zu sehr an die Schule oder die eigenen, quengeligen Kinder.

PL: „Sie sagen, wir müssten jetzt nicht dieses Thema prüfen. Wie kommt das?"

Warten Sie ab, was erwidert wird. Da der Fachbereich nicht schon im Vorabgespräch oder auf die Prüfungsankündigung hin Einspruch erhoben hat, ist es nach meiner Erfahrung wahrscheinlicher, dass sich hinter dem Angriff etwas anderes als nur das falsche Thema oder der falsche Zeitpunkt verbirgt. Wenn Ihnen auf der Zunge liegt, es sei jetzt zu spät für diese Einwände, unterdrücken Sie diesen Impuls. Versuchen Sie, die Hintergründe zu erfahren und lassen Sie die Hintergrundinformationen auf sich wirken. Wägen Sie den inhaltlichen Gehalt ab (es könnte ja auch eine Ausflucht sein) und informieren Sie Ihren Gesprächspartner über Ihre Einschätzung. Falls Sie sich unsicher sind, vertagen Sie die Antwort.

PL: „Vielen Dank. Das ist neu für mich. Das möchte ich zunächst intern besprechen." Oder *„Ich werde mir dazu Gedanken machen.* [PAUSE] *Also, der nächste Punkt ist ..."*

► Beispiel: Thema erst vor Kurzem übernommen

Falls der Leiter des Fachbereichs Folgendes vorbringt:

FB: „Ich habe die Verantwortung für dieses Thema erst vor Kurzem übernommen und möchte mir zunächst erst selbst einen eigenen Eindruck verschaffen."

Dann können Sie dies wunderbar nutzen und Ihr Revisionsverständnis erläutern.

PL: „Ich verstehe meine Arbeit als zukunftsorientierten Prozess. Selbst wenn ich in die Vergangenheit und auf den aktuellen Zustand von Prozessen oder Themen schaue, so ziehe ich in meiner Beurteilung immer auch die Zukunft mit ein. Was ist jetzt gut oder schlecht und wie wird sich dies in Zukunft auswirken? Welche Änderungen sind vorstellbar und welche Auswirkungen würden diese haben?" [PAUSE] *„Es ist selbstverständlich, dass ich diesen Verantwortungsübergang von Ihrem Vorgänger auf Sie in dem Bericht darstellen werde. Was kann für Sie besser sein, als* *eine offizielle, unabhängige Einschätzung von der Revision zu diesem Thema zu erhalten? Wenn vorher alles schlecht gewesen sein sollte, stelle ich es dar und nehme in den Bericht auf, was Sie dagegen unternehmen wollen. Und falls alles gut war, gibt es ohnehin kein Problem. Was meinen Sie?"*

▶ Beispiel: Das Geschäft wird eingestellt
Es kann auch passieren, dass der Gesprächspartner Sie darüber informiert, dass das Geschäft, welches genau Ihr Prüfungsthema betrifft, eingestellt wird.
FB: „Das Geschäft wird demnächst eingestellt. Wir sind gerade dabei, ein Projekt aufzusetzen, welches sich um die Beendigung und den Abbau kümmert."
Das ist nicht weiter schlimm. Wahrscheinlich haben Sie in der Prüfungsvorbereitung bereits davon erfahren oder kennen den entsprechenden Vorstandsbeschluss dazu. Je nachdem: Fragen Sie entweder nach dem Beschluss und konkreten Planungen oder informieren Sie den Revisionspartner, dass Sie diese Information bereits hatten. Dann können Sie die Argumente aus Ihrer Prüfungsvorbereitung verwenden.
PL: „Ja, das haben wir bereits gehört. Uns liegt der entsprechende Vorstandsbeschluss vor. Vor diesem Hintergrund wollen wir das Thema unter folgenden Aspekten prüfen: [und dann folgt Ihre Argumentation aus der Prüfungsvorbereitung] *z. B. mit dem Abbau sind folgende Risiken verbunden [...]."*
FB: „Das ist aber überhaupt nicht spannend!"
PL: „Das macht nichts. Es muss für uns nicht spannend sein. Wenn wir bestätigen können, dass der Abbau tatsächlich wie geplant unter Beachtung aller Risiken vorgenommen wird, ist das eine sehr gute Aussage. Dann erklären wir dem Vorstand, dass seine Wünsche wie geplant umgesetzt werden."

▶ Beispiel: Unterstellung eines unfairen Agierens der Revision
FK: „Sie glauben also, in meinem Bereich Risiken gesehen zu haben, und möchten jetzt reinschlagen?"
Erläutern Sie die Normalität der Prüfung, um mögliche Ängste zu neutralisieren.
PL: „Habe ich erwähnt, dass das Prüfungsthema von langer Hand geplant war? In unserer Mehrjahresplanung bewerten wir alle Risikoobjekte und vergeben einen ein-, zwei-, oder drei-Jahres-Turnus für die Prüfungen. Dieses Thema unterliegt einem ein-/zwei-/drei-Jahres-Turnus und soll dieses Jahr geprüft werden. Es besteht aus unserer Sicht keine Sondersituation, die auf erhöhte Risiken hinweist." [PAUSE] *„Wie sehen Sie das?"*

▶ Beispiel: Bereichsleiter fühlt sich bevormundet
FK: „Es ist meine Sache, wie ich meinen Bereich führe. Ich werde mir doch von der Revision nicht sagen lassen, wie ich meinen Job zu machen habe."
Es kommt nun auf die Situation und den Kontext an. Ist es nur Gebrüll, warten Sie, bis es aufhört. Setzen Sie sich das Ziel, möglichst fünf Minuten abzuwarten.[40] Sollte

[40] Vgl. 2.5.4 Beispiel: Wutausbrüche und Beschimpfungen.

es sich aber um einen Test Ihrer Haltung handeln, dann können Sie Ihr Revisionsverständnis erläutern. Die folgende Antwort ist ziemlich lang – möglicherweise zu lang. Achten Sie darauf, ob Ihnen Ihr Gesprächspartner dies signalisiert. Legen Sie Pausen ein.
PL: „Die Aufgabe der Revision ist es, dem Vorstand möglichst objektiv über das Prüfungsthema, d. h. die von uns vorgefundene Ist-Situation zu berichten. Diese Ist-Situation gleichen wir mit der Soll-Situation ab, leiten aus Abweichungen Risiken ab, und bewerten die Auswirkungen." [PAUSE] *„Falls aus unserer Sicht Handlungsbedarf besteht, werden wir das mit Ihnen besprechen und mit Ihnen oder Ihren Mitarbeitern Maßnahmen erarbeiten."* [PAUSE] *„In meiner langjährigen Erfahrung hat sich bestätigt, dass der Umsetzungserfolg umso höher ist, je enger der Fachbereich in die Entwicklung der Maßnahmen einbezogen ist. Aus diesem Grund werde ich Sie bei der Entwicklung von Maßnahmen stark einbeziehen."* [PAUSE] *„Stellen Sie sich das so vor, dass die Revision den groben Rahmen vorgibt, es aber Ihre Aufgabe ist, innerhalb des Rahmens eine für Sie passende Lösung zu finden. Sollten Sie bereits Dinge erkannt und nachvollziehbar auf den Weg gebracht haben, wird sich dies in der dargestellten Ist-Situation widerspiegeln."* [PAUSE] *„Da mir dies sehr wichtig ist, bitte ich Sie, darauf zu achten, dass dies der Fall sein wird."* [PAUSE] *„Für die Abstimmung der Berichtsinhalte und der tatsächlichen Formulierungen werden Sie verschiedene Gelegenheiten haben. Nachdem die Themen inhaltlich mit Ihren Mitarbeitern besprochen wurden, findet eine Ergebnisbesprechung der Prüfung in diesem Rahmen (so wie wir jetzt zusammensitzen) statt. Zusätzlich werden wir eine Schlussbesprechung mit allen betroffenen Fachbereichen durchführen. Im Anschluss daran erhalten Sie die Gelegenheit, den tatsächlichen Berichtstext zu kommentieren."* [PAUSE] *„Welche Fragen oder Anmerkungen haben Sie hierzu?"*

► Beispiel: Revisionskollegen haben kürzlich das Gleiche geprüft
FB: „Wieso prüfen Sie das schon wieder? Erst im letzten Quartal wurde das von Ihren Kollegen geprüft! Wir haben sogar schon den Berichtsentwurf erhalten."
Wenn Sie das nicht wussten, hat sich die Revision intern nicht gut abgestimmt. In der jetzigen Situation können Sie daran nichts ändern. Fragen Sie nach:
PL: „Welcher unserer Kollegen hat denn die Prüfung geleitet? Und was waren Titel, Schwerpunkt und Ergebnis der Prüfung?"
FB: „Das war Herr P. Titel der Prüfung war X und das Ergebnis war so und so."
Falls Sie das bereits wussten, können Sie wie folgt fortfahren:
PL: „Wir haben bereits mit Herrn P. gesprochen. Der Schwerpunkt der anderen Prüfung lag auf Y. Wir hingegen wollen uns auf Z fokussieren. Ich verstehe, dass es aus Ihrer Sicht bedauerlich ist, dass die Revision jetzt noch einmal prüft. Ich versichere Ihnen, wir werden uns eng mit den Kollegen austauschen und das Thema revisionsintern auf die Agenda nehmen. Grundsätzlich ist unser Ziel, umfassende Aussagen zu einem Prüfungsgebiet zu machen."

▶ Beispiel: Ständig prüfen Sie bei mir
FB: „Womit habe ich das verdient? Das ist jetzt schon Ihre dritte Revisionsprüfung in diesem Jahr, die in meinem Bereich stattfindet! Ständig prüfen Sie bei mir!“
Es kann verschiedene Gründe haben, wenn die Revision mehrfach in einem Bereich prüft: Er spielt im Prozessablauf eine zentrale Rolle und wird deshalb bei Prüfungen oft einbezogen, oder die Prüfungsplanung der Revision trägt der Belastung der Fachbereiche wenig Rechnung (d. h., es wird zum gleichen Prüfungsthema z. B. eine IT, eine methodische und eine prozessuale Prüfung durchgeführt), oder es bestehen tatsächlich erhöhte Risiken in diesem Bereich.

▷ Alternative: zentrale Rolle des Fachbereichs
Wenn der Fachbereich eine zentrale Rolle spielt, ist damit auch sein Leiter sehr wichtig! Und wer hört das nicht gerne? Also nutzen es aus.
PL: „Ihrer Verantwortung untersteht die gesamte Produktpalette, d. h., Sie leiten den zentralsten Bereich in unserem Unternehmen. Wenn wir also z. B. produktweise vorgehen, sind Sie jedes Mal beteiligt. Bei den ersten beiden Prüfungen haben wir einmal nur die Aktivitäten in Ihrem Bereich und einmal das Produkt A geprüft. Die jetzige Prüfung ist ebenfalls produktbezogen und bezieht sich auf das Produkt B. Da in Ihrem Bereich viele wichtige Informationen zusammenlaufen, können wir Sie von der Prüfung nicht ausschließen. Wir kommen sozusagen kaum an Ihnen vorbei. Es liegt also nicht an unserer Einschätzung Ihres Fachbereichs. In den letzten beiden Berichten haben wir dem ja Ausdruck verliehen. Ihre regelmäßige Einbeziehung in Revisionsprüfungen dient uns vielmehr als wichtige Informationsquelle.“

▷ Alternative: Prüfungsplanung
Dies ist etwas heikler, da Sie hierbei zugeben, dass die Prüfungsplanung nicht optimal gelaufen ist. Wenn dem aber so war, dann sollten Sie hier transparent agieren.
PL: „Ich kann Ihnen versichern, dies liegt nicht an Ihnen. Wir sehen in Ihrem Fachbereich keine erhöhten Risiken. In der Prüfungsplanung werden verschiedene Aspekte betrachtet: die IT-technische Seite, die methodische Seite, die prozessuale Seite und die Aspekte der Rechnungslegung. Wie Ihnen wahrscheinlich bekannt ist, werden diese Aspekte jeweils von unterschiedlichen Abteilungen der Revision verantwortet. Wir arbeiten daran, diese Themen gemeinsam in Teamprüfungen abzudecken. Dies erfordert spezielle Qualifikationen der Teamprüfungsleiter und die Koordination von Urlaubs- und Zeitplänen. In diesem Jahr ist ein zentraler Teamprüfungsleiter für längere Zeit ausgefallen. Daher konnten wir unsere geplante Teamprüfung nicht durchführen und haben uns entschieden, die Prüfung in mehreren Teilen durchzuführen. Ich bitte um Ihr Verständnis und hoffe, dass wir im nächsten Jahr die Belastung Ihres Bereiches durch eine Teamprüfung anstelle von drei einzelnen Prüfungen wieder reduzieren können.“

▷ Alternative: hohe Risiken im Fachbereich
Falls der Revisionspartner mit seiner Einschätzung Recht hat, also die Revision bei diesem Risikoobjekt tatsächlich hohe Risiken sieht, reden Sie besser nicht um den

heißen Brei herum. Bestätigen Sie diese Einschätzung. Der geprüfte Manager sollte dies sowieso bereits wissen.
PL: „Das sehen Sie richtig. In unserer Prüfungsplanung schätzen wir die Prüfobjekte nach ihren Risiken ein. Hierzu haben wir Sie letztes Jahr befragt und um Ihre Selbsteinschätzung gebeten. Aufgrund von X und Y haben wir das Prüfobjekt Z in Ihrem Bereich als besonders risikoreich eingeschätzt. Aus diesem Grund finden dieses Jahr verstärkte Prüfaktivitäten statt. [PAUSE] *Für die Prüfungsplanung des nächsten Jahres werden bei der Risikoeinschätzung die diesjährigen Prüfungsergebnisse herangezogen werden. Wenn das Ergebnis dieser Prüfung so erfreulich ausfallen wird wie bei den bereits durchgeführten Prüfungen, schätze ich, dass die Prüfungsintensität in Ihrem Bereich im nächsten Jahr geringer sein wird."*

► Beispiel: Vorwurf der Vorverurteilung wegen fehlender Objektivität
FB: „Nach Ihrer letzten Prüfung zweifle ich an Ihrer Objektivität. Sie haben mich doch schon verurteilt, bevor Sie mit der Prüfung beginnen."
Auf diesen Vorwurf sollten nun beide, der Prüfungsleiter und dessen Führungskraft, in folgendem Sinne antworten. Falls nur der Prüfungsleiter spricht, sollte die Führungskraft die Aussagen bestätigen:
PL: „Unsere Aufgabe als Revision ist es, die Wahrscheinlichkeiten dafür zu erhöhen, dass sich das Unternehmen verbessert. Dies erreichen wir durch unsere Prüfungen und die Vereinbarung von nachhaltigen Maßnahmen. Wenn wir nicht davon überzeugt wären, dass Prozesse/Methoden/Verfahren verbessert werden können, dann hätten wir in der Revision sehr schnell eine Sinnkrise. Und ich versichere Ihnen: Die haben wir nicht." [PAUSE] *„Wenn wir nicht versuchen würden, Sachverhalte möglichst objektiv darzustellen, hätten wir unsere Aufgabe verfehlt. Wir haben einen Auftrag vom Vorstand* [= Einführung einer höheren Macht], *ihm objektiv zu berichten und das entspricht auch unserem und meinem Selbstverständnis. Selbstverständlich kann ich Sie nicht zwingen, mir zu glauben. Das müssen Sie auch nicht."* [PAUSE] *„Bitte weisen Sie mich sofort darauf hin, wenn Sie der Ansicht sind, ich wäre nicht objektiv."*

► Beispiel: Vorgehensweise ist nicht akzeptabel
FB: „Ich bin mit der vorgestellten Vorgehensweise nicht einverstanden!"
Keine Panik, das kann passieren. Der Gesprächspartner vertritt hier seine Position, hinter der sich unterschiedliche Interessen verbergen können. Versuchen Sie herauszuhören, was sein tatsächliches Interesse ist. Fragen Sie nach.
PL: „Was genau meinen Sie?" Oder *„Womit genau sind Sie nicht einverstanden?"*
Versuchen Sie, konkret zu erfahren, worin das Problem liegt.
FB: „Jedes Mal, wenn Sie kommen, befragen Sie meine Leute, erheben Prozesse, die Sie doch langsam mal kennen müssten, dann herrscht immer ewig Funkstille und irgendwann flattert dann der Bericht aus heiterem Himmel ins Haus!"
Achtung: Hier haben Sie praktischerweise die Gelegenheit, sich auszusuchen, worauf Sie eingehen wollen: auf die Prozesserhebung oder auf den Abstimmungspro-

zess. Zusätzlich sollten Sie allgemeingültige Aussagen wie „jedes Mal" oder „immer" versuchen aufzulösen. Vielleicht können Sie sich ja an eine Ausnahme erinnern? Falls ja, sprechen Sie das an.
PL: „Oh, ich kann mich an ein-, zwei Mal erinnern, da war das nicht so. Da hat es viel besser geklappt. Erinnern Sie sich noch an X? Da war es doch wirklich gut."
Versuchen Sie, auf die genannten Probleme einzugehen und stellen Sie die geplante Vorgehensweise (ggf. adjustiert) dar.

▷ Einsatz der Prüfer:
PL: „Grundsätzlich versuchen wir in der Revision, Prüfer und Prüfungsleiter einzusetzen, die die Prozesse bereits kennen. Z. B. war Herr X Leiter der Prüfung Y. Da lag der Schwerpunkt auf den Veränderungen der Prozesse. Aus Revisionssicht können wir aber nicht jedes Mal so vorgehen. Jeder Prüfer hat einen anderen Hintergrund, einen etwas anderen Ansatz, eine etwas andere Herangehensweise und nimmt infolgedessen bestimmte Themen mehr in den Fokus als andere. Aus diesem Grund ist es wichtig, Prüfer auszutauschen und durchzuwechseln. Ansonsten laufen wir Gefahr, dass ein Aspekt dauerhaft übersehen wird."

▷ Dauer der Abstimmung:
PL: „Die Funkstille, die Sie angesprochen haben, liegt an unserem revisionsinternen Abstimmungsprozess. Uns ist eine ausgewogene und gute Berichterstattung sehr wichtig. Aus diesem Grund werden Berichte revisionsintern intensiv abgestimmt. Auch wenn es gefühlt immer zu lange dauert, ist diese Abstimmung in Ihrem Interesse. Sie soll u. a. die Objektivität gewährleisten. Ich werde auf alle Fälle die Prüfungsergebnisse und Inhalte des Berichts zeitnah mit Ihnen besprechen."

▶ Beispiel: Einschätzung des Managements zum Prüfungsgegenstand
Im Eingangsgespräch fragen Sie den Manager des Fachbereichs nach dessen Selbsteinschätzung des Prüfungsthemas. Die Idee dabei ist, einerseits einen ersten Eindruck von der Lage zu erhalten und andererseits in Erfahrung zu bringen, ob dem Manager bekannt ist, wie es um das Thema steht. Diese Äußerungen vergleichen Sie am Ende der Prüfung mit Ihrem Prüfungsergebnis im Hinblick auf Abweichungen. Je weniger davon bestehen, desto besser, hat der Manager „seinen Laden im Griff" und kennt die bestehenden Schwachstellen.

▷ Positive Selbsteinschätzung
Manchmal sind die Führungskräfte des Fachbereichs davon überzeugt, dass alles in allem alles in Ordnung ist. Nutzen Sie so eine positive Selbsteinschätzung und sagen:
PL: „Wenn alles in allem alles in Ordnung ist, dann wird Ihnen diese Prüfung ja gute Argumente dafür liefern, wenn Sie Ihrem Chef darlegen, dass Sie das Thema gut im Griff haben. Ein besseres Marketinginstrument gegenüber Ihren Führungskräften kann ich mir nicht vorstellen."

▷ Deutlich zu positive Selbsteinschätzung

Erhalten Sie im Extremfall eine deutlich zu positive, d. h. mutmaßlich geschönte Darstellung, behalten Sie diesen Verdacht zunächst für sich und erwidern:
PL: „Wunderbar! Endlich ein Prüfungsthema, bei dem alles rund läuft. Endlich ein Bericht ohne Maßnahmen und ohne Follow-up! Ich freue mich darauf! Das hatte ich schon lange nicht mehr!"
Anschließend sollten Sie dennoch nach den enthaltenen Stärken und Schwächen fragen, jedoch ohne die erhaltene Positivdarstellung dabei anzugreifen:
PL: „Schön, dass alles in Ordnung ist. Aber auch auf einem sehr hohen Niveau gibt es doch bestimmt Unterschiede. Was sind aus Ihrer Sicht auf diesem sehr hohen Niveau die enthaltenen Stärken und Schwächen?"
Damit Sie nicht auch jetzt wieder zu positive Beschreibungen erhalten, informieren Sie den Manager, dass Sie zu seinen Angaben eine Aussage in den Prüfungsbericht aufnehmen werden. Selbstverständlich wird dieser dort die folgende Passage vermeiden wollen: „Entgegen den Äußerungen des Managements haben wir festgestellt, dass X nicht in Ordnung ist." Problematisch ist, dass der Manager möglicherweise glaubt, auf jeden Fall zu verlieren: Entweder verrät er die Schwachstellen und die Revision stürzt sich darauf, oder er entscheidet sich, nicht alles preiszugeben. Falls die Revision dann doch etwas findet, sieht das für ihn nicht gut aus. Uninformierte Manager sind üblicherweise nicht sehr gefragt.

▷ Sehr negative Selbsteinschätzung

Vielleicht glaubt der Manager, dass es um das Thema schlechter steht, als es der Realität entspricht. Das ist aber erstens unwahrscheinlich und zweitens für die Revision weniger problematisch, da alle Schwachstellen offengelegt werden.

▷ Keine Wertung durch den Manager

Wahrscheinlich hält sich der Manager in seiner Wertung zunächst zurück. Bleiben Sie in so einem Fall hartnäckig bei der Sache.
PL: „Herr X, vielen Dank für Ihre Antwort. Leider hat sie mich in Punkto Stärken und Schwächen des Prüfungsgegenstandes noch nicht wesentlich weitergebracht. Wie sehen diese aus Ihrer Sicht aus?"

▷ Weigerung des Managers, eine Selbsteinschätzung abzugeben

FB: „Wieso zum Teufel sollte ich Ihnen das sagen? Genügt es nicht, dass Sie kommen und prüfen? Wozu wollen Sie jetzt noch meine Einschätzung haben? Das geht zu weit. Die werden Sie nicht erhalten!"
PL: „Wie ich Sie kenne, sind Sie doch sicherlich gut über das Thema informiert."
FB: „Selbstverständlich bin ich darüber gut informiert. Ich werde Ihnen meine Einschätzung aber nicht mitteilen. Das geht Sie nichts an!"
Lassen Sie sich nicht aus der Fassung bringen. Überlegen Sie sich jetzt, worauf Sie eingehen wollen. Selbstverständlich hat die Revision ein Recht auf Information und zwar auf alle Informationen. Aber wenn Sie nun bloß auf Konfrontationskurs gehen würden: Das ist mein Recht – nein – doch – nein – doch ...; dann geraten Sie schnell

in eine unerwünschte Pattsituation. Fokussieren Sie lieber die Auswirkungen: Wenn der Manager Ihnen die Informationen nicht gibt, müssten Sie das in Ihrem Bericht leider erwähnen. Was würde dann passieren? Würde ihm das gefallen?

Achtung: Das funktioniert nur, wenn die Interne Revision ein ausreichendes „Standing" im Unternehmen hat. Besitzt sie keine ausreichende Rückendeckung durch den Vorstand, wird es niemanden kümmern und diese Vorgehensweise nicht fruchten. Sollten Sie sich in dieser misslichen Lage befinden, kann ich Ihnen nur empfehlen, sich dafür einzusetzen, die Revisionsrahmenbedingungen zu überarbeiten und vom Gesamtvorstand verabschieden zu lassen. Verfahren Sie dann ebenso mit dem Berichtslayout, in welches Sie eine spezifische Pflichtpassage zur Einschätzung des Managements einbauen. Das dauert länger und ist viel Arbeit, lohnt sich aber langfristig, weil Sie damit die grundsätzliche Effektivität der Revision erhöhen können.

▷ Pflichtpassage im Berichtslayout zur Selbsteinschätzung
Falls Ihr Berichtslayout die Pflichtpassage zur Selbsteinschätzung des Prüfungsgegenstands durch den Manager enthält, stellen Sie den Worst Case für den Manager dar:
PL: „Unser Berichtslayout, welches Sie kennen, verlangt von mir, hierzu eine Aussage zu treffen. Dieses Layout wurde mit dem Vorstand abgestimmt. Ich kann das nicht einfach weglassen. Möchten Sie, dass ich im Bericht darlege, dass wir von Ihnen keine Einschätzung erhalten haben?"
FB: „Natürlich nicht!"
PL: „Da ich etwas dazu schreiben muss, machen Sie mir doch bitte einen Vorschlag, was da stehen soll."
Üblicherweise wird Ihnen der Manager des Fachbereichs dann einen Text liefern. Er wird sicherlich nicht jede Schwachstelle aufdecken, sollte aber in der grundsätzlichen Tendenz richtig liegen – sonst bekäme er Probleme mit dem Vorstand.

▷ Keine Pflichtpassage im Berichtslayout
Falls Ihr Berichtslayout diese Pflichtpassage nicht enthält, stellen Sie dar, dass es sich hierbei um einen **Best-Practice-Ansatz** der Internen Revision handelt.
PL: „Die Einschätzung des Managements zum Prüfungsthema einzuholen gehört zu den Best-Practice-Ansätzen der Revisionsarbeit, welche sich als sehr wirksame und effiziente Vorgehensweise bewiesen hat und in unserer Branche Standard ist. Wenn ich von Ihnen keine Einschätzung einholen würde, würde dies beim Wirtschaftsprüfer negativ auffallen. Also kann ich nicht einfach darauf verzichten."
Dann legen Sie eine Pause ein und warten ab. Ggf. ergänzen Sie:
PL: „Ich hätte nur die Alternative zu notieren, dass Sie mir keine Einschätzung geben wollen." [PAUSE] *„Wie wollen Sie sich entscheiden?"*

▶ Beispiel: Widersprüchliche Äußerungen vonseiten der Revision
Wenn sich schon im Eingangsgespräch auf Managementebene der Prüfungsleiter ein Prüfer oder die Führungskraft der Revision gegenseitig vor dem Fachbereich in ihren

Aussagen widersprechen, oder einer von diesen nicht abgestimmten Äußerungen von sich gibt, wirkt sich das auf die anstehende Prüfung extrem negativ aus. Ihre Reaktion sollte in Abhängigkeit von den Arbeitsbeziehungen der Revisoren untereinander sowie zum Fachbereich erfolgen. Der ranghöhere Revisor kann die nicht abgestimmte oder widersprüchliche Aussage in der großen Runde sofort richtigstellen. Wenn aber ein Ihnen übergeordneter Revisor eine nicht abgestimmte Äußerung von sich gibt, mit der Sie nicht konform gehen, gilt Folgendes: Nur bei einer sehr guten Beziehung sollten Sie dies in der großen Runde vorsichtig ansprechen. Hierbei machen Sie sich absichtlich klein, stellen es als Ihr eigenes Unvermögen dar und bringen das Thema in Metakommunikation:
PL: „Ich bin mir nicht sicher, ob ich mich an unsere Absprache richtig erinnere und möchte das gerne noch einmal überprüfen.“
Je schlechter die Arbeitsbeziehung mit dem Fachbereich und zu Ihrem Chef, umso eher sollten Sie in der großen Runde versuchen, die Aussage zu relativieren. Wenden Sie sich an den Fachbereich und sagen Sie:
PL: „Moment bitte. Darf ich mich diesbezüglich noch einmal bei Ihnen melden?“
Auf alle Fälle Pflicht ist aber, sich hinterher so schnell wie möglich revisionsintern hierüber auszutauschen. Kritik sollte man nur unter vier Augen äußern. Wie gesagt: Durch eine gute Vorbereitung und deren Dokumentation ist die Wahrscheinlichkeit, dass dies passiert, geringer.[41]
PL: „Ich wollte es vorhin nicht vor dem Fachbereich direkt ansprechen und habe zu Ihrer Äußerung X nur eine relativierende Bemerkung, nämlich Y abgegeben. Was Sie da vorhin gesagt haben, hatten wir meines Wissens so nicht abgestimmt. In der Prüfungsvorbereitung hatten wir etwas anderes vereinbart.“ [PAUSE] *„Ich möchte gerne vermeiden, dass uns dies in Zukunft erneut passiert und möchte mich mit Ihnen vor der nächsten Besprechung intensiver abstimmen. Einverstanden?“*
Dann werden Sie eine Reaktion bekommen, mit der Sie weiterarbeiten können.

► Beispiel: Bitte um zeitnahe Informationen bei Auffälligkeiten
Wenn Sie der Leiter des Fachbereichs im Eingangsgespräch darum bittet, zeitnah informiert zu werden, falls Auffälligkeiten identifiziert werden, ist dies eine verständliche Reaktion. Für einen Prüfungsleiter, der dieser Bitte entgegenkommt, können sich jedoch folgende Probleme ergeben: Wenn Sie schon beim geringsten Verdacht einer Unregelmäßigkeit sofort zum Leiter des Fachbereichs rennen und ihn informieren, noch bevor Sie gründlich recherchieren konnten, schüren Sie dadurch unnötig Panik und beschwören Kurzschlussreaktionen herauf. Wollen Sie dagegen zunächst gründlich recherchieren, wird das Zeit kosten und Ihnen deshalb möglicherweise den Vorwurf einbringen, nicht früh genug informiert zu haben. Damit hätten Sie gegen die getroffene Abmachung verstoßen. Vielleicht fühlen Sie sich auch unter Zugzwang gesetzt oder befürchten eine heftige Gegenreaktion des Fachbereichs. Sie

41 Vgl. Kapitel 2 Vor Prüfungsbeginn.

denken: *„Mist, ich hätte ihn schon früher informieren sollen. Was mache ich jetzt? Lasse ich es? Informiere ich ihn noch? Ist es schon zu spät?"*

Um dergleichen auszuschließen, antworten Sie auf den Wunsch nach zeitnaher Information am besten wie folgt:
PL: „Ich kann Ihren Wunsch nach zeitnaher Information gut verstehen. Das würde ich an Ihrer Stelle auch so wünschen. Eventuell aufkommende Themen möchte ich jedoch zunächst erst gründlich recherchieren. Ich denke, das ist sicherlich auch in Ihrem Interesse, die Pferde nicht unnötig scheu zu machen. Ist das für Sie O.K.?"
Warten Sie jetzt die Zustimmung ab. Damit haben Sie sich einen kleinen Zeitpuffer geschaffen. Danach ergänzen Sie:
PL: „Zusätzlich bitte ich Sie, mich ebenfalls zu informieren, falls auf Ihrer Seite wegen etwas, das die Prüfung betrifft, Gesprächsbedarf entsteht. Vielen Dank."
Damit haben Sie auch noch einem möglicherweise schlechten Gesamt-Feedback über die Prüfung vorgebaut. Denn nur wenn Sie zeitnah informiert werden, können Sie noch reagieren und korrigierend eingreifen.

▶ Beispiel: Angebot: Terminvereinbarungen durch den Fachbereich
FK-FB: *„Ich muss das intern noch klären, welcher meiner Mitarbeiter an dem Prüfungsgespräch teilnehmen wird. Nachdem ich das getan habe, stelle ich einen gemeinsamen Termin ein."*
Dies klingt wie ein harmloser Vorschlag, muss es aber nicht sein. Es ist für den Erfolg eines Revisionsgespräches sehr wichtig, dass die Revision darin die Führung behält, sonst kommt sie nicht zum Ziel. Durch die Einträge in elektronische Kalender hat nach allgemeiner Konvention derjenige die Gesprächsführung und übernimmt die Moderation, der den Termin eingestellt hat. D. h., derjenige muss sich vorbereiten, begrüßt die Teilnehmer, erläutert die Agenda, führt durch das Gespräch und bestimmt, worauf wie viel Zeit verwendet wird. Aus diesem Grund sollten Sie das freundlich klingende Angebot nicht in dieser Form annehmen. Ausnahme: Sie kennen Ihre Kollegen bereits sehr gut und sind sich sicher, dass so etwas nicht ausgenutzt wird. Am besten reagieren Sie mit einer ebenfalls freundlichen Antwort, bei der Sie indirekt und für alle Seiten sehr gesichtswahrend Ihr Ziel erreichen.
PL: „Das ist sehr freundlich von Ihnen, aber wirklich nicht nötig. Schicken Sie mir einfach eine kurze Mail mit dem Namen des verfügbaren Mitarbeiters, dann stelle ich gerne den Termin ein. Soll ich Sie optional als Teilnehmer aufnehmen?"

▶ Beispiel: Sie springen zu schnell auf unfaire Angriffe an
Sie kennen sich selbst und wissen, dass Sie oft zu schnell auf unfaire Angriffe eingehen, oder es passiert und Sie merken, dass Sie sich entsprechend einer der entwicklungsgeschichtlich bedingten typischen Stressreaktionen verhalten. Diese sind entweder Kampf oder Flucht oder Erstarrung.

Unsere Erfahrungen bestätigen täglich, dass unwillkürliche Prozesse immer schneller, stärker und ökonomischer, d. h. mit geringerem Energieaufwand, ablaufen, als willkürliche, bewusste Handlungen.[42] Dies ist inzwischen auch neurowissenschaftlich zu einer etablierten Erkenntnis geworden. Ein schnelles Anspringen ist also vollkommen normal. Es geht allen Menschen so – auch Ihrem Gesprächspartner. Was sich unterscheidet, sind die Varianten der Stressreaktion. Versuchen Sie sowohl sich als auch Ihren Gesprächspartner dahingehend einzuschätzen: Kämpft er, d. h. geht er in einen offenen Angriff über, oder flüchtet er, d. h. versucht er zu Terminen nicht zu erscheinen und schickt Vertreter, oder verfällt er dem Totstellreflex, d. h. er sagt erst einmal gar nichts und wartet, bis die Gefahr vorüber ist?

Wenn Sie daraufhin auch Ihre wahrscheinliche Stressreaktion eingeschätzt haben, gehen Sie auf die Suche nach dem auslösenden Moment, dem Stimulus. Der entstehende Stress hängt davon ab, welche „Glaubenssätze", d. h. welche Wahrnehmungen, Gedanken und Annahmen Sie über den Stimulus haben.[43] Je stärker ein Thema (Stimulus) emotional besetzt ist, umso größer ist die Gefahr einer blinden, also unwillkürlichen Reizreaktion.

Eine Möglichkeit ist nun, Ihre Wahrnehmung, Ihre Gedanken und Annahmen über den Stimulus und Ihre Reaktion zu verändern. Sie könnten sich z. B.

- Stark auf die Beobachtung Ihres Gesprächspartners konzentrieren und Ihre Aufmerksamkeit von Ihrer eigenen Person, Ihren Befindlichkeiten und gedanklichen Selbstgesprächen weg und hin zu dessen Reaktionen lenken.
- Daran erinnern, dass jede kritische Situation auch gleichzeitig als Chance interpretiert werden kann, neue verbale und nonverbale Verhaltensweisen von Ihrer Seite auszuprobieren und einem praktischen Funktionstest zu unterziehen. Wenn Sie als unabhängiger Feldforscher unterwegs sind, reduziert das den Druck auf Ihre Person. Sie testen nur eine Theorie.
- In eine mentale Beobachterposition (→ Metaebene) begeben und versuchen, die Szene von außen oder auf einer Kinoleinwand zu betrachten.
- Eine Barriere zwischen sich und dem Gesprächspartner vorstellen. Z. B. eine Glaswand, durch die Sie die Worte nur noch gedämpft vernehmen können, eine Art Kokon oder Energiehülle, die Sie umgibt und von der jeder Angriff abprallt, ein „Patronus", der Sie wie bei Harry Potter abschirmt usw.
- Daran erinnern, dass Sie autonom reagieren könnten, wenn Sie sich dafür entscheiden wollten.
- Darauf konzentrieren, konsequent nur auf den möglicherweise enthaltenen sachlichen Gehalt des Stimulus zu reagieren.
- Vorstellen, welche Seite in Ihnen zu dieser aufbrausenden Reaktion neigt, und wofür sie steht. Welchen Namen würden Sie ihr geben? Wie alt ist sie? Wie sieht sie aus? Welche Bedürfnisse hat diese Seite? Wo im Raum befindet sie sich? Welche Stimme oder Geräusche gibt diese Seite von sich? Gäbe es eine

42 Vgl. Schmidt, Gunther: Liebesaffären zwischen Problem und Lösung, S. 44.

43 Vgl. Thiele, Albert: Argumentieren unter Stress, S. 24–26.

für Sie angenehmere Position oder Größe für diese Seite? Sollte Sie eine musikalische Untermalung bekommen? Wo können Sie diese Seite in Ihrer Vorstellung platzieren, so dass sie Sie nicht völlig vereinnahmt, sondern als wertvolle Erinnerungshilfe für schützenswerte Bedürfnisse dient?[44]

Mit diesen Mitteln können Sie es schaffen, von der Situation weniger vereinnahmt zu werden und gelassener zu bleiben – auch wenn das sehr schwer ist. So schaffen Sie eine kleine Lücke zwischen dem Stimulus und der (Reiz-)Reaktion. Und mit dieser kleinen Lücke gewinnen Sie die Freiheit zur Proaktivität, die Art und Weise Ihrer Reaktion selbst zu wählen.[45]

▶ Beispiel: Sie übernehmen unbewusst das Niveau des Gesprächspartners
Sie ärgern sich, dass Sie unbewusst Lautstärke, Sprechgeschwindigkeit, Ausdrücke, Redensarten oder Umgangsformen Ihres Gesprächspartners übernehmen.
Dass Sie es bemerkt haben, ist bereits der erste Schritt zur Lösung. Vielleicht bedauern Sie, es nicht früher bemerkt oder überhaupt so reagiert zu haben. Für diese Anpassung sind in unserem Gehirn die sogenannten Spiegelneuronen zuständig. Nehmen Sie also zur Kenntnis, dass Ihre Spiegelneuronen ausgezeichnet funktionieren und freuen Sie sich darüber, dass Sie registriert haben, was passiert. Denn sobald es Ihnen bewusst wird, welche Sprachparameter Sie von Ihrem Gegenüber übernommen haben, können Sie diese so adjustieren, wie Sie es für richtig halten.

▶ Beispiel: Ihr Gesprächspartner diktiert Ihnen Stimmung und Emotionen
Machen Sie sich bewusst, dass Sie Ihrem Gesprächspartner dieses Ausmaß an Macht über Sie auf keinen Fall gestatten wollen.[46]

▶ Beispiel: Sie spüren gegenüber dem Fachbereich den Drang nach Vergeltung
Vielleicht denken Sie sogar, Ihre Rolle als Prüfungsleiter verlange, erlittenes Unrecht, z. B. einen unfairen Angriff, dem Fachbereich heimzuzahlen oder mit gleichen Mitteln zu reagieren, auch wenn der Konflikt dann eskaliert.
Auch Prüfungsleiter sind nur Menschen. Es kann schwerfallen, immer besonnen zu reagieren, wenn sich der Fachbereich scheinbar „alles“ herausnehmen kann. Falls Sie tatsächlich überreagiert haben – gönnen Sie sich und Ihrem seelischen Wohlbefinden zwei solche Ausrutscher pro Jahr. Vergeuden Sie diese nicht gleich im Januar und auch nicht in Situationen, die der polemischen Kreisliga entsprechen. Heben Sie sich so etwas für die Champions League auf.
Falls Sie noch innerlich mit sich ringen, ob und wie Sie reagieren sollen, dann überprüfen Sie Ihre Gedanken und Annahmen über Ihren Gesprächspartner.

- Fühlt er sich bereits am Beginn der eigentlichen Prüfung schon so in die Ecke gedrängt oder hilflos, dass er zu solchen Mitteln greifen zu müssen glaubt?

---

44 Vgl. Schmidt, Gunther: Liebesaffären zwischen Problem und Lösung, S. 96–98.

45 Vgl. Covey, Stephen, R.: The 7 Habits of Highly Effecitve People, S. 70–71.

46 Vgl. auch 2.1.4 Beispiel: Sie übernehmen unbewusst das Niveau des Gesprächspartners.

- Hätte er keine anderen Möglichkeiten gehabt?
- Was genau hat ihn wohl dazu bewogen?
- Worauf sind Sie gestoßen? Wahrscheinlich genau auf das Richtige!
- Steckt mehr hinter Ihrem Prüfungsthema? Gibt es umfassendere Probleme?
- Gibt es etwas, das Sie in Ihrer Risikoanalyse bisher noch übersehen haben?

Die Antworten hierauf werden Sie bei der Einstellung unterstützen, dass Sie es nicht nötig haben, unprofessionell zu reagieren und dadurch angreifbar zu werden.

Wenn der Fachbereich keine bessere Möglichkeit sieht, als Sie zu provozieren, haben Sie bisher vieles richtig gemacht. Weiter so! Lehnen Sie sich gelassen zurück und beobachten Sie die Aktionen aus der Ferne, vielleicht sogar mit Mitgefühl. Wenn der Fachbereich so früh so heftig agiert, bringt er sich erfahrungsgemäß durch diese Aktionen selbst in eine ungünstige Position. Fahren Sie mit gutem Gefühl auf höchstem Niveau professionell mit Ihrer Prüfung fort.

► Beispiel: Sie rechtfertigen sich, obwohl es nicht nötig ist
Z. B. erklären Sie langatmig Hintergründe oder entschuldigen sich und laufen damit Gefahr, Ihr Gesicht zu verlieren.

Überlegen Sie sich stattdessen lieber Folgendes: Je besser der Fachbereich bei der Leistungsbeurteilung abschneidet, umso höher seine erfolgsabhängige Vergütung. Ihre Prüfung wird dazu beitragen, dass der Bereich mittel- bis langfristig bessere Leistungen erbringt, denn andernfalls würden Ihre Maßnahmen kaum vereinbart und umgesetzt werden. Führen Sie sich vor Augen, dass genau aufgrund Ihrer Prüfung der Fachbereichsmanager eine höhere erfolgsabhängige Vergütung erhalten wird. Und dafür wollen Sie sich entschuldigen? Man sollte Ihnen dankbar sein! Also verzichten Sie auf rechtfertigende Erklärungen und nutzen eine einfache und prägnante Sprache.

► Beispiel: Sie verlieren Ihre Souveränität und Gelassenheit
Freuen Sie sich, dass Sie es bemerkt haben. Bedanken Sie sich bei Ihren somatischen Markern (z. B. dem Bauchgefühl, der veränderten Temperaturwahrnehmung, der veränderten Atmung usw.), dass Sie diese wertvollen Hinweise erhalten haben. Niemand ist perfekt. Jeder lernt und übt und entwickelt sich weiter. So auch Sie. Sie können dieses Lernen anregen, indem Sie Ihre inneren Stimmen und Ihre Unruhe akzeptieren. Bereiten Sie sich auf Gespräche vor, wohl wissend, dass sie ganz anders verlaufen können, als von Ihnen vermutet. Menschen handeln autonom, d. h. ihr Verhalten kann nie mit 100 %iger Sicherheit vorhergesagt werden. Versuchen Sie, Ihre Glaubenssätze über sich, über den Gesprächspartner und über Ihre Prüfung haben so zu verändern, dass sie eine positive Grundhaltung ausdrücken und Sie hilfreich unterstützen. Notieren Sie sich jeden Tag drei Erfolgserlebnisse und lesen Sie regelmäßig in Ihrem Erfolgstagebuch. Wann gelangen Sie in den optimalen „Flow"-Zustand, in dem scheinbar alles mühelos von allein gelingt? Was trägt dazu bei? Wie erreichen Sie diesen Zustand öfter?

Lassen Sie in der konkreten Situation, in der Sie die Beherrschung verloren haben, Ihre negativen Gedanken wie in der Meditation oder beim Yoga weiterziehen. Utilisieren Sie am besten diesen Ausrutscher zur Stärkung der Beziehungsebene, indem Sie verbalisieren, was passiert ist. Ergänzen Sie, falls es zu Ihnen passt, etwas Humor, fassen Sie den bisherigen Stand zusammen und fahren dann fort.
PL: „Wie Sie sehen, auch ich bin nur ein Mensch." [PAUSE] *„Also wo waren wir? Wir hatten über X gesprochen. Als Nächstes habe ich Y auf der Agenda. Bei Y ..."*

3.2 Start der Prüfung im Fachbereich auf Arbeitsebene

3.2.1 Ziele des Starts der Prüfung im Fachbereich auf Arbeitsebene

Haben sich die bisherigen Gespräche meist auf Führungsebene bewegt, startet nun die Prüfung auf der Arbeitsebene bzw. auf Ebene der Sachbearbeiter. Die Führungskräfte von Revision und Fachbereich ziehen sich zurück und überlassen dem Prüferteam und den Mitarbeitern im Fachbereich das Feld. Sollten Letztere nicht am Eingangsgespräch teilgenommen haben, ist dieses Kapitel besonders relevant. Denn sie hatten noch keine Chance, über die Prüfung und alles, was dazugehört, unmittelbar von der Revision unterrichtet zu werden. Selbst wenn nun der zuständige Manager seine Mitarbeiter informiert hat, ist dies kein Ersatz für eine Information aus erster Hand durch den zuständigen Revisor. Denn auch auf Arbeitsebene gilt: Ein guter Start ist der Beginn von einem guten Ende.

Aus Sicht der Internen Revision bestehen die Ziele des ersten Gespräches, ähnlich dem Eingangsgespräch auf Managementebene, darin,

- Gut zu starten und eine gute Arbeitsbeziehung aufzubauen.
- Sich als Prüfungsleiter mit seinem Prüfungsteam vorzustellen.
- Transparenz über Prüfungsaktivitäten zu schaffen. Die Sinnhaftigkeit der Prüfung darzustellen und über das Ziel, die Themen, den Umfang, den Ablauf und die zeitliche Planung der Prüfung zu informieren.
- Die Ansprechpartner für die jeweiligen Themen bestätigen zu lassen.
- Die Verfügbarkeiten dieser Ansprechpartner im Fachbereich (Urlaube, Abwesenheiten, Teilzeitregelungen) zu klären.
- Weitere Gesprächstermine zu fixieren.
- Eine konstruktive Kommunikation herzustellen und die Mitarbeiter über den vereinbarten Kommunikationsfluss zwischen Prüfungsleiter und Management zu informieren.
- Eventuellen Störungen auf der Beziehungsebene entgegenzuwirken.
- Eventuell vorhandenen Befürchtungen der Mitarbeiter zu begegnen.

Zwischen Revisor und Sachbearbeiter besteht ein besonders ausgeprägtes Oben-Unten- bzw. Dominanz-Unterwerfungs-Verhältnis. Meta-Ziel jedes Revisors sollte sein, die Wahrscheinlichkeit dafür zu erhöhen, vom Sachbearbeiter nicht als Institution „Revision“, sondern als Person „Herr X“ wahrgenommen zu werden.

3.2.2 Mögliche Schwierigkeiten beim Start der Prüfung im Fachbereich

Die Sachbearbeiter im Fachbereich kennen die Ziele und Aufgaben der Revision in ihrem Unternehmen wahrscheinlich nicht, wissen nicht, was auf sie zukommen wird und stellen sich schlimmstenfalls folgende Fragen:

- Was wollen die von mir?
- Warum werde gerade ich geprüft? Wieso wird meine Arbeit beleuchtet?
- Hat mein Chef die Revision auf mich gehetzt?
- Hat mich jemand denunziert und will mich absägen?

- Wie soll das eigentlich vor sich gehen?
- Wie wollen die eigentlich beurteilen können, was ist hier so mache?
- Die schreiben doch bestimmt sowieso, was sie wollen! Werde ich auch nur die geringste Chance haben, darauf Einfluss zu nehmen?

Höchstwahrscheinlich kennen die Sachbearbeiter die Mitglieder des Prüfungsteams nicht persönlich. Was bisher zu ihnen durchdrang, waren sicherlich (aber lediglich!) Gerüchte und Spekulationen über den Ablauf, die Ziele, den Inhalt und mögliche Ergebnisse. Bestenfalls hat ihr Chef ihnen rudimentäre Informationen gegeben, die aber wenig hilfreich waren oder nur den üblichen Managementäußerungen auf „Buzzword-Bingo-Niveau“ entsprachen. Vielleicht hat der Chef nebenbei noch einige Spitzen angebracht (z. B. *„Sie wissen ja, wir müssen abbauen – mal sehen, was die Prüfer zu Ihrer Arbeit sagen werden.“*), die nicht zur Beruhigung beigetragen haben. In der Folge sind die Sachbearbeiter verunsichert, haben Befürchtungen, was den Ablauf betrifft oder welche Feststellungen getroffen werden, oder denken zurück an all die Dinge, von denen sie wissen, dass sie sie sorgfältiger oder überhaupt hätten machen sollen, aber zu wenig Zeit dafür hatten. Falls die Sachbearbeiter vorher noch kein schlechtes Gewissen und keine großen Befürchtungen hatten, sind dies die optimalen Voraussetzungen, um solche zu bekommen.

Ihre Gesprächspartner könnten sich – allein durch Ihr Erscheinen in Begleitung eines Kollegen – persönlich angegriffen fühlen, was zu einer **negativen Grundhaltung** und grundsätzlichem Misstrauen gegenüber der Revision führen könnte. Fokussierung der Aufmerksamkeit auf alle negativen Aspekte könnte die Unsicherheit und Angst der Sachbearbeiter im Sinne einer self-fulfilling prophecy verstärken und den weiteren Prüfungsverlauf negativ beeinflussen. Blockaden oder andere Stressreaktionen wären die Folge. Die Situation würde möglicherweise eskalieren.

3.2.3 Wie kann die Erfolgswahrscheinlichkeit erhöht werden?

► Eine gute und funktionierende Arbeitsbeziehung aufbauen

Positive Prüfungsverläufe entstehen nur dann, wenn die Revisionspartner mit dem Prüferteam über sich selbst kommunizieren. Das Prüfungsteam ist immer auf die Kooperation des Revisionspartners, häufig auch auf seine Selbstbeschreibung und seine aktive Beteiligung an der Prüfung angewiesen.[47] Diese aktive Beteiligung erreichen Sie leichter, wenn eine gute und funktionierende Arbeitsbeziehung zwischen den Personen im Fachbereich und den Prüfern aufgebaut, gefördert und gestärkt wird. Die Beziehung sollte so tragfähig sein, dass miteinander professionell gearbeitet werden kann. Insbesondere bei unbekannten Personen im Fachbereich oder neuen, dem Fachbereich unbekannten Prüfern ist hierauf Wert zu legen. Gehen Sie als Revisor davon aus, dass der Sachbearbeiter schon „fertig“ ist, bevor Sie ihm erstmalig gegenübertreten. Versuchen Sie, seine Unsicherheiten und negativen Phantasien zu verringern. Denn je frostiger das Klima und je belasteter Ihre Arbeitsbeziehung,

[47] Vgl. Haferkorn, Petra: Systemische Prüfungen, S. 41.

umso größer ist die Gefahr unsachlicher Interventionen.[48] Sie können eine gute Arbeitsbeziehung nicht erzwingen, sondern lediglich, wie immer, durch Ihre Haltung und Ihr kongruentes Verhalten die Wahrscheinlichkeit dafür erhöhen.

Schaffen Sie eine gute Atmosphäre. Suchen Sie das **persönliche Gespräch**. Dies ist besser, als per Telefon, Videokonferenz oder per Mail zu kommunizieren. Setzen Sie sich das Ziel, von Ihrer Seite wertschätzend, gesichtswahrend, offen, fair, respektvoll, vorbehaltlos, konstruktiv, zukunftsorientiert, lösungsorientiert und ehrlich zu agieren. Zeigen Sie dem Revisionspartner durch Ihr Verhalten, dass Sie ihn ernst nehmen. Widerstehen Sie der Tendenz, sich die Macht der Institution Revision zu leihen und für Ihre Zwecke einzusetzen. Loben Sie auch während der Prüfung, wenn es angebracht erscheint und fragen Sie nach den damit in Zusammenhang stehenden Auswirkungen und Erfahrungen.

Nehmen Sie sich Zeit. Fallen Sie nicht gleich mit der Tür ins Haus. Nutzen Sie die ersten Minuten des Gesprächs für **Small Talk**. Sollten Sie am Arbeitsplatz des Sachbearbeiters sitzen, greifen Sie etwas auf, was Sie sehen. (Urlaubs-)Fotos, Bilder der Familie, selbstgemalte Kinderbilder, Fanartikel, außergewöhnliche Topfpflanzen, die tolle Aussicht – was auch immer. Unterhalten Sie sich darüber. Suchen und schaffen Sie Gemeinsamkeiten. Vielleicht hatten Sie schon einmal den gleichen Chef oder denselben Arbeitgeber? Erzählen Sie von sich, Ihren eigenen Kindern, ähnlichen oder anderen Urlauben, oder Ihrem Lieblingssportverein. Das zeigt, dass auch Sie in Urlaub fahren oder eine Familie oder Kinder haben, oder Fan eines Vereins sind – und kurz gesagt ein Mensch sind. Solche Chancen, Gemeinsamkeiten zu entdecken, sind ein Grund dafür, Begegnungen und Treffen möglichst am Arbeitsplatz des Gesprächspartners stattfinden zu lassen. Sollten Sie sich auf neutralem Boden treffen, unterhalten Sie sich über das Wetter, Sportnachrichten oder die neuesten Informationen aus Ihrem Unternehmen. So verlassen Sie die Ebene der „Institution Revision". Der Sachbearbeiter wird Sie stattdessen **als Person wahrnehmen** und somit auch mit Ihnen als Person sprechen.

Fangen Sie langsam an und agieren Sie transparent. Heucheln Sie nichts, sondern seien Sie so **authentisch** wie möglich. Jede Andeutung von Schauspielerei wird von jemandem, der ohnehin Schlimmes befürchtet, sofort durchschaut. Der bekannte Schauspieler, Regisseur und Coach Martin Maria Blau sagt hierzu: „*Wer sich verstellt, hat verspielt*"[49]. Liegt Ihnen also Small Talk ganz und gar nicht, quälen Sie sich nicht damit. Verzichten Sie darauf.

Sollten Sie als Revisor den Mitarbeiter noch nicht kennen, ist es geschickt, kurz zu erläutern, was Revision ist, was eine Revisionsprüfung bedeutet und welche Auswirkungen die Prüfung haben kann. Abzufragen: „*Wissen Sie, was Revision ist?* Oder *Wissen Sie, was die Aufgaben der Revision sind?*" empfehle ich ausdrücklich nicht,

48 Vgl. Thiele, Albert: Argumentieren unter Stress, S. 16.

49 Persönliche Nachricht von Martin Maria Blau.

da dies geschlossene Fragen sind und negative Erlebnisse aus der Schulzeit reaktivieren können. Vermeiden Sie dies. Erklären Sie stattdessen von sich aus, was Sie persönlich unter Revision verstehen, was Revision für Sie bedeutet, warum Sie sich für die Revision entschieden haben, und vielleicht noch, ob Sie diese Entscheidung bereuen oder nicht. Sollten Sie die Angst in den Augen Ihres Ansprechpartners erahnen, können Sie gerne hinzufügen, was Ihnen an der Revision gefällt und auch nicht gefällt. Das zeigt dem Gesprächspartner, dass Sie zu einem ausgewogenen Bild fähig sind und nicht alles nur schwarz-weiß beurteilen. Wenn Sie in so einer Situation zeigen, dass Grautöne für Sie existieren und Sie auch ein Thema wie „Revision an sich" differenziert wahrnehmen und darstellen können, wird dies beruhigend wirken. Legen Sie bei auftretenden Problemen Ihren Fokus auf die Zukunft bzw. die zukünftige Lösung.

Um die gegenseitige Arbeitsbeziehung zu verbessern, sollten Sie darauf achten, dass der Umgang von Ihrer Seite durch Respekt und Toleranz geprägt ist. Dies zeigt sich z. B. darin, dass Sie dem Mitarbeiter affirmativ, also mit positiver Grundhaltung, begegnen, ihm immer wieder Aufmerksamkeit schenken und ihm zeigen, dass Sie seine Belange interessieren. Wenn der Mitarbeiter merkt, dass seine Meinung in Ordnung und nicht „verboten" ist, stärkt dies die Beziehung. Vermeiden Sie unter allen Umständen, Ihren Gesprächspartner zu blamieren und geben Sie ihm jederzeit die Möglichkeit, das eigene **Gesicht** zu **wahren**. Ziel ist die Suche nach der gemeinsamen Wahrheit. Es hilft klarzustellen, dass es in vielen Fällen weder ein eindeutiges „Richtig" noch ein „Falsch" gibt, sondern die Wahrheit relativ ist.

Wenn Sie mit dem Fachbereich in einen Meinungsaustausch verwickelt sind, muss keineswegs die Gefahr drohen, dass Sie Ihre Werte und Prinzipien verraten. Eine gute und funktionierende Arbeitsbeziehung kann mit Differenzen umgehen[50]. Man tut nicht so, als ob keine Meinungsverschiedenheiten bestünden. Man nimmt keine ungerechtfertigten Zugeständnisse in Sachfragen in Kauf oder erzwingt umgekehrt Zugeständnisse, indem man mit dem Ende der guten Arbeitsbeziehung droht. Vielmehr bedeutet der Aufbau einer guten und funktionierenden Arbeitsbeziehung:

- anderer Meinung sein zu dürfen,
  (und nicht gegenseitiges Einverständnis erzielen zu müssen),
  (und nicht bei Druckausübung nachgeben zu müssen[51]),
- andere Wertvorstellungen haben zu dürfen,
  (und nicht die gleichen Wertvorstellungen haben zu müssen),
- gemeinsam Probleme überstehen zu können,
  (und nicht zu glauben, Unstimmigkeiten stets vermeiden zu müssen).

---

[50] Vgl. Fisher, Roger, Ury, William, Patton, Bruce: Das Harvard-Konzept, S. 214–215.

[51] Vgl. Fisher, Roger, Ury William, Patton, Bruce: Das Harvard-Konzept, S. 217.

► Gedankliche Trennungen im Verhalten zeigen

Bei der Frage, wie ein Prüfungsleiter mit seinem Team eine Prüfung so gestaltet, dass der geprüfte Fachbereich an einer konstruktiven Zusammenarbeit interessiert ist, spielen die gedanklichen Trennungen zwischen Sache und Person, Positionen und Interessen sowie zwischen Beobachtung und Bewertung eine große Rolle.

Das Harvard-Konzept propagiert, Menschen und Probleme getrennt voneinander zu behandeln.[52] Menschen haben Emotionen, die mit der objektiven Sachlage des Problems verwoben sind und identifizieren sich häufig mit ihren Positionen. Versuchen Sie Ihrerseits, die **Sache** (z. B. die Funktion im Unternehmen) von der **Person** (Ihrem Gesprächspartner) zu trennen. Dies fällt genau dann leichter, wenn Sie dem Revisionspartner zeigen, dass Revisoren auch nur Menschen sind, die in dem Unternehmen ihren Job machen. Genau wie viele andere auch. Wenn Sie zusätzlich erreichen, dass umgekehrt Ihr Gesprächspartner in Ihnen nicht nur „die Revision", sondern Sie als Person sieht, sind Sie auf einem guten Weg. Überprüfen Sie immer wieder für sich selbst, ob Sie Sache und Person ausreichend trennen. Ich persönlich mache das, indem ich mich frage, ob ich mich mit dem Anderen im Anschluss an ein herausforderndes Gespräch spontan zum Mittagessen oder auf einen Kaffee verabreden möchte. Sollte ich hierzu innerlich eine Abneigung verspüren, ist es für mich an der Zeit, mir Gedanken darüber zu machen, ob ich die Person nicht mit ihrer Aufgabe verwechsle.

Einer der zentralsten Aspekte des Harvard-Konzeptes ist es, die **Interessen** der Beteiligten und nicht deren **Positionen** in den Mittelpunkt einer Diskussion zu stellen.[53] Weil eine Person ein bestimmtes Interesse befriedigen will, nimmt sie eine bestimmte Position ein. Das Feilschen um Positionen oder ein Kompromiss befriedigt jedoch nicht zwangsläufig die zugrunde liegenden Interessen. Unter der Grundannahme, dass alles menschliche Handeln der Befriedigung von Interessen und Bedürfnissen dient, gibt es keine „guten" oder „schlechten" Menschen, sondern nur solche, die versuchen, durch ihre Handlungen ihre Interessen und Bedürfnisse zu befriedigen. Erforschen Sie die Interessen und Beweggründe des Anderen. Versetzen Sie sich gedanklich in seine Situation und nehmen Sie seine Perspektive ein. Es gilt, nicht nur die grundsätzlichen, mit dem Prozess verbundenen Interessen des Revisionspartners zu beachten, denn zusätzlich bestehen auch noch dessen eigene Interessen, die seinen Handlungsmustern zugrunde liegen. Identifiziert der Interne Revisor die Interessen und Beweggründe des Revisionspartners, wird er dessen Handlungen leichter verstehen; z. B. das Vertuschen und die Anwendung von „quick-fix"-Lösungen, um den Schein – „alles ist O.K.", „wir haben etwas unternommen" – zu wahren, anstatt die Ursache mit größerem Aufwand und unter Selbstoffenbarung anzugehen.

Nimmt die Interne Revision ihren Auftrag ernst, Dinge oder Prozesse unabhängig, also möglichst frei von Beeinflussung, zu prüfen, dann wird sie auch viele Dinge

52 Vgl. Fisher, Roger, Ury William, Patton, Bruce: Das Harvard-Konzept, S. 34–35 u. S. 43–70.

53 Vgl. Fisher, Roger, Ury William, Patton, Bruce: Das Harvard-Konzept, S. 34–35 u. S. 71–90.

oder Prozesse tatsächlich infrage stellen – also nachfragen, aus welchen Gründen eine Sache so oder anders gemacht wird. Aus der Antwort kann dann das zugrunde liegende Interesse erschlossen werden. Im Hinblick auf die Erfüllung dieses Interesses kann die Interne Revision dann mit dem Gesprächspartner eine Einschätzung erarbeiten (nicht vorgeben!), ob es noch andere, evtl. weniger riskante oder kostengünstigere Alternativen gibt, diese Interessen zu befriedigen. Gerade bei komplexeren Prozessen haben wir Revisoren gegenüber allen anderen Bereichen den Vorteil, dass wir in der Lage sind, die Prozesse insgesamt zu betrachten. Diesen Wissensvorsprung können wir bei der Beurteilung der Effizienz von Prozessen oder Aktivitäten nutzen. Oft haben ineffiziente Handlungen in einem Bereich ihre Ursache in einem anderen Bereich. Erfolgt z. B. die Dateneingabe in ein System unvollständig und fehlerhaft, so ist die nachträgliche Fehlersuche und Fehlerbehebung um ein Vielfaches aufwendiger als die Einführung eines Kontrollverfahrens der vollständigen und richtigen Erfassung.

Verhalten Sie sich **vorbehaltlos konstruktiv**. D. h., erheben Sie nicht vorab Vorwürfe, beziehen Sie nicht Position und treffen Sie keine (Vor-)Urteile. Denn je öfter Menschen Vorwürfe und Vorverurteilungen hören, desto mehr verengt sich deren Blickwinkel, desto defensiver und aggressiver werden sie, desto weniger können sie zuhören und desto weiter eskalieren Konflikte. Dass man den Gesprächspartner vorbehaltlos akzeptiert, bedeutet aber nicht, dass man mit ihm einer Meinung ist oder mit allem konform geht, was er von sich gibt, oder damit, wie er agiert. Rein theoretisch können wir sogar mit jemandem einer Meinung sein und ihn oder sein Verhalten aus irgendwelchen Gründen trotzdem nicht akzeptieren. Umgekehrt können wir auch jemanden akzeptieren und trotzdem anderer Meinung sein oder andere Wertvorstellungen haben. Denken Sie daran, dass das eigene Handeln von einem selbst immer als sinnhaft erlebt wird. Das bedeutet noch lange nicht, dass es auch ein Außenstehender als sinnhaft ansieht.

Trennen Sie gedanklich Ihre **Beobachtungen** von Ihren Beschreibungen, Bewertungen und Erklärungen. Seien Sie sich bewusst, dass Sie allein dadurch, dass Sie beobachten (durch die Art und Weise, wie Sie das tun, und durch Ihre Person mit Ihrem einzigartigen Erfahrungsschatz), immer auch das beobachtete Verhalten verändern. (Denken Sie an die Fernsehsendung „Versteckte Kamera“. Hier hätten die gefilmten Personen ein anderes Verhalten gezeigt, wenn Sie gewusst hätten, dass sie beobachtet werden). Bereits bei der **Beschreibung** der Situation werden neurowissenschaftlich nachweisbar mithilfe Ihres Erfahrungswissens die vorhandenen Informationen von Ihrem Gehirn zur Komplexitätsreduktion selektiert. Sie haben vielleicht von dem Experiment gehört, bei dem eine als Gorilla verkleidete Person durch ein Basketballspiel lief, und von der Mehrzahl der Zuschauer, die bestimmte Ballwechsel zählen sollten, nicht gesehen wurde. Dieses Wissen, Vorhandenes eventuell zu übersehen, sollten Sie nutzen. Das, was Sie sehen, sehen Sie erst mal. Das muss noch nichts bedeuten. Damit ist noch keine Ursache klar. Sicher können Sie Hypothesen bilden.

Konzentrieren Sie sich zunächst nur auf das, was Sie beobachten, ohne etwas hineinzuinterpretieren. Analoges gilt für Ihre **Bewertung** und Ihre **Erklärung** einer Beobachtung. Auch hier kommen Ihre bisherigen individuellen Erfahrungen ins Spiel. Erst wenn die Ursachen geklärt sind und der spezifische Kontext einbezogen wurde, sollte eine Bewertung und Erklärung erfolgen. Vielleicht hatte die Person gute Gründe dafür, so zu handeln, wie sie handelt. Vielleicht gibt es äußere Umstände oder irgendwelche Restriktionen, die dieses Verhalten erklären. Vielleicht steht z. B. in der Zielvereinbarung des Revisionspartners in einer Passage, dass er keine Revisionsanmerkungen erhalten darf. Dann liegt es nicht an der Person, dass Sie heftigen Gegenwind erhalten, sondern an der Zielvereinbarung.

Um zu einer möglichst neutralen und objektiven Beurteilung bzw. Bewertung zu kommen, versuchen Sie in der Prüfungsdurchführung eine perspektivenreiche, vielseitige und auch gerne widersprüchliche Sicht auf Ihr Prüfungsthema zu gewinnen.[54] Nutzen Sie Ihr Prüfungsteam für umfassende widerspruchsreiche Beobachtungen mit möglichst gleichwertigen Ergebnisalternativen inkl. aller Vor- und Nachteile.[55] Gehen Sie daher in Prüfungsgespräche nie alleine, sondern möglichst gemeinsam mit einem Kollegen. Auch wenn es aufwendig ist – nur so besteht die Chance, dass Sie jeweils unterschiedliche Dinge selektieren: Was der eine übersieht, bemerkt der andere, was dem einen unwichtig erscheint, hebt der andere besonders hervor und umgekehrt. Dies resultiert in einer umfassenderen Beschreibung der Situation, die für eine objektivere Beurteilung notwendig ist.

Jeder Revisor kann durch seine Gesprächsführung Akzeptanz, Trennung von Sache und Person, Trennung von Beobachtung und Bewertung sowie Allparteilichkeit im Sinne von verschiedenen gleichzeitig bestehenden Wahrheiten zum Ausdruck bringen. *„Es geht hierbei um die Sache und nicht um die Person. Sie sind als Person OK* [= Trennung von Sache und Person]. *Wir können gemeinsam auf positive Erfahrungen zurückblicken. Ich akzeptiere Sie und bin nicht gegen Sie. Egal, was andere Personen sagen – ich respektiere Sie und zeige Ihnen und Ihrer Situation gegenüber Verständnis* [= Akzeptanz und vorbehaltlos konstruktive Haltung]. *Auch bei Auffälligkeiten halte ich mich mit meiner Bewertung zurück, bevor ich die Sache nicht aus unterschiedlichen Perspektiven und insbesondere aus dem Blickwinkel des Gesamtunternehmens betrachtet habe* [= Trennung von Beobachtung und Bewertung].*“*

Die Integrität des Revisors wird sich aber erst in seinen Handlungen im Laufe der Prüfung beweisen. Denn letztendlich müssen Sie Ihr Verhalten für sich sprechen lassen, wohingegen explizit zu artikulieren: *„Vertrauen Sie mir, ich bin ganz objektiv“* deutlich kontraproduktiv wirkt. Durch Ihr Handeln bringen Sie Ihre Objektivität, Ihren Blick für das gesamte Unternehmen, Ihre wertschätzende Haltung und die Trennung zwischen Sache und Person sowie zwischen Beobachtung und Bewertung

54 Vgl. Haferkorn, Petra: Systemische Prüfungen, S. 83.

55 Vgl. Haferkorn, Petra: Systemische Prüfungen, S. 83.

nicht nur, wie schon durch die Gesprächsführung, zum Ausdruck, sondern verwirklichen sie.

▶ Transparenz über die Prüfung auf Ebene der Sachbearbeiter
Um den Sachbearbeiter von seiner negativen Grundstimmung zu befreien, ist es (analog zu Kapitel 3.1 Eingangsgespräch auf Managementebene) unabdingbar, Ihren **Auftrag** und dessen „Normalität" zu **erklären**. Z. B. könnte eine externe Vorschrift existieren, eine bestimmte Prüfung im jährlichen Turnus durchzuführen. Ein solcher Hinweis signalisiert dem Mitarbeiter, dass es eine routinemäßige, regelmäßige, seit Langem geplante Prüfung ist, die nicht ad hoc angesetzt wurde. Selbstverständlich ist das nicht immer der Fall. Auch dann, wenn der Revisor den Auftrag hat, eine bestimmte Person oder Aktivität genauer unter die Lupe zu nehmen, kann er betonen, dass er selbst als Prüfer kein bestimmtes Endergebnis antizipiert, auch wenn sein Chef das vielleicht anders sehen möchte. Dabei bietet es sich an, die Gründe für die Unvoreingenommenheit darzulegen. Ich hatte einmal eine Kundenbeschwerde zu bearbeiten und befragte den dort namentlich benannten Mitarbeiter. Er war sichtlich nervös. Hände und Stimme zitterten. Sicherlich spielte er in seiner Phantasie allerlei Worst-Case-Szenarien durch. Zunächst informierte ich ihn über das Schreiben und erklärte ihm, wie ich vorgehen werde, mit wem ich mich unterhalten würde und welche verschiedenen Ursachen der Beschwerde ich bereits vermutet oder erkannt habe. Einige betrafen ihn, andere nicht. So erkannte der Mitarbeiter, dass ich ihn nicht vorverurteilt hatte, sondern offen an die Sache heranging. Daraufhin wurde er ruhiger, und wir konnten die Sache gut und schnell klären.

Beantworten Sie alle Fragen des Mitarbeiters, sprechen Sie seine latent vorhandenen Einwände und **Ängste** bewusst an und versuchen Sie, diese zu verringern bzw. durch positive Vorstellungen zu ergänzen. Wenn Sie merken, dass der Andere unsicher ist oder sich verängstigt zeigt, nehmen Sie Tempo aus dem Gespräch. Manchmal lässt sich die Akzeptanz einer Prüfung auch dadurch erreichen, dass man letztere als vortreffliches Mittel zum Widerlegen negativer Gerüchte (z. B. mangelndes Know-how, fehlende Effizienz usw.) anpreist.

Wenn Sie das Prüfungsthema darstellen sowie die Vorgehensweise und den Ablauf erläutern, besteht die Chance, dass die Sachbearbeiter von Ihnen die gleichen Informationen erhalten wie hoffentlich vorher von ihrem Chef. Das schafft gegebenenfalls eine gute Basis. Sollten sich die Informationen doch unterscheiden, können Sie frühzeitig darauf eingehen. In so einem Fall sollten Sie zusätzlich die Führungskraft des Fachbereichs frühzeitig ansprechen, um die Sache auch auf dieser Ebene zu berichtigen bzw. berichtigen zu lassen.

3.2.4 Reaktionsmöglichkeiten für auftretende Phänomene

▶ Beispiel: Notwendige Rahmenbedingungen liegen nicht vor
Fehlende notwendige Voraussetzungen oder Kontextbedingungen für die Prüfung, wie z. B. nicht zur Verfügung stehende Prüfer, Datenzugriffe oder -auswertungen,

Zulieferungen aus dem oder Ansprechpartner im Fachbereich, ziehen Sie die Notbremse: Starten Sie nicht mit der Prüfungsdurchführung. Führen Sie stattdessen (erneut) die in Kapitel 2 genannten vorbeugenden Maßnahmen und Schritte durch. Liegen nicht alle notwendigen Voraussetzungen vor, oder agieren Sie in einem Kontext, in welchem Sie nicht die notwendige Unterstützung aus der Revision oder aus dem Fachbereich erhalten, gilt das Prinzip: „shit in – shit out". Stimmen die Rahmenbedingungen nicht, kann die Prüfung auch nicht die gewünschten Ziele erreichen. Lassen Sie sich nicht unter Druck setzen oder mit Worten wie: *„Das schaffen Sie schon!"* abspeisen. Wenn das Ergebnis am Ende nicht stimmt, wird sich niemand daran erinnern, dass Sie Ihre Bedenken geäußert haben. Sorgen Sie für sich vor und übernehmen nur Aufgaben mit akzeptablen Erfolgsaussichten.

► Beispiel: Zugesagter Prüfer steht noch immer nicht zur Verfügung
Sie wollen nun in die Vor-Ort-Phase starten. Der Prüfer, der schon für die Vorbereitung nicht zur Verfügung stand, ist noch immer nicht zu Ihrem Team gestoßen, sondern immer noch mit anderen Aufträgen beschäftigt. Es wurde zwischenzeitlich vereinbart, dass dieser Prüfer das Thema X während der Prüfungsdurchführung spezifiziert und das Prüfungskonzept ausarbeitet. Dessen Chef ruft Sie an:
FK: „Ich habe gehört, es ist nichts ordentlich vorbereitet bei Ihrer Prüfung. Wenn nichts vorbereitet ist, kann ich meinen Mitarbeiter da unmöglich hinschicken. Der hat zu viel zu tun für so was. Wenn Sie Ihre Prüfung nicht ordentlich vorbereitet haben, ist das Ihr Problem!"
Der Prüfer hätte ja die Vorbereitung machen sollen, wurde aber von seinem Chef für andere Dinge abgezogen. Vielleicht liegt Ihnen jetzt auf der Zunge zu sagen: *„Hallo? Der stand doch schon für die Vorbereitung nicht zur Verfügung! Da Sie ihn abgezogen haben, konnte er nichts vorbereiten!"* Ihrem Ärger nun Luft zu machen, wäre möglich, aber nicht unbedingt förderlich für die zukünftige Zusammenarbeit. Lassen Sie das lieber. Signalisieren Sie stattdessen, dass es eine andere Abmachung gab, vertagen Sie die Sache und lassen Sie diesen Konflikt auf der richtigen, nämlich der gleichen Führungsebene austragen. Informieren Sie lediglich.
PL: „Sie hatten mit meinem Chef meines Wissens eine andere Vereinbarung. Darüber muss ich zunächst mit meinem Chef sprechen."
Der Zusatz „meines Wissens" schwächt die Konfrontation ab. Sie könnten sich ja auch irren. Aktivieren Sie Ihren Chef. Verweisen Sie auf Ihre damalige Mail[56] und bitten Sie ihn, die Sache mit der anderen Führungskraft zu bereinigen. Erklären Sie, dass das so nicht in Ordnung ist, und Sie das Thema X nicht prüfen, sondern ausschließen werden, wenn der andere Prüfer nicht schnellstens zur Verfügung steht.

► Beispiel: Sachbearbeiter versäumt Termin und wirkt psychisch angeschlagen
Es kann vorkommen, dass Ihr Gesprächspartner den vereinbarten Termin nicht wahrnimmt. Versuchen Sie, dies nicht persönlich zu nehmen und nicht vorschnell zu ur-

[56] Vgl. Kapitel 2.3.4.

teilen. Hintergründe für nicht wahrgenommene Termine können vielfältig sein. Versuchen Sie, mit der betreffenden Person Kontakt aufzunehmen. Falls dies nicht möglich ist, bitten Sie dessen Kollegen, die Abwesenheit zu klären. Nun stellt sich die Frage, wie Sie sich in der Zwischenzeit verhalten. Da es sich um einen Termin mit einem Sachbearbeiter handelt, werden Sie wohl eher keinen Statusverlust erleiden, wenn Sie bis zur Klärung der Abwesenheit weitere fünf Minuten warten, Ihre Unterlagen durchgehen oder sich inzwischen einen Kaffee holen. Sollten Sie doch einen Statusverlust befürchten, hinterlassen Sie eine Nachricht und brechen den Termin ab.

Sollte Ihr Gesprächspartner doch noch erscheinen, achten Sie auf dessen psychische Verfassung. Sobald Sie ausschließen können, dass es sich um eine Machtdemonstration des Fachbereichs gegenüber der Revision handelt – auf Sachbearbeiter-Ebene unwahrscheinlich –, signalisieren Sie freundliche Entspannung. (Bei einem Abteilungsleiter sähe die Sache dagegen schon anders aus.[57]) Beruhigen Sie den aufgeregten Kollegen, nutzen Sie Small Talk und erzählen z. B. eine nette Anekdote, bei der Sie selbst einmal einen wichtigen Termin verschwitzt haben. Nachdem sich Ihr Gesprächspartner beruhigt hat, wechseln Sie inhaltlich zu Ihrem Prüfungsthema. Haben Sie den Eindruck, dass aufgrund der momentanen psychischen Verfassung des Gegenübers kein produktives Gespräch mehr möglich ist, vertagen Sie den Termin. Erkundigen Sie sich bei Ihren Revisionskollegen, die diesen Gesprächspartner bereits geprüft hatten, ob dieses Verhalten als Ausnahme oder typisch anzusehen ist. In der Regel wird es sich um eine Ausnahme handeln. Falls nicht, suchen Sie das Gespräch mit der zuständigen Führungskraft.

▶ Beispiel: Offenes Misstrauen durch den Fachbereich
FB: „Ich vertraue Ihnen nicht."
Das kann starker Tobak sein. Sie könnten sich jetzt persönlich angegriffen fühlen. Schließlich haben Sie Ihr Möglichstes getan, um eine gute Arbeitsatmosphäre zu schaffen. Aber bedenken Sie: Sie wissen nicht, welche Erfahrungen Ihr Gesprächspartner bereits gemacht hat. Erinnern Sie sich an eine bestimmte Situation, in der Ihr Vertrauen missbraucht wurde. Stellen Sie sich nun vor, Sie stehen vor exakt der gleichen Situation und jemand sagt zu Ihnen: *„Vertrau mir! Du kannst Dich darauf verlassen!"* Es wäre sehr ungewöhnlich, wenn Sie dieser Aufforderung zu vertrauen Glauben schenkten. An das Vertrauen eines anderen zu appellieren, wird kaum Erfolg haben. Also treten Sie in den Dialog ein und nutzen Sie Verallgemeinerungen, um allgemeines Verständnis zu signalisieren.
PL: „Das kann man doch verstehen, dass nicht jeder blindlings einem Revisor vertraut." [PAUSE]
PL: „Ich kenne Ihre Erfahrungen mit Revisionsprüfungen nicht. Sagen Sie, wie kommt das? Haben Sie schon einmal mit Prüfern schlechte Erfahrungen gemacht?"
[Hier unterstellen Sie implizit, dass es sich um eine Ausnahme handelt.]
PL: „Ja." [PAUSE] *„Und das war so ..."* Oder *„Und das geht Sie nichts an!"*

[57] Vgl. 4.1.4 Beispiel: Drohender Statusverlust, da Ihr Gesprächspartner nicht erscheint.

Der Schlüssel liegt nun darin, dass Sie auch das nicht persönlich nehmen. Die schlechte Erfahrung wurde mit einem anderen Prüfer, vielleicht auch in einem anderen Unternehmen gemacht. Ich weiß, es hört sich leichter an, als es ist – aber muss Ihnen denn Ihr Gesprächspartner unbedingt vertrauen?
PL: „Es ist bedauerlich, dass Sie diese schlechte Erfahrung machen mussten. Nach so etwas würde ich auch keinem Prüfer mehr über den Weg trauen. [PAUSE] *Es wäre ja geradezu fahrlässig, wenn Sie mir Ihr Vertrauen schenken würden.* [PAUSE] *Wissen Sie, ich fände es sogar besser, wenn Sie mir überhaupt nicht vertrauen und ganz genau beobachten, was ich mache, was ich Sie frage, was wir gemeinsam diskutieren, wie ich die Ergebnisse verarbeite und wie ich mich verhalte. Und wenn Sie dann etwas bemerken, bei dem ich mich nicht objektiv bzw. richtig verhalte, bitte ich Sie, mich sofort darauf anzusprechen. Dann habe ich in Ihnen gleich eine Qualitätssicherung meiner Objektivität.* [PAUSE] *Könnten Sie dies bitte für mich übernehmen?"*

Achtung: Gehen Sie nur so vor, wenn Sie es auch authentisch umsetzen und leben können! Wenn Sie Schwierigkeiten mit der Selbstreflektion haben und nicht mit großer Behutsamkeit, mit Bedacht und eventuellem Schuldeingeständnis reagieren können, wenn Sie auf einen Fehler ihrerseits angesprochen werden, gehen Sie diesen Weg keinesfalls. Rechnen Sie damit, dass Ihr Gesprächspartner mindestens einen Versuchsballon starten wird, um zu sehen, ob Sie es mit Ihrer Aussage wirklich ernst gemeint haben.

► Beispiel: Vorwurf des Verrats an den Kollegen
FB: „Jeder Revisor ist ein Verräter! Sie verhalten sich unkollegial, wenn Sie Kollegen prüfen!"
Hier wird versucht, Sie emotional aus dem Konzept zu bringen. Ihr Vorteil ist, dass Sie sich aussuchen können, ob, worauf und wie Sie darauf eingehen wollen. Wie auch immer Sie reagieren wollen – versuchen Sie, die Sache (den Angriff) und die Person gedanklich zu trennen. Bleiben Sie freundlich, aber bestimmt, verbindlich und klar.

▷ Alternative 1: Vollkommen ignorieren
Sie ignorieren den Kommentar, überhören ihn, und machen einfach weiter.

▷ Alternative 2: Humor
Wenn Sie die Aussage mit Humor quittieren wollen, können Sie das nonverbal, über ein Lachen, oder verbal durch einen Kommentar quittieren.
PL: „Haha, coole Idee!"
PL: „Mensch, darüber muss ich jetzt echt mal nachdenken. Vielleicht sollte ich meinen Beruf doch an den Nagel hängen?"

▷ Alternative 3: Reflecting Team
Sprechen Sie Ihren Revisionskollegen an und unterhalten Sie sich mit ihm darüber, während Ihnen der Gesprächspartner aus dem Fachbereich zuhört.
PL: „Cool. Hast Du so was schon mal gehört? Ist Dir das schon mal passiert?"

▷ Alternative 4: Rückfrage
Antworten Sie mit einer Rückfrage.
PL: „Wie meinen Sie das?"
PL: „Wie kommen gerade Sie als Controller auf diesen Gedanken?"

▷ Alternative 5: Kommentieren
Nutzen Sie dieses Phänomen, um Ihre Haltung der Trennung von Sache und Person darzustellen.
PL: „Wir machen beide nur unseren Job. Sie arbeiten im Fachbereich und ich in der Revision. Zu meinem Job gehört es, mir anzusehen, was Sie machen und wie Sie es machen. Ich lasse Sie Ihren Job machen. Lassen Sie auch mich bitte meinen Job machen."
Ergänzen Sie ggf. mit dem „Sprung in der Schallplatte", d. h., wiederholen Sie diese Aussage mehrfach, bis der Andere aufgibt. Falls das nicht der Fall sein sollte, können Sie den „Schatten der Zukunft" einführen.
PL: „Wo wären wir in einer halben Stunde, wenn das so weiterginge? Ich fürchte, die aktuelle Diskussion führt uns nicht weiter. Lassen Sie uns starten."
Damit signalisieren Sie, dass Sie sich nicht auf zeitliche Verzögerungstaktiken einlassen und es mit der Prüfung ernst meinen.

▶ Beispiel: Blocken – die Anweisungen sollen vorab gelesen werden
Auf die Bitte an Ihren Ansprechpartner, Ihnen den geprüften Prozess zunächst aus einer Top-down-Sicht darzustellen und ihn Ihnen später Schritt für Schritt zu erläutern, erhalten Sie folgende Reaktion:
FB: „Lesen Sie doch zuerst die Arbeitsanweisungen, bevor Sie zu mir kommen! Für so etwas habe ich keine Zeit!"
Beim Thema Arbeitsanweisungen scheiden sich die Geister. Ich kenne Revisoren, die zuerst jede verfügbare Anweisung zu einem Thema lesen, bevor sie das erste Gespräch mit dem Fachbereich führen. Ich kenne andere Kollegen, die zunächst absichtlich keine einzige Anweisung lesen, sondern sich ihre eigenen Gedanken zu dem Thema machen, prüfen, und dann am Schluss nachsehen, ob das, was in der Realität passiert, auch mit den Anweisungen übereinstimmt.
Selbstverständlich hat es den Vorteil, dass Sie sich schnell in neue Themen einarbeiten können, wenn Sie Anweisungen lesen. Ich habe aber auch schon oft erlebt, dass die tatsächlichen Prozesse wenig mit den gültigen Anweisungen zu tun hatten. Dann glauben Sie zu wissen, wie es läuft (Sie kennen ja die Anweisungen) und projizieren die Realität in Ihr durch die Anweisungen gebildetes Soll-Weltbild. Sie richten Ihre Aufmerksamkeit also darauf, wie die Realität vor dem Hintergrund der Anweisung Sinn ergeben könnte. Das ist vergleichbar mit Malen-nach-Zahlen oder Ausmalblöcken für Kleinkinder. Neurobiologisch ist es in diesem Fall eine noch größere Herausforderung, Abweichungen zu identifizieren, weil Ihnen ja schon so vieles bekannt vorkommt, obwohl es noch nicht überprüft wurde. Kennen Sie hingegen die Anweisungen vorab nicht, haben Sie kein vorgefertigtes Soll-Weltbild vor Augen. Sie sehen

die Realität, malen ein neues Bild auf einem weißen Hintergrund und prüfen anschließend, ob es darstellt, was es soll und in sich schlüssig ist. Falls Sie die Anweisungen also gelesen haben sollten, erwähnen Sie das.

Folgende Reaktion ist aber in jedem Fall gut:
PL: „Die Arbeitsanweisungen stellen den Soll-Prozess dar. Nach meiner Erfahrung bestehen im täglichen Arbeiten in der Regel Abweichungen zu den definierten Soll-Prozessen. Und mich interessieren jetzt hauptsächlich die Ist-Prozesse. Bitte erläutern Sie mir die Ist-Prozesse."

► Beispiel: Aufforderung, sich inhaltliche Vorkenntnisse anzueignen
Sie starten bilderbuchmäßig und ganz normal mit etwas Small Talk, wollen dann zum Thema kommen und Ihr Gesprächspartner reagiert wie folgt:
FB: „Was wir hier tun ist hoch komplex und sehr fachspezifisch. Machen Sie sich erst einmal schlau, bevor Sie zum Prüfen hierherkommen!"
Hierbei werden Ihnen zwei 300-seitige Fachbücher in die Hand gedrückt.

Bleiben Sie freundlich. Diesen Vorschlag werden Sie selbstverständlich nicht annehmen. Überlegen Sie sich stattdessen, was jemanden zu so einer Aussage verleiten könnte. Sieht er sich als unfreiwilligen Ausbilder der Revision und ist diesen Job leid? Vielleicht steht der Gesprächspartner erheblich unter Druck. Wer weiß.

▷ Verweis auf Prüfungsvorbereitung
Am einfachsten klären Sie diese Situation, indem Sie sich auf Ihre Prüfungsvorbereitung beziehen – somit ein weiterer Grund, eine Prüfung gut vorzubereiten und insbesondere die Vorgehensweise mit Ihrem Chef abzustimmen. Darauf können Sie gegebenenfalls jetzt nämlich aufbauen und mit großem Selbstbewusstsein erklären:
PL: „Mein Chef hat mich mit dieser Prüfung beauftragt. Wir haben gemeinsam die Vorgehensweise vereinbart – auch zum Thema „vorab Schlaumachen". Ich soll mir mit Ihrer Unterstützung einen Überblick verschaffen und werde dann mit meinem Chef spezifische Prüfungsinhalte festlegen. Daran werde ich mich halten."
Damit konnten Sie das Thema erst einmal abwenden. Wenn sich nun der Gesprächspartner an Ihren Chef wenden möchte, kann er das gerne machen. Dadurch, dass Sie sich vorab über die Vorgehensweise geeinigt hatten, sind Sie gut aufgestellt. Ggf. könnten Sie, um ein Zeichen zu setzen, schlagfertig kontern:
PL: „Oh, wenn es so komplex ist, dann sollte ich vielleicht meinem Chef nahelegen, die Prüfung auszuweiten."

Achtung: Dies sollten Sie nur in Erwägung ziehen, wenn Sie der Meinung sind, es handele sich um eine Machtdemonstration mit dem Ziel, Sie einzuschüchtern.

▷ Vermuteter Hintergrund: Bedürfnis nach Anerkennung und Wertschätzung
Falls es sich alternativ um ein verständliches Bedürfnis nach Anerkennung und Wertschätzung einer schwierigen und sehr speziellen Arbeit handeln sollte, besteht die Möglichkeit, nach Aushändigung der Fachbücher wie folgt zu antworten:
PL: „Sie wissen doch sicherlich, dass ich dafür keine Zeit haben werde."

FB: „Dann kann ich also davon ausgehen, dass Sie, wenn die Prüfung so weit ins Detail geht, inhaltlich passen müssen, meinen Status als Experten anerkennen und meinen Erläuterungen Glauben schenken?“
PL: „Selbstverständlich. In jedem Fall, erwarte ich jedoch, dass Sie mir die betreffenden Sachverhalte erläutern, bis ich sie verstanden habe – sofern dies einem sachverständigen Dritten möglich sein sollte.“
FB: „Solange Sie nicht allzu schwer vom Begriff sind und das nicht ständig nötig wird – meinetwegen.“
PL: „Außerdem muss ich, wann immer ich gezwungen bin, mich auf eine bloße Aussage Ihrerseits zu verlassen, dies in meinem Bericht festhalten.“
FB: „Damit habe ich kein Problem.“

▶ Beispiel: Einschüchterungsversuch mit Gebrüll
Sie führen das erste Gespräch mit dem Ansprechpartner aus dem Fachbereich (in diesem Fall eine Führungskraft). Sie haben sich bekannt gemacht und stellen gerade das Prüfungsthema vor. Aus heiterem Himmel brüllt Ihr Gesprächspartner los.
FB: „Was fällt Ihnen ein, einfach so zu mir zu kommen! Wenn ein Prüfer zu mir kommt, erwarte ich, dass mir eine detaillierte Ausarbeitung vorgelegt wird. Wenn dem nicht so ist, brauchen Sie hier gar nicht aufzutauchen. Orientieren Sie sich mal an Ihrem Kollegen X (ein Revisionsanfänger)! Von dem erhalte ich immer erst eine vollständige 20-seitige Analyse, bevor er zu mir kommt. Gehen Sie wieder und kommen Sie erst wieder, wenn Sie mir etwas zu präsentieren haben!“
Dieser rhetorisch geschickte Angriff bietet echte Lernchancen. Manchmal nutzen es Revisionspartner (eher die Führungskräfte als die Mitarbeiter) aus, in einem ersten Gespräch möglichst ohne Zeugen agieren zu können. Das hat dann nichts mit Ihrer Person zu tun. Wie auch? Sie kennen Ihren Gesprächspartner ja noch nicht. Wenn er jetzt einfach nur herumgebrüllt hätte, würde ich sagen: Lassen Sie ihn brüllen, warten Sie, bis er fertig ist, schauen Sie dann auf Ihre Uhr und geben noch eine Minute drauf. Nehmen Sie anschließend das Gespräch wieder auf.[58]
Hier wird jedoch durch den Vergleich mit dem Kollegen, einem Anfänger, ein Angriff auf Ihre Person gestartet und Ihre Kompetenz angezweifelt. Zeigen Sie, dass Sie sich nicht einschüchtern lassen und erwidern mit ruhiger Stimme und bestimmt:
PL: „Herr X, so lasse ich nicht mit mir reden.“
FB: „Das ist mir egal. So geht das nicht. Sie können hier nicht einfach herkommen und mich belästigen!“
Lassen Sie das so stehen und wenden Sie sich Ihrem Sachthema zu. Versuchen Sie, möglichst verbindlich und klar zu bleiben. Trennen Sie die Sache und die Person.
PL: „In unserer Prüfungsankündigung an Ihren Bereichsleiter haben wir um Ansprechpartner für unser Prüfungsthema X gebeten. Sie wurden uns von Ihrem Bereichsleiter benannt. Soll ich bei Ihrem Bereichsleiter um einen anderen Ansprechpartner bitten?“

58 Vgl. 2.5.4 Beispiel: Wutausbrüche und Beschimpfungen.

FB: „Nein, das ist nicht nötig, aber so geht das nicht. Ich weiß ja nicht einmal, was Sie von mir wollen!"
PL: „Das werde ich Ihnen gerne erklären..."

► Beispiel: Drohung mit Folgen
FB: „Sie können hier nicht einfach herkommen und mich belästigen! Das wird Folgen für Sie haben!"
Auch dies ist eine gute Lernchance, um eine Machgebärde von Ihrer Person zu trennen. Zeigen Sie keine Angst, denn viele Menschen reagieren darauf nicht mit Fürsorge, sondern schlagen erbarmungslos zu.[59] Bleiben Sie stattdessen gelassen.

▷ Alternative 1: Stellen Sie sich „dumm":
PL: „Herr X, das verstehe ich jetzt nicht. Wir haben doch für genau jetzt einen Termin vereinbart, den Sie angenommen haben ..."
Schauen Sie etwas fragend und ratlos. Dann warten Sie ab. Entweder wird dann abgewiegelt oder eine Erklärung gegeben, auf die Sie eingehen können.

▷ Alternative 2: Auf Prüfungsvorbereitung verweisen
Nutzen Sie die Abstimmung und Vereinbarung mit Ihrem Chef aus der Prüfungsvorbereitung. So läuft die angedrohte Beschwerde ins Leere.
PL: „Das können Sie gerne machen. Hierzu sollten Sie wissen, dass diese Vorgehensweise mit meinem Chef abgestimmt ist."

▷ Alternative 3: Auf Eingangsgespräch verweisen
Analoges gilt für das Eingangsgespräch mit dem Bereichsleiter, also dem Chef Ihres Gesprächspartners. Auch dann läuft die angedrohte Beschwerde ins Leere.
PL: „Das können Sie gerne machen. Hierzu sollten Sie vielleicht noch wissen, dass diese Vorgehensweise mit Ihrem Chef im Eingangsgespräch abgestimmt wurde."

▷ Alternative 4: Mindestbeschwerdeanzahl
Wenn Sie der Meinung sind, dass es sich hierbei um eine bloße Machtdemonstration und um einen Einschüchterungsversuch handelt, können Sie signalisieren, dass letzterer erfolglos blieb.
PL: „Es steht Ihnen frei, sich über mich zu beschweren." [PAUSE] *„Wissen Sie, als Revisor wandelt man immer auf einem schmalen Grat. Entweder ist man zu freundlich und nett oder zu konfrontativ. Von daher wäre es nicht gut, wenn sich nie jemand über mich beschweren würde. Dann müsste ich mir ja Gedanken machen, ob ich meinen Job richtig ausübe. Wenn ich zu viele Beschwerden bekäme, wäre das auch nicht gut. Von daher habe ich mir es zum Ziel gesetzt, jedes Jahr mindestens zwei Beschwerden zu erhalten. Ihre wäre dieses Jahr die erste und wir haben bereits August; also nur zu."*

---

[59] Vgl. Knaths, Marion: Spiele mit der Macht, S.55.

▶ Beispiel: Drohung: Noch keine Folgen
Beim ersten Gespräch im Fachbereich hören Sie:
FB: „Das wird diesmal noch keine Folgen für Sie haben! Wenn Sie nochmal zu mir kommen, beschwere ich mich bei Ihrer Führungskraft über Sie!“
Das ist die rhetorisch geschicktere Variante der obigen Drohung. Denn wird derjenige darauf angesprochen, er hätte Ihnen gedroht, kann er das verneinen. Alle Handlungsalternativen des obigen Beispiels stehen Ihnen auch hier zur Verfügung. Darüber hinaus sind folgende möglich:

▷ Alternative 5: Humor
PL: „Aha. Gut zu wissen. Freut mich.“

▷ Alternative 6: Grenzen ziehen
Sie können sich einen solchen Empfang auch einfach entschieden verbitten.
PL: „Herr X., so lasse ich nicht mit mir sprechen.“
Hierbei ist die direkte namentliche Anrede mit Blickkontakt zu empfehlen.

▷ Alternative 7: Nachfragen
... und das dahinterliegende Interesse erforschen.
PL: „Ich hatte diesen Gesprächstermin mit Ihnen abgestimmt. Sie haben zugesagt, in diesem Gespräch mit mir die inhaltliche Abstimmung der Prüfungsergebnisse, d. h. der Fakten, vorzunehmen. Was genau stört Sie?“
Oder etwas konfrontativer:
PL: „Ich würde gerne verstehen, was genau für mich noch keine Konsequenzen haben wird. Erläutern Sie mir dies bitte?“
Sie könnten auch rhetorisch eine Alternative ins Spiel bringen.
PL: „Wollen Sie mich etwa loswerden?“
Daraufhin erfolgt vielleicht sogar ein echtes *„Ja“* aus vollem Herzen.
FB: „Ja, je früher, desto besser.“
PL: „Das kann ich gut nachvollziehen. So einfach geht das aber leider nicht. Sehen Sie, ich habe meinen Auftrag zu erledigen.“ [PAUSE] *„Aber je schneller Sie mir die gewünschten Informationen geben, umso schneller bin ich hier wieder weg.“*

3.3 Prüfungsdurchführung

3.3.1 Ziele der Prüfungsdurchführung

Sie sind nun an dem Punkt, an dem Sie alle vorbereitenden Tätigkeiten bereits abgeschlossen haben. Die Datenanalysen und eine erste Einschätzung des Managements zum Prüfungsthema liegen vor. Sie haben auch schon ein erstes Gespräch auf Mitarbeiterebene geführt, sich und Ihre Prüfung vorgestellt, und weitere Gesprächstermine vereinbart. Jetzt geht es also mit der Prüfung richtig los und es gilt, in Interaktion mit dem Fachbereich weitere Informationen zu gewinnen. Sie beobachten, führen Befragungen durch, sammeln Nachweise und fundieren die Ergebnisse Ihrer bisherigen Auswertungen. Selbstverständlich gehört dazu auch, identifizierte Auffälligkeiten anzusprechen, mit den Mitarbeitern offen und konstruktiv zu diskutieren sowie Erklärungsansätze aufzunehmen und zu hinterfragen. Ihr Ziel ist, auch in schwierigen Situationen immer in einem konstruktiven Dialog zu bleiben und durch Ihre Prüfungstätigkeit ein abgerundetes, möglichst objektives Bild zu erreichen.

Es ist dagegen nicht Sinn der Sache, dass Sie heimlich alle Auffälligkeiten identifizieren, wie ein Eichhörnchen sammeln, verstecken und sie dann im Bericht als großen Knall wie mit vom Himmel gefallene Nüsse präsentieren. Vielmehr müssen Sie die Auffälligkeiten vorher auf ihren Gehalt überprüfen. Sind es taube Nüsse, d. h. ohne wirklichen Belang? Oder zeigen sich tatsächlich Probleme? Und wenn ja – sind diese die Ursache oder die Folge der Auffälligkeit? Und sind die erkannten Probleme vielleicht ihrerseits nur Symptome eines viel größeren, dahinter liegenden Problems? Geben Sie sich nicht mit bloßen Symptomen zufrieden. Nur diese zu behandeln, hilft insbesondere langfristig in Unternehmen genauso wenig wie in der Medizin. Meiner Erfahrung nach sind es die größeren, hintergründigen Probleme, die nicht nur über Wohl und Wehe des Unternehmens entscheiden, sondern auch unsere Arbeit als Revisoren erst richtig spannend machen. Diese grundlegenden Themen gilt es zu identifizieren, zu erforschen und anzusprechen. Denn erst wenn man sie ans Tageslicht gebracht und mit den Betroffenen diskutiert hat, werden sie von diesen nachhaltig angegangen werden.

Lassen Sie sich nicht davon abschrecken, wenn es sich um bedeutende weitreichende Themen handelt, oder um etwas, das zwar allgemein im Unternehmen bekannt ist, aber bisher nie offen ausgesprochen wurde. Genau dafür gibt es schließlich uns Revisoren. Dem Unternehmen die Chance zu bieten, bzw. sogar die Verpflichtung abzunötigen, sich mit den Dingen auseinanderzusetzen, die sonst unter den Tisch gefallen wären – genau das verleiht unserer Tätigkeit Sinn.

Eine Revision, die, wie in Deutschland, Organ des Vorstands ist, hat die Aufgabe, die Probleme und ihre Ursachen dem Vorstand zu berichten. Ob und wie dieser darauf reagiert, ist seine Sache. Selbst wenn er sich entscheidet, nichts zu tun, muss das für uns grundsätzlich in Ordnung gehen. Wir haben es aktenkundig gemacht, dafür gesorgt, dass im Unternehmen (wieder) drüber gesprochen wird, und damit sinnvolle Arbeit geleistet. Der Vorstand hat sich des Themas angenommen und entschieden.

Falls er der Meinung der Revision nicht folgt, ist das kein Misserfolg, sondern entspricht genau dem wofür wir da sind. Wir durchbrechen mit unseren Berichten die übliche Hofberichterstattung und ermöglichen dem Unternehmen die kritische Auseinandersetzung mit den Ursachen der Symptome. Nach Fritz B. Simon sind Topmanager, da sie meist nur gefilterte Informationen erhalten, in der Regel schlecht über das Unternehmen informiert. Daher gehöre es zu den wichtigsten Aufgaben der obersten Führungsebene im Unternehmen, sich schlechte Nachrichten zu besorgen, Widerspruch zu organisieren, die Intelligenz der Mitarbeiter zu nutzen und das Potenzial der Organisation zu aktivieren.[60] Als Lieferant schlechter Nachrichten bzw. des Widerspruchs zum Status quo ist u. a. die Interne Revision im Unternehmen institutionalisiert. Widerspruch bedeutet auch für die Revision, auf Hofberichterstattung und vorauseilenden Gehorsam zu verzichten.

3.3.2 Mögliche Schwierigkeiten bei der Prüfungsdurchführung

Schwierigkeiten bei Prüfungsdurchführung bereitet meist der Fachbereich bzw. die Zusammenarbeit mit diesem. Vonseiten der **Fachbereiche** sind es Machtdemonstrationen oder sogenannte Kampfdialektik[61], die die Prüfung ausbremsen sowie Konflikte schüren und eskalieren lassen:

- Die Kommunikation erfolgt nicht gesichtswahrend.
- Es fehlt jegliche Wertschätzung.
- Es bilden sich Lager und Feindbilder.
- Der Revisor wird an andere Personen, Bereiche oder Organisationseinheiten verwiesen, sodass er wertvolle Zeit damit verbraucht, in unterschiedlichen Teilen des Unternehmens Informationen zusammenzutragen oder auskunftswillige Personen zu suchen.
- Es wird versucht, die Interne Revision zu instrumentalisieren, um Fragen jenseits des Prüfungsthemas zu klären.
- Blocken oder bewusstes Intervenieren, damit der Revisor keine oder nur verfälschte Informationen erhält.

Aber auch der **Revisor** selbst bzw. sein Verhalten kann für erhebliche Schwierigkeiten ursächlich sein:

- Der Revisor sieht im Fachbereich den Feind, der mutwillig versucht, die Prüfung zu boykottieren. Harmlose Missverständnisse werden aufgrund dieses Feindbilds nicht frühzeitig ausgeräumt. Konflikte entstehen.
- Zwischen Person und Sache wird nicht unterschieden.
- Beobachtung und Bewertung werden miteinander vermischt.

---

60 Vgl. Simon, Fritz B.: Gemeinsam sind wir blöd!?, S. 263-264.

61 Vgl. Thiele, Albert: Argumentieren unter Stress, S. 19-20.

- „Steilvorlagen“ (z. B. durch starke Opferhaltung, Auftreten als Bittsteller) ermutigen dazu, gegen die Prüfung oder den Revisor zu intervenieren, und werden dann meist auch konsequent ausgenutzt.[62]
- Der Revisor wendet Kommunikations- und Befragungstechniken fehlerhaft oder zu seinem Nachteil an. Damit verfälscht er Informationen, würgt sie ab oder droht in der Informationsflut zu ersticken oder sich zu verzetteln.
- Auch intrapersonale Konflikte oder Denkmuster können Schwierigkeiten bereiten. Vielleicht wagt der Revisor nicht, Auffälligkeiten anzusprechen und notwendige Konflikte einzugehen, weil er unsicher oder neu in der Rolle ist oder noch wenig Erfahrung hat und sich nicht blamieren möchte.

Es zeigen sich dann Schwierigkeiten in der Kommunikation und der Arbeitsbeziehung zwischen Fachbereich und Revision, die letztendlich dazu führen können, dass aufgrund ausstehender Informationen eine ausreichende inhaltliche Berichtsgrundlage fehlt, oder zeitliche Vorgaben nicht eingehalten werden.

3.3.3 Wie kann die Erfolgswahrscheinlichkeit erhöht werden?

▶ Umgang mit Konflikten

Auch wenn jeder intuitiv weiß, was ein Konflikt ist, schon selbst Konflikte hatte und andere kennt, die Konflikte haben, hier eine kurze Definition: Konflikte begründen sich auf Unterschiede im Wollen, Denken, Fühlen oder Wahrnehmen der verschiedenen Konfliktparteien.[63] Diese Konflikte können als „heiß“ oder „kalt“ charakterisiert werden. In der Literatur werden die verschiedensten Konfliktarten unterschieden: z. B. Intrapersonale Konflikte (unterschiedliche Seiten einer Person), Interpersonale Konflikte (Konflikte zwischen Personen) sowie Konflikte zwischen Unternehmen oder innerhalb von Unternehmen. Letztere sind durch Spannungssituationen gekennzeichnet, in der voneinander abhängige Personen versuchen, unvereinbare Ziele zu erreichen oder gegensätzliche Handlungspläne zu verwirklichen.[64] Dies ist für Unternehmen keine Besonderheit, sondern die Regel, da sich Unternehmen mit zunehmender Spezialisierung intern so lange differenzieren, bis homogene Einheiten mit konfliktfreien Handlungsaufforderungen und meist eigener Sprache entstehen.

Konflikte sind zunächst kaum wahrnehmbare „Konfliktchen“, verlaufen über verschiedene Eskalationsstufen und eskalieren zu ausgewachsenen Konflikten. Glasl hat eine 9-stufige Skala beschrieben, die je Stufe bestimmte charakteristische Signale, Symptome und Merkmale aufweist.[65] „Aus unterschiedlichen Ansichten entstehen emotionale Verletzungen, die bis zu dem Wunsch führen, den Gegner zu vernichten. Das Voranschreiten von einer Eskalationsstufe zur nächsten ist mit (meist erst im

62 Vgl. Thiele, Albert: Sag es stärker!, S. 41.

63 Vgl. Glasl, Friedrich: Konfliktmanagement, S. 17.

64 Vgl. Simon, Fritz B.: Einführung in die Systemtheorie des Konflikts, S. 79.

65 Vgl. Glasl, Friedrich: Konfliktmanagement, S. 233–309.

Nachhinein) klaren Wendepunkten gekennzeichnet, welche ein eigenständiges Umkehren im Sinne einer Deeskalation kaum mehr zulassen. Daher ist es so wichtig, Konflikte frühzeitig zu erkennen und so einzugreifen, dass diese nicht weiter eskalieren."[66]

Konflikte im Zusammenhang mit einer Revisionsprüfung können an vier Schnittstellen auftreten, nämlich bei den Interaktionen zwischen:

- verschiedenen Persönlichkeitsanteilen des Prüfungsleiters (= intrapersonal),
- Prüfungsleiter und Prüfungsteam,
- Prüfungsleiter oder Prüfungsteam und geprüftem Fachbereich,
- Prüfungsleiter oder Prüfungsteam und Revisionsmanagement.

Würden insbesondere bei der Interaktion mit dem Fachbereich keine Konflikte entstehen, wäre dies weder wünschenswert noch normal, sondern würde auf einen konfliktscheuen Prüfungsleiter hindeuten. Denn ein solcher grenzt seine Prüfungen nach Möglichkeit dahingehend ab, dass nichts Konfliktträchtiges angesprochen werden muss. Dadurch wird die Aufgabe der Internen Revision jedoch nicht erfüllt. Sowohl bei der Prüfungsdurchführung, also den Gesprächen zur Sachstandermittlung, als auch bei der gemeinsamen Besprechung der Beurteilung besteht ein erhöhtes Konfliktpotenzial allein durch den Umstand, dass die Revision den Status quo infrage stellt. Insbesondere dadurch, dass Prüfer und Revisionspartner leicht aneinander vorbeireden, können unnötige Missverständnisse und Konflikte entstehen. Beugen Sie diesen vor, indem Sie sich in die Position des Gesprächspartners und seine Probleme hineinversetzen. Durch entsprechend empathisches Verhalten können Sie den aus der Prüfungssituation bestehenden Grundkonflikt entschärfen. Erläutern Sie lieber alles doppelt, anstatt es als bekannt vorauszusetzen. Stephen R. Covey sagt hierzu *„Remember, with people fast is slow and slow is fast.“*[67]

Gehen Sie den ersten Anzeichen für einen Konflikt nicht aus dem Weg. Thematisieren Sie kleinere „Konfliktchen“, sobald sie Ihnen auffallen. Sollten Sie den Eindruck haben, dass eine Situation eskalieren könnte, ist es höchste Zeit, die Sache anzusprechen. Klären Sie Missverständnisse und versuchen Sie, bei Irritationen immer nach vorne, in die Zukunft zu blicken und hierfür Lösungen zu vereinbaren. Falls Sie einen intrapersonalen Konflikt haben, nehmen Sie ihn ebenfalls ernst und versuchen Sie, einen inneren Aushandlungsprozess mit Ihrem „Inneren Team“[68] durchzuführen[69].

---

[66] Puhani, Silvia: Mediation in der Internen Revision, S. 280.

[67] Covey, Stephen, R.: The 8th Habit, S. 185.

[68] Vgl. Schulz von Thun, Friedemann: Miteinander reden: 3.

[69] Vgl. 3.3.4 Beispiel: Umgang mit intrapersonalen Interessenskonflikten.

► Prüfungs-„Technik“

▷ Soll-Soll-Abgleich

Den Soll-Zustand des Prüfungsthemas zu hinterfragen, bedeutet, dass Sie die aktuell gültigen Vorgaben für den Fachbereich (z. B. Arbeitsanweisungen) daraufhin überprüfen, ob diese vor dem Hintergrund der aktuellen Geschäftstätigkeit angemessen sind. Entsprechen diese insgesamt dem Unternehmensinteresse? Ist das, was getan werden soll, sinnvoll? Sind die gesetzten Anreize (Incentivierungen) und Zielvorgaben sinnvoll und in Einklang mit den Sollvorgaben? Ist das, womit sich Führungskräfte und Mitarbeiter profilieren können, hierzu passend? Optimalerweise haben Sie in Ihrem Prüfungskonzept ein entsprechendes „Ideal-Soll“ festgelegt. Diesem sollten Sie allerdings in Anbetracht des Informationsgewinns während der Prüfungsdurchführung und Ihrer hierdurch steigenden Lernkurve nicht blind vertrauen, sondern sich auch später noch einmal Gedanken über seine Richtigkeit machen.

▷ Soll-Ist-Abgleich

Dieses in Ihrem Prüfungskonzept definierte „(Ideal-)Soll“ ist das, wovon Sie hoffen, dass es auch in der Realität, also im „Ist“, so geschieht. In der Prüfung informieren Sie sich über das „Ist“ und sammeln Belege dafür. Fragen Sie sich, ob es vollständig im Sinne von „lückenlos“ ist. Kennen Sie alle Ausnahmen? Wer vertritt im Zusammenhang mit dem Prüfungsthema welche Interessen? Ist das Vorgehen für das Unternehmen „wirksam“? Gleichen Sie das vorgegebene „Soll“ gegen das vorgefundene „Ist“ ab und überprüfen, ob Abweichungen zwischen „Soll“ und „Ist“ bestehen. Ergründen Sie die Folgen der Abweichungen und wie sie sich auswirken könnten. Schlimm oder eher unwesentlich? Was sind die zugrunde liegenden Ursachen der Abweichungen? Ggf. erhalten Sie durch diese Überlegungen weitere Anhaltspunkte für ein noch besseres zukünftiges Ideal-Soll. Bedenken Sie bitte, dass nur diejenigen Ursachen auch behoben werden können, die Sie identifiziert haben. Sorgen Sie dafür, dass es die entscheidenden Ursachen sind.

▷ Wie eine Prüfung im Team zu mehr als den Summen seiner Teile wird

Die Idee einer Teamprüfung ist, aus den verschiedensten Erkenntnissen, Aussagen und Ursachen ein großes Ganzes mit noch größerer Aussagekraft zu bilden. Dies ist insbesondere in großen Unternehmen und großen Revisionen nicht so einfach. Gerade bei einer Prüfung, die sich auf mehrere Bereiche erstreckt – z. B. IT und Finanzen –, müssen die jeweiligen Prüfer dieser Bereiche sich für einen Erkenntnisgewinn untereinander konstruktiver austauschen als die Bereiche selbst. Besonders, wenn Ihr Team die gleichen Schnittstellen auf Mikroebene abbildet und die Schuld jeweils beim Anderen sieht.

Hierzu ist es erforderlich, dass Sie mit Ihrem Team einen engen Austausch pflegen und einen konstruktiven Dialog führen. Jeder sollte dabei so viel Vertrauen in den Rest der Teammitglieder haben, dass das eigene Vorgehen, die Erkenntnisse, aber auch die eigenen Schwierigkeiten und Begrenzungen offen miteinander ausgetauscht werden können. Dies ist für Sie als Prüfungsleiter eine sehr schwierige Führungsaufgabe, da unter Ihren Teammitgliedern ein erheblicher Konkurrenzdruck herrscht. Jeder ist um die eigene positive Selbstdarstellung für die weitere Karriere bemüht. Außerdem sind Sie als Prüfungsleiter nicht die (dauerhaft) zuständige disziplinarische Führungskraft. Jeder Ihrer Prüfer wird somit vielleicht auch noch zusätzliche Aufgaben für seinen eigenen Chef zu erledigen haben. Die Chancen für einen optimalen Dialog im Team stehen damit leider nicht gut. Versuchen Sie – trotzdem oder gerade deshalb – bereits in der Prüfungsvorbereitung ein Zusammengehörigkeitsgefühl der Gruppe zu erreichen. Benennen Sie gemeinsame Ziele. Diskutieren Sie als Prüfungsleiter das Prüfungskonzept nicht abschnittsweise mit den einzelnen Prüfern, sondern als Ganzes in der Gruppe. Lassen Sie die Ideen Ihrer Prüfer bereits zu Beginn mit einfließen. Hier gilt das Gleiche wie zwischen Revision und Fachbereich. Nicht nur von Letzterem, auch von Ihren Prüfern werden Sie als Prüfungsleiter beobachtet. Sie wollen sehen, ob Ihnen Ihre Funktion zu Kopf gestiegen ist und Sie andere Ideen abblocken oder ob Sie wirklich mit Ihrem Team kooperieren. Halten Sie den Dialog über die jeweiligen Inhalte und Erkenntnisse während der Prüfung aufrecht – auch wenn es Zeit kostet. Unterbinden Sie gegenseitige Abwertungen der Prüfer untereinander sofort und sprechen Sie immer wieder Ihr gemeinsames Prüfungsziel an. So entwickeln Sie schon während der Prüfung gemeinsam Ihre Aussagen. Thematisieren Sie immer wieder in den Gesprächsrunden, was wie im Bericht stehen soll und besprechen Sie evtl. sogar einzelne Formulierungen.

▷ Zuhör-„Technik“
Bevor ich die eigentliche Befragung darstelle, möchte ich auf das aktive Zuhören eingehen. Denn wer des Zuhörens nicht fähig ist, braucht auch keine Fragen zu stellen. Aktives Zuhören ist mehr als nur schweigend dazusitzen, auch wenn das manchmal (z. B. während des „freien Berichts“) notwendig ist. Vielmehr bedeutet es, die Voraussetzungen dafür zu schaffen, dass sich der Gesprächspartner öffnet. Und dazu gilt es, den Redefluss des Gesprächspartners zu fördern, indem Sie selbst nichts sagen und nur durch kurze Signale (Kopfnicken, mhm, aha usw.) zeigen, dass Sie zuhören und die vorgebrachten Argumente und Ausführungen zur Kenntnis genommen haben. Fragen Sie aktiv nach, ob Sie den Sachverhalt richtig verstanden haben und bieten Sie Zusammenfassungen des Gesagten in eigenen Worten an. Dieses aktive und aufmerksame Zuhören trägt oft zu einer dauerhaften Verbesserung der Arbeitsbeziehung bei. Sie bringen hiermit Folgendes zum Ausdruck: *„Was Sie zu sagen haben, interessiert mich und ist für die Prüfung sehr wichtig. Sie haben das Recht, Ihre Meinung zu äußern sowie sich und Ihre Situation zu verteidigen. Das ist vollkommen ok.“*

▷ Befragungs-„Technik“
Selbstverständlich müssen Sie sich vor Prüfungsgesprächen sorgfältig **vorbereiten**. Hierzu gehören neben allen oben genannten Dingen auch eine taktisch geschickt aufgebaute Gesprächsstrategie und ein Gesprächsleitfaden:

- Wer führt das Interview mit wem?
  Bestehen Sie auf für das jeweilige Thema kompetente Gesprächspartner.
  Lassen Sie sich die Gesprächsführung niemals aus der Hand nehmen.
  Je weniger Personen aus dem Fachbereich an dem Interview teilnehmen, umso besser. Es sollten mindestens zwei Revisoren teilnehmen.
- Wo wird das Interview geführt?
  Am besten am Arbeitsplatz des Gesprächspartners.
- Welche Vorabinformationen liegen vor?
  Informieren Sie sich über den Kontext und die aktuelle Situation.
  Sie sollten einen Überblick über das Prüfungsthema haben.
  Vermeiden Sie es, mehrere Aktenordner zu Ihrem Gespräch mitzuschleppen.
  Nutzen Sie die Ergebnisse der vorliegenden (Daten-)Analysen.
- Welche Erfahrungen haben Sie bisher mit dem Gesprächspartner?
  Gibt es typische Reaktionsmuster?
  Bringt er Sie leicht aus der Fassung? Falls ja, wie schafft er das?
- Welche Fragen wollen Sie stellen?

Die ersten Minuten vor dem eigentlichen Start sind wichtig für Ihren Erfolg:

- Achten Sie auf eine aufrechte Haltung.
- Begrüßen Sie bei Eintritt alle Teilnehmer mit ihrem Namen und stellen Sie sich vor.
- Nehmen Sie angebotene Getränke an.
- Nutzen Sie Small Talk, um am Anfang jedes Gesprächs warm zu werden und eine zieldienliche Atmosphäre zu schaffen.
- Passen Sie sich, falls Rhythmus, Lautstärke und Ton des Gesprächspartners angemessen sind, darin an.
- Bauen Sie eine gute Arbeitsbeziehung auf.[70]
- Achten Sie auf die Sitzordnung.[71]

Der **Start des Gesprächs**:

- Eröffnen Sie das Gespräch und begrüßen Sie in einer größeren Runde erneut den gesamten Teilnehmerkreis.
- Leiten Sie ein und informieren Sie (Ziel, Sinn und Zweck des Gesprächs).

Als Nächstes folgt der **freie Bericht.** Hier ist Ihr Ziel, Ihren Gesprächspartner dazu zu bringen, auf Ihre offene Frage hin möglichst unbeeinflusst zu erzählen:

- Stellen Sie zu Beginn genau eine wirklich offene Frage, die den Gesprächspartner nicht beeinflusst und eine ausführliche Antwort erfordert.

---

[70] Vgl. Kapitel 3.2.3 Eine gute und funktionierende Arbeitsbeziehung aufbauen.

[71] Vgl. 3.3.4 Beispiel: Konfrontative Sitzordnung mit Gefahr der Frontenbildung.

- Unterbrechen Sie den freien Bericht niemals! Lassen Sie das Gespräch so lange laufen, wie die Aussagen zum Thema passen.
- Schweigen Sie so lange, bis der Revisionspartner ausgeredet hat.
- Hören Sie aktiv zu.
- Notieren Sie sich Punkte, bei denen Sie später nachhaken wollen.
- Schweigen Sie zunächst auch noch, wenn der Gesprächspartner seine Ausführungen beendet hat. Sehen Sie ihn an und warten Sie ab. Ihr Schweigen erhöht die Wahrscheinlichkeit, dass er fortfährt.
- Der Gesprächspartner sollte mindestens drei Mal äußern, dass ihm nichts mehr einfällt. Erst dann stellen Sie Ihre ersten interessierten Nachfragen:

„Was fällt Ihnen sonst noch ein?“, „An was können Sie sich noch erinnern?“

Zerlegen Sie Ihre Themen auf Basis obiger Aussagen in einzelne Sequenzen (z. B. Prozessschritte). Starten Sie die eigentliche **Befragung** je Sequenz. Fragen fokussieren die Aufmerksamkeit Ihres Gesprächspartners und sind dadurch ein sehr mächtiges Instrument. Durch die richtigen Fragen können Sie dem Revisionspartner die Gelegenheit geben, seine Sicht der Dinge darzustellen. Sie können Ihr Interesse vermitteln und Themen offen reflektieren, ohne sich festlegen zu müssen.

- Beginnen Sie auch hier mit offenen, möglichst neutralen Fragen.
- Hören Sie wiederum aktiv zu.
- Geben Sie im Laufe der Befragung regelmäßig das Gehörte mit Ihren eigenen Worten wieder und fassen Sie es zusammen.
- Haken Sie nach und stellen Sie zunehmend konkretere Nachfragen. Fragen Sie trichterförmig (vom Allgemeinen zum Spezifischen). „Was heißt das?,“ „Wie meinen Sie das?“, „Wie sieht das konkret aus?“, „Was genau finden Sie nicht in Ordnung?“
- Vermeiden Sie *„Warum“*, *„Wieso“* und *„Weshalb“*. Diese Fragewörter sind schon aus der Schulzeit meist negativ besetzt. Nutzen Sie stattdessen z. B.: *„Wofür“*, *„Aus welchen Gründen …“*, *„Was hat Sie bewogen …“*.
- Etablieren Sie ggf. eine Ja-Haltung[72].
- Fragen Sie nach Unterschieden: „Wann ist es genau so?“, „Wann ist es anders?“, „Wann ist es nie so?“
- Eruieren Sie die Interessen Ihres Gesprächspartners.
- Bringen Sie nun die Ergebnisse Ihrer (Daten-)Analysen ein und lassen Sie sich die Auffälligkeiten von Ihrem Gesprächspartner erklären. Versuchen Sie, gemeinsam die Prüfungsergebnisse zu erarbeiten. Dies bedeutet, dass Sie bei einem „Verdacht“ keinesfalls schweigen, sondern jede Auffälligkeit bewusst ansprechen und sich erklären lassen. „Gibt es Ausnahmen?“, „Wie passt diese Auswertung dazu?“

---

72 Vgl. Schmidt, Gunther: Liebesaffären zwischen Problem und Lösung, S. 59.

- Spielen Sie mögliche Varianten und Schlussfolgerungen laut durch:
  „Was wäre, wenn ..."
- Fragen Sie nach den Ideen und Gedanken des Gesprächspartners.
- Zeigen Sie Verständnis – kein Einverständnis.
- Reflektieren Sie die Antworten im Beisein des Gesprächspartners offen und transparent. Fragen Sie frühzeitig nach möglichen Auswirkungen und ggf. nach Formulierungen für den Bericht.
- Werfen Sie ggf. den Schatten der Zukunft:
  „Was würde passieren, wenn es so weiterläuft wie bisher?"
- Setzen Sie „Weichmacher" gezielt ein (siehe unten).
- Führen Sie ggf. eine höhere Macht (z. B. Vorstand, Wirtschaftsprüfer) ein.
- Lassen Sie sich Aussagen durch Unterlagen/Dateien/Ausdrucke belegen.
  „Wie sieht das im IT-System aus?"
  „Machen Sie mir bitte einen Bildschirmausdruck davon."
  „Zeigen Sie mir das bitte in Ihren Listen vom letzten Ultimo."
  „Geben Sie mir bitte die Protokolle der letzten drei Monate."
- Geben Sie im Laufe der Befragung regelmäßig das Gehörte mit Ihren eigenen Worten wieder und fassen Sie es zusammen.
- Vermeiden Sie Unterstellungen und Suggestivfragen. Diese fordern Abwehrreaktionen heraus, legen dem Gesprächspartner Antworten in den Mund und verzerren schnell den Inhalt. Es besteht die Gefahr, dass diese Aussagen später relativiert werden. Stützen Sie sich in Ihren Prüfungsaussagen zumindest niemals ausschließlich auf Antworten auf Suggestivfragen. Es müssen weitere Nachweise vorhanden sein.
- Stellen Sie gegen Ende jedes Themas eine geschlossene Frage, um die gegebenen Antworten abzusichern, d. h. auf diese Fragen darf die Antwort nur *„ja"* oder *„nein"* lauten. Bringen Sie die Ergebnisse auf den Punkt.

Nutzen Sie **Ich-Botschaften**, wenn Sie Ihre Beobachtungen, Beschreibungen oder Erklärungsmodelle in Form von Bedenken, Befürchtungen, Schlussfolgerungen kommunizieren oder als Abweichungen darstellen. Stellen Sie dar, wie Sie persönlich die Sache sehen bzw. einschätzen. Dies impliziert, Sie könnten sich irren. Damit signalisieren Sie dem Gesprächspartner, dass Sie ein Mensch sind, dass Sie sich nicht hinter der Institution der Internen Revision verstecken und Sie sich nicht die Macht leihen, etwas so ohne Weiteres vorzugeben.
PL: „Ich stelle mir gerade die Frage, wie..."
PL: „Aus meiner Sicht stellt sich dann die Frage nach ..."
PL: „Auf mich wirkt der Prozess an dieser Stelle lückenhaft..."
Machen Sie Ihr Ringen um eine abschließende Beurteilung transparent. Das beruhigt den Gesprächspartner und zeigt, dass Sie keine vorschnellen Schlüsse ziehen.

Sollte der Gesprächspartner Ihnen Fragen stellen, greifen Sie diese auf und beantworten Sie sie offen und ehrlich. Ich bin hier grundsätzlich für maximale Transparenz. Halten Sie sich jedoch mit frühzeitigen Bewertungen zurück.

Für eine Kommunikation bedarf es mindestens zwei Beteiligter. Dabei bestimmt der Empfänger letztendlich immer den Inhalt der Botschaft. Dies bedeutet, dass Sie Kommunikation nicht einseitig kontrollieren können. Sie können niemanden durch welche Mittel auch immer zwingen, etwas so zu verstehen, wie Sie es gerne hätten. Stattdessen können Sie nur die Wahrscheinlichkeit des gegenseitigen Verstehens erhöhen. Gemäß dem Vier-Ohren-Modell von F. Schulz von Thun und dem Grundsatz: „Richtig ist das, was verstanden wurde", ist es besonders wichtig, dass jeder Revisor im Anschluss nach einer Aussage seines Gesprächspartners diesen darüber informiert, wie er ihn verstanden hat. Umgekehrt sollte jeder Revisor nach eigenen wichtigen Ausführungen den Gesprächspartner um Zusammenfassung des Gesagten in eigenen Worten bitten.
PL: „Ich möchte Sie bitten, mir zu erzählen, was Sie mich sagen gehört haben."[73]
Für beide Kommunikationsrichtungen gilt: Während das, was A gesagt hat, von B in dessen eigenen Worten wiederholt wird, hat A Zeit und Gelegenheit, um noch einmal darüber nachzudenken, Sachverhalte wenn nötig richtig zu stellen und dadurch Missverständnisse zu vermeiden. Nutzen Sie ferner Gesprächspausen und lassen Sie sich Zeit. Das entlastet ein Gespräch und reduziert den Druck.

Die meisten Bücher über Kommunikation vermitteln, dass Sie **Weichmacher** grundsätzlich vermeiden sollten, um sich nicht angreifbar zu machen oder Ihre Position zu schwächen. Weichmacher sind

- Verallgemeinerungen: *„immer", „man", „niemals", „alle", „jeder".*
- Abschwächende Wörter: „eigentlich", „vielleicht", „vermutlich", „wahrscheinlich", „möglicherweise", „ein bisschen", „irgendwie", „offenbar".
- Konjunktiv-II-Sätze: „könnte", „sollte", „müsste", „wäre", „hätte".
- Vorgeschalt ete Phrasen: „Also, wenn Sie mich fragen, ...", „Ich will mal sagen, ...", „Normalerweise würde ich sagen, ...", „Also ehrlich gesagt, ...".

Ja, Weichmacher wirken unterwürfig. Da ist Vorsicht geboten. Aber deshalb muss man sie nicht verteufeln. Richtig eingesetzt eröffnen sie – im Gegensatz zu „Kleinmachern" (siehe unten) – besonders im Kontext einer Revisionsprüfung die Möglichkeit, dem Revisionspartner zu signalisieren, dass seine Sicht durchaus verständlich ist, ohne dass Sie diese Sicht teilen.
Stellen Sie sich z. B. vor, Sie finden etwas nicht in Ordnung. Der Revisionspartner argumentiert, wieso es doch in Ordnung sei, und Sie erwidern:
PL: „Das kann man doch verstehen, dass Sie dieser Ansicht sind."
PL: „An Ihrer Stelle hätte bestimmt jeder so reagiert."

[73] Vgl. Rosenberg, Marshall, B.: Gewaltfreie Kommunikation, S. 95.

Damit signalisieren Sie Ihr Verständnis in Form des verallgemeinernden Weichmachers „man“, bauen eine Ja-Haltung auf und sagen gleich, dass Sie (Sie persönlich) das anders sehen:
PL: „Ich sehe jedoch folgende Auswirkungen ...“
Verwenden Sie Weichmacher – besonders die Konjunktive – nur bei der Auswirkungsanalyse und bei offenen Gedankenspielen! Niemals jedoch bei Ihrer endgültigen Beurteilung!

„**Kleinmacher**“ und Signale der Unterwerfung sollten Sie mit Ausnahme eines notwendigen Widerspruchs gegen eine sehr ranghohe Person (z. B. dem Revisionsleiter oder einem Vorstand) nicht verwenden. Sollten Sie so jemandem widersprechen müssen, signalisiert der „Kleinmacher“, dass Sie den Rang und Status der Person anerkennen und keinesfalls angreifen.

- Entschuldigungen zu Beginn Ihrer Argumentation:
  „Ich bin mir nicht sicher ...“, „Ich weiß nicht genau ...“, „Vielleicht ist es ja so, dass ...“, „Ich versuche mal ...“.
- Unnötige Abschlussfragen am Ende Ihrer Aussage:
  „..., sehen Sie das nicht auch so?“, „..., oder meinen Sie nicht?“, „..., oder passt es Ihnen dann nicht?“
- Kompetenzmindernde Sätze:

„Vielleicht wäre es möglich, dass Sie mir die Unterlage zukommen lassen?“, „Ich habe da mal einen Vorschlag ...“, „Ich habe versucht, eine Lösung zu erarbeiten“, „Es ist wahrscheinlich keine gute Idee, aber man könnte ...“, „Ich würde Sie gerne um die Unterlage bitten.“

Abschluss der Befragung
Gleichen Sie am Ende des Gesprächs immer ab, welche Aufträge der Gesprächspartner von Ihnen währenddessen bekommen hat, z. B. welche Unterlagen er bis wann liefern soll. Geben Sie ihm einen Ausblick über den weiteren Verlauf der Prüfung, soweit es ihn betrifft. Behalten Sie sich dabei vor, mit weiteren Fragen oder Rückfragen wieder auf ihn zuzukommen. Erkundigen Sie sich gleich vorsorglich, ob es ihm am Termin X oder Y besser passen würde.

▶ Mitschrift
Nutzen Sie die Möglichkeit, dass ein Prüfer die Fragen stellt und ein zweiter sich um die Mitschrift kümmert. Benutzen Sie bei Zusammenfassungen des Gesagten eine bildhafte Sprache. Skizzieren Sie Prozesse und **visualisieren** Sie Abläufe, Prozesse oder Fallkategorien so, dass Ihre Gesprächspartner sie einsehen können, z. B. auf separaten Blättern oder Flip-Charts. So können Sie während des Gesprächs darauf deuten und ggf. daran erinnern, worüber gerade gesprochen wird. Hierdurch betrachten alle Gesprächspartner dasselbe Thema oder dieselbe Situation und können so die Konzentration leichter von der Person auf die Sache wenden. Falls Sie Flow-Charts erstellen, werden Sie automatisch merken, ob Ihnen ein Input- oder Output-Pfad fehlt. Klären Sie die Richtigkeit Ihrer Skizze laufend mit dem Gesprächspartner ab

und bitten Sie, wenn nötig, um Korrektur. Wenn der Gesprächspartner anhand Ihrer Aufzeichnungen feststellen kann, dass Sie alles richtig verstanden haben, und Ihnen dies bestätigt, gibt das beiden Seiten Sicherheit.

Wenn Sie und Ihr Gesprächspartner an einem Tisch sitzen, versuchen Sie leserlich per Hand oder auf einem Laptop mitzuschreiben. Fast jeder Gesprächspartner wird nach Möglichkeit den Blick über Ihre Mitschrift schweifen lassen. Erkennt er diese dabei als korrekt, wird sein Stresslevel leichter sinken, als wenn er rätselt, was Sie wohl notieren. Denn das schürt nur negative Phantasien:
FB: „Was schreibt er wohl auf? Steht da, dass ich die Unterlage nicht gleich gefunden habe? Ist da eine Notiz, dass die Unterlage unvollständig war? Sind da Kommentare über mich enthalten? Hätte ich es vorhin anders sagen sollen?"
Bieten Sie Ihrem Gesprächspartner also die Gelegenheit, „mitzulesen". Falls die betreffende Textpassage brisant ist, teilen Sie explizit mit, was Sie notieren.
PL: „Dann notiere ich mal ..." Oder *„Dann halte ich mal fest ..."*
Sprechen Sie kritische Formulierungen oder Begriffe gleich ab (besonders wenn Sie mit einem Juristen sprechen).
PL: „Ich habe mir jetzt so-und-so notiert. Ist das richtig? Wie könnte ich es besser formulieren?"
Relativ häufig kennen die Revisionspartner aufgrund Ihrer Funktion nur einzelne Aspekte oder spezifische Punkte, aber nicht den Gesamtzusammenhang. So sind sie dem Revisor, der das Gesamtbild betrachten möchte, auf den ersten Blick zwar keine große Hilfe. Dies birgt aber gleichzeitig die große Chance, gemeinsam zu lernen, Zusammenhänge zu verstehen oder Ursachen auf den Grund zu gehen.

► Kongruenz von innerer Haltung und Technik
Bedenken Sie bitte, dass Technik nur wirkt, wenn sie durch eine bestimmte Haltung getragen wird.[74] Diese innere Haltung muss zu Ihrem tatsächlich gezeigten Verhalten passen! Der Gesprächspartner wird genau beobachten, ob Sie sich kongruent verhalten. Da er Sie, den Revisor, eher ablehnend als wohlwollend betrachten wird, ist er für diese – schlimmstenfalls fehlende – Kongruenz Ihres Verhaltens höchst sensibilisiert. Gehen Sie davon aus, dass er Schauspielerei sofort entlarven würde. Sie wissen ja: *„Wer sich verstellt, hat verspielt"*[75]. Dies würde seine negative Grundeinstellung bestätigen und Ihnen die weitere Prüfungstätigkeit sicherlich nicht erleichtern. Das, **was** Sie inhaltlich sagen, und die Art, **wie** Sie etwas sagen, ist entscheidend, um Ihre inhaltlichen Aussagen bestätigen oder verstärken zu können. Die Art und Weise Ihrer Kommunikation sollte immer genau zu Ihrer Persönlichkeit und zu Ihrer inneren Haltung und Einstellung passen. (Sie würden es ja auch sofort merken, wenn jemand unglaubwürdig agierte. Denken Sie an schlechte Schauspieler oder an Leute, die sich bei Ihnen entschuldigen, ohne dass es Ihnen aufrichtig erscheint.)

---

[74] Schmidt, Gunther: persönliche Mitteilung.

[75] Persönliche Nachricht von Martin Maria Blau.

Kongruent und damit überzeugend treten Sie auf, wenn Ihre Haltung und damit Ihre Gedanken Ihrem Verhalten entsprechen. Insbesondere beim Ansprechen von Auffälligkeiten offenbart sich, ob Sie die gedanklichen Trennungen tatsächlich in Ihrem Verhalten zeigen.[76] Hier kommt es in Ihrer Haltung als Prüfer darauf an, dass Sie Ihren Gesprächspartner nicht innerlich für dumm, blöd oder ein A*** halten, sondern dass Sie die Sachverhalte an sich beobachten und von der Person trennen. Es hilft, sich vorzustellen, dass ein bestimmtes Verhalten von einer Person jeweils nur „gezeigt" wird. Dieselbe Person kann z. B. in einem anderen Kontext auch ein anderes Verhalten zeigen. Wie denken Sie über Ihren Gesprächspartner – verständnisvoll und kompetenzorientiert oder etwa in Kriegsmetaphern? Wie hätten Sie gerne, dass man mit Ihren Fehlern umgeht? Gehen Sie auch so mit den Fehlern anderer um? Mit welchen Metaphern würden Sie Ihre Arbeit und Ihre Interaktion mit den Fachbereichen beschreiben? Wirken diese hilfreich?

Überlegen Sie sich, was Ihnen persönlich wichtig ist, und welche Werte Sie vertreten. Überlegen Sie, welches Selbstverständnis Sie von Revision haben. Wenn Sie vermuten, Ihre eigenen negativen Dialoge und Denkmuster seien nicht förderlich, dann:

- Identifizieren Sie diese zunächst.
- Suchen Sie die positiven Seiten Ihres Gesprächspartners und formulieren Sie positive Gedanken über ihn.
- Werden Sie Ihr eigener innerer Beobachter auf der Metaebene.
- Formulieren Sie ein persönliches Motto oder einen positiven Glaubenssatz über sich (z. B. *„Ich bin O.K.. Ich kann das. Ich bin gut vorbereitet. Meine Argumente sind gut."*).

Suchen Sie sich neue, positive Formulierungen und Bilder für die gleichen Situationen. Finden Sie positiv motivierte Erklärungen für ein bestimmtes Verhalten Ihres Gesprächspartners. Erarbeiten Sie ein positives Selbst- und Revisionsverständnis. Wenn Sie innerlich über Klarheit verfügen, strahlen Sie dies auch nach außen aus. Je nach Selbstverständnis reicht das mögliche Spektrum der Interaktion mit dem Fachbereich von einer Verhörsituation bis zu einem freundlichen Umgangston und einem gemeinsamen Lernen. Zeigen Sie hohes Engagement in Ihrer Tätigkeit.

Ausdruck einer hilfreichen Haltung ist auch, dass Sie bitte nicht lächeln, wenn Sie einen Fehler oder ein Problem identifizieren. Zeigen Sie keine Freude darüber, dass Sie etwas gefunden haben. Das entspräche eher der Haltung:
PL: „Ha, hab ich Dich! Ich wusste doch, dass es nicht in Ordnung ist!"
Zeigen Sie eher Betroffenheit.
PL: „Schade. Das werde ich wohl darstellen müssen. Was wollen Sie gegen diesen Fehler unternehmen? Haben Sie schon etwas geplant?"

---

[76] Vgl. Kapitel 3.2.3 Gedankliche Trennungen im Verhalten zeigen.

Gehen Sie, wenn Sie einen Fehler identifiziert haben, immer lösungsorientiert vor. Fragen Sie, was getan werden kann, damit der Fehler in Zukunft vermieden wird. *PL: „Wie könnte diese Situation in Zukunft vermieden werden? Wer müsste was tun, damit das nicht wieder auftritt?“*
Versprechen Sie nichts, was Sie nicht halten können. Wenn Sie etwas nicht mit 100 %iger Sicherheit zusagen können, machen Sie keine Versprechungen!

Auch Kommunikationspraktiken wie aktives Zuhören, Zusammenfassen und Widerspiegeln sollten Sie nicht nur als rein mechanisch anzuwendende Techniken begreifen. Vielmehr sollten sie von Ihrer Haltung zeugen, die wie bei einem Forscher von der Motivation, etwas „verstehen zu wollen“, geprägt ist. Seien Sie bemüht, die Interessen und Bedürfnisse der Revisionspartner zu erfahren, und bestrebt, den Revisionspartner als Person zu achten und anzuerkennen (= Trennung von Sache und Person). Dadurch schaffen Sie Raum für die jeweils andere Sichtweise.

▶ Reaktionsmuster identifizieren und in der eigenen Kommunikation nutzen
Jeder Mensch bildet wahrscheinlich aus Gründen der Komplexitätsreduktion im Laufe seines Lebens in schwierigen Situationen oder bei persönlichen Angriffen und Kritik unbewusst Reaktionsmuster aus. Oft prägen uns hierbei unsere frühen Erfahrungen in Kindheit und Jugend. Die dabei ausgebildeten starr wirkenden Muster wenden wir oft unbewusst für den Rest unseres Lebens an, und zwar kontextunabhängig, d. h. leider auch fortwährend in Situationen, in denen sie erwiesenermaßen keinen Erfolg bringen. So wird z. B. jemand in beruflichen Stresssituationen regelmäßig laut, obwohl dies nicht zieldienlich wirkt.

Allein die Fähigkeit, auf die Metaebene zu gehen, zu sehen, was gerade passiert und die eigene Wahlfreiheit bewusst zu erkennen, ist ein sehr wichtiger Schritt. Diese Erkenntnis ist der erste Schritt zu einem anderen Verhalten. „Gefahr erkannt – Gefahr gebannt!“ Unterschätzen Sie das nicht.

Menschen reagieren unterschiedlich, wenn Sie in Stress geraten. Hierzu gibt es verschiedene Modelle. Das grundlegendste, aus der Evolutionstheorie stammende, kennt drei grobe Kategorien: Flucht – Kampf – Erstarrung. Eine Erweiterung dieses Modells, das „Reaktionsmuster der 5 F“, nimmt diese auf (Flight – Fight – Freeze) und ergänzt Faint und Flirt. Übersetzt ins Deutsche wird daraus das „5-A-Modell“: Abhauen – Angreifen – Angststarre – Abschalten – Albern sein. Die amerikanische Psychotherapeutin Virginia Satir hat beim Menschen vier Reaktionstypen (Rationalisierer – Ankläger – Ablenker – Beschwichtiger) kategorisiert. Meine Seminarteilnehmer und ich haben festgestellt, dass uns in der Revisionspraxis leicht abgewandelte Reaktionsmuster begegnen, nämlich: fachkompetent – zynisch – aggressiv – lässig – hilflos – emotional – angepasst – schweigend. Auf diese gilt es jeweils unterschiedlich zu reagieren. In der Realität treten sie zwar selten in Reinform auf, dennoch lohnt es sich, „Umgangsformen“ für jedes Reaktionsmuster zu kennen und zu nutzen.

Bei einer **fachkompetenten** Reaktion zieht der Gesprächspartner jeden Dialog immer sofort auf die Sachebene, kontert mit klugen fachlichen Aussagen, Fakten, Analysen, Statistiken oder Zitaten von Experten. Alles Menschliche wird negiert. Das führt leicht dazu, dass der Gesprächspartner eine besserwissende oder überlegene Position einnimmt und seine Macht demonstriert. Denken Sie an einen Vulkanier aus Star Trek, der seine Emotionen stark kontrolliert. Unter Erdenmenschen kann dies die Arbeitsbeziehung nachhaltig stören.

Versuchen Sie durchaus ein fachliches Gespräch zu führen, achten Sie hierbei aber darauf, plastisch zu bleiben und nicht zu abstrakt zu werden. Nutzen Sie viele praktische und möglichst anschauliche Beispiele. Gehen Sie auf vorhandenes Engagement ein. Versuchen Sie, die menschliche Ebene vorsichtig einzubringen (d. h. irrationales oder fehlerhaftes Verhalten) und dabei mögliche Auswirkungen zu betrachten. Nach dem Motto: *„Menschen sind keine Maschinen – unterschiedliches Verhalten ist möglich. Welche Verhaltensweisen werden über das IKS abgefangen? Wie würde sich das auswirken?"*

Das **zynische** Reaktionsmuster ähnelt dem fachkompetenten, mit dem Unterschied, dass hier keine echte Fachkompetenz vorliegen muss und viele zynische oder sarkastische Bemerkungen fallen. Die sachorientierte Sprache kann sich intelligent anhören, nutzt aber viele allgemeine Floskeln ohne jegliche Festlegung oder direkte Aussagen („man" statt „ich", „es", „jeder", „alle", „keiner", „niemand"). Hier werden Reden und Monologe in meisterhafter „Buzzword-Bingo"-Manier gehalten. Denken Sie z. B. an Stromberg oder den Chef von Dilbert.

Werfen Sie hier den Schatten der Zukunft (*„Wie weit werden wir unserem Ziel in der nächsten halben Stunde näher gekommen sein?"*) und nutzen Sie konkrete handfeste Beispiele (z. B. eine Abweichung). Führen Sie den Dialog immer wieder auf das konkrete Beispiel zurück und lassen Sie nicht locker, bis sich Ihr Gesprächspartner in einer konkreten Aussage festgelegt hat. Je mehr Buzzword-Bingo verwendet wird, umso dünner ist nach meiner Erfahrung das tatsächlich vorhandene Fach-Know-how. Also ärgern Sie sich nicht über die Ausweichmanöver und zynischen Bemerkungen, sondern fühlen Sie sich in Ihrem Vorgehen bestärkt, da Sie offenbar auf dem richtigen Weg sind.

Bei **aggressiven** Reaktionen wird gezielt Kampfdialektik eingesetzt. Der Wille, um jeden Preis zu siegen und die Position durchzusetzen, ist erkennbar (auch wenn sie keinen Sinn ergibt) – Hauptsache der Revisor verliert. Die Regeln des Fairplay werden mit Unterbrechungen, schnellem und verletzendem Laut (*„Sie ...!", „ja, aber"*) missachtet, Verallgemeinerungen (*„nie", „immer"*) werden genutzt. Heftige Emotionen und hohes Engagement werden gezeigt, insbesondere bei dem Versuch, dem Revisor Grenzen aufzuzeigen und ihn unter Stress zu setzen. Im Zusammenhang mit jeglichen bei der Prüfung identifizierten Soll-Ist-Abweichungen wird jegliche Schuld sofort zurückgewiesen. Infolge der aggressiven Ausbrüche ist das Gesprächsklima schnell angespannt, sodass das Stressniveau steigt.

Nehmen Sie die aggressiven Äußerungen auf alle Fälle ernst *(„Es ist verständlich, dass Sie sich so ärgern.“*) und versuchen Sie ruhig zu bleiben, sich nicht in eine Eskalation treiben zu lassen und nicht selbst unkontrolliert oder aggressiv zu reagieren. Aggressivität läuft genau dann ins Leere, wenn Sie sich nicht selbst verteidigen, sondern dafür sorgen, dass es keinen Streit gibt, indem Sie sich daran nicht beteiligen, obwohl Sie entgegengesetzte Standpunkte auf den Tisch bringen.[77] Nutzen Sie kurze, einfache Sätze, um wenig Angriffsfläche zu bieten. Scheuen Sie sich nicht davor, das gezeigte Verhalten zu begrenzen und Konsequenzen aufzuzeigen (*„Hiermit informiere ich Sie darüber, dass ich so nicht mit mir reden lasse.“*). Dennoch können Sie Angebote machen und Entgegenkommen zeigen, sofern es Sie selbst nichts kostet. Ein Entgegenkommen in größerem Ausmaß zu zeigen, um auf ein späteres Entgegenkommen vonseiten des Gesprächspartners zu hoffen, ist hier in jedem Fall kontraproduktiv. Dies würde von dessen Seite nur als sein Sieg und Ihre Schwäche aufgefasst werden und die Lernerfahrung nach sich ziehen, dass sich der Revisor locker über den Tisch ziehen lässt, sofern der Angriff nur aggressiv genug ist. Wenn Sie konsequent bleiben und ihn mit Ausdauer dazu auffordern, seine Position aktiv zu vertreten (und sich nicht hinter Verallgemeinerungen zu verstecken), wird Ihnen das eher dessen heimliche Bewunderung einbringen. Sie können auch gut sein positives Streben nach Stabilität, Ordnung und klaren Regelungen nutzen und seine eigene Gewichtigkeit hervorheben. *(„Sie, Herr X., als [Teamleiter/Abteilungsleiter/Bereichsleiter] haben Sie doch bestimmt auch Interesse an einer klaren Regelung zum Thema Y, damit Sie …?“*)

Bei **lässigen** Reaktionen signalisiert der Gesprächspartner zunächst Entspannung und sieht scheinbar keinerlei Probleme. Fragen oder Feststellungen der Revision scheinen belanglos, belustigend oder unterhaltend zu sein. Das lässige Verhalten wirkt flexibel, flott, dynamisch und spontan, zeigt gedankliche Beweglichkeit, den Willen, Dinge zu entwickeln. Jedoch zeigt der Gesprächspartner wenig Ausdauer und Durchhaltevermögen. Dies äußert sich in häufigen Themenwechseln, sinnlosen Abschweifungen und irrelevanten Bezügen. Eindeutige Aussagen werden ebenso wie jegliche Festlegungen vermieden. Kritik wird schnell überhört, schöngeredet und elegant, vielleicht sogar mit einem Witz, überspielt. Die offenen Themen und unterdrückten Konflikte werden nicht gelöst und brodeln unter der Oberfläche weiter, bis es zum Ende der Prüfung zu einem Vulkanausbruch kommt und der Gesprächspartner – in die Ecke gedrängt – ein aggressives Verhalten zeigt.

Nutzen Sie kurze, klare Sätze. Bieten Sie von Ihrer Seite wenig Gelegenheit für Themenwechsel. Bleiben Sie beharrlich, versuchen Sie, ihn einzugrenzen und zurück zu Ihrer Gesprächsstruktur zu führen. Unterbrechen Sie immer wieder und lenken Sie so auf das Thema zurück. Sehr elegant funktioniert dies über die Zusammenfassung der bisher gesagten Inhalte zu Ihrem Gesprächsthema. *„Ich fasse noch einmal zusammen: Bisher …“* Stellen Sie anschließend auf Basis dieser Zusammenfassung

[77] Vgl. Fisher Roger, Ury, William, Patton, Bruce: Das Harvard-Konzept, S. 61–62.

Ihre nächste bzw. wieder die gleiche Frage. Halten Sie sich an Ihre Gesprächsstruktur. Lassen Sie – auch wenn es für Sie anstrengend werden sollte – keinen Themenwechsel durchgehen. Ihr Vorgehen sollte dem des Wassers gleichen, welches mit weicher Kraft einen Stein bearbeitet. Nutzen Sie seltener offene und häufiger konkrete Fragen. Sichern Sie jede Antwort mit einer geschlossenen Frage ab. Bleiben Sie freundlich, bestimmt und beharrlich bei Ihrer Gesprächsstruktur. Nutzen Sie eine Agenda und Visualisierungstechniken (z. B. Schaubilder, Prozessablaufdiagramme) und bitten Sie Ihren Gesprächspartner um Mithilfe. Führen Sie den Schatten der Zukunft oder eine höhere Macht ein, d. h. zeigen Sie ihm bei Bedarf mögliche Auswirkungen auf.

Die **hilflose** Reaktion zeigt starke Verunsicherung, die Suche nach Anerkennung und Zustimmung und demonstriert ein geringes Selbstwertgefühl. Ihr Gesprächspartner will nichts Falsches machen oder sagen und hält sich daher sehr zurück, entschuldigt sich und macht sich klein. Dieses Verhalten ist häufiger auf Sachbearbeiter- als auf Führungskräfteebene anzutreffen. Ihr Gesprächspartner will immer alles „richtig" machen, hat die Tendenz, sich möglichst bis hin zu den sprichwörtlichen 150 % „überzuversichern" und bittet dazu auch gelegentlich die Revision um Hilfe. Er sucht nach „Rettern" oder „Helfern", die für ihn einspringen.

Lassen Sie sich von dem Angebot, zum Retter aufzusteigen, nicht ködern. Der Fachbereich ist operativ verantwortlich und hat diese Verantwortung auch wahrzunehmen. Geben Sie Ihrem Gesprächspartner seine Verantwortung zurück. Fordern Sie von ihm Vorschläge. Im Zweifelsfall stellen Sie sich dumm und verweisen auf seine Kompetenz: Als er in der Vergangenheit schon einmal etwas erfolgreich umgesetzt habe, wie sei er da vorgegangen? Welche Kompetenzen habe er dazu genutzt?

Bei **emotionalen** Reaktionen wird jede Feststellung oder Anmerkung sehr persönlich genommen. Es fällt Ihrem Gesprächspartner schwer, Sache und Person zu trennen bzw. in Gesprächen auf der Sachebene zu bleiben. Er bezieht alles sofort auf sich und nimmt sich jede Kritik zu Herzen. Infolgedessen gesteht er alles Mögliche und bekennt sich schuldig, auch wenn dies gar nicht angebracht ist. Fachliches tritt gegenüber dem Menschlichen in den Hintergrund. Er ist der „Horror-Gesprächspartner" einer Person, die ein fachliches Reaktionsmuster zeigt.

Führen Sie den Gesprächspartner vorsichtig auf die Sachebene zurück. Nutzen Sie dabei seinen Wunsch nach Harmonie und Gemeinschaft. Z. B. betonen Sie, dass Sie in ein und demselben Unternehmen arbeiten. Identifizieren Sie gegebenenfalls positive Aspekte, z. B. eine überdurchschnittliche Zielerreichung. Dann erkundigen Sie sich nach seinem Vorgehen für diesen Erfolg und implizieren dabei sein großes Einfühlungsvermögen als dafür ursächlich. *„Wie haben Sie es geschafft, Ihr großes Einfühlungsvermögen so einzusetzen, dass Sie Ihre Zielvorgaben so gut erfüllen konnten?"* Dann lenken Sie mithilfe der gegebenen Antworten wieder zum Sachthema zurück.

Bei einem **angepassten** Verhalten zeigt sich Ihr Gesprächspartner wie ein Fähnchen im Wind. Er richtet seine Aussagen an seinem Umfeld und an den Gesprächspartnern aus. Das kann deeskalierend wirken, Sie aber bei Ihrer Prüfung behindern. Von ihm werden Sie genau das hören, wovon er glaubt, dass Sie es hören wollen – auch wenn es nicht den Fakten oder der Wahrheit entspricht. Das können z. B. versprochene Zulieferungen (z. B. Auswertungen, Reports) oder Termine sein, die er nicht einhalten wird.

Um zu vermeiden, dass Ihre Prüfungsergebnisse dem tatsächlichen Ist-Zustand nicht entsprechen, nutzen Sie bei der Frage nach Prozess- oder Verhaltensbeschreibungen ausschließlich echte offene Fragen. Vermeiden Sie jegliche Form der Suggestion. Achten Sie darauf, sich für jede von ihm getroffene Aussage genügend Nachweise geben zu lassen. Fragen Sie ihn aktiv nach seiner eigenen Meinung und danach, was er für wichtig hält. Lassen Sie sich nicht von geplanten Zulieferungen oder Versprechungen beeindrucken. Treffen Sie konkrete und verbindliche Vereinbarungen inkl. harter Termine und fixieren Sie jede Absprache schriftlich. Sobald Sie einem Gesprächspartner, der ein angepasstes Verhalten zeigt, den Rücken zukehren, wird er sich wahrscheinlich an jemand anderen anpassen. Sobald das passiert, werden die Ihnen gegebenen Versprechen (z. B. von Zulieferungen) oder Terminzusagen für ihn obsolet werden – bis Sie wieder in Aktion treten. Entlassen Sie ihn nicht so schnell aus der Verantwortung und sorgen Sie für eine regelmäßige „Betreuung" während Ihrer Prüfung. Regelmäßige und konsequente Erinnerungen mit dem Aufzeigen der Auswirkungen sind für eine effiziente Zusammenarbeit erforderlich.

Personen, die **schweigendes** Verhalten zeigen, warten ab, bis die Gefahr (die direkte Konfrontation) vorüber ist. Dieses Verhalten entspricht ethnologisch der Schockstarre: Das Opfer stellt sich tot, bis die Gefahr vorüber ist (analog dem Kaninchen vor der Schlange). Hierdurch versucht Ihr Gesprächspartner, Zeit zu gewinnen. Er hört sich Ihre Fragen oder Ausführungen an und schweigt, bis das Gespräch beendet ist. Dieses Verhalten zeigt sich oft schon zu Beginn der Prüfung und steigert sich insbesondere bei der Maßnahmenvereinbarung. Die Schockstarre wird sich spätestens in der Abschlussbesprechung auflösen, oder wenn er den Berichtsentwurf in Händen hält. Dann wird er ein anderes Verhalten zeigen und aktiv in den Konflikt gehen. Falls Sie sein bisheriges Schweigen zu Sachverhalten, Fakten, Auswirkungen, Risiken, Wahrscheinlichkeiten und Maßnahmen als Zustimmung gedeutet haben, werden Sie nun eines Besseren belehrt. Er wird all diese Dinge als falsch darstellen und ablehnen. Seine Energie, Kreativität und leider auch Kampfdialektik werden dann kaum Grenzen kennen.

Treffen Sie auf dieses Verhalten, halten Sie inne und gehen Sie keinesfalls zum nächsten Schritt über. Meist denkt man sich: *„Ich habe ihm alles gesagt. Er hat nicht widersprochen, also ist das eine Zustimmung."* Schweigen bzw. die fehlende Reaktion sollten Sie nicht als Zustimmung, sondern als Ablehnung werten. Interpretieren Sie den Totstellreflex als Stressreaktion auf Ihre Prüfung. Der Plan ist nun, einerseits den Stress für Ihren Gesprächspartner zu reduzieren, und andererseits nicht locker zu lassen und hartnäckig zu bleiben. Den Stress können Sie für ihn z. B. gut reduzieren, indem Sie mit maximaler Transparenz arbeiten. Ihm also genau sagen, was wann wie wo passieren wird. Selbstverständlich ist dies umso einfacher, je fundierter und besser Ihre Arbeitsbeziehung zu ihm ist. Weiß er aus Erfahrung, dass er Ihnen vertrauen kann und ihm von Ihnen keine Maßnahmen ohne Sinn und Verstand aufoktroyiert werden, sondern Ihnen an einer objektiven Darstellung und sinnvollen Maßnahmen gelegen ist, ist das umso einfacher. Gehen Sie in kleinen Schritten vor und erläutern Sie, an welcher Stelle des Prozesses Sie sich jetzt befinden und was passieren soll. Erläutern Sie ihm z. B., dass es jetzt noch nicht um Maßnahmen geht und er später noch Gelegenheiten haben wird, diese mit Ihnen zu diskutieren. Mit einer Person, die zu einem schweigenden Verhalten neigt, sollten Sie unbedingt das persönliche Gespräch suchen und ihm nach Ihrer Frage mit einiger Hartnäckigkeit in die Augen blicken. Das baut einen wirksameren Antwortdruck auf als bei einer Videokonferenz über den Bildschirm oder bei einem Telefonat. Schweigen Sie dann selbst für mindestens fünf Minuten. Ganz wichtig ist: Sprechen Sie die Absicht, selbst zu schweigen, mit Ihren anwesenden Revisionskollegen ab. Sollte es auch nach langen fünf Minuten nicht zu einem *„Ja"* kommen, empfehlen Psychologen, es weiter auszusitzen. Lehnen Sie sich zurück, sitzen Sie entspannt, sehen Sie Ihren Gesprächspartner erwartungsvoll an und warten Sie. Falls Sie doch ungeduldig werden, und ich gebe zu, das würde mir auch passieren, dann erinnern Sie sich daran, dass es nichts bringen würde, weiter voran zu gehen. Es ist besser, jetzt abzuwarten, als in der Abschlussbesprechung vor den Augen anderer gedemütigt zu werden. Irgendwann werden Sie ein *„Ja, aber"*, d. h. eine relativierende Zustimmung, oder etwas anderes hören, mit dem Sie zum uneingeschränktem *„Ja"* weiterarbeiten können. Bei einer uneingeschränkten Zusage spielt die psychologische Komponente eine große Rolle. Wenn Ihnen jemand etwas zugesagt hat, d. h. Ihnen in die Augen gesehen und ausgesprochen hat, dass z. B. die Sachverhalte richtig dargestellt sind, dann fällt es ihm hinterher umso schwerer, sich selbst zu widersprechen und die schon mal bestätigten Fakten anzuzweifeln.

3.3.4 Reaktionsmöglichkeiten für auftretende Phänomene

▶ Beispiel. Umgang mit intrapersonalen Interessenkonflikten

Dass „zwei Herzen in seiner Brust schlagen", wie es Goethe poetisch beschreibt, erlebt wohl jeder Mensch regelmäßig – und wenn er bewusst darauf achtet, sogar mehrmals täglich. (Wer kennt nicht den Persönlichkeitsanteil, der beim morgendlichen Aufstehen lieber noch im Bett bleiben möchte?) Zwischen verschiedenen Seiten (mindestens zwei, vielleicht auch ein ganzes Team) in Ihnen bestehen Interessenskonflikte, die z. B. dazu führen können, dass Sie Dinge aufschieben. Während Sie rein intellektuell die Wichtigkeit einer bestimmten Handlung (z. B. die nächste Phase ihrer Prüfung jetzt einzuleiten) begriffen haben, verspüren Sie trotzdem die Tendenz in sich, damit noch zu warten. Diese manifestiert sich aber keineswegs nur auf der Gefühlsebene, sondern auch in Form von inneren Dialogen. Eine Seite in Ihnen führt möglicherweise sogar eine Reihe von plausibel klingenden Argumenten an, die für das Aufschieben sprechen. Versuchen Sie zu erforschen, welche Interessen diese Seite vertritt.[78] Welche anerkennenswerten Bedürfnisse oder Wünsche bringt sie zum Ausdruck? Ist es nicht löblich, dass diese Seite Sie beschützen möchte? Wahrscheinlich hat sie in der Vergangenheit negative Erfahrungen gemacht und mahnt nun zur Vorsicht. „Aufschieberitis“ ist dabei nur eine Variante. Gravierender – aber genauso möglich – wäre der Drang, etwas „aus Zeitgründen“ ganz wegzulassen, also zu überspringen.

Es ist oft hilfreich, den verschiedenen Seiten in Ihnen Namen, Gestalt, Aussehen und Charaktereigenschaften usw. zu geben, sie sich also bildhaft und räumlich platziert vorzustellen. Nehmen Sie die Verhandlung mit diesen Seiten auf, indem Sie selbst auf der Metaebene als Moderator fungieren. Definieren Sie ein Ziel, z. B. die Prüfung erfolgreich, d. h. effektiv und effizient, abzuschließen. Versuchen Sie, aus der Beschreibung der Sachlage von jeder Seite deren unterschiedliche Interessen herauszuhören. Betrachten Sie „Best-Case“- und „Worst-Case“-Szenarien. Suchen Sie anschließend nach den verschiedensten Lösungsoptionen. Schließlich beurteilen Sie diese nach der bestmöglichen gleichzeitigen Erfüllung aller Interessenlagen. Eine einheitlich beste Lösung wird es hier wahrscheinlich nicht geben. Doch vielleicht ist auch jeweils Zweitbestes für all Ihre Persönlichkeitsanteile akzeptabel.

▶ Beispiel: Gewünschter Befragungsort steht nicht zur Verfügung
Der Ort eines Prüfungsgesprächs ist ein wichtiger Erfolgsfaktor. Führen Sie das Gespräch möglichst am Arbeitsplatz des Gesprächspartners und nicht in den Räumen der Revision. Überlassen Sie ihm somit den „Heimvorteil“, um das vermutete Machtungleichgewicht auszutarieren. Zeigen Sie, dass Sie es nicht nötig haben, ihn in der Revision antreten zu lassen. Falls es nicht möglich ist, das Gespräch am Arbeitsplatz des Gesprächspartners durchzuführen, bitten Sie ihn um einen Vorschlag. Vielleicht stehen in seiner Abteilung oder seinem Fachbereich Besprechungsräume zur Verfügung. Andernfalls nutzen Sie neutrale Besprechungsräume z. B. im Konferenzbereich Ihres Unternehmens.

▶ Beispiel: Die Erstellung des Fragenkatalogs bereitet Schwierigkeiten
Sie haben hier das Dilemma zweier konträrer Vorgehensweisen, die beide jeweils eigene Gefahren bergen: entweder sehr viel Zeit in die detaillierte Ausarbeitung des Fragenkatalogs zu stecken und diesen dann aufgrund einer unerwarteten Antwort zu Beginn gleich wieder verwerfen zu müssen, oder, bei einer gröberen Vorbereitung, die wichtigsten Fragen zu vergessen, weil sie Ihnen ad hoc nicht einfallen.

Setzen Sie sich nicht zu sehr unter Druck. Erwarten Sie keinesfalls von sich, ein Thema mit nur einem Interview endgültig abschließen zu können. Informieren Sie gleich zu Beginn, dass Sie einen weiteren Termin für Folgefragen benötigen werden.

[78] Der leichteren Lesbarkeit willen, wird diese abratende Stimme nur als eine Seite dargestellt. Es ist durchaus möglich, dass es sich hierbei um eine Koalition verschiedenster weiter differenzierbarer Seiten in Ihnen handelt.

Dies reduziert Ihr Stressniveau und hilft Ihnen, in dem Gespräch spontaner und kreativer agieren zu können.

Erstellen Sie anhand des Prüfungskonzepts je Themenblock eine Übersicht Ihrer Auswertungen und Fragen. Überlegen Sie, was Sie alles wissen müssen, um eine Berichtsaussage treffen zu können. Sortieren Sie die entsprechenden Fragen je Thema vom Allgemeinen zum Speziellen. Notieren Sie sich das Ziel – also das, was Sie für Ihren Bericht unbedingt erfahren müssen – für jedes Thema. Ich persönlich notiere mir zusätzlich alle Themen auf einem Post-it-Zettel, den ich auf meinen Notizblock klebe und auch beim Umblättern immer auf die neue Seite „mitnehme". So habe ich alle Themen immer im Blick und kann die schon erledigten kennzeichnen. Das erleichtert auch das Zeitmanagement im Gespräch.

▶ Beispiel: Konfrontative Sitzordnung mit Gefahr der Frontenbildung
Achten Sie bei der Sitzordnung auf möglichst runde Tische, Sitzplätze „über Eck" und „gemischte" Reihen. Vermeiden Sie eine konfrontative Sitzordnung, in welcher sich die „verfeindeten Lager" gegenübersitzen. Sollten, wenn Sie den Raum betreten, Ihre Gesprächspartner bereits Platz genommen haben, erläutern Sie das Problem und bitten Sie sie, sich umzusetzen.[79]
PL: „Um eine Frontenbildung zu vermeiden, bitte ich Sie, sich diesen Platz zu nehmen." Oder
PL: „Ich setze mich zu Ihnen, damit löse ich die Frontenbildung auf." Oder
PL: *„Ich würde gerne mit Ihnen gemeinsam einen Blick in die Unterlagen werfen. Darf ich mich zu Ihnen setzen?"* Oder *„Wollen Sie sich nicht hierhin setzen?"*

▶ Beispiel: Ihre Körperhaltung strahlt Unsicherheit aus
Nehmen Sie einen sicheren Stand oder im Sitzen eine aufrechte Haltung mit guter Statik und ausgewogenem Muskeltonus ein, welche idealerweise sowohl Gelassenheit als auch Konzentration zum Ausdruck bringt. Atmen Sie langsam und tief, möglichst durch die Nase und in den Bauch (kein „Gehechel") ein. Beanspruchen Sie dabei gerne viel Raum. Machen Sie sich – besonders als Frau – nicht zu klein. Setzen Sie beim Sprechen gerne Ihre Hände ein. Halten Sie sie möglichst offen, ballen Sie also keine Fäuste und stechen Sie nicht mit dem Stift in der Luft auf Ihren Gesprächspartner ein. Nehmen Sie Blickkontakt auf und fixieren Sie ihren Gesprächspartner offen, ruhig, fest und bestimmt. Ihre Freundlichkeit und Souveränität zeigt sich dabei in Ihren Augen und in Ihrer Körperhaltung. Bitte, liebe Frauen, lächeln Sie nicht ständig, denn das würde nur *„Tu mir nichts!"* signalisieren. Vermeiden Sie auch ein Verlegenheitslächeln. Denken Sie dabei lieber an eine Königin früherer Zeiten. Eine solche ist nicht nur im Schach sehr machtvoll.

▶ Beispiel: Sie befürchten, sich durch Ihre Fragen zu blamieren
Angeblich gibt es ja keine dummen Fragen. Aber Sie glauben das nicht so richtig und befürchten, sich mit Ihren Fragen zu blamieren.

---

79 Vgl. auch Kapitel 3.3.3 Mitschrift.

Erinnern Sie sich daran, dass der Fachbereich in der Lage sein muss, den Sachverhalt einem sachverständigen Dritten zu erläutern. Beginnen Sie mit offenen Fragen und lassen Sie sich zunächst einen Überblick geben. Dann fragen Sie spezifischer nach. Die Möglichkeit, sich zu blamieren, besteht meist erst bei Konkretisierungsfragen. Lassen Sie sich die Erläuterungen immer gleich mitliefern, indem Sie nach folgendem Muster Ihre Fragen stellen:
PL: „Aus welchem Grund wird was wie gemacht?“
Sollten Sie sich dennoch unsicher fühlen, vertagen Sie die konkreten Fragen auf einen Folgetermin. So gewinnen Sie Zeit, die Erläuterungen nochmals zu überdenken und sie mit Ihren Kollegen zu diskutieren.

Bei der Streitfrage, wie fachkundig Revisoren sein müssen, variieren die Meinungen auch unter diesen selbst. Meiner Meinung nach muss ein Prüfer auf keinen Fall fachlich besser sein als der jeweilige Spezialist im Fachbereich. Man kann von Ihnen nicht verlangen, sich auf einem Gebiet besser auszukennen als jemand, der sich womöglich seit Jahren mit nichts anderem beschäftigt. Fachlich so weit mithalten zu können, dass Gespräche auf gleicher Augenhöhe stattfinden können, ist sicherlich notwendig – keine Frage. Wenn Revisoren allerdings fachlich besser wären als die Mitarbeiter des geprüften Bereichs, wären sie in der Revision falsch eingesetzt. Dann wäre es für das Unternehmen besser, wenn diese Know-how-Träger gleich in diesem Bereich arbeiten und ihre Kompetenz dort einsetzen würden. Unsere Kompetenz jedoch ist die Revisionskompetenz. Wir sind Meister im Fragenstellen und im Beobachten. Zusätzlich verfügen wir über den Vorteil, dass wir durch unsere Arbeit einen guten Überblick erhalten und so leichter die Gesamtsituation betrachten und beurteilen können.

▶ Beispiel: Stresssituation „entschleunigen“ (allgemein)
Stresssituationen entstehen oft plötzlich und unerwartet. Hierauf angemessen und souverän zu reagieren ist sehr schwierig, auch wenn es einfach klingen mag. Was macht es so schwer? Der Stress packt einen wie ein Wirbelsturm. Unser Gehirn signalisiert Gefahr. Der Sog, der einen mitzureißen droht, ist häufig sehr stark. Wenn ein bestimmtes Reizwort fällt oder Reizthema angesprochen wird und wir darauf reagieren, entspricht das dem Drücken unseres „roten Knopfes“. Je emotionaler das Thema für uns besetzt ist, desto heftiger und unmittelbarer erfolgt dann eine „blinde“, d. h. unbewusste Reizreaktion.[80] Gehen wir unreflektiert darauf ein, werfen wir uns dies eventuell später vor.

Der Schlüssel zur Lösung ist, zu bemerken, dass Sie sich in einer Stresssituation befinden. Wenn Sie die erste Panik aufsteigen spüren, sich kleiner oder jünger fühlen, der Gesprächspartner plötzlich größer wirkt, Ihre Körperwahrnehmung sich verändert (Ihnen wird heiß oder kalt, Sie hören oder spüren Ihren Pulsschlag usw.), Sie

80 Vgl. Kapitel 3.1.4 Beispiel: Sie springen zu schnell auf unfaire Angriffe an.

einen Tunnelblick bekommen, kämpfen, flüchten oder erstarren wollen, dann „entschleunigen“ Sie diese Stresssituation wie folgt:

- Nehmen Sie die Stresssituation wahr, **akzeptieren** Sie sie bewusst und bewahren Sie Ruhe. Das geht am einfachsten, indem Sie sich auf Ihren Atem konzentrieren und langsam durch die Nase ein- und länger wieder ausatmen (zählen Sie dabei z. B. die Sekunden oder Ihre Pulsschläge). Nutzen Sie einen sog. „Brückensatz“[81] , um Zeit zu gewinnen *(„Das ist interessant.“).*
- Halten Sie inne und setzen Sie eine gedankliche Pause. In dieser machen Sie sich bewusst, was gerade passiert. Wechseln Sie innerlich auf die **Metaebene** und beobachten Sie die Szene „von außen“. Kommt Ihnen dieses Phänomen bekannt vor? Welche inneren Anteile melden mit welchen Dialogen welche Bedürfnisse? Nehmen Sie außer der Atmung auch Ihren übrigen Körper bewusst wahr. Welche Signale erhalten Sie von ihm? Durch die Aktivierung Ihres eigenen inneren Beobachters schaffen Sie eine innere Distanz zur Stresssituation und zu den äußeren Geschehnissen.
- Treffen Sie eine bewusste **Entscheidung**. Wollen Sie auf den Auslöser der Stresssituation (z. B. einen unfairen Angriff) eingehen, und wenn ja, jetzt oder später, oder wollen Sie ihn ignorieren?[82] Wenn Ihr innerer Beobachter feststellt, dass das Gespräch läuft, dann lassen Sie es laufen. Wenn Ihr innerer Beobachter merkt, dass etwas nicht stimmt (auch wenn sich „nur“ die Atmosphäre des Gesprächs zum Schlechten gewandelt hat), dann greifen Sie diese Störung auf. Stellen Sie sie nicht hinten an. Sie könnten sich sonst wahrscheinlich ohnehin nicht mehr ausreichend auf das Gespräch konzentrieren, da sich eine Seite in Ihnen unter Energieverbrauch weiterhin mit der Stresssituation auseinandersetzt.
- Im letzteren Fall, da Sie also das Ärgernis sofort **ansprechen** wollen, setzen Sie aktiv einen Steuerungsimpuls: (1) Benennen Sie die Störung und geben sie ihr die Wichtigkeit, die sie verdient. (2) Schlagen Sie eine Änderung vor. *PL: „Ich hatte Sie gebeten, mir einen Überblick über den-und den Prozess zu geben. Jetzt kommt es mir so vor, als ob wir uns schon mit der Ausnahme der Ausnahme beschäftigen. Bitte erläutern Sie mir zunächst den Kernprozess. Sobald wir damit fertig sind, besprechen wir dann die Ausnahmen.“* (3) Fragen Sie das Einverständnis zu diesem Vorschlag ab und (4) bedanken Sie sich für die Zustimmung. Bleiben Sie dabei hart in der Sache, aber freundlich im Ton.
- Machen Sie weiter im Prozess.

Orientieren Sie sich an fernöstlichen Kampfsportarten wie z. B. Aikido oder Judo, wo der Verteidiger die Kraft und Energie des Angreifers zu nutzen weiß. Der Verteidiger weicht elegant aus, nimmt Kraft und Energie des Angreifers auf, lenkt sie

[81] Vgl. Thiele, Albert: Argumentieren unter Stress, S. 72 und S. 268–270.

[82] Vgl. auch 3.1.4 Beispiel: Allgemeiner Umgang mit unfairen persönlichen Angriffen.

um und bringt den Angreifer zu Fall oder lässt den Angriff ins Leere laufen. Alles andere wäre in gewissem Sinne Energieverschwendung.

► Beispiel: Umgang mit aufgebrachten Gesprächspartnern
Wenn Sie einen aufgebrachten Gesprächspartner beruhigen wollen, empfehle ich folgendes Vorgehen: Denken Sie an einen Western, bei dem eine Postkutsche überfallen wird, der Kutscher erschossen wurde und die Pferde durchgehen. Diese durchgehenden Pferde entsprechen den Emotionen Ihres Gesprächspartners. Der Held bringt die Kutsche unter Kontrolle, indem er parallel zur Postkutsche herangaloppiert und dann eine Weile auf gleicher Höhe neben dem durchgehenden Gespann bleibt, bis er sich schließlich auf eines der Zugpferde schwingt und in die Zügel greift. Gehen Sie genau so vor. Gehen Sie eine Weile mit den Emotionen Ihres Gesprächspartners mit. Versuchen Sie, eine Ja-Haltung zu etablieren. D. h.: Stellen Sie Fragen, auf die Ihr Gesprächspartner gerne mit einem Ja antworten wird. Dies zeigt ihm, dass Sie ihn „verstehen".
PL: „Diese Prüfung kommt für Sie wahrscheinlich ungelegen."
FB: „Ja! Ich habe jetzt überhaupt keine Zeit für Sie".
PL: „Am liebsten wäre Ihnen bestimmt, wir würden nicht bei Ihnen prüfen."
FB: „Ja! Auf die Prüfung könnte ich gerne verzichten."
Dann greifen Sie diesen Gedanken auf und leiten zur Darstellung der Sinnhaftigkeit der Prüfung über.
PL: „Sehen Sie, mir geht es ähnlich, und dennoch ..."
Beispiel: Allgemeiner Umgang mit Provokationen
Versuchen Sie emotional in Balance zu bleiben bzw. zu kommen. Reagieren Sie auf Provokationen grundsätzlich mit Ich-Botschaften. Für Ihre Reaktion gibt es verschiedene Möglichkeiten, aus denen Sie je nach Kontext wählen sollten (siehe auch 3.3.4 Beispiel: Stresssituationen „entschleunigen").

▷ Alternative 1: Grenzen ziehen
Verdeutlichen Sie dem Provokateur, dass die Art und Weise seiner Gesprächsführung nicht in Ordnung ist.
PL: „Herr X., so lasse ich nicht mit mir reden."

▷ Alternative 2: Beobachtung und Gefühle kommunizieren
Nach dem Muster der gewaltfreien Kommunikation erklären Sie zunächst, was Sie beobachten, und dann, was Sie fühlen. Dies bedeutet nicht, dass Sie eine Schwäche zugeben. Vielmehr zeigen Sie damit Souveränität und Stärke. Meist wirkt das überraschend und wirft den Angreifer aus seinem Muster. Bei Ihnen bewirkt es, dass Sie nicht in die Schockstarre verfallen, sondern Ihre Wahlfreiheit erhöhen. Insbesondere können Sie selbst entscheiden, was Sie nun sagen werden.
PL: „Herr X., jetzt bin ich wirklich überrascht und weiß gar nicht, worum es geht."

▷ Alternative 3: Interessen und Bedürfnisse erkunden
Zeigen Sie eine positive und deeskalierende Reaktion, indem Sie versuchen, die hinter der Provokation stehenden Interessen und Bedürfnisse zu sehen. Bewerten Sie die

Provokation als versteckten Wunsch des Provokateurs. Gehen Sie nicht auf die konkreten Inhalte der Provokation ein, sondern bewerten Sie es als positiv, dass Ihr Gesprächspartner etwas thematisiert hat, was sonst zu einem schwelenden oder kalten Konflikt oder auch einer versteckten Konfrontation hätte führen können. Nutzen Sie dies als Chance, Missverständnisse auszuräumen oder Informationen über dahinterliegende Interessen zu erhalten. Denken Sie an die asiatischen Kampfsporttechniken. Indem Sie nicht auf die Provokation einsteigen und keine Aggressivität zeigen, nehmen Sie dem Revisionspartner den Wind aus den Segeln. Wandeln Sie die Provokation in eine interessante Anregung um, und lenken Sie wieder auf das Sachthema zurück.
PL: „Gut, dass Sie das so offen ansprechen. Ich ...“

▷ Alternative 4: Nachfragen und um Konkretisierung bitten
Bitten Sie den Provokateur um eine Konkretisierung, indem Sie ihm eine offene Frage stellen.
PL: „Ich verstehe nicht, was Sie meinen. Wie meinen Sie das konkret?“ Oder *„Ich bin mir nicht sicher, dass ich Sie richtig verstehe. Was genau meinen Sie damit?“*
Danach legen Sie eine Pause ein und denken über die Antwort nach. Sie müssen hierauf nun nicht mehr eingehen, wenn Sie nicht wollen. Leiten Sie dann über zu Ihrem Sachthema. Das funktioniert aber erst, wenn Sie wirklich wieder emotional in Balance sind. Solange Ihre Emotionen hochkochen, sollten Sie nicht versuchen, ein fachliches Gespräch zu führen. Im Zweifel unterbrechen Sie das Gespräch für fünf Minuten.

▶ Beispiel: Provokante Unterstellung
FB: „Sie missverstehen mich absichtlich!“
Ergänzend zu den obigen Beispielen „Stresssituationen entschleunigen“ und „Allgemeiner Umgang mit Provokationen“, steht Ihnen alternativ offen, mit Humor zu reagieren, oder auf die Metaebene zu wechseln und den Schatten der Zukunft einzuführen.
PL: „Ich versichere Ihnen, das ist nicht der Fall.“ [= Vorwurf zurückweisen]
PL: „Herr X, so lasse ich nicht mit mir reden!“ [= Grenze ziehen]
PL: „Wie meinen Sie das?“ [= nachfragen]
PL: „Nein, ich stehe wirklich so auf dem Schlauch“ [= Humor]
PL: „Ich fürchte, wenn wir so weitermachen, werden wir noch in einer halben Stunde hier sitzen.“ [= Metaebene und Schatten der Zukunft]

▶ Beispiel: Abstimmung Gesprächsprotokoll
Sie haben ein Gespräch mit dem Fachbereich geführt, welches nicht gut verlief. Beim Schreiben des Protokolls fällt Ihnen auf, dass der Gesprächspartner sich entweder dumm gestellt hat oder tatsächlich keine Ahnung hatte, auf offene Fragen widersprüchlich geantwortet hat und konkreteren Nachfragen ausgewichen ist.
Sie sitzen nun vor den Fragmenten des Gesprächsprotokolls und wissen nicht weiter. Was tun Sie?

Vereinbaren Sie, um Rückfragen zu klären, mit dem Gesprächspartner kurzfristig einen Präsenztermin (keine Telefon- oder Videokonferenz, damit Sie die Möglichkeit haben, die Körpersprache Ihres Gesprächspartners möglichst genau „lesen“). Sie wissen schließlich bereits, dass es schwierig werden wird. Auch wenn die ursprünglichen Fragen noch nicht vollständig geklärt sein sollten, empfehle ich folgende für Sie gesichtswahrende Formulierung zum Einstieg.
PL: „Nachdem ich unser letztes Gespräch über X reflektiert habe, haben sich mir weitere Fragen gestellt, um deren Klärung ich Sie bitte.“
Gehen Sie gemäß der Interviewtechnik vor. Starten Sie mit offenen Fragen, die sie später weiter konkretisieren.
Wiederholen Sie, was Sie verstanden haben.
PL: „Zusammenfassend möchte ich wiederholen, ...“
Widersprüche sprechen Sie sofort an. Stellen Sie sich im Zweifel „dumm“.
PL: „Sagten Sie nicht eben ...? Wie passt das hiermit zusammen?“
Ignorieren Sie Retourkutschen, wie:
FB: „Ich wusste gar nicht, dass das so schwer zu verstehen ist!“
Nageln Sie am Schluss die wichtigsten Aussagen fest, indem Sie fragen:
PL: „Wäre es richtig, wenn ich es wie folgt in meinem Protokoll formuliere: ...?“
Dann sollte ein klares *„Ja“* oder *„Nein“* folgen. Sollte Ihr Gesprächspartner weiterhin ausweichen und sich nicht festlegen wollen, gehen Sie auf die Metaebene und führen Sie den Schatten der Zukunft ein.

▶ Beispiel: Sie verstehen die Erläuterungen nicht
Es kann vorkommen, dass Sie die Erläuterungen Ihres Gesprächspartners nicht nachvollziehen können. Dies liegt entweder an Ihrem Gesprächspartner oder an Ihnen. Gehen Sie nicht automatisch von letzterem Fall aus – schließlich muss auch der Fachbereich seine Themen so sicher beherrschen, dass er sie einem sachverständigen Dritten verständlich erläutern kann. Bleiben Sie hartnäckig und zeigen Sie deutlich(er), dass bzw. was Sie noch nicht begriffen haben.
PL: „Sorry, was X betrifft, kann ich Ihnen noch nicht folgen.“
Das „noch“ impliziert, dass es nur eine Frage der Zeit ist. Bleiben Sie am Ball und stellen Sie Verständnisfragen:
PL: „Ich kann das noch nicht (ganz) nachvollziehen. Wie ...?“
Schlimmstenfalls müssen Sie in Ihrem Bericht erwähnen, dass der Fachbereich nicht in der Lage war, X einem sachverständigen Dritten hinreichend zu erläutern.
PL: „Es tut mir leid, aber ich kann Ihre Darstellung immer noch nicht nachvollziehen. In Ihre Lage versetzt, würde mich das auch nerven. Vielleicht muss ich letztendlich wirklich in den Bericht aufnehmen, dass der Fachbereich nicht in der Lage war, X einem sachverständigen Dritten ausreichend zu erläutern.“
Vielleicht erfolgt dann eine sinnvollere und verständlichere Erläuterung.

▶ Beispiel: Der Fachbereich schlägt vor, das Gespräch abzubrechen
Angenommen, Sie stecken in Ihrem Gespräch fest und der Fachbereich schlägt Ihnen vor, das Gespräch abzubrechen, können Sie (teilweise) zustimmen.

PL: „Ja, gute Idee. Ich denke auch, dass wir so nicht weiterkommen. Als Nächstes hätte ich den-und-den Punkt. Wir können das gerne noch mal versuchen. Ansonsten brechen wir ab."
Diese Reaktion überrascht den Fachbereich wahrscheinlich. Ihm ist bekannt, dass die Revision unter Zeitdruck steht. Vielleicht wollte er nur bluffen und Sie haben Glück und das Gespräch läuft dann normal weiter. Sollte es dennoch zu einem Abbruch kommen, vereinbaren Sie gleichzeitig einen Folgetermin. Bitten Sie zu dem Folgetermin einen weiteren oder einen anderen Revisionskollegen hinzu. Reflektieren Sie zwischenzeitlich, woran es gelegen haben könnte.

► Beispiel: Nervlicher Zusammenbruch des Gesprächspartners
Nachdem Sie einen Fehler festgestellt haben (z. B. eine Kassendifferenz), bricht der Sachbearbeiter nervlich zusammen. Versuchen Sie, ihn freundlich zu beruhigen. Ggf. vertagen Sie das weitere Prüfungsgespräch oder ziehen seinen Chef hinzu.

► Beispiel: Ihr Kollege konterkariert unabsichtlich Ihre Gesprächsstrategie
Wenn Sie gemeinsam mit einem Kollegen Gespräche führen, bereiten Sie sich auch gemeinsam vor. Legen Sie Ihre Gesprächsstrategie und Ihre Rollenverteilung fest.[83] Z. B. einer (A) führt das Gespräch, und der andere, (B), schreibt mit. Verabreden Sie unbedingt, dass nach der Eröffnungsfrage während des „freien Berichts" aufseiten der Revision geschwiegen wird. Nutzen Sie eventuell kleine metaphorische Erinnerungshilfen. Es könnte z. B. der freie Bericht so stockend erfolgen, dass es Sie anmutet, als müssten Sie regelmäßig Münzen nachwerfen, um den Revisionspartner am Reden zu halten. Sie merken, dass Ihr Kollege deshalb Gefahr läuft, die Schweigevereinbarung zu brechen. Also ziehen Sie tatsächlich einige Münzen, die Sie eigens dafür mitgebracht haben, aus ihrer Hosentasche und spielen damit herum oder legen Sie auf den Tisch. Da Sie dieses Zeichen natürlich vorher abgesprochen haben, wird es Ihren Kollegen zur nötigen Geduld ermahnen. Verabreden Sie ebenfalls ein Zeichen, falls Sie **unabsichtlich** von Ihrer geplanten Strategie abweichen – notfalls lassen Sie sich unter dem Tisch mit dem Fuß anstupsen. Wenn Ihr Revisionskollege versehentlich Ihrer Gesprächsstrategie nicht folgen sollte, und Sie vorab keine Zeichen verabredet haben, ärgern Sie sich nicht. Sprechen Sie es unmittelbar an. Wechseln Sie auf die Metaebene und erläutern Sie, Sie wollten z. B. von Ihrem Gesprächspartner erst noch X erfahren, bevor Sie zu Y übergingen. Falls (A) **bewusst** von der geplanten Strategie abweichen möchte, sollte er dies laut an (B) kommunizieren und um seine Meinung bitten. Es schadet nichts, wenn der Gesprächspartner dies hört, sondern zeigt vielmehr Ihre gute Vorbereitung. Verfahren Sie analog beim Beenden jedes Unterthemas. Nutzen Sie den Kollegen (B) als laufende Gesprächs-Qualitätssicherung, um zu kontrollieren, ob jedes Thema abschließend zusammengefasst und auf den Punkt gebracht wurde.

83 Vgl. Kapitel 3.3.3 Befragungs-„Technik".

► Beispiel: Redeschwall (Logorrhoe) mit Übernahme der Gesprächsführung
Auf eine wirklich offene Frage reagiert Ihr Gesprächspartner mit einem Redeschwall. Er erzählt viel und lang und breit, aber beantwortet dabei nicht Ihre Frage. Wenn Sie dies feststellen, holen Sie ihn zum Thema zurück, indem Sie ihn unterbrechen und ihm erneut die offene Frage stellen.
PL: „Entschuldigen Sie, dass ich Sie jetzt unterbreche. Das, was Sie da erzählt haben, ist sehr interessant. Ich kann aber den Zusammenhang zu meiner Frage nicht erkennen. Meine Frage war: [und dann die gleiche offene Frage stellen]. *"*
Falls es wieder passiert: noch einmal das Gleiche sagen.
Falls es zum dritten Mal passieren sollte, verbalisieren Sie Ihre Gedanken.
PL: „Herr X., jetzt haben Sie schon drei Mal meine Frage nicht beantwortet. Ich frage mich, woran das liegen könnte."
Warten Sie ab, was er erwidert. Dann gehen Sie entweder darauf ein oder wechseln auf die Metaebene, betrachten das Gespräch also von außen.
PL: „Herr X, ich kann Sie nicht zwingen, meine Fragen zu beantworten. Was denken Sie, welche Auswirkungen es haben wird, wenn es in der nächsten Stunde/in den nächsten Besprechungen so weitergeht?"
Üblicherweise müsste die Antwort unangenehme Folgen aufzeigen. Wenn sich seine Phantasien jedoch nur um negative Auswirkungen für die Revision drehen, dann fragen Sie ihn, welche Auswirkungen es denn auf seine Person haben würde. Er solle doch mal schätzen. Nachdem er geantwortet hat, fragen Sie ihn, ob das für ihn eher hilfreich sei oder nicht.
PL: „Was meinen Sie, diese eben dargestellten Auswirkungen auf Ihre Person, die Sie eben dargestellt haben, sind die für Sie eher hilfreich oder eher hinderlich?"
Falls er mit „hinderlich" antwortet, dann sollte er etwas für sich tun.
Sollten Sie tatsächlich jemand vollkommen Unmotivierten als Ansprechpartner zugewiesen bekommen haben, der z. B. bereits gekündigt hat oder in einem Monat in Rente geht, dann verschwenden Sie nicht weiter Ihre Zeit. Informieren Sie den Gesprächspartner, dass das so keinen Zweck habe, und Sie sich bei seinem Vorgesetzten nach einem anderen Ansprechpartner erkundigen würden.
PL: „Ich fürchte, so kommen wir nicht weiter. Was meinen Sie? Sollen wir das Gespräch abbrechen? Im Anschluss erkundige ich mich dann bei Ihrem Chef nach einem auskunftswilligeren Gesprächspartner."

► Beispiel: Der Gesprächspartner dreht den Spieß um
Falls Ihr Gesprächspartner auf eine offene Frage von Ihnen eine Gegenfrage stellt, überlegen Sie, ob und wie Sie auf diese eingehen wollen. Sie können die Gegenfrage ignorieren, selbst nachfragen, oder auf die Metaebene wechseln.
Auf den folgenden Konter Ihres Gesprächspartners sollten Sie nicht eingehen und stattdessen die Aufgabe der Revision erläutern:
FB: „Wieso fragen Sie mich das! Es ist doch Ihre Aufgabe, mir eine komplette Analyse vorzulegen!"

PL: „Da scheinen Sie nicht richtig informiert zu sein. Gerne erläutere ich Ihnen die Aufgaben und die Verantwortung der Revision in unserem Unternehmen. ...“
Die Metaebene empfiehlt sich besonders bei mehrfachen Gegenfragen.
PL: „Herr X, Sie haben mir mehrfach Gegenfragen gestellt. Ziel dieses Gesprächs ist Z. Ich fürchte, wenn wir so weitermachen, werden wir Z nicht erreichen.“ Oder
PL: „Unser Termin ist zeitlich recht knapp bemessen. Ich möchte diese Gegenfragen daher zunächst zurückstellen. Sollten wir gegen Ende des Gesprächs noch Zeit zur Verfügung haben, gehe ich gerne darauf ein.“

► Beispiel: Gesprächspartner schweift ab
Nach Ihrer offenen Frage geht Ihr Gesprächspartner zunächst ein, schweift dann aber ab und kommt vom Hundertsten ins Tausendste. Er bewegt sich z. B. in irgendwelchen Verästelungen eines Prozesses, sodass Sie den Überblick zu verlieren drohen. Damit Ihnen das nicht passiert, Sie also den Hauptprozess oder das Hauptthema immer im Blick behalten, empfehle ich, während des Gesprächs nicht nur mitzuschreiben, sondern auch eine separate Skizze anzufertigen, auf welcher Sie den Prozess so festhalten, wie Sie ihn verstanden haben. Das hat den Vorteil, dass sowohl Sie als auch der Erzählende immer sehen können, wovon gerade berichtet wird.[84] Führen Sie den Gesprächspartner mithilfe Ihrer Skizze, Zusammenfassungen der bisherigen Informationen und gezielten Fragen zurück auf das eigentliche Thema.
PL: „Ich fasse mal zusammen, was Sie mir bisher erzählt haben. Sehen Sie, ich habe das so verstanden [deuten Sie dabei auf die Skizze]: *Es gibt die fünf Inputfaktoren 1 ..., 2 ..., 3 ..., 4 ... und 5 ... Im Verarbeitungsschritt A werden 1, 2 und 3 verarbeitet. Wenn Probleme auftreten, wird eine Fehlerliste generiert, die Sie abarbeiten. Es gibt verschiedene Fehlervarianten. Da haben Sie mir eben einige erklärt. Jetzt habe ich aber noch Inputfaktor 4 ... und 5 ... Wann werden diese an welcher Stelle wie und wozu verarbeitet?“*

► Beispiel: Gesprächspartner leitet das Gesprächsthema um
PL: „Bitte beschreiben Sie mir X.“
FB: „Ja, eine sehr interessante Frage, aber die eigentlich wichtige Frage ist doch Y. Also bei Y, da ist es so, dass ...“
Hier hilft nur schnelles Eingreifen. Signalisieren Sie, dass Sie das Gespräch führen und greifen Sie ein.[85]

► Beispiel: Man hat Sie eindeutig angelogen
Versuchen Sie, dies nicht persönlich zu nehmen. Bleiben Sie zunächst auf der Sachebene. Signalisieren Sie dem Gesprächspartner, dass Sie seine Lüge erkannt haben, und lassen Sie ihm nach Möglichkeit beim ersten Mal einen gesichtswahrenden Ausweg. Z. B., indem Sie sich die Sache erklären lassen.
PL: „Wenn es so ist, wie Sie sagen, wie kann ich mir dann das-und-das erklären?“

---

84 Vgl. 3.3.3 Mitschrift.

85 Vgl. 2.5.4 Beispiel: Angeblich falsches Thema.

Sollte es ein zweites Mal vorkommen, klären Sie zunächst die Sachlage. Bestätigt sich die Lüge, sprechen Sie dies auch auf der persönlichen Ebene an.
PL: „Herr X, ich finde es wirklich schade, dass Sie sich mir gegenüber so verhalten. Im Sinne einer kollegialen Zusammenarbeit ist das nicht in Ordnung."
Üblicherweise ist dieses Signal dafür ausreichend, dass es nicht mehr vorkommen wird. Falls Sie vom gleichen Gesprächspartner mehrfach angelogen wurden, ist auch eine Drohung, dies im Bericht darzustellen, denkbar.
PL: „Herr X, Ihre Unaufrichtigkeit hat uns beide sehr viel Zeit gekostet. Diese wiederholten Lügen werde ich wohl in den Bericht aufnehmen müssen."

► Beispiel: Ihr Gesprächspartner startet einen Testballon
Stellen Sie sich folgende Situation vor: Sie befragen den Gesprächspartner und fordern im Gesprächsverlauf für dieses und jenes noch Beschlüsse, Nachweise oder weitere Unterlagen an. Ihr Gesprächspartner verliert daraufhin die Geduld.
FB: „Frau Puhani, Sie nerven!"
Das ist der Testballon – ein Versuch, Sie aus der Reserve zu locken, Sie emotional anzusprechen in der Hoffnung, dass Sie vorschnell und unbedacht reagieren. Aber bedenken Sie: Der Empfänger bestimmt die Bedeutung der Botschaft. Also entspannen Sie sich und überlegen, wie Sie diesen Ausruf alternativ interpretieren können: z. B. dahingehend, dass Sie sehr gut daran getan haben, die betreffende Anforderung zu stellen, da Ihr Gesprächspartner Ihnen nun offenbar nichts mehr vormachen kann und Nachweise liefern muss; oder dass zwar alles in Ordnung ist, das Heraussuchen der Unterlagen für den Gesprächspartner aber einiges an Arbeitsaufwand bedeutet, da vielleicht sein Ablagesystem nicht gut strukturiert ist.
Falls Sie diese Aussage *„Sie nerven!"* nicht übergehen wollen, können Sie sie utilisieren und positiv umdeuten; nämlich hinsichtlich Ihres gewissenhaften Vorgehens.
PL: „Danke, ich nehme das mal als Kompliment!"
PL: „Danke. Ich freue mich über Ihre Bestätigung, dass ich so gründlich vorgehe. Da wird sich mein Chef freuen, wenn ich ihm das erzähle."
PL: „Ist mein Job."
PL: „Immer wieder gerne Herr X! Ich freue mich über Ihre Bestätigung, dass ich so gründlich vorgehe! Das freut das Prüferherz!"
PL: „Spaß beiseite: Damit die Revision dem Vorstand nicht irgendwelche nicht fundierten Geschichten berichtet, benötige ich diese Nachweise für meine Dokumentation. Die Dokumentation dient der internen Qualitätssicherung und muss gegenüber meinem Chef und dem Wirtschaftsprüfer Stand halten. Glauben Sie mir – mir macht das auch keinen Spaß. Ich persönlich würde auf die ganze Dokumentation auch gerne verzichten. Es muss aber leider sein."
Achtung: Sagen Sie immer nur Dinge, die in dem Kontext und für Ihre Person authentisch sind. Sonst wirkt es nicht!
Danach machen Sie weiter. Falls das nichts nützt, gehen Sie auf die Metaebene.

► Beispiel: Ablenkung durch Missstände, die andere Bereiche betreffen
Manche Revisionspartner verstehen es auch sehr geschickt, vom eigenen Bereich abzulenken und den Revisor für andere Themen oder Missstände zu interessieren. Diese liegen üblicherweise in einem anderen Zuständigkeitsbereich. Die dahinter liegende Hoffnung ist, dass sich der Revisor möglichst lange mit etwas anderem beschäftigt und sich um seinen eigentlichen Prüfungsauftrag kaum mehr kümmern kann.
FB: „Ja wissen Sie: Und dann liefere ich ja immer die Zulieferungen an den anderen Bereich. Bitte verraten Sie mich dafür jetzt nicht an die anderen, aber ich sage Ihnen, wenn es Probleme gibt, oder ich etwas Bestimmtes wissen will, dann kann mir da keiner antworten. Mir kommt es manchmal so vor, als wüssten die gar nicht, was sie tun sollen. Und zu spät sind die auch immer dran! Ich weiß ja gar nicht mehr, was ich dem Kunden in der Zwischenzeit erzählen soll. Ständig muss ich mir wegen denen andere Ausreden für den Kunden einfallen lassen. Das entspricht überhaupt nicht der gewünschten Servicequalität. Das müssen Sie sich da unbedingt mal anschauen. Das ist ein echtes Risiko!“
Erkennen Sie diese Taktik! Gefahr erkannt, Gefahr gebannt! Überlegen Sie genau, ob und wie weit Sie diesem Pfad folgen wollen oder nicht.[86] Sollten Sie zu dem Ergebnis kommen, dass es unter Umständen sinnvoll sein könnte, der Sache auf den Grund zu gehen, lassen Sie sich von Ihrem Gesprächspartner die entsprechenden Verdächtigungen/Fakten/Unterlagen „auf dem Silbertablett“ per Mail zusenden, um keine Zeit zu verlieren. Falls es sich um ein Thema handelt, das mit Ihrer aktuellen Prüfung wenig zu tun hat, leiten Sie die Informationen revisionsintern an die entsprechenden Stellen weiter und grenzen Sie es aus Ihrer Prüfung aus. Falls das Thema jedoch Ihre Prüfung stärker berührt, bleiben Sie so lange bei Ihrem ursprünglichen Thema, bis Sie einen guten Überblick gewonnen haben. Sie können später immer noch entscheiden, ob Sie diesen neuen Weg weiterverfolgen möchten. Überlegen Sie vor jeder Prüfungshandlung, ob Ihnen für Ihre Berichtsaussage wirklich noch etwas fehlt oder ob Sie diese Aussage bereits fundiert treffen können.

► Beispiel: Nachzuliefernde Unterlagen
Es kommt vor, dass Sie während eines Gespräches an Punkte gelangen, an denen Sie weitere Unterlagen benötigen oder sonstige Aufträge an den Revisionspartner geben. Achten Sie darauf, dass Ihr Gesprächspartner diese akzeptiert. Manche schreiben bewusst oder unbewusst die erhaltenen Aufträge nicht mit. Hinterher erfolgt dann nicht selten die Frage:
FB: „Was soll ich jetzt noch mal alles liefern? Ich hatte es mir nicht notiert.“
Oder der Gesprächspartner wiederholt zwar, was er liefern wird, vergisst aber leider „zufällig“ einiges.
Gewöhnen Sie es sich daher an, während des Gespräches immer die zu liefernden Unterlagen und den Grund für diese Lieferung zu notieren. Ich persönlich setze dazu

86 Vgl. Kapitel 2.3.4 Beispiel: Köder oder falsche Fährte.

am Rand meines Blockes ein bestimmtes Symbol, falls ich etwas tun soll, und ein anderes Symbol, falls der Gesprächspartner etwas tun soll. So kann ich in meinen Unterlagen zurückblättern und alles, was ich benötige, auf den ersten Blick identifizieren. Bei meiner sehr freundlichen Zusammenfassung – die der Revisionspartner durch sein Versäumnis des Mitschreibens selbst zu verantworten hat – „bemerke" ich in meiner laut durchgeführten Reflektion, dass ich noch mindestens ein Dokument zusätzlich benötige. Ein lernfähiger Sachbearbeiter wird sich diese Extra-Zusammenfassung und die damit einhergehende Extra-Arbeit beim nächsten Mal also lieber ersparen.

▶ Beispiel: Berge von Unterlagen
Vorsicht, wenn Sie nach „der Dokumentation" oder „den Unterlagen" für eine bestimmte Sache (z. B. Kontoumsätze, Testdokumentation oder Abnahme von IT-Systemen) fragen. Es kann passieren, dass Sie ordnerfüllende Papiermassen oder gigabytestarke elektronische Akten erhalten.
FB: „Bitte, hier ist die Dokumentation. Sie können sich gerne die Unterlagen aus den Schränken nehmen und kopieren."
Erkundigen Sie sich immer vorab nach dem Umfang der Unterlagen, die Sie anfordern möchten (z. B. Kontoumsätze). Sollten Sie ein einziges Dokument erwarten (z. B. Abnahme eines IT-Systems), gehen Sie nicht selbstständig auf die Suche danach. Bis Sie die Datenmengen durchforstet haben, wäre Ihr Zeitbudget für die Prüfung schon bei Weitem überschritten! Also fragen Sie sich: Wozu benötigt Ihr Unternehmen die Dokumentation? Für den Prüfer? Nein! Die Dokumentation benötigt der Fachbereich, damit dieser bei Personalwechsel oder Anpassung von Prozessen, Programmen, Recherchen oder Ähnlichem nachsehen kann, was wie funktioniert. Also muss Ihnen der Fachbereich für bestimmte Prozessstellen, Tests oder Abnahmen die zugehörige Passage der Dokumentation liefern können. Signalisieren Sie, dass Sie nicht seine Arbeit übernehmen werden, und antworten Sie freundlich:
PL: „Vielen Dank, dass Sie mir uneingeschränkten Zugriff zu Ihren Aktenschränken gewähren. Das ist aber gar nicht nötig. Ihnen sind die Unterlagen sicherlich bekannt. Mir genügt, wenn Sie mir die aktuelle Dokumentation für X im Prozess Y heraussuchen, eine Kopie erstellen und mir diese übergeben. Die Originale sollten unbedingt in Ihrem Zugriff verbleiben. Vielen Dank."
Eine Grundregel, um eine Prüfung rechtzeitig abschließen zu können, besteht darin, den Revisionspartner – trotz aller Kollegialität – für sich arbeiten zu lassen. Machen Sie nicht seine Arbeit. Der Revisionspartner sollte ein Interesse daran haben, sich gut darzustellen. Der Handlungsdruck sollte für ihn viel größer sein als für Sie. Statt selbst nach etwas zu suchen, lassen Sie sich das Betreffende wie auf einem Silbertablett präsentieren. Für die gewünschten Unterlagen sollten Sie unbedingt einen festen Liefertermin vereinbaren. Dazu schauen Sie Ihrem Gesprächspartner direkt in die Augen [d. h. Sie meinen es ernst] und fragen:
PL: „Meinen Sie, Sie schaffen das bis morgen Abend?"

Entweder wird Ihr Gesprächspartner nun kapitulieren und Ihnen bestätigen, dass die Unterlagen nicht vorhanden sind, oder er wird die Schränke selbst durchforsten und danach suchen.

► Beispiel: Revisionspartner schickt Sie durch das Unternehmen
Sie stoßen in Ihrer Prüfung auf etwas, das offensichtlich zu kontrollieren ist.
PL: „Herr X, Sie erwähnten eben Y. Wird das kontrolliert?“
FB: „Ja, bestimmt. Sonst bestünde doch das Risiko Y.“
PL: „Wer führt diese Kontrolle durch?“
FB: „Wir machen das nicht. Aber ich bin sicher, dass diese Kontrolle von Bereich A oder B durchgeführt wird.“
PL: „So wie ich das verstanden habe, müssten Sie doch in Ihrem Bereich von den Kontrollergebnissen in Kenntnis gesetzt werden, damit Sie von notwendigen Korrekturen erfahren.
FB: „Ja, das wäre nicht schlecht.“
PL: „Erhalten Sie diese Informationen über die Kontrollergebnisse?“
FB: „Nicht dass ich wüsste.“
PL: „Wissen Sie, wer diese Kontrolle durchführt?“
FB: „Nein, da müssten Sie mal bei A oder B nachfragen.“
Vorsicht! Lassen Sie sich jetzt nicht auf eine Odyssee durch die verschiedensten Unternehmensbereiche schicken, auf der Suche nach einer Kontrolle, die vielleicht gar nicht existiert. Möglicherweise werden Sie im Kreis laufen und so Ihre Zeit vergeuden. Belassen Sie den Handlungsdruck beim geprüften Fachbereich.
PL: „Herr X, Sie sind für die Ergebnisse dieses Prozesses verantwortlich. Hierzu gehört auch, dass Sie die Kontrolle selbst durchführen, oder dass Sie mindestens von den Kontrollergebnissen in Kenntnis gesetzt werden. Es ist erforderlich, dass Sie der Sache nachgehen und eine Kontrolle implementieren oder sich Kenntnis über die Ergebnisse zu verschaffen.“
FB: „Moment mal. Wieso machen Sie das nicht? Das ist doch wohl die Aufgabe der Revision, oder?“
PL: „Da muss ich Sie leider enttäuschen. Es ist Ihre Zuständigkeit und Ihre Aufgabe.“ [PAUSE] *„Falls Sie bis Ende nächster Woche jemanden gefunden haben, der die Kontrolle tatsächlich durchführt, und mir entsprechende Reports zukommen lassen, kann ich das noch in meinem Bericht einfließen lassen.“*

► Beispiel: Unklarheit darüber, ob bestimmte Informationen überhaupt existieren
Manchmal investiert man sehr viel Zeit in eine Suche nach Informationen, von denen man bereits befürchtet, dass sie, so undenkbar das eigentlich sein sollte, in dem Unternehmen gar nicht existieren. Sie wollen einerseits nicht zu früh aufgeben und später in der Schlussbesprechung oder in der Stellungnahme zum Bericht vom Fachbereich eines Besseren belehrt werden, andererseits aber auch nicht ihre Zeit verschwenden.

Von einer Suche nach etwas, über dessen Existenz Unklarheit herrscht, ist dringend abzuraten. Wappnen Sie sich gegen so eine Situation, indem Sie in Erfahrung bringen, welcher Hierarchieträger auf jeden Fall über die fragliche Information verfügen müsste. Rufen Sie denjenigen an und lassen Sie eine entsprechende Mail folgen, mit Bitte um die betreffende Information bzw. Unterlage. Falls Sie sie daraufhin nicht erhalten, können Sie davon ausgehen, dass diese Information nicht existiert. Sollte sie später doch noch aus dem Hut gezaubert werden (manche Unterlagen werden eventuell nachträglich eigens für Sie erstellt), erkundigen Sie sich freundlich (und scheinbar arglos), wie es denn zu erklären sei, dass der Hierarchieträger [Ihr Mailkontakt] nicht in Besitz dieser Information bzw. Unterlage war.
PL: „Interessant. Ich frage mich, wie ich mir dann erklären soll, dass Herrn X diese wichtigen Informationen nicht vorlagen."

▶ Beispiel: Blackout – Sie wissen nicht mehr weiter
Bei Blackouts oder wenn Sie einfach nicht mehr weiterwissen, versuchen Sie dennoch ruhig und souverän zu bleiben. Verbalisieren Sie Ihren Zustand (der Revisionspartner hat es doch sowieso bemerkt) oder sorgen Sie für eine kurze Unterbrechung. Es ist nicht schlimm, wenn so etwas passiert. Das kann vorkommen.
PL: „Ich merke gerade, jetzt fällt mir nichts mehr ein, was ich Sie noch fragen könnte." Oder *„Jetzt ist mir doch tatsächlich meine Frage entfallen."*
PL: „Lassen Sie uns kurz unterbrechen/eine kleine Pause machen und unser Gespräch später fortsetzen."
Wenn Ihnen das nicht liegt, dann unterbrechen Sie, weil Sie auf die Toilette gehen oder einen Kaffee holen oder eine Kopie machen wollen.
Als elegantere Variante bietet sich an, ein Zwischenfazit zu ziehen. Vielleicht ist es an der Zeit zu rekapitulieren, was Sie in dem Gespräch bereits erfahren haben. Damit reduzieren Sie den Druck, sofort eine neue Frage parat haben zu müssen, und finden vielleicht weitere Ansatzpunkte.
Wenn die Gesprächsführung bei Ihnen liegt und Sie selbst nicht mehr weiterwissen, aber einen Kollegen dabeihaben, dann geben Sie an diesen ab.
Prüfer 1: „Hast Du (= Prüfer 2) noch weitere Fragen?" Oder
Prüfer 1: „Dazu fällt mir nichts mehr ein. Machst Du (= Prüfer 2) bitte weiter?"

▶ Beispiel: Revisionspartner fordert von Ihnen eine Ad-hoc-Beurteilung ein
FB: „Sehen Sie, ich habe mir das so und so vorgestellt. Wäre das für Sie in Ordnung? Würde ich dann alle Ihre Kriterien/Regelungen erfüllen?"
Es ist vollkommen normal, dass Sie sich nicht festlegen wollen, wenn diese Frage Sie überrascht. Nehmen und geben Sie sich die Zeit, das in Ruhe zu durchdenken.
PL: „Das ist ein interessanter Ansatz. Auf den ersten Blick sehe ich nichts, was dagegensprechen würde. Bevor ich Ihnen dazu aber abschließend meine Beurteilung gebe, möchte ich mir jedoch die Zeit nehmen, es durchzudenken und vor allem die möglichen Auswirkungen zu betrachten. Ich gebe Ihnen dazu nächste Woche eine Rückmeldung."

Vielleicht wollen Sie auch einen Kollegen zu Rate ziehen, oder Sie möchten das mit Ihrer Führungskraft abstimmen.

► Beispiel: Prüfung anders angekündigt als durchgeführt
Falls Ihre Prüfung eine andere Wendung genommen hat als geplant, und Sie aufgrund nachvollziehbarer Gründe anders vorgehen mussten als angekündigt, wird Ihnen das vom geprüften Fachbereich mit Sicherheit vorgehalten werden.
FB: „Sie machen ja etwas ganz anderes als angekündigt! Das hat nichts mit Ihrer Prüfungsankündigung zu tun. Dazu erzähle ich Ihnen nichts!"
Vermeiden Sie diese Situation, wenn möglich. Sobald Sie sich für den Richtungswechsel entschieden haben, besprechen Sie ihn mit Ihrem Chef. Anschließend sollten Sie den Fachbereich von sich aus unaufgefordert darüber informieren.
Kleinere Änderungen können Sie im Gespräch mit dem Management einfließen lassen. Bei größeren oder grundlegenden Richtungswechseln sollten Sie analog zur Prüfungsankündigung den Fachbereich schriftlich informieren. Versuchen Sie, die ausschlaggebenden Punkte zu benennen, ohne sich selbst zu rechtfertigen.

► Beispiel: Ausweitung der Prüfung
Gerade während Prozessprüfungen oder bei Schadenfällen, deren Ursache man zunächst anderswo vermutet hatte, kann es passieren, dass Sie einen weiteren Unternehmensbereich in Ihre Prüfung mit einbeziehen müssen. Nachdem Sie dies intern mit Ihrem Chef abgestimmt haben, informieren Sie die zusätzlichen Unternehmensbereiche schriftlich. Nutzen Sie hierzu das Original der Prüfungsankündigung und leiten Sie dieses (per Mail) an die zusätzlichen Unternehmensbereiche weiter. Verwenden Sie z. B. folgende Formulierung: „Im Verlauf unserer Prüfung haben wir festgestellt, dass wir unsere Prüfungsaktivitäten auf Ihren Unternehmensbereich ausdehnen müssen."

► Beispiel: Beschwerde – Prüfung dauert länger als angekündigt
Die Prüfung zieht sich länger hin und überschreitet die geplante und im Eingangsgespräch angekündigte Dauer. Dadurch können im Fachbereich leicht negative Phantasien entstehen oder verstärkt werden. Man wirft Ihnen vor:
FB: „Sie wollten Ihre Prüfung schon letzte Woche beendet haben. Was machen Sie jetzt noch hier? Sind Sie endlich fertig?"
Lassen Sie sich davon nicht zur Eskalation herausfordern, sondern bleiben Sie freundlich. Entscheiden Sie sich, worauf speziell Sie antworten möchten. Sie könnten z. B. dem Fachbereich zunächst Recht geben.
PL: „Stimmt, wir wollten schon letzte Woche fertig sein."
Anschließend gilt es, die genauen Ursachen der Verzögerung zeitnah in den verabredeten Abstimmrunden dem Management zu erläutern: Dass z. B. Prüfer zwischenzeitlich zu einer anderswo erforderlich gewordenen Sonderprüfung abkommandiert wurden oder durch Krankheit ausfielen oder Ähnliches.
PL: „Wir haben den Prüfungsumfang bisher nicht ausgedehnt und haben das auch nicht vor. Aufgrund einer längeren Krankheit und ungeplanter Sonderprüfungen

wurde vor zwei Wochen ein Prüfer abgezogen. Dies führte zu Verzögerungen. Der Urlaub von Herrn X aus Ihrem Bereich hat die Sache nicht besser gemacht. Wir planen, unsere Vor-Ort-Tätigkeiten Ende nächster Woche abzuschließen. Danach ergeben sich ggf. noch weitere Rückfragen für die Erstellung des Berichts."

► Beispiel: Prüfer aus Ihrem Team verhält sich nicht zieldienlich
Falls Sie nicht selbst dessen personalverantwortlicher Vorgesetzter sind, ergibt sich für Sie folgendes Dilemma: Einerseits wollen Sie sein Fehlverhalten bereits während der laufenden Prüfung abstellen bzw. korrigieren, andererseits fragen Sie sich, ob das wirklich Ihre Aufgabe ist. Sollten Sie nicht stattdessen den Chef des Prüfers einbinden, sich bei ihm über seinen Mitarbeiter beschweren und ihm die weitere Vorgehensweise überlassen?
Als Prüfungsleiter ist es auf jeden Fall Ihre Aufgabe, mit Ihrem Prüfer über sein Verhalten in Ihrer Prüfung zu sprechen. Sollten Sie den Weg über seinen Vorgesetzten wählen, wirft das immer auch ein negatives Licht auf Ihre Führungskompetenz als Prüfungsleiter. Den Chef des Prüfers zu involvieren, sollte ein allerletzter Ausweg bleiben.
Sprechen Sie den Prüfer so früh wie möglich nach dem betreffenden Anlass auf sein Verhalten an, jedoch erst, sobald Sie die nötige emotionale Gelassenheit dazu aufbringen können. Das Gespräch sollte unter vier Augen stattfinden und sachlich, fair und angemessen sowie außerdem ermutigend und helfend angelegt sein. Verfolgen Sie das Ziel, den Vorfall als Lernchance nutzbar zu machen. Kritisieren Sie nur das, was unmittelbar durch den Prüfer verändert werden kann. Ziehen Sie niemals Vergleiche zu anderen Kollegen, stellen Sie niemals die „Schuldfrage", sondern beschränken Sie sich auf die Fakten, die Sie selbst direkt beobachtet haben, und stellen Sie diese so konkret wie möglich dar. Geben Sie dem Prüfer die Gelegenheit, sich hierzu zu äußern. Hören Sie sich seinen Standpunkt in Ruhe bis zu Ende an. Fragen Sie nach Ursachen und Gründen. Versuchen Sie, eine Lösung für die Zukunft zu entwickeln und treffen Sie eine verbindliche Vereinbarung.

► Beispiel: Ein Konflikt bahnt sich an – Sie zögern aber, dies zu thematisieren
Die Frage, ob Sie sofort reagieren oder lieber noch warten sollten, ist auf jeden Fall berechtigt. Vielleicht fühlen Sie sich aus fachlicher Sicht auf der sicheren Seite und würden sich daher die inhaltliche Auseinandersetzung durchaus zutrauen, gehen aber aus anderen Gründen Konflikten grundsätzlich aus dem Weg. Das wäre nicht ungewöhnlich. Längst nicht jeder ist dafür prädestiniert, sich Konfrontationen oder Konflikten bewusst zu stellen. Für manche von uns hat es sich bisher als einfacher erwiesen, Konflikte konsequent zu meiden oder, falls das nicht möglich ist, sie auszusitzen, davon abzulenken, zu beschwichtigen oder zu flüchten. Die Lernerfahrung, dass Sie damit Erfolg hatten, wenden Sie seitdem musterhaft an. Vielleicht denken Sie z. B. auch *„wird schon wieder werden"* oder *„ist alles nur halb so schlimm"* oder *„sonst habe ich nur Stress"*. Das ist nicht empfehlenswert. Denn sowohl zwischen Revision und Fachbereich als auch innerhalb des Prüfungsteams können „Konfliktchen" schnell zu ausgewachsenen Konflikten eskalieren. Dann ist die

Wahrscheinlichkeit hoch, dass die Prüfung keinen positiven Verlauf nimmt. Schlimmstenfalls eskaliert die Situation so sehr, dass Ihnen eine brauchbare Berichtsgrundlage fehlt.

Ich selbst hatte früher die Tendenz, den „richtigen“ Zeitpunkt abwarten zu wollen, der dann aber irgendwie doch nie kam. Dies führte regelmäßig zur Eskalation der betreffenden Situation. Mittlerweile habe ich mir – hoffentlich – angewöhnt, genau dann, wenn ich einen Konflikt bemerke, ihn auch sofort anzusprechen. Für mich funktioniert das. Lediglich wenn ich sehr erzürnt bin, gönne ich mir, eine Nacht darüber zu schlafen, um nicht aus dem Affekt heraus zu handeln. Am nächsten Tag frage ich dann denjenigen, ob er augenblicklich, und falls nicht, wann er frühestmöglich Zeit habe, und trage somit meinen Teil dazu bei, dass die Klärung nicht unnötig lange verschoben wird. Eine längere Verzögerung würde nämlich insbesondere auch die negativen Phantasien des Anderen anregen. Wenn mein Gesprächspartner Zeit hat, um sich gedanklich in etwas hineinzusteigern, sinken meine Lösungschancen. *(„Was will die von mir? Wieso will sie mit mir sprechen? Wieso will sie mit mir darüber sprechen? Die spinnt wohl! Soll sie doch selber erst... Wie kommt die dazu, so etwas zu sagen! Der werde ich es aber zeigen...“)*

Nutzen Sie also das erstmögliche Zeitfenster, überwinden Sie sich und schaffen Sie die Sache aus der Welt. Offen, ehrlich, transparent, gesichtswahrend und wertschätzend. Testen Sie es aus.

▶ Beispiel: Sie merken, Sie haben Schwierigkeiten zuzuhören
Wenn sich Ihnen beim Zuhören sofort eigene Gedanken aufdrängen oder Sie aktiv über Ihre nächste Erwiderung oder Diskussionsstrategie nachdenken, sind Sie abgelenkt und können folglich nicht mehr konzentriert zuhören.
Solche unerwünschten Aktivitäten der eigenen Gedanken rühren möglicherweise von dem Druck her, Ihre eigene Argumentation durchboxen zu müssen, weil Sie vielleicht glauben, die beste Lösung bereits parat zu haben. Mit sinnvollem, zieldienlichem Zuhören ist diese innere Haltung nicht vereinbar. Stephen R. Covey rät[87]: *„Seek first to understand, then to be understood.“* Gehen Sie stets davon aus, dass zu der Lösung, die Sie in petto haben, möglicherweise doch eine noch bessere Alternative besteht. Notieren Sie sich beim Zuhören daher allenfalls Stichpunkte zu Ihren Einwänden oder Argumenten und vertrauen Sie darauf, dass Ihnen das Übrige beim späteren Lesen der Stichpunkte wieder einfallen wird. Ganz so, wie wenn Sie nachts einen Gedanken haben und ihn kurz notieren, damit Sie ihn am nächsten Morgen wieder aufnehmen können. Alles wirklich Wichtige wartet nur auf sein Stichwort, um wieder aus Ihrem Unbewussten in Ihr Bewusstsein treten zu können. Sie wissen ja, dass, verglichen mit den willkürlichen, bewussten Handlungen, unwillkürliche

87 Vgl. Covey, Stephen, R.: The 7 Habits of Highly Effective People, S. 235–260.

Prozesse immer schneller, stärker und ökonomischer, d. h. mit geringerem Energieaufwand ablaufen.[88] Also erlauben Sie sich, letztere zu nutzen.

▶ Beispiel: Sie befürchten, in der Informationsflut unterzugehen
Nach der Prüfungsankündigung haben Sie schon sehr viele Unterlagen erhalten. Nun, in der Prüfungsdurchführung, wächst der zu lesende Berg noch ein bedrohliches Stück weiter. Leider scheinen Sie, um dem Prüfungsthema gerecht werden zu können, wirklich all dies lesen und durcharbeiten zu müssen. Wie retten Sie sich aus dieser Informationsflut, in der Sie unterzugehen drohen?
Nehmen Sie die Unterlagen in Ihre Gespräche mit und legen Sie sie auf den Tisch. Stellen Sie Ihre Fragen (gemäß Prüfungskonzept) und bitten Sie den Gesprächspartner, die relevanten Belege zu Ihren Fragen dem Stapel an Unterlagen zu entnehmen und Ihnen zu zeigen. Schließlich sind es seine Unterlagen, d. h. er muss wissen, wo was steht. Kennzeichnen Sie die aufgezeigten relevanten Stellen umgehend mit Post-it-Zetteln und halten Sie auf diesen fest, welche Frage oder welcher Gliederungspunkt Ihres Prüfungskonzeptes damit beantwortet oder belegt ist. So haben Sie es anschließend viel leichter, die relevanten Passagen Ihrem Prüfungskonzept zuzuordnen.

▶ Beispiel: Sie merken, Sie verlieren zu viel Zeit mit Unwichtigem
Hinter jeder Tür, die Sie prüferisch öffnen, treffen Sie auf jeweils fünf neue Türen. Sie merken, wenn Sie so weitermachen, werden Sie nicht rechtzeitig fertig werden. Es besteht die Gefahr, dass Sie sich verzetteln. Wie kommen Sie da raus?
Definieren Sie Ihre Kriterien dafür, wie weit Sie gehen wollen und wann und wo Sie einen Schlusspunkt setzen. Ich kenne Revisionskollegen, die sich ausschließlich an der Zeitvorgabe orientieren. Von ihrem Zeitkontingent reservieren Sie nach eigenem Gutdünken einen Teil für die Fertigstellung und Besprechung des Prüfungsberichtes, den Rest verbrauchen sie mit Prüfen. Ich persönlich bevorzuge jedoch ein risikoorientierteres und zielorientierteres Vorgehen. Erinnern Sie sich an das Ziel Ihrer Prüfung. Was wollen Sie erreichen? Was ist das große Thema? Welche Aussagen benötigen Sie für Ihren Bericht? Kümmern Sie sich um nichts anderes. Rekapitulieren Sie Ihr Prüfungskonzept risikoorientiert und stellen Sie fest, zu welchen Unterpunkten Sie welche Aussagen bereits treffen können. Fragen Sie sich umgekehrt, welche Aktivitäten für eine risikorelevante Aussage noch nötig sind, und welche Sie dagegen weglassen können, da sie keinen Erkenntnisgewinn brächten, der auf die betreffende Berichtsaussage aus Risikosicht einen Einfluss hätte.

Was machen Sie mit all den Themen, auf die Sie gestoßen sind, für die Sie aber keine Zeit mehr haben? Lagern Sie sie in eine spätere Sonderprüfung aus oder schlagen Sie sie in der jährlichen Prüfungsplanung vor. Schneiden Sie die Themen kurz an und begründen z. B. die Notwendigkeit einer Sonderprüfung. Kleinigkeiten, die Sie nur Zeit kosten, aber am Gesamtergebnis nichts ändern würden und nicht zum

[88] Vgl. Schmidt, Gunther: Liebesaffären zwischen Problem und Lösung, S. 44.

Kernthema der Prüfung gehören, besprechen Sie mit dem Fachbereich. Weisen Sie ihn nicht nur darauf hin, sondern stellen Sie klar, dass dies beim nächsten Mal in Ordnung zu sein hat. Fragen Sie ihn, wie er damit umgehen will. Erscheint Ihnen die Antwort plausibel, belassen Sie es dabei. Fehlt jedoch jegliche Einsicht, erläutern Sie dies Ihrer Führungskraft und einigen Sie sich über das weitere Vorgehen.

► Beispiel: Die Suche nach „dem Schuldigen" (sinnvolle Ursachenforschung)
Jeder Revisor kennt die Problematik: Der „allein Schuldige" soll gefunden werden. Man stellt meistens schnell fest, dass sich diese simplistische Sichtweise nicht halten lässt: Denn da gibt es ein schwaches Internes Kontrollsystem, ein lückenhaftes Anweisungswesen, Strukturen, Denkschienen und Beziehungsmuster, die ebenso wie die herrschende Kontrollkultur oder Budgetsituation ihren Anteil an der Situation haben können.

Gehen Sie also bei der Ursachenanalyse über die offensichtlichste Antwort hinaus.[89] Versuchen Sie zu ergründen, wie es dazu kommen konnte, dass gute Leute schlechte Entscheidungen getroffen haben. Beziehen Sie den Kontext der Entscheidung ein und versuchen Sie, die vorherrschenden Umstände und Freiheitsgrade zu ergründen. War das Personal kompetent und qualifiziert genug? Wurden qualifizierte Leute eingestellt? Wurden die Mitarbeiter ausreichend geschult? Wie war es um die IT oder sonstige notwendige Infrastruktur bestellt? Waren die Ressourcen ausreichend? Hätte die Kultur des Unternehmens/des Bereichs/der Abteilung überhaupt erlaubt, so zu handeln, wie es sich im Nachhinein als besser herausgestellt hat? Wie stand es um das Unternehmen und die Arbeitsmoral? Bestand die Möglichkeit, Mängel zu eskalieren und notwendige Budgets einzufordern? Welche Vorgaben und Einschränkungen galten für die handelnden Personen? Unter welchen Einflüssen standen sie und über welche Entscheidungskompetenzen verfügten sie tatsächlich?

Um nicht zu viel Prüfungszeit in die Ursachenanalyse zu investieren, wägen Sie immer den erwarteten Aufwand und den möglichen Nutzen gegeneinander ab. Als Anhaltspunkt fragen Sie sich, ob das jeweilige Problem wieder passieren könnte, und wie schlimm das dann wäre. Je größer die Auswirkungen, umso mehr Aufwand können und müssen Sie hineinstecken.

► Beispiel: Mitarbeiter des Fachbereichs möglicherweise nicht kompetent genug?
Sie vermuten, dass die Kenntnisse eines Mitarbeiters nicht zur Erledigung seiner Aufgaben ausreichen, obwohl er sich nicht mehr in der Einarbeitung befindet.
Prüfen Sie eine solche Vermutung ausschließlich im Team, d. h. mit mindestens einem weiteren Kollegen, und gehen Sie sehr vorsichtig vor. Sorgen Sie für eine möglichst angenehme Atmosphäre, um den Stress für den Mitarbeiter zu reduzieren. Sammeln Sie auf jeden Fall nicht nur negative, sondern auch positive Fakten, Beobachtungen und Eindrücke. Machen Sie sich bewusst, dass jede Stärke oder Schwäche kontextabhängig ist. Arbeitet jemand eher ungenau, dafür aber sehr kreativ, liegt

---

[89] Vgl. IIA, Practice Advisory 2320–2: Root Cause Analysis.

sein optimales Einsatzgebiet wahrscheinlich nicht im Controlling, sondern vielleicht im Marketing. Versuchen Sie, so objektiv wie möglich zu bleiben. Sollte sich Ihre Vermutung bestätigen, müssen Sie den Vorgesetzten des Mitarbeiters informieren. Das fällt vielen Revisoren nicht leicht. Halten Sie dieses Gespräch sehr sachlich und erwähnen Sie alle positiven und negativen Seiten. Fragen Sie den Chef nach seiner Sicht der Dinge. Beschränken Sie sich in der späteren Berichterstattung auf die Sachebene, das Ergebnis oder das weitere Vorgehen.

3.4 Dokumentation

3.4.1 Ziele der Dokumentation

Für die Dokumentation einer Prüfung gelten folgende Anforderungen für die Arbeitspapiere: Klarheit, Übersichtlichkeit, Vollständigkeit, Angemessenheit, Richtigkeit und Zuverlässigkeit, Redundanzfreiheit sowie Auffindbarkeit bzw. ausreichende Referenzierung. Aus der Dokumentation soll erkennbar sein:

- Was wurde geprüft? – Und was nicht?
- Wer hatte was geprüft?
- Wie wurde geprüft und welche Prüfungshandlungen wurden vorgenommen?
- Woher stammen die Unterlagen, Auswertungen, Reports, Nachweise usw.?
- Welche Ergebnisse hatte die Prüfung?

Üblicherweise werden hierfür zwei Gründe angeführt: Erstens, damit Berichtsaussagen ausreichend belegt werden können. Zweitens, damit die Unterlagen von einem sachverständigen Dritten (z. B. zur Qualitätssicherung, nach Ausfall eines Prüfers oder im Nachhinein von einem externen Prüfer) nachvollzogen werden können. Ersteres, das interne „Beweisargument", ist so etwas wie Ihre Versicherung. Sofern der Revisionspartner regelmäßig davon ausgeht, dass Sie die notwendigen Beweise in Händen halten, wird er davon absehen, die Beweiskraft als zentrales Thema eines Disputs zu wählen. Bei dem in diesem Buch dargestellten transparenten und schrittweisen Vorgehen wird er davon absehen, es sei denn, Sie prüfen einen ehemaligen Revisor, oder Ihnen unterliefen sehr auffällige, grobe Schnitzer.

Interessant wird die Prüfungsdokumentation dann, wenn dort, wo erst kürzlich geprüft wurde, Schäden auftreten. Wenn z. B. der Revision eine Fehleinschätzung unterlaufen ist, oder eine Feststellung oder Maßnahmen auf den Einspruch des Fachbereichs hin fallengelassen wurde, oder eine Maßnahme nicht nachhaltig behoben wurde, und daraufhin ein Schaden eintritt, müsste sich die Revisionsleitung gegenüber dem Vorstand verantworten. Und nur in denjenigen Fällen könnte sie den Fachbereich dafür verantwortlich machen und sich selbst somit rechtfertigen, wo sie anhand ihrer Unterlagen z. B. nachweisen kann, Fehlinformationen erhalten zu haben. Es ist also im Prinzip der Wunsch nach Absicherung, den die Dokumentation für uns erfüllt. Ob sie bei der Argumentation mit dem Vorstand wirklich hilft, ist eine andere Frage. Als Interne Revision haben wir eigentlich nicht so strikte Dokumentationsanforderungen zu erfüllen wie ein Wirtschaftsprüfer. Denn dieser gibt mit seinem Testat eine Beurteilung ab, für die er ggf. auch vor Gericht haftet. Sein Wunsch nach Absicherung durch eine strikte Dokumentation ist vor diesem Hintergrund verständlich. Da sich die Interne Revision dagegen lediglich unternehmensintern verantworten muss, könnte man annehmen, dass es in ihrem eigenen Ermessen liege, wie sehr sie sich absichern will. Nun ist es aber so, dass das Unternehmen den Wirtschaftsprüfer für seine Prüfung und sein Testat bezahlen muss, und das ist nicht billig. Die Tagessätze der externen Prüfer sind wesentlich höher als der Aufwand für interne Prüfer. Aus diesem Grund ist dem Unternehmen sehr daran gelegen, dass sich Interne

Revision und Wirtschaftsprüfer so abstimmen, dass möglichst wenig doppelt geprüft wird, sich letzterer also die Ergebnisse ersterer zunutze macht – um Kosten zu sparen. Der Wirtschaftsprüfer wird bei seinen Vertragsverhandlungen immer versuchen zu argumentieren, dass er kein Testat abgeben könne, wenn er nicht auch noch X prüfe, was so und so viel kosten würde. Also wird verhandelt – üblicherweise ergibt sich dann, dass die Interne Revision einen Teil der Prüfung von X übernimmt, um Kosten zu sparen. Damit der Wirtschaftsprüfer aber auch guten Gewissens deren Ergebnisse übernehmen kann, möchte er sich auf die Revision verlassen können. Und da derselbe Wirtschaftsprüfer in Finanzdienstleistungsunternehmen auch jährlich die Funktionsfähigkeit der Internen Revision überprüft, wird er somit deren Dokumentationsanforderungen auf das Niveau eines Wirtschaftsprüfers hochschrauben. Man könnte meinen, es genüge, die Herkunft der Schwachstellen und Maßnahmen ausführlich zu dokumentieren und es, da Positivaussagen vom Fachbereich kaum angefochten werden, hier in der Dokumentation etwas lockerer zu sehen. Leider sind es aber gerade die Positivaussagen, die für den Wirtschaftsprüfer (oder auch die Revision) zum Verhängnis werden können. Er testiert, dass alles in Ordnung ist. Wenn dann später etwas passiert, das diese Aussage widerlegt, ist er dafür haftbar. Wenn dagegen zahlreiche Schwächen identifiziert und genannt wurden, eine unidentifizierte weitere Schwäche aber anschließend zu einem Schaden führt, kann zumindest argumentiert werden, dass die Sache eben so im Argen lag – worauf man ja hingewiesen hatte –, dass es sich nicht gelohnt und auch am Ergebnis nichts geändert hätte, nach allen Einzelheiten zu suchen. Die Positivaussagen sind also somit die gefährlichsten und müssen daher sogar am besten dokumentiert werden.

3.4.2 Mögliche Schwierigkeiten bei der Dokumentation

Die gängigen Schwierigkeiten bei der Dokumentation sind der große Aufwand im Verhältnis zur knappen Zeit. Gerne verschiebt man sie auf später, weil ja gleich das nächste Gespräch ansteht, wohingegen ein Protokoll zu schreiben oder Unterlagen zu beschriften, zu referenzieren und abzulegen ja angeblich noch Zeit hat. Manchmal wird aus dem „später“ ein „nie“ oder ein „zu spät“, als dass man sich noch an alle Details des Gesprächs erinnern oder die eigene Mitschrift entziffern oder den Zusammenhang zu einer Auswertung bzw. Unterlage herstellen könnte. Ein Gespräch zu dokumentieren und die zugehörigen Unterlagen abzulegen, dauert außerdem oft länger als zunächst angenommen.

Wenn in der Revision keine verbindlichen Dokumentationsstandards und/oder Tools bestehen, kann das zu weiteren Schwierigkeiten führen; besonders wenn infolgedessen jedes Ihrer Teammitglieder seine eigene, niemandem außer ihm selbst verständliche Systematik verwendet: Manche nummerieren mit Buchstaben, andere lieber mit Ziffern. Verwirrend bis vollkommen unentzifferbar für Außenstehende wird es spätestens dann, wenn die Unterpunkte und zugehörigen Dokumente mit verschiedensten Symbolen, Punkten, Strichen und Zeichenkombinationen abgegrenzt werden. Sind die Dateibezeichnungen zu lang, oder ist die Pfadhierarchie zu tief, lassen sich die Dateien nicht mehr öffnen oder verschieben. Anstrengend wird es auch, wenn Dateiverlinkungen gesetzt werden, die nach Verschiebungen in der Laufwerkstruktur irgendwann ins Leere führen.

3.4.3 Wie kann die Erfolgswahrscheinlichkeit erhöht werden?

▶ Genügend Zeit für die Dokumentation einplanen

Planen Sie für die Dokumentation Ihrer Prüfung genügend Zeit ein. Rechnen Sie damit, dass die Dokumentation eines Gespräches im Durchschnitt drei Mal so lange dauert wie das Gespräch selbst. Erst im Anschluss an Ihren Bericht zu dokumentieren wäre zu spät. Denn es dauerte insgesamt erheblich länger und würde zu einem schlechteren Ergebnis führen, da Ihr Erinnerungsvermögen zu einem so späten Zeitpunkt höchstwahrscheinlich nicht mehr so akkurat ist wie jeweils direkt nach einem Gespräch. Planen Sie Ihre Gespräche so, dass sich die Dokumentation im Laufe Ihrer Prüfung erledigen lässt, indem Sie nach jedem Gespräch einen zeitlichen Puffer – insbesondere am Abend – dafür einplanen. Versuchen Sie stets, zum Feierabend mit Ihrer Dokumentation wieder up to date zu sein.

▶ Dokumentationsvorgaben festlegen

Selbstverständlich wäre es am praktischsten, in der Revision ein geniales Tool anwenden zu können, wodurch die Dokumentation zu einem Kinderspiel wird. Sollten Sie sich stattdessen „manuell" über das Office-Paket behelfen müssen, empfiehlt sich ein gemeinsamer Standard für die gesamte Revision, der natürlich zu Prüfungsbeginn bereits vorliegen müsste. Fehlt auch ein solcher, sollten Sie sich als Prüfungsleiter mit Ihrem Prüferteam auf eine einheitliche Vorgehensweise verständigen. Diese Einigung kann sehr viel Zeit in Anspruch nehmen und sollte daher möglichst in der Prüfungsvorbereitung erfolgen.

Erläutern Sie als Prüfungsleiter, welche Dokumentationsziele erreicht werden sollen und welche groben Rahmenbedingungen aus Ihrer Sicht zukünftig einzuhalten sind. Fragen Sie anschließend jedes Ihrer Teammitglieder, wie es diese Rahmenbedingungen bisher erfüllt hat. Identifizieren Sie Gemeinsamkeiten und Unterschiede. Fragen Sie nach kreativen Vorschlägen, um die Dokumentationsziele sicher zu erreichen und die Rahmenbedingungen dabei möglichst schlank halten zu können. Am besten wäre natürlich eine Vorgabe, mit deren Anwendung alle Teammitglieder problemlos zurechtkommen. Tatsächlich werden sich aber wohl immer Unterschiede in den Präferenzen zeigen, die Sie anerkennen und als gegeben hinnehmen sollten. Wer einen Buchstabensalat gewohnt ist, kann eben nicht so gut mit einem Ziffernsalat umgehen, und umgekehrt. Manche legen alles elektronisch ab, andere brauchen ein Stück Papier in der Hand, auf dem Sie Markierungen und Notizen vornehmen. Versuchen Sie trotzdem, sich auf einen gemeinsamen Standard zu einigen. Differieren die individuellen Vorlieben zu weit, müssen Sie sich als Prüfungsleiter für eine Vorgehensweise entscheiden, zu der Sie Ihre Teammitglieder verpflichten und die Sie dann auch laufend einfordern werden. Versuchen Sie, aus all den unterschiedlichen Praktiken etwas zusammenzustellen, was den Zweck und das Ziel der Dokumentation erfüllt und gleichzeitig den benötigten Aufwand im Rahmen hält.

Achten Sie darauf, dass sich Ihre Vorgaben mit dem technischen Umfeld realisieren lassen. Sollten Sie z. B. dazu einen Scanner, Laufwerks- oder Mailzugang benötigen, dies aber vor Ort nicht zur Verfügung haben, nützt auch die eleganteste Vorgabe nichts.

3.4.4 Reaktionsmöglichkeiten für auftretende Phänomene

▶ Beispiel: Eigener Umgang mit dem Zeitproblem

Falls am Ende Ihrer Prüfungszeit noch zu viel unerledigte Dokumentation verbleibt, lernen Sie aus Ihrer Erfahrung. Beobachten Sie Ihr Dokumentationsverhalten und identifizieren Sie, was Sie (zu) viel Zeit kostet.

- Hoffen Sie darauf, später mehr Zeit zu haben?
- Leiden Sie an „Aufschieberitis"?
- Finden Sie andere Dinge zu Beginn der Prüfung einfach spannender?
- Sind die Gespräche für eine zeitnahe Dokumentation zu eng getaktet?
- Sind Sie sich über Ihr Ablage- und Zuordnungssystem im Unklaren?
- Ändern Sie während oder nach der Prüfung Ihre Ablagestruktur?
- Stellen Sie Unterschiede zwischen Ihrer papierhaften und elektronischen Ablagesystematik fest?
- Verwenden Sie eine zu flache oder zu tiefe Ablagestruktur?
- Lassen Sie zuerst alles in Ihrem Mail-Account liegen?
- Vergessen Sie, Unterlagen oder Dateien zu beschriften, und haben hinterher viel Mühe, wieder alles zuzuordnen?
- Bekommen Sie viele „Fehlinformationen", d. h. fehlerhafte Unterlagen, die Sie nach erfolgter Ablage dann noch zwei, drei Mal austauschen müssen?
- Müssen Sie ständig und langwierig Inhalte in vorgegebene Formate pressen?
- Kosten Sie unnötige Formatierungsfehler Ihrer Pflichtvorlagen zu viel Zeit?
- Ist Ihr Suchaufwand nach Dokumenten (vor oder nach Ablage) zu hoch?
- Lassen sich Dateien aufgrund der Pfadtiefe oder Namenslänge nicht mehr öffnen?
- Haben Sie keine Ablage für allgemeine Unterlagen, die nicht einem bestimmten Punkt zugeordnet werden können?
- Belastet Sie die Dokumentation nervlich so sehr, dass Sie Ihnen nicht von der Hand geht, oder Ihnen unnötige (Kopier-)Fehler unterlaufen?

Wenn Sie diejenigen Punkte identifiziert haben, die speziell bei Ihnen für viel Zeitverlust verantwortlich sind, dann suchen Sie für diese spezifischen Probleme jeweils eine für Sie passende Lösung.

▶ Beispiel: Inhalte in Formate pressen

Verlieren Sie zu viel Zeit damit, bestimmte Inhalte in vorgegebene Formatvorlagen zu pressen? Dann nutzen Sie zukünftig letztere zunächst nur, wenn dies ohne Aufwand möglich ist. In Fällen, in denen es zu viel Zeit kosten würde, sollten Sie zunächst formatfreie Ablagen verwenden, um die Inhalte zu sichern und zu sortieren.

Entweder bietet Ihr Tool diese Möglichkeit, oder Sie nutzen für diese Interims-Ablage Ihr Laufwerk.
Wenn sich jeder Revisor mit Softwareproblemen herumschlägt, schadet es der gesamten Revision. Informieren Sie Ihre Chefs darüber, dass es Probleme mit der Formatvorlage gibt. Vereinbaren Sie einen Termin nach bzw. am Ende Ihrer Prüfung mit der für die Software zuständigen Person. Erläutern Sie dann anhand der konkreten Beispiele aus Ihrer formatfreien Ablage das Problem, und bitten Sie um eine grundlegende Lösung dafür. Wenn Sie es einrichten können, dann holen Sie das Füllen der Formatvorlagen in der Prüfungsnachbearbeitung nach. Falls es zu lange dauern würde, klären Sie, wie Sie mit den noch unformatierten Resten umgehen sollen.

► Beispiel: Allgemeine Unterlagen ablegen
Auch wenn Sie Ihr Prüfungskonzept sehr genau ausgeklügelt haben, kann es vorkommen, dass Sie in der Prüfung eine Vielzahl an Unterlagen erhalten, die Sie nicht einem einzelnen Gliederungspunkt Ihres Konzeptes zuordnen können.
In einem Papiersystem ist das kein Problem: Sie nehmen eine neue Lasche in Ihren Prüfungsordner hinein, schreiben „Allgemeine Unterlagen" darauf und legen diese dort ab. Etwas in dieser Art sollte analog auch bei elektronischer Ablage möglich sein. Lässt Ihr IT-Tool jedoch nicht zu, Ihrem Konzept einen weiteren Gliederungspunkt auf oberer Ebene hinzuzufügen (z. B. 3.0), dann müssen Sie sich entscheiden; Wollen Sie die Allgemeinen Unterlagen bei jedem einzelnen Unterpunkt extra ablegen (also mehrfach) oder wollen Sie sie lieber direkt dem darüber liegenden Gliederungspunkt (3.) zuordnen, auch wenn für 3. keine Prüfungshandlungen in Ihrem Konzept enthalten sind.

► Beispiel: Persönliche Mail-Accounts
Wenn Sie in Ihrer Prüfung persönliche Mail-Accounts als Lagerstelle für Dokumente nutzen, ist das zwar zunächst praktisch, kann aber negative Auswirkungen haben. Zum einen unterliegen in vielen Unternehmen persönliche Mail-Accounts einer Größenbeschränkung, zum anderen sind sie eben privat und unterliegen einem Zugriffsschutz. Sollten Sie ausfallen oder das Unternehmen verlassen, kann zunächst niemand auf Ihren Mail-Account zugreifen. Dies wäre in den meisten Unternehmen nur mit Zustimmung des Betriebsrats möglich und kostet viel Zeit.

Eine einfache Lösung ist ein zusätzlicher gemeinschaftlicher Mail-Account, der für die gesamte Revision, eine Abteilung oder eine Gruppe eingerichtet werden kann. Darauf hat dann nur der definierte Personenkreis Zugriff. Die Ordnerstruktur dieses Accounts lässt sich dann nach Prüfungen und auch noch weiter untergliedern. So lässt sich auch schnell feststellen, von wem welche Dokumente wann kamen. Sollten Sie Mails zu Ihrer Prüfung dennoch in Ihrem persönlichen Mail-Account empfangen, können sie leicht in den gemeinschaftlichen Account kopiert werden.

► Beispiel: Ihr Prüfer dokumentiert nicht zeitnah

Falls Sie feststellen, dass einer Ihrer Prüfer nicht (zeitnah) dokumentiert, zögern Sie die Sache nicht hinaus, sondern sprechen Sie sie so früh wie möglich an. Beschreiben Sie in Form einer Ich-Botschaft Ihre Beobachtung (ohne Bewertung).

PL: „Ich habe gesehen, dass die Dokumentation noch nicht (wie vereinbart) vorliegt."

Legen Sie nun eine Pause ein und warten Sie, was erwidert wird. Versuchen Sie, zu verstehen, woran es lag und liegt. Versuchen Sie, eine Lösung zu finden.

Stellen Sie auch Ihre Seite des Problems dar.

PL: „Du weißt, dass ich Deine Dokumentation bis dann-und-dann brauche. Sonst kann ich nicht rechtzeitig ..."

PL: „Ich habe dafür durchaus Verständnis, aber ich benötige Deine Dokumentation bis dann-und-dann, damit ich ..."

Setzen Sie auf alle Fälle einen endgültigen Liefertermin und lassen Sie ihn sich mit einem echten *„Ja"* bestätigten.

PL: „Kann ich mit Deiner Dokumentation bis dann-und-dann fest rechnen?"

3.5 Information über Zwischenstände

3.5.1 Ziele der Information über Zwischenstände

Um den Dialog mit dem Management aufrechtzuerhalten und die Arbeitsbeziehung zu stärken, sollten Sie den Fachbereich auch bei noch unvollständiger Informationsgrundlage bereits über bestimmte Sachverhalte informieren. Unterschätzen Sie die Wichtigkeit dieser Phase nicht. Auf einer viel tieferen Ebene als der offensichtlichen geht es vor allem darum, dass Sie als Prüfungsleiter Ihre Integrität beweisen, indem Sie Ihre Vereinbarungen, z. B. während der Prüfung regelmäßig zu informieren, hiermit einhalten; „to walk the talk" heißt das in den USA. Denn jetzt wird es zunehmend ernst, vor allem für den Fachbereich, für den viel auf dem Spiel steht, und der Sie, in Ihrer Funktion, aber auch in Ihrem persönlichen Verhalten deshalb sehr eingehend beobachten wird:

- Agiert die Revision fair?
- Sind die Sachverhalte und Fakten klar und fundiert?
- Hält die Revision gegebene Versprechungen?
- Wie reagiert die Revision in Diskussionen?
- Werde ich als Fachbereich angehört?
- Wird auf meine Argumente eingegangen?

Bei der Information über Zwischenstände kann weiteres Vertrauen aufgebaut und die Reputation der Internen Revision damit weiter verbessert werden. Sie wissen ja:

- Sie müssen nicht einer Meinung mit dem Revisionspartner sein
- Sie müssen nicht die gleichen Wertvorstellungen wie der Revisionspartner haben
- Durch gemeinsam überstandene Probleme kann eine gute und funktionierende Zusammenarbeit weiter gestärkt werden.

Nutzen Sie diese Phase: Stellen Sie dem Management zwischenzeitlich aufgetretene Fragen. Fühlen Sie vor, welche Sichtweisen bestehen und welche Reaktionen Sie später auf die Darstellung der Sachverhalte und Ergebnisse zu erwarten haben.

3.5.2 Mögliche Schwierigkeiten bei der Information über Zwischenstände

Ihr Gesprächspartner könnte Vorurteile hegen und diese nun aktiv zu bestätigen suchen. Z. B. könnte er den Eindruck haben, dass

- Die Revision unfair handelt.
- Die dargestellten Sachverhalte unklar oder wenig fundiert sind.
- Die Revision gegebene Versprechungen oder Vereinbarungen nicht einhält.
- Die Revision in Diskussionen abblockt.
- Die Revision seine Seite der Geschichte nicht hören will.
- Die Revision auf seine Argumente nicht eingeht.
- Die Revision einseitig agiert und eine vorgefasste Meinung hat.

Besteht auch nur eines dieser Vorurteile, neigt die Situation bereits zur Eskalation.

Auch die Art und Weise Ihrer Gesprächsführung kann zu Problemen führen. Wenn Sie keine klare Sprache verwenden und Dinge nicht auf den Punkt bringen, kann sich Ihr Gesprächspartner nicht sicher sein, was Sie ihm wirklich sagen möchten, und wie es um die Sache steht. Das führt zu Verunsicherung und negativen Phantasien. *„Vielleicht steckt ja doch noch mehr dahinter, als er sagt." „Wenn er sich schon so schwammig ausdrückt, dann verheimlicht er bestimmt noch was."*

Die grundsätzliche Schwierigkeit besteht darin, dass Sie über Zwischenstände informieren, obwohl Sie die Prüfungsergebnisse in ihrer Gesamtheit noch nicht überblicken. Denn eine Auffälligkeit identifiziert zu haben, bedeutet noch lange nicht Klarheit über deren Ursachen, geschweige denn darüber, wie diese einzuschätzen sind. Handelt es sich um eine Kleinigkeit oder um ein Symptom eines viel tiefergehenden Problems? Es ist nur verständlich, dass man die bisher höchst unvollständigen Informationen lieber noch nicht kommunizieren möchte und demnach Ausreden sucht, um diese Gespräche vollständig zu umgehen oder deren Inhalte zu verharmlosen. Vielleicht waren Sie ja im Eingangsgespräch so verblieben, dass Sie nur über gravierende Dinge ad hoc informieren sollten. Da Sie ohnehin „gerade keine Zeit haben", könnten Sie leicht versucht sein, den Maßstab für eine „wesentliche" Auffälligkeit deutlich höher anzusetzen, als Sie es sonst für verantwortbar hielten.

3.5.3 Wie kann die Erfolgswahrscheinlichkeit erhöht werden?

► Die richtige Managementebene informieren

Das Wichtigste ist, diese Phase auch wirklich durchzuführen. Sollten Sie dies im Eingangsgespräch vorbehaltlos zugesichert haben, steht es natürlich ohnehin außer Frage. Achten Sie in einer hierarchischen Unternehmensstruktur unbedingt auf die richtige Managementebene. Ihr Gesprächspartner sollte fachlich noch mitreden können und Interesse an den Prüfungsergebnissen haben, aber auch hochrangig genug sein, dass Sie sich später auf ihn berufen können. Üblicherweise handelt es sich um das untere bzw. mittlere Management bis einschließlich Abteilungsleiterebene. Klären Sie bereits im Eingangsgespräch, wer in welcher Frequenz worüber informiert werden möchte. Z. B. könnte gewünscht werden, dass Sie den Zwischenstand grundsätzlich mit dem Abteilungsleiter besprechen, bei mindestens wesentlichen Feststellungen jedoch den Bereichsleiter aktiv ansprechen sollen. Sollte letzterer Fall eintreten, halten Sie sich, wenn irgend möglich, an diese Vereinbarung. Sollten Sie davon abweichen (müssen), kommentieren bzw. erklären Sie dies.

► Die Chance nutzen, den bisherigen Prüfungsverlauf zu besprechen

Es bietet sich an, im Rahmen der Information über Zwischenstände auch den Prüfungsverlauf aus Ihrer Sicht zu vermitteln. Falls z. B. die Ihnen für die Prüfung genannten Ansprechpartner Sie zu viel Zeit kosten, sprechen Sie dies an. So beugen Sie gleichzeitig möglichen späteren Beschwerden vor. Fragen Sie außerdem auch Ihren Gesprächspartner nach seiner Sicht der Dinge. Sprechen Sie über Problemthemen auf der Metaebene.

▶ Sprache und Gesprächsführung

Gehen Sie in diesem Informationsgespräch geradlinig vor und kommen Sie auf den Punkt. Senden Sie klare Botschaften in einer einfachen, bildlichen Sprache und nachvollziehbaren Argumentation. Was Ihnen vielleicht noch nicht bewusst war: Allein Ihre Anwesenheit kann bei Ihrem Gesprächspartner schon Stress hervorrufen. Und wer gestresst ist, kann komplizierten langen Sätzen oder Erklärungen nicht so leicht folgen. Dies steigert die Gefahr von Missverständnissen. Nutzen Sie daher kurze, klar gegliederte Sätze und viele Sprechpausen. Das fördert den Meinungsaustausch und die Verarbeitung dessen, was gerade gehört wurde. Falls Sie etwas ankündigen (z. B. *„Dazu kommen wir dann später.“*), dann halten Sie sich unbedingt daran, (d. h. kommen Sie dann später wirklich darauf zurück)! Sonst werden Sie unglaubwürdig und schaden so der Arbeitsbeziehung zu Ihrem Gesprächspartner.

Beachten Sie nonverbale Signale und greifen Sie diese auf. Z. B. den fragenden Blick, die hochgezogene Augenbraue, das Zucken der Daumen, die Blickrichtung der Augen, die veränderte Sitzhaltung, usw.

Informieren mittels Auflistung sowohl positiver als auch negativer Sachverhalte über den aktuellen Stand Ihrer Prüfung. Nennen Sie dabei ausschließlich die Fakten, ohne jegliche Wertung (z. B. liegt (nicht) vor, ist (nicht) vorhanden). Orientieren Sie sich insgesamt an Ihren Prüfungszielen und stellen Sie je Thema den Stand Ihrer Faktenlage dar:

- Welche Prüfungshandlungen wurden vorgenommen?
- Welche Prüfungshandlungen stehen noch aus?
- Was haben Sie wie identifiziert?
- Wo sind ggf. Ad-hoc-Maßnahmen oder Eingriffe erforderlich?
- Welche Unsicherheiten bestehen oder welche Daten/Informationen werden noch benötigt?

Trennen Sie die Fakten und Ihre Beobachtungen von den Auswirkungen und den Wertungen.[90] Benennen Sie zunächst nur Beobachtungen und Fakten, soweit Ihnen diese vorliegen. Vermeiden Sie jegliche „Weichmacher“[91], solange Sie über Tatsachen sprechen. Halten Sie das Gespräch dennoch offen. Um sich nicht vorzeitig festzulegen, nutzen Sie zum jetzigen Zeitpunkt – wenn überhaupt – ausschließlich hypothetische Fallkonstruktionen und Wertungen im Konjunktiv.

▶ Fragen auf Managementebene stellen

Wenn Sie Ihre bisherigen Eindrücke darlegen, nutzen Sie die Gelegenheit, zusätzlich Fragen auf Managementebene stellen zu können. Die Antworten werden Ihnen nicht nur zur Absicherung Ihrer Prüfungsergebnisse, sondern auch für die Abschlussbesprechung nützen. Fragen Sie nach Erklärungen für Auffälligkeiten:

---

90 Vgl. Kapitel 4.1 Fixierung der Sachverhalte und 4.2 Vereinbarung von Maßnahmen.

91 Vgl. Kapitel 3.3.3 Befragungs-„Technik“.

PL: „Wie ist X zu verstehen?“
PL: „Wofür/aus welchen Gründen wird X genau so gemacht und nicht anders?“
PL: „Sehe ich das richtig, dass ...“
So erhalten Sie eine weitere Perspektive aus Sicht des Fachbereichsmanagements.

3.5.4 Reaktionsmöglichkeiten für auftretende Phänomene

▶ Beispiel: „Zeitdiebe“ im Fachbereich ansprechen

Dass bestimmte Mitarbeiter Ihres Gesprächspartners Sie überdurchschnittlich viel Zeit kosten, lässt sich am einfachsten im anfänglichen Small Talk ansprechen. Meist werden Sie gefragt werden:
FK FB: „Na, wie läuft's denn so?“
Daraufhin können Sie dieses Thema ganz unkompliziert einfließen lassen.
PL: „[Seufz] *Ach wissen Sie, man hat es als Revisor ja nicht so einfach.* [PAUSE] *Manchmal habe ich das Gefühl, als müsse ich einigen Ihrer Leute alles aus der Nase ziehen. Das kostet mich und auch Ihre Mitarbeiter leider sehr viel Zeit. Ich weiß auch nicht, was ich noch versuchen soll. Ist das bei den Mitarbeitern MA1 und MA2 öfter so, dass sie so zurückhaltend sind?“*

▶ Beispiel: Ihr Gesprächspartner hört Ihnen nicht zu

Dass man Ihnen im Fachbereich nicht zuhört, dürfte ein sehr seltener Fall sein, da es die dortigen Gesprächspartner normalerweise ja sehr interessieren müsste, was Sie als Revisor zu sagen haben. Sollten Sie trotzdem einmal das Gefühl haben, dass dem nicht so ist, sprechen Sie dies explizit auf der Metaebene an.
PL: „Ich habe den Eindruck, dass meine Ausführungen bei Ihnen nicht ankommen. Daher möchte ich noch einmal sehr deutlich sagen, dass ...“
Ursache könnte z. B. ein zu großes Machtgefälle sein. Das Management des geprüften Fachbereichs möchte sich nicht auf Ihr (niedriges) Niveau herabbegeben.
PL: „Ich habe den Eindruck, Sie würden das lieber mit meiner Führungskraft besprechen?“
Üblicherweise wird dies verneint und Ihren Ausführungen wird daraufhin Aufmerksamkeit geschenkt. Falls nicht, ist das auch kein Problem.
FB: „Ja, ich möchte lieber mit Ihrem Chef sprechen.“
PL: „Kein Problem, ich werde meinen Chef über Ihren Wunsch informieren.“
Damit haben Sie die Sache nicht persönlich genommen und nur die Sachebene kommentiert. Insbesondere haben Sie so die Möglichkeit offengelassen, dass Ihr Chef nicht geneigt ist, diesem Wunsch nachzukommen, sondern stattdessen Ihnen die nötige Macht verleiht, indem er das Management des Fachbereichs dazu auffordert, die betreffende Angelegenheit doch bitte mit Ihnen zu besprechen. Zumindest sollten Sie bei dem folgenden Gespräch auch anwesend sein dürfen, damit Sie alle Fakten erfahren und auch den O-Ton miterleben.

▶ Beispiel: Der Umgang mit singulären Fehlern

Von dem grundsätzlichen Vorgehen des Fachbereichs sind Sie nach Ihrer Prüfung vollkommen überzeugt: Das ist durchdacht. Da hat jemand gute Arbeit geleistet.

Auch die einzelnen Geschäftsvorfälle, die durchaus sehr individuell zu behandeln waren, wurden ordentlich abgearbeitet. Ein einziger wurde jedoch fehlerhaft bearbeitet. Als Sie hierüber informieren, erhalten Sie folgende Reaktion:
FB: „Es ist mir schrecklich peinlich, aber da ist mir wirklich ein Fehler unterlaufen. Aber es war wirklich nur dieses eine blöde Ding, das da passiert ist. Ich verstehe das auch nicht. Sonst schaue ich mir das immer noch mal an, was meine Mitarbeiter machen. Ich habe es wohl übersehen. Es wird nicht wieder passieren."
Falls Sie davon überzeugt sind, dass Ihr Gesprächspartner dies ernst meint, mit ganzem Herzen bei der Sache ist und seine Arbeit sehr gewissenhaft erledigt, reagieren Sie wie folgt:
PL: „Ich unterstelle Ihnen keine böse Absicht. Fehler passieren jedem einmal, auch mir. Ich glaube Ihnen, dass das für Sie eine absolute Ausnahme war. Ich selbst habe mich davon überzeugt, dass der Prozess geordnet aufgesetzt ist."
Das Wichtigste ist nicht, dass der Revisor einen Fehler entdeckt, sondern dass der Fachbereich etwas daraus gelernt hat. Nichts ist schlimmer als Fehler, die sich ständig wiederholen, weil sich kein Lerneffekt einstellt.
Solch ein singulärer Fehler lässt sich zudem ausgezeichnet positiv nutzen, falls der Gesamtprozess unzureichend dokumentiert war.
PL: „Leider habe ich bisher noch nicht erkennen können, dass der Prozess in den Anweisungen sauber geregelt ist. Dennoch habe ich anhand der von mir geprüften Prozessergebnisse festgestellt, dass, bis auf den einen, alle Fälle individuell recht souverän gehandhabt wurden. So etwas erfordert Mitarbeiter, die mitdenken und bei der Sache sind:

- Wie haben Sie das erreicht? Oder
- Wie gehen Sie vor, um dies für die Zukunft stabil aufrecht zu erhalten? Oder
- Was passiert, falls Ihre Mitarbeiter oder Sie für längere Zeit ausfallen?"

Die vermutlich hochinteressante Antwort darauf sollte Ihnen nun erläutern, wieso der Prozess wirklich funktioniert. Und ich wette, das Wesentliche dabei geht weit über alles hinaus, was ein hübsches Organigramm oder Flow-Chart leisten können. Eine klare Prozessregelung in den Anweisungen müssen Sie natürlich trotzdem einfordern. Aber vielleicht haben Sie im Laufe dieser Diskussion auch Ideen für weitere Verbesserungen. Verinnerlichen Sie so gut, was die Funktionsfähigkeit in diesem Fall begründete, dass Sie dies bei anderen Prüfungen ggf. einbringen können. Meist sind es die Einstellung, die flankierenden Dinge und das gute Miteinander, die Prozesse trotz aller Widrigkeiten funktionieren lassen.

▶ Beispiel: Sie befürchten, dass bis zum Berichtsversand alles behoben sein wird
Der Fachbereich könnte ja, nachdem er den Zwischenstand der Prüfung erfahren hat, alle Feststellungen bereinigen, sodass Sie am Ende der Prüfung dastehen, als ob Sie nichts gefunden hätten. Und? Ist das schlimm? Ich denke nicht. Ich habe noch nie eine Prämie fürs Finden bekommen, und habe auch noch von keinem Revisor gehört, der das hätte. Außerdem ist es mit dem Finden für die Revision nicht getan. Danach

erfolgt das Besprechen, die Abstimmung, das Maßnahmenformulieren und -vereinbaren, die gesamte Administration in der Follow-up-Datenbank, die zwischenzeitlichen Reports zum Follow-up und ggf. die Mahnung(en) und die Verlängerung(en). Zu guter Letzt muss noch die Erledigungsmeldung plausibilisiert bzw. geprüft werden. Alles in allem: viel, viel Arbeit. Überlegen Sie: Wie viele dieser Arbeitsschritte können Sie sich sparen, wenn der Revisionspartner Ihre Feststellungen oder Maßnahmen noch während der Prüfung behebt? Ich hatte einmal einen sehr erfahrenen Revisionskollegen, der es in jeder Prüfung vermied, auch nur eine Maßnahme zu formulieren, um die mit dem Follow-up in Verbindung stehende Arbeit zu vermeiden. Sie fällt ja auch meist zur Unzeit an, nämlich genau dann, wenn man selbst schon mit einer anderen Prüfung befasst ist. Außerdem meinte er, Maßnahmen erzeugten nur Verdruss – für den Revisionspartner wie auch für den Revisor. Dennoch kommt es mir so vor, als ob viele Revisoren ihre Selbstbestätigung an der Anzahl der festgestellten Fehler oder an der Anzahl der vereinbarten Maßnahmen festmachten. Verständlich ist das schon. Ich hatte in meiner Anfangszeit als Revisorin auch immer ein schlechtes Gefühl, wenn ich nichts gefunden hatte, da ich ständig befürchtete, etwas übersehen zu haben.
Keine Angst! Deswegen, weil der Fachbereich Ihre Feststellungen zwischenzeitlich behoben hat, müssen sie ja noch lange nicht unter den Tisch fallen. Stellen Sie es doch genau so in Ihrem Bericht dar und listen die Maßnahme als zwischenzeitlich erledigt. Besteht nicht das letztendliche Ziel der Revision darin, das Unternehmen nachhaltig zu verbessern – sei es durch Gespräche, Befragung, Berichte, Vereinbarung von Maßnahmen oder wodurch auch immer? Dieses Ziel haben Sie auch dann voll erreicht, wenn der Fachbereich die Maßnahmen noch während der Prüfung erledigt – nur schon viel schneller und mit viel weniger Aufwand.

► Beispiel: Sie erhalten zu spät Nachlieferungen und zusätzliche Unterlagen
Sie dachten, Sie hätten etwas gefunden und die Fakten sprächen für sich – bis der Fachbereich Ihnen unvermittelt und viel zu spät neue Informationen präsentiert; z. B., jeweils brandneu, ein 80-seitiges Konzept, ein Projekt, einen Prozess, eine Dokumentation oder sonst etwas, das Ihnen weitere Arbeit beschert, falls Sie darauf eingehen.
FB: „Wir haben gerade ein Projekt gestartet, um den aktuellen Prozess zu ersetzen. In Zukunft wird alles anders laufen. Ihre Aussagen sind also ohne Belang. Sie sollten erst dann weiterprüfen, wenn wir mit dem Projekt fertig sind."
Hierauf zu reagieren, ist nicht so einfach. Falls man von Ihnen eine spontane Antwort erwartet, haben Sie folgende Möglichkeiten:
PL: „Vielen Dank für die Information. Die kommt jetzt aber sehr spät in der Prüfung." [PAUSE]

- „Aus welchen Gründen erhalte ich diese Informationen erst jetzt?"
- „Was genau sind die Unterschiede zu dem, was ich bereits kenne?" Oder

- „Kein Problem, dann ist diese Prüfung ja umso wichtiger. Ich zeige auf, aus welchen Gründen Ihr Projekt durchzuführen ist, und welche bestehenden Risiken dadurch verringert werden.“
- „Ob ich das jetzt noch berücksichtigen kann, muss ich zunächst mit meinem Chef besprechen.“

Falls Ihnen der Revisionspartner keine guten Gründe für die späte Informationsweitergabe nennen kann oder sich mehr oder weniger weigert, Ihnen die Unterschiede zu Ihrem bisherigen Verständnis aufzuzeigen, ist Vorsicht geboten. Denn vermutlich haben Sie es dann statt mit kooperativem Verhalten mit einer reinen Verzögerungstaktik zu tun. Diese Hypothese lässt sich testen, indem Sie folgendes Signal geben:
PL: „Ggf. könnte ich auch einen kleinen Ausblick auf das Projekt geben und das Projektmanagement beurteilen – das müsste ich aber erst intern abstimmen.“
Wie Sie reagieren sollten, hängt sehr vom „Standing“ und Selbstverständnis der Revision in Ihrem Unternehmen ab. Klären Sie unbedingt mit Ihrer Führungskraft, ob Sie die neuen Informationen noch berücksichtigen und die Prüfung dementsprechend verlängern, oder dies ablehnen. Letzteres ist dann am einfachsten, wenn Ihnen z. B. im Eingangsgespräch bestätigt wurde, dass Ihnen alle relevanten Informationen vorliegen, oder Sie dafür klare Liefertermine gesetzt hatten.[92] In diesem Fall können Sie auch etwas forscher reagieren:
PL: „Herr X, Sie haben uns die Informationen erst <Anzahl> Wochen nach Prüfungsbeginn zur Verfügung gestellt, obwohl wir Sie gebeten hatten, uns alle relevanten Informationen bis <Termin> zur Verfügung zu stellen. Auch im Eingangsgespräch haben Sie uns bestätigt, uns alle angeforderten Unterlagen zu dem Thema zur Verfügung gestellt zu haben.“
Wenn Sie eine Entschuldigung erhalten, nehmen Sie sie an und bitten Sie Ihren Gesprächspartner, dies möge nie wieder vorkommen.
Ihre Reaktion sollte davon abhängen, ob Sie diese neuen Informationen wirklich für Ihren Bericht benötigen. Falls nein, reicht der Hinweis: „Während unserer Prüfung hat der Bereich B zur Ablösung von X ein neues Projekt aufgesetzt, welches nicht Gegenstand unserer Prüfung war.“
Bitten Sie auf jeden Fall auch Ihren Chef, beim Management des Fachbereichs zu erwirken, dass sich so ein Vorfall nie wieder ereignet.

► Beispiel: Sie entschuldigen sich beim Ansprechen von Auffälligkeiten
Manche Gesprächspartner schaffen es durch verbale oder andere Mittel (z. B. Mimik oder Tonfall), bei Revisoren, die eine Auffälligkeit anzusprechen haben, Schuldgefühle und die Tendenz, sich zu entschuldigen, hervorzurufen. Dabei wissen wir rein rational natürlich längst, dass dazu kein Grund besteht, weil wir nur unsere Pflicht erfüllen. Führen Sie sich aber am besten regelmäßig vor Augen, dass es ihrem Gesprächspartner vielmehr im Gegenteil sogar hilft, seine Arbeit besser zu erledigen,

92 Vgl. Kapitel 3.1.3 Den Stand der Zulieferungen besprechen.

wenn Sie ihn auf alles, was nicht in Ordnung ist, hinweisen. Denn dann kann er seine Schlussfolgerungen daraus ziehen und Veränderungen vornehmen und somit größere Gefahren und Risiken für seinen Job und für das Unternehmen vermeiden. Dass er seinen Aufgabenbereich besser beherrscht, kann sich außerdem sogar positiv auf seine variable Vergütung auswirken. Und dafür wollen Sie sich entschuldigen? So sehr, wie er davon profitiert, sollte der Fachbereich vielmehr dankbar sein, dass Sie seine Prozesse hinterfragen und auf Herz und Nieren überprüfen. Mit dieser Haltung wird es Ihnen leichter fallen, in Besprechungen geradlinig vorzugehen und auf den Punkt zu kommen, ohne sich dafür zu entschuldigen. Das ist Ihr Job. Damit verdienen Sie Ihren Lebensunterhalt.

▶ Beispiel: Sie merken, dass Sie Dinge nicht auf den Punkt bringen können

▷ Was wollen Sie sagen?
Grundsätzlich sollten Sie sich vor jedem Gespräch überlegen, ob Sie eine Botschaft für Ihren Gesprächspartner haben. Falls Sie sich diesbezüglich nicht sicher sind, bedenken Sie: Ihre Prüfung offenbart eine Faktenlage, die entweder vollkommen in Ordnung ist oder zu einem bestimmten Grad nicht. Darüber entscheiden und dies dann als Botschaft übermitteln kann nur die Interne Revision. Sie allein ist befugt und verpflichtet, sich alle Dinge anzusehen und zu beurteilen.

▷ Wie wollen Sie es sagen?
Sprechen Sie aus einer Position der Sicherheit die Fakten in kurzen klaren Sätzen an. Führen Sie ein wertschätzendes Gespräch auf Augenhöhe. Wenn Sie von jemandem eine Beurteilung (z. B. vom Wirtschaftsprüfer, der Ihre Dokumentation geprüft hat; oder ein Zeugnis) erwarteten, würden Sie diese Vorgehensweise selbst auch einer weitschweifigen Rede mit langatmiger Einleitung vorziehen.

▷ Wie formulieren Sie die Botschaft kurz und klar?
Je länger Sie sprechen, umso geringer wird der zusätzliche Nutzen und umso geringer Ihr Sympathiewert bei Ihrem Gesprächspartner; Sie vergrößern dann nur Ihre Angriffsfläche und überfordern seine Aufnahmefähigkeit.[93]

Nutzen Sie die Technik des sogenannten Elevator Pitch. D. h., Sie stellen sich vor, Sie treffen im Aufzug den Vorstand. Während dieser nach ganz oben fahren wird, müssen Sie vorher aussteigen, sodass die gemeinsame Fahrtzeit recht kurz ist. Beim Einsteigen fragt Sie der Vorstand, wie es um Ihre aktuelle Prüfung steht. Legen Sie sich zurecht, was Sie in so einem Fall dem Vorstand kurz, klar und prägnant zu Ihrer Prüfung sagen könnten.

▷ Aus welchem guten Grund könnte es Ihnen schwerfallen?
Als Revisor die Botschaft klar und deutlich zu übermitteln, ist tatsächlich extrem schwer. Nicht zuletzt, weil oftmals der Revisionspartner versuchen wird, Sie davon

93 Vgl. Thiele, Albert: Sag es stärker!, S. 54–55.

abzuhalten, damit er später mit Fug und Recht behaupten kann, Sie hätten die entscheidenden Punkte nie angesprochen. Er wird Sie dazu möglicherweise auf verschiedene Arten provozieren, in der Hoffnung, dass Sie darauf anspringen und darüber Ihre zurechtgelegte Botschaft vollkommen vergessen.

Welche guten Gründe aber könnten Sie selbst haben, bei der Information über die Faktenlage auszuweichen und sich zurückzuhalten? Wollen Sie vielleicht aus der Revision in den Fachbereich Ihres Gesprächspartners wechseln und befürchten deshalb, sich seine Sympathien zu verscherzen? Wollen Sie sich selbst die unangenehme Stimmung ersparen, die eine schlechte Nachricht erzeugt? Geht es Ihnen zu nahe? Sorgen Sie sich um die Gemütslage Ihrer Gesprächspartner? All dies sind wertschätzbare Gründe, um zurückhaltend zu agieren. In der Berufswelt wird so ein Verhalten üblicherweise jedoch nicht anerkannt. Als Revisor werden Sie so oder so keine Sympathien ernten. Dies ist allerdings differenziert zu betrachten: Revision ist schließlich nur Ihr Job, in Ausübung dessen Sie auf Ablehnung stoßen. Das bedeutet aber noch lange nicht, dass man Sie deshalb als Person ablehnen wird. Es ist weiterhin möglich, Sie als Person zu mögen, auch wenn man mit Ihnen in Ihrer Funktion als Revisor einen Konflikt hat. Es macht einen guten Revisor aus, dass er die Botschaft klar und deutlich, doch gleichzeitig sehr wertschätzend vermitteln kann. Seien Sie daher nicht zu streng mit sich, wenn Sie diese Kunst noch nicht perfekt beherrschen. Trösten Sie sich damit, dass Sie mit jeder neuen Prüfung wieder eine neue Lernchance dafür bekommen werden. Solange Sie Ihre Aktionen reflektieren und daraus lernen, sind Sie auf einem guten Weg. Eine klare, wertschätzende und deutliche Aussage von Angesicht zu Angesicht spannt den Revisionspartner nicht so lange auf die Folter und hilft, seine negativen Phantasien einzuschränken. Gleichzeitig zeugt sie von der Sicherheit des Revisors.

► Beispiel: Das Überbringen schlechter Nachrichten
Wenn es Ihnen schwerfällt, schlechte Nachrichten zu überbringen, ist das nur zu verständlich! Denn diese ziehen meist auch eine schlechtere Gesprächsatmosphäre nach sich. Natürlich würde man dies lieber vermeiden. Stellen Sie Negatives immer in dem jeweils relevanten Zusammenhang dar. Zeigen Sie dem Fachbereich, dass Sie diesen Kontext auch bei Ihrer Beurteilung einbeziehen werden. Selbst wenn Sie in einem Atomkraftwerk oder Krankenhaus arbeiten, wird Ihr Unternehmen nicht bei jedem Unterpunkt jedes Prüfungsthemas eine 100 %ige Sicherheit, respektive 0 %ige Fehlerquote erwarten. Fehler oder Abweichungen sind meist vollkommen normal. Verdeutlichen Sie diese „Normalität" in Ihrem Gespräch. Falls möglich, ergänzen Sie, dass Sie die Bemühungen des Fachbereichs um geringe Fehlerquoten bestätigen können. Wenn Sie die negativen Punkte auf diese Weise ansprechen, erhöhen Sie die Wahrscheinlichkeit dafür, dass die Gesprächsatmosphäre gut bleibt.
Zu Beginn meiner Revisorenlaufbahn fiel mir auf, dass ich bei Besprechungen mit dem Fachbereich manches weniger deutlich und klar darstellte, als ich es vorbereitet hatte. Nachdem ich für mich allein alle Fakten sauber in „schwarz" und „weiß" untergliedert hatte, erschien mir im Gespräch vieles zuvor „Schwarze" jetzt nur mehr

als „grau“ – und nicht einmal unbedingt „dunkelgrau“. Zum Glück wurde mir irgendwann klar, dass es die Anwesenheit der Revisionspartner sein musste, die diesen Effekt hatte. Wenn Sie dem entgegenwirken wollen, spielen Sie vor jedem Gespräch alle Argumente und Gegenargumente durch. Versetzen Sie sich in die Lage des Fachbereichs: Wie wird sich dessen Sicht von Ihrer unterscheiden? Was genau jeweils ist schwarz, dunkelgrau, hellgrau oder weiß? Überlegen Sie es sich vorher, nehmen Sie sich vor, es wie geplant auszudrücken und beobachten Sie sich: Wie wollten Sie es formulieren, und wie formulieren Sie es dann tatsächlich? Hier hilft nur üben, üben, üben – entweder mit einer Ihnen vertrauten Person, oder „on-the-job“ bei jedem Gespräch, das Sie führen.

▶ Beispiel: Die Tendenz des Weglassens, um Stress zu vermeiden
Manche Revisoren machen einen großen Bogen um jedes Thema, das sie für konfliktträchtig halten: *„Damit mir eine stressige Abstimmung erspart bleibt, lasse ich das konfliktreiche Thema lieber von vornherein weg.“* Sie argumentieren, dass sonst die für die Prüfung veranschlagte Zeit nicht reiche. Meiner Meinung nach ist das nur dann leidlich in Ordnung, wenn für das weggelassene Thema später eine ungeplante Prüfung durchgeführt wird.

Bedenken Sie: Wollen Sie auf einen großen Konflikt ausreichend vorbereitet sein, sollten Sie nicht jedem kleinen aus dem Weg gehen. Denn „Konfliktchen“, in denen es nicht um viel geht, lassen sich ausgezeichnet zu Übungszwecken nutzen. Je kleiner das „Konfliktchen“, umso leichter werden Sie es meistern. Sie gewinnen mit der Zeit immer mehr Sicherheit, bis Sie irgendwann auch vor großen Konflikten nicht mehr zurückschrecken. Beobachten Sie aber die Entwicklung Ihres Konfliktverhalten regelmäßig: Sollten Sie verbale Auseinandersetzungen irgendwann sogar genießen, sind Sie über das Ziel hinausgeschossen. Analysieren Sie Ihre typischen Verhaltensmuster und deren Variationen je nach Kontext, vor allem im Hinblick auf ihre Zieldienlichkeit. Betrachten Sie es als Ihr persönliches Forschungsprojekt, die zieldienlichsten Varianten zu identifizieren, und trainieren Sie diese anschließend fortlaufend, bis Sie darin Souveränität gewonnen haben.

4 Abstimmung

4.1 Fixierung der Sachverhalte

4.1.1 Ziele der Fixierung der Sachverhalte

Gegen Ende der Prüfungsdurchführung sollten Sie bereits einen umfassenden Überblick über Kontext und Sachverhalte haben. Es geht nun darum, vom Fachbereich eine klare und abschließende Bestätigung für die von Ihnen dargestellten Beobachtungen und für die vollständige und richtige Faktenlage zu erhalten. Die Fixierung der Sachverhalte soll ein starkes Fundament für Ihren Bericht bilden. Sie behandelt den Soll- und Ist-Zustand sowie in einfachen Fällen (z. B. bei expliziten Vorschriften) die Abweichungen sowohl des Soll- als auch des Istzustands vom Ideal-Soll-Zustand. Hierzu müssen Sie die Beobachtungen und Fakten vollständig und richtig präsentieren, damit dahingehend spätere unliebsame Überraschungen möglichst vermieden werden. Im Sinne der bisher guten und funktionierenden Arbeitsbeziehung mit dem Fachbereich wird schrittweise und somit deeskalierend vorgegangen, d. h. die Auswirkungen dieser Fakten, die Bewertungen wie auch die erforderlichen Maßnahmen werden bewusst jetzt noch nicht, sondern erst im nächsten Schritt thematisiert.[94]

4.1.2 Mögliche Schwierigkeiten bei der Fixierung der Sachverhalte

Am verheerendsten wäre, die Sachverhalte nicht vorab in einem gesonderten Schritt zu fixieren, sondern damit z. B. bis zur Abschlussbesprechung oder ähnlich lange zu warten. Frühes Eingreifen oder Richtungswechsel sind dann nicht mehr möglich, emotionale Reaktionen und Vorwürfe dagegen umso wahrscheinlicher:

- Der Bericht sei unhaltbar, da inhaltlich falsch/ohne jeden Realitätsbezug.
- Die Sachverhalte seien allein der Phantasie des Prüfers entsprungen.
- Die dargestellten Abweichungen träfen nicht zu.
- Die Revisoren seien in höchstem Maße inkompetent.

Kochen die Emotionen erst einmal derartig hoch, ist es äußerst schwierig, wieder auf die Sachebene zurückzufinden. Deshalb muss insbesondere vor der Abschlussbesprechung unbedingt bereits Einigkeit über die Fakten herrschen.

Rechnen Sie damit, dass der Fachbereich Ihre Sachverhaltsdarstellung ablehnt oder ihr nur eingeschränkt zustimmt. Seien Sie sich auch der Gefahr bewusst, dass Sie fälschlicherweise von einer Zustimmung ausgehen könnten, obwohl in Wirklichkeit kein Einvernehmen erzielt wurde.

---

94 Vgl. Kapitel 4.2 Vereinbarung von Maßnahmen.

4.1.3 Wie kann die Erfolgswahrscheinlichkeit erhöht werden?

▶ Auf die richtigen Gesprächspartner achten

Bemühen Sie sich um Gesprächspartner, die über die nötige Entscheidungskompetenz und genügend Vorabinformationen verfügen, Ihnen thematisch und inhaltlich folgen können und daran auch interessiert sind. Dies können Sachbearbeiter, informelle Führer oder die untere bzw. mittlere Managementebene sein.[95]

▶ Einvernehmen erzielen und Sachverhalte fixieren

Lassen Sie Auswirkungen, Risiken, Schlussfolgerungen, Beurteilungen und Maßnahmen zunächst komplett außen vor. Diese werden anschließend in Kapitel 4.2 besprochen. Beschränken Sie sich stattdessen konsequent auf die Faktenlage und Ihre Beobachtungen. Betrachten Sie diese als das für die Statik notwendige Fundament Ihrer Berichterstattung, ohne das Einsturzgefahr droht.

Gehen Sie schrittweise vor. Informieren Sie den Gesprächspartner (ähnlich zu Kapitel 3.5 Information über Zwischenstände) je Thema über den Stand Ihrer Beobachtungen und Fakten.

Halten Sie dabei unbedingt folgende Reihenfolge ein: (1) Ist-Zustand, (2) Soll-Zustand und (3) eventuelle Abweichungen:

- Welche Prüfungshandlungen wurden unternommen?
- Was haben Sie dabei herausgefunden?
- Informieren Sie über positive und negative Dinge. Wie gesagt: nur die Fakten, ohne Wertung (z. B. *„X liegt (nicht) vor"*).

Legen Sie Pausen ein. Meist werden Ihre Gesprächspartner Ihre Ausführungen ohnehin kommentieren. Falls nicht, stellen Sie jeweils eine offene Frage zu deren Sicht oder zu den von Ihnen vorgetragenen Sachverhalten.
PL: „Wie sehen Sie das?" Oder *„Was ist Ihre Einschätzung dazu?"*
Hören Sie aus der Antwort heraus, ob Ihnen noch Fakten fehlen, oder ob diese oder manche davon nicht richtig dargestellt wurden. Holen Sie sich abschließend von Ihrem Gesprächspartner durch eine geschlossene Frage jeweils eine Bestätigung:
PL: „Habe ich alle Fakten korrekt dargestellt?" Oder
PL: „Können Sie die Faktenlage bestätigen?"
Achten Sie auf eine klare Bestätigung der vollständigen und richtigen Darstellung der Faktenlage, d. h. warten Sie ab, bis Sie ein klares *„Ja"* ohne Einschränkungen hören. Erst dann dürfen Sie weitermachen! Hartnäckigkeit zahlt sich hier aus!
FB: „Ja, die Fakten sind vollständig und richtig dargestellt. Ich habe dazu nichts mehr zu ergänzen."

95 Vgl. auch Kapitel 4.2.3 Die richtigen Gesprächspartner.

Fragen Sie so lange nach und haken Sie so oft nach, bis Sie für jedes Thema und von jeder relevanten Person diese Bestätigung für Ist-, Soll-Zustand und ggf. Abweichung erhalten. Haben Sie dies erreicht, empfiehlt es sich, jetzt bereits die Berichtspassagen für die Sachverhalte zu besprechen.
PL: „Ich habe vor, X [die reinen Fakten] im Bericht wie folgt darzustellen [...]. Wäre das so richtig?“

Auch wenn in der Praxis anschließend die Risiken, Auswirkungen, Schlussfolgerungen, Beurteilungen und Maßnahmen meist in ein und demselben Gespräch besprochen werden, nehmen Sie zumindest gedanklich eine strikte Trennung zwischen diesen Phasen vor. Es ist wirklich von unschätzbarem Vorteil, alle Sachverhalte und Fakten schon vorab fixiert zu haben. Je später sich darin noch Fehler oder Lücken zeigen (niemand ist unfehlbar), umso negativer die Auswirkungen und umso höher Ihr möglicher Gesichtsverlust.

► Mit gegensätzlichen Auffassungen und Einwänden umgehen
Wir erfüllen unsere Aufgaben, die Fachbereiche die ihren. Während wir blinde Flecke zu identifizieren haben und diese in die Kommunikation des Unternehmens bringen müssen, haben die Fachbereiche neben ihren jeweiligen Funktionen auch darauf zu achten, dass unsere Forderungen nicht vollkommen überzogen sind. Einwände und Widerstände sind also grundsätzlich wünschenswert, da sie zeigen, dass der Gesprächspartner sich mit den von uns thematisierten Dingen auseinandersetzt.

Die Fachbereiche haben schlicht und einfach eine andere Perspektive als wir. Haben Sie schon einmal beobachtet, wie schnell Revisoren assimiliert werden, wenn sie in den Fachbereich wechseln? Gruselig schnell! Wer die Borg aus Star Trek kennt, wird sich an diese erinnert fühlen, wenn er miterlebt, wie unsere ehemaligen Revisionskollegen die Perspektive der Revision aufgeben, und die des betreffenden Fachbereichs annehmen. Die einzelnen Personen sind die gleichen geblieben. Sie sind genau so nett oder (un)kollegial wie vorher und haben Ihre Macken, Ecken und Kanten behalten. Sie haben nur ihre Perspektive gewechselt. Abweichende Meinungen wertzuschätzen – wozu ich hiermit ausdrücklich raten möchte – wird einfacher, wenn wir uns klarmachen, wie wichtig sie für ein harmonisches und funktionierendes Ganzes sein können: die Suppe braucht Salz (und vielleicht auch Chili), eine Symphonie Dissonanzen, und sogar unser räumliches Sehen wird erst durch die unterschiedlichen Perspektiven unserer beiden Augen ermöglicht. Im Unternehmenskontext drückt sich eine andere Perspektive eben durch Gegenargumente, kritische Fragen und geteilte Meinungen aus. Diese werden letztendlich zur Ausgewogenheit und Objektivität unseres Berichtes beitragen.

Im Interesse der guten zukünftigen Zusammenarbeit und vertrauensvollen Beziehung sollten Sie versuchen, bei gegensätzlichen Auffassungen und Einwänden:

- Spannungen nicht entstehen zu lassen.
- Das Gespräch im Gleichgewicht und am Laufen zu halten.
- Gegenseitige Akzeptanz zu erhalten oder aufzubauen.

Im Einzelnen funktioniert der Umgang mit einem **Einwand** wie folgt:

- Der Gesprächspartner formuliert seinen Einwand.
- Sie hören aktiv zu. Zeigen Sie Ihr Interesse an einer offenen Diskussion. Versuchen Sie den sachlichen Gehalt des Einwandes zu verstehen.
- Machen Sie eine Pause. Denken Sie in der Pause darüber nach, was gesagt wurde. Entscheiden Sie, wie Sie weiter vorgehen wollen.
- Ggf. stellen Sie eine Nachfrage.
- Überprüfen Sie, ob Sie verstanden haben, was der Gesprächspartner Ihnen sagen wollte. Dazu wiederholen Sie mit eigenen Worten, was Sie verstanden haben.
- Stellen Sie Ihre eigene Perspektive dar. Erläutern Sie Ihre Sicht der Dinge.
- Erläutern Sie den Sinn, Ihr Interesse, oder Ihre Ziele und Werte.
- Versuchen Sie, in dem Einwand eine Chance auf ein abgerundeteres Bild unter Einbeziehung einer anderen Perspektive zu sehen.

Zusätzlich können Sie die folgenden **rhetorischen Techniken** nutzen (die Beispiele beziehen sich hier auf den gesamten Prüfungsprozess):

- Den Einwand vorwegnehmen:
  PL: „Wahrscheinlich werden Sie eine Kontrolle für zu aufwendig halten ...“
  PL: „Auch wenn bisher nichts passiert ist, halte ich die Kontrolle für erforderlich.“
- Den Einwand gewichten:
  PL: „Selbstverständlich ist es aufwendig, Ihr Anweisungswesen laufend aktuell zu halten, dafür ...“
- Verschiedene Sichtweisen/Perspektiven erläutern:
  PL: „Einerseits kann man das so-und-so (=A) sehen, andererseits aber auch so-und-so (=B).“
  PL: „Aus Ihrer Perspektive kann man dieses und jenes vollkommen verstehen. Aus Sicht des Gesamtunternehmens frage ich mich aber, ...“
- Den Einwand umkehren:
  PL: „Es mag sein, dass dieses und jenes sein könnte, dafür wäre dann aber auch das-und-das möglich.“
- Bedingt zustimmen:
  PL: „In diesem Punkt P stimme ich Ihnen vollständig zu, ...“
  PL: „Gut, dass Sie diesen Aspekt ansprechen, bei dem ich Ihnen voll zustimme. Und ich möchte ergänzen, dass ...“
- Konsequenzen des Einwands offen reflektieren:
  PL: „Wenn Sie das so sagen, dann frage ich mich, wie ...“
- Den Einwand zurückstellen:
  PL: „Ich komme später gerne darauf zurück.“

PL: „Sobald wir Einigkeit über die Fakten haben, werde ich Ihnen meine Beurteilung mitteilen.“

- Nach weiteren möglichen Einwänden fragen:
  PL: „Bestehen aus Ihrer Sicht weitere Anmerkungen zu ...?“

4.1.4 Reaktionsmöglichkeiten für auftretende Phänomene

▶ Beispiel: Revisionspartner schweigt zur Faktenlage

Sie stellen die Fakten dar und fordern anschließend Ihren Gesprächspartner dazu auf, Ihre Darstellung zu bestätigen oder ihr zu widersprechen. Wenn der Revisionspartner daraufhin hartnäckig schweigt oder nur etwas Ausweichendes murmelt,[96] liegt einer der beiden folgenden Fälle vor:

a) Er ist im weitesten Sinne in eine Art „Schockstarre“ verfallen.
b) Er versucht aus taktischen Gründen, seine Zustimmung zu verweigern, um die Faktenlage zu einem späteren – und damit für den Revisor ungünstigeren Zeitpunkt, oftmals erst in der Abschlussbesprechung, anzufechten. Ob er wirklich anderer Auffassung ist, was die Sachverhalte betrifft, spielt dabei keine Rolle.

Auf keinen Fall bedeutet das Schweigen Zustimmung!
Bei b) versteht sich dies von selbst. Aber auch im Fall a) lässt sich leicht nachvollziehen, dass Ihr Gegenüber wohl kaum in Schockstarre verfallen wäre, wenn ihm das, was er von Ihnen hören musste, nicht zu schaffen machte. Z. B. könnte die Zustimmung wie ein Schuldeingeständnis aussehen.

In jedem Fall haben Sie demnach Ihre Darstellung der Sachverhalte zunächst als abgelehnt zu betrachten und dürfen hier unter keinen Umständen zur nächsten Phase übergehen und etwaige Maßnahmen mit dem Fachbereich diskutieren. Das wäre vollkommen vergeblich. Stellen Sie stattdessen dem Schweigenden (noch einmal) eine geschlossene Frage zur Bestätigung der Fakten und pausieren Sie anschließend, bis Sie als Reaktion ein klares *„Ja“* erhalten:
PL: „Ist meine Darstellung der Fakten vollständig und richtig?“ Oder
PL: „Habe ich alle Fakten korrekt dargestellt?“ Oder
PL: „Bestätigen Sie mir die dargelegten Fakten?“
Warten Sie mindestens fünf Minuten ab, ohne etwas zu sagen. Lassen Sie Ihre Frage weiterhin im Raum stehen und blicken Sie Ihren Gesprächspartner erwartungsvoll an. Nutzen Sie diese Gesprächspause, indem Sie die Stille wertschätzen. Sprechen Sie diese Strategie unbedingt vorher mit Ihren teilnehmenden Revisionskollegen ab und einigen Sie sich auf besagte fünf Minuten als Mindest-Schweigezeit. Ermahnen Sie sich und Ihr Team: Erst, wenn Sie ein klares *„Ja“* hören, dürfen Sie weitermachen![97] Nach einigen Minuten dürfte Ihrem Gesprächspartner klar werden, dass es

---

96 Vgl. Kapitel 3.3.3 Reaktionsmuster identifizieren und in der eigenen Kommunikation nutzen.
97 Vgl. 3.3.4 Beispiel: Ihr Revisionskollege konterkariert unabsichtlich Ihre Gesprächsstrategie.

Ihnen mit Ihrer Frage ernst ist. Sehen ihm in die Augen, während Sie weiterhin schweigen.
Auch wenn Ihrem Gesprächspartner klar sein mag, dass sich aus den Fakten später die Risiken, Auswirkungen, Wertungen und Maßnahmen ableiten, ist die inhaltliche Abstimmung trotzdem nicht der typische Zeitpunkt für ein solches Schweigeduell. Sie werden also nicht unendlich auf ein *„Ja"* oder – siehe nächstes Beispiel – auf eine Einschränkung oder Gegendarstellung warten müssen.

▶ Beispiel: Einschränkende Zustimmung („Ja, aber", „eigentlich") zu den Fakten
Auf die Bitte um Bestätigung der Fakten erhalten Sie eine relativierende oder einschränkende Zustimmung:
FB: „Ja, aber Sie müssen noch X beachten." Oder
FB: „Im Prinzip schon, aber ..." Oder *„Eigentlich schon, aber ..."*
Glauben Sie jetzt bitte nicht, der Punkt sei damit erledigt. Ein *„Ja, aber"* zählt nicht als Zustimmung. Damit Sie später keine bösen Überraschungen erleben, gehen Sie gleich auf den Inhalt der Relativierung ein:
PL: „Was meinen Sie mit ‚im Prinzip schon' bzw. ‚Eigentlich' genau?"
Bleiben Sie hartnäckig! Am Ende der Fixierung der Sachverhalte kann nichts anderes als ein uneingeschränktes *„Ja"* stehen. Lassen Sie sich die Relativierung erläutern und die evtl. ausstehenden Fakten oder Sachverhalte liefern. Wirklich erst dann, wenn darüber Einigkeit erzielt wurde, gehen Sie zum nächsten Punkt über. Manchmal erfolgt das *„ABER"* ziemlich leise, gleichsam in den Bart gemurmelt. Bitten Sie im Zweifelsfall den Gesprächspartner, seine Aussage zu wiederholen.
PL: „Ich habe Sie nicht genau verstanden. War das ein „Ja" oder ein „Ja, aber"?
Nutzen Sie die Reaktionen Ihres Gesprächspartners als wertvolle Informationen für die weitere Absicherung der Faktenlage. Solange nicht ein explizites *„Ja"* ohne weitere Einschränkungen erfolgt, müssen Sie wieder und wieder nachhaken und/oder Ihre Darstellung entsprechend verändern. Schaffen Sie so eine solide Grundlage für Ihre Berichterstattung. Falls Ihr Gesprächspartner unfair wird, weil er sich unbedingt aus der Affäre ziehen will, vertagen Sie das Gespräch oder versuchen Sie, einen anderen (möglichst hierarchisch höheren) Gesprächspartner zu erhalten.

▶ Beispiel: Ihre Darstellung der Faktenlage war fehlerhaft
Sie haben Ihre Fakten überprüft und festgestellt, dass Ihr Gesprächspartner mit seiner Ablehnung im Recht ist. Kein Grund zur Beunruhigung! Schlimmer wäre es gewesen, wenn Sie erst sehr spät und in aller Öffentlichkeit (z. B. bei der Abschlussbesprechung oder der externen Berichtsabstimmung) korrigiert worden wären. Freuen Sie sich stattdessen, dass Sie diese Information früh genug erhalten haben, um die Angelegenheit noch ohne größeren Gesichtsverlust in Ordnung bringen zu können.
PL: „Vielen Dank für diese Information." Und
PL: „Welche Fakten waren falsch dargestellt bzw. fehlen mir noch?" Oder
PL: „Welche Fakten meinen Sie genau?"
Gehen Sie zurück auf „Los" und fangen Sie Schritt für Schritt noch einmal an. Stellen Sie die Fakten dar, wie Sie sie verstanden haben, beschreiben Sie Fehlerlisten und

Ausnahmen, erläutern Sie Ihre Auswertungen und Unterlagen. Fragen Sie Schritt für Schritt nach und warten jeweils ab, bis ein *„Ja"* bzw. *„Nein"* erfolgt:
PL: „Habe ich das richtig und vollständig dargestellt?"
PL: „Habe ich hier etwas übersehen?" Oder *„Fehlt noch etwas?"*

► Beispiel: Ablehnung einer internen Vorschrift bzw. Anweisung
FB: „Ich akzeptiere diese Vorschrift nicht!"
FB*: „Da ich diese Vorschrift nicht akzeptiere, mache ich auch nichts!"*
Gerade uns Revisoren kann so eine offene Ablehnung einer Anweisung verständlicherweise sprachlos hinterlassen. Hier treffen möglicherweise zwei grundlegend verschiedene Wertesysteme aufeinander. Betrachten Sie diese interessante Situation wie ein Forscher. Orientieren Sie sich an den Fakten dieser internen Vorschrift:
PL: „Diese Vorschrift ist Bestandteil des Anweisungswesens. Hier im Gültigkeitsbereich steht, dass sie auch für Ihren Unternehmensbereich gilt."
FB*: „Das mag ja sein, aber ich akzeptiere das nicht."* [PAUSE]
Sie könnten nun die Gründe der Ablehnung oder den fraglichen Sinn dieser Anweisung erkunden. Falls Sie Letztere selbst für richtig und sinnvoll halten, also Ihr Ideal-Soll mit der Anweisung im Einklang steht, greifen Sie auf die Grundlagen der Betriebswirtschaftslehre zurück.
PL: „Es mag sein, dass Ihnen diese Vorschrift nicht gefällt. Es gibt auch viele Anweisungen, die mir persönlich nicht gefallen, dennoch halte ich mich daran und befolge sie. Auf dieser Grundlage funktionieren Unternehmen." [PAUSE]
Damit haben Sie auf der Beziehungsebene ein gewisses Verständnis für das „Nichtgefallen" von Vorschriften gezeigt, aber auch Stellung bezogen. Fahren Sie fort, indem Sie dem Fachbereich eine Möglichkeit aufzeigen, wie er die Vorschrift verändern kann. Denn solange die Vorschrift besteht, muss er sie einhalten.
PL: „Wenn Sie diese Vorschrift nicht einhalten wollen, dann sollten Sie versuchen, die Vorschrift auf offiziellem Wege zu verändern, durch eine andere Vorschrift zu ersetzen, oder ganz streichen zu lassen. Aber solange diese Vorschrift in Kraft ist, müssen Sie sich daran halten."
FB: „Ich werde doch meine Zeit nicht für so etwas verschwenden."
PL: „Das ist selbstverständlich Ihre Sache und liegt in Ihrer Verantwortung."
[PAUSE mit Wechsel auf die Metaebene.]
PL: „Ich fürchte, so kommen wir nicht weiter. Aus Sicht der Revision ist die Sache unzweifelhaft. Es besteht eine gültige interne Vorschrift, die sinnvoll und notwendig ist und an die Sie sich zu halten haben. Sie haben natürlich die Möglichkeit, die entsprechende Maßnahme nicht zu akzeptieren. Dies können Sie gerne in Ihrer Stellungnahme zum Bericht vermerken."
FB: „Darauf können Sie Gift nehmen!"
PL: „Ich möchte noch einmal klarstellen, dass ich hier nur meinen Job mache. Und mein Job beinhaltet, dass ich den Vorstand informiere. Die Revision arbeitet für den Vorstand. Der Vorstand kann entscheiden, was und wie er möchte. Da ich für den

Vorstand arbeite, werde ich seine Entscheidung so oder so akzeptieren. Ich verfolge hier keine persönlichen Interessen."

► Beispiel: Revisionspartner akzeptiert Ihre (Ideal-)Sollvorstellungen nicht
Sie haben in der Prüfungsvorbereitung ein „Ideal-Soll" definiert, gegen das Sie das in der Prüfung festgestellte „Ist" abgleichen wollen. Für Ihr „Ideal-Soll" konnten Sie keine gesetzlichen oder sonstigen fixen Vorgaben verwenden. Daher machten Sie sich selbst Gedanken und definierten Ihre Idealvorstellungen anschließend als Soll. Als Sie die Sachverhalte fixieren, wird der Ist-Zustand vom Fachbereich bestätigt – nicht aber Ihre (Ideal-)Sollvorstellung.

FB: „Ihre Vorstellungen sind absurd. Das hat nichts mit der Realität zu tun. So wie wir es jetzt machen, und wie Sie es auch beschrieben haben, ist alles vollkommen in Ordnung. Sie haben vollkommen überzogene Vorstellungen."

Im Idealfall sind Sie nun in der Lage, Ihre Sicht zu belegen, z. B. mittels:

- Informationen zu Best-Practice-Ansätzen
- Informationen darüber, welche Standards die Konkurrenz anwendet
- Artikeln oder wissenschaftlicher Aufsätze
- Zitaten von Koryphäen Ihrer Branche

Auch bestimmte in den Unternehmensleitlinien ausgedrückte Haltungen wie z. B. maximale Sicherheit oder höchste Qualität können Sie als Argumente für Ihre Sollvorstellungen heranziehen.
PL: „Unsere Unternehmensleitlinien geben vor, dass wir nach höchster Qualität zu streben haben. Um höchste Qualität zu erreichen, wird in unserer Branche der Best-Practice-Ansatz X gewählt. Meine Sollvorstellung ist, dass wir mindestens die Best-Practice-Ansätze unserer Branche erfüllen." [PAUSE]
Die Unternehmensleitlinien wird der Revisionspartner hoffentlich nicht infrage stellen. Falls Ihre Unternehmensleitlinien diese höchsten Qualitätsansprüche nicht stellen und der Gesprächspartner Ihr „Soll" weiterhin kritisiert, dann freuen Sie sich, dass Sie dieses in der Prüfungsvorbereitung mit Ihrer Führungskraft abgestimmt haben.[98] Das verschafft Ihnen nun den psychologischen Vorteil, dass Sie wissen, dass Ihr Chef in dieser Sache hinter Ihnen steht.
PL: „Wir haben innerhalb der Revision unsere Sollvorstellungen diskutiert und dabei Best-Practice-Ansätze, Standards der Konkurrenz, wissenschaftliche Artikel usw. herangezogen. Bei der jetzigen Geschäftsaktivität unseres Unternehmens halten wir das Soll X für (zwingend) erforderlich."
Bei weiteren Gegenargumenten bleiben Sie hart.
PL: „Ich wiederhole mich da gerne: ..." Oder
PL: „Ich weiß nicht, wie ich es Ihnen anders sagen soll: ..."

[98] Vgl. Kapitel 2 Vor Prüfungsbeginn.

Sie können dabei gerne exakt dieselbe Formulierung wie oben gebrauchen. Wenn nötig, wiederholen Sie diese auch noch weitere Male.

► Beispiel: Beschwerde – trotz vorherigen Lobs folgt eine Beanstandung
Sie prüfen einen Prozess und gehen dabei schrittweise vor. Relativ zu Beginn des Prozesses sehen Sie etwas überdurchschnittlich Gutes. Sie erwähnen dies lobend gegenüber dem Fachbereich, als Sie über Zwischenstände informieren. Im weiteren Verlauf stellen Sie dann jedoch bei einem späteren Prozessschritt eine Lücke fest, die geschlossen werden muss. Ihr Gesprächspartner reagiert wie folgt:
FB: „Erst loben Sie mich bzw. den Prozess während der Prüfung und jetzt drücken Sie mir da was rein! Was soll das? War das alles nur Gequatsche?
Ein Prozess besteht nun einmal aus mehreren Komponenten, die sowohl einzeln als auch insgesamt beurteilt werden müssen.
PL: „Es stimmt, dass ich mich während der Prüfung zur Sache X aus dem Prozess Y lobend geäußert habe. Es ist weiterhin meine Meinung, dass die Sache X gut ist. Das ändert allerdings nichts daran, dass für die Gesamtbeurteilung das schwächste Glied der Kette das Ausschlaggebende ist.“
Leiten Sie erneut zu den Fakten und Sachverhalten über und fixieren Sie diese. Wiederholen Sie Ihre Aussage bei Bedarf noch einmal.

► Beispiel: Der Fachbereich wünscht bereits jetzt eine Bewertung
Lassen Sie sich am besten gar nicht darauf ein. Falls doch, verwenden Sie ausschließlich hypothetische Konstruktionen auf Basis der Fakten.
PL: „Wenn Sie mir X nachweisen könnten, dann wäre die Auswirkung Y1 und das würde für unser Unternehmen Z1 bedeuten. Falls Sie mir X nicht nachweisen könnten, würde es sich als Y2 auswirken und für unser Unternehmen Z2 bedeuten.

► Beispiel: Drohender Statusverlust, da Ihr Gesprächspartner nicht erscheint
Ein Manager des Fachbereichs erscheint nicht zu einem Gesprächstermin. Wie auch auf Sachbearbeiterebene,[99] kontrollieren Sie den vereinbarten Termin und versuchen Sie Ihren Gesprächspartner zu kontaktieren. Anders als in oben genanntem Beispiel, laufen Sie hier Gefahr, einen Statusverlust zu erleiden, sollten Sie z. B. geduldig warten oder den Fauxpas ignorieren. Signalisieren Sie sofort per E-Mail oder (Mailbox-)Anruf, dass Sie das Nichterscheinen bemerkt haben und es für Sie nicht in Ordnung ist. Übergehen Sie die Sache keinesfalls! Einfach zu hoffen, dass es nicht wieder vorkommen wird, ist hier kontraproduktiv. Denn dann müssten Sie in Zukunft öfters damit rechnen, da sich so etwas in Unternehmen sehr schnell herumspricht. Bedenken Sie: Sie sind Herr des Verfahrens! Die meisten Personen werden sich melden und erläutern, weshalb sie verhindert waren. Bei der nächsten Terminvereinbarung weisen Sie humorvoll darauf hin, dass Sie das Erscheinen Ihres Gesprächspartners erwarten.

---

99 Vgl. Kapitel 3.2.4 Beispiel: Sachbearbeiter versäumt Termin und wirkt psychisch angeschlagen.

▶ Beispiel: Gesprächspartner will das Gespräch abbrechen und gehen
FB: „Ich weiß nicht, was ich hier soll, oder warum Sie mich zu diesem Termin eingeladen haben."
Dann steht er auf und will den Raum verlassen, wohl aufgrund seines Fluchtinstinkts. Dadurch stecken Sie zunächst in einer Zwickmühle:

- Wenn er geht, können Sie die Sachverhalte nicht fixieren und geraten so insbesondere in Zeitverzug.
- Wenn Sie ihn zum Bleiben bewegen können, stehen die Chancen auf einen positiven Verlauf des weiteren Gesprächs schlecht – insbesondere wenn weitere Personen anwesend sind. Denn dann würde er als jemand, der sich Ihrem Willen beugte, einen Gesichtsverlust erleiden.

Setzen Sie sich also nicht unter Erfolgsdruck, den Flüchtenden aufhalten zu müssen. Vielleicht ist ein weiterer Termin, bis zu dem sich die Gemüter wieder beruhigt haben, ohnehin sinnvoller. Geben Sie dem im Gehen Begriffenen aber die Möglichkeit, seine Meinung zu ändern. Stellen Sie die Situation transparent dar und sprechen Sie unterschwellig seine Kompetenz an.

▷ Alternative 1: Deeskalierend und transparent
PL: „Für mich ergibt dieses Gespräch Sinn. Ich kann Sie nicht zwingen, hier zu bleiben, wenn Sie das anders sehen. Ich möchte Ihnen die Inhalte meiner Prüfungsergebnisse, d. h. die Fakten vorstellen. Da ich dem Vorstand [Einführung einer höheren Macht] *möglichst objektiv berichten möchte, ist mir daran gelegen, die Fakten mit Ihnen abzustimmen. Alles Weitere werden wir erst dann besprechen, wenn ich Ihre Zustimmung zur Faktenlage habe."* [Pause] *„Dafür benötige ich einen kompetenten Ansprechpartner aus Ihrem Fachbereich. Daher hatte ich Sie zu dieser Besprechung gebeten. Ich würde mich freuen, wenn Sie diese Rolle übernehmen würden."* [Pause] *„Andernfalls benötige ich sehr kurzfristig einen anderen kompetenten Gesprächspartner aus Ihrem Fachbereich. Wen können Sie mir benennen?"*
Ja, diese Ansprache ist vergleichsweise lang. Achten Sie deshalb besonders in den Pausen auf die Körperreaktionen des Flüchtenden. Wird er schneller oder langsamer? Reagiert er merklich auf etwas Bestimmtes aus Ihren Worten? Wahrscheinlich werden Sie gar nicht den gesamten Textvorschlag verwenden müssen.

▷ Alternative 2: Weniger deeskalierend durch Hinweis auf Terminzusage
PL: „Ich hatte diesen Gesprächstermin mit Ihnen abgestimmt. Sie haben zugesagt, in diesem Gespräch mit mir die inhaltliche Abstimmung der Prüfungsergebnisse, d. h. der Fakten, vorzunehmen. Wenn Sie nun gehen, benötige ich hierfür einen anderen kompetenten Ansprechpartner aus Ihrem Fachbereich."

▷ Alternative 3: Fokus auf Auswirkungen
PL: „Was hätte das für Auswirkungen, wenn Sie jetzt gingen?"

▷ Alternative 4: Möglichen Antwortraum A oder B vorgeben
PL: „Nennen Sie mir bitte einen kompetenten Vertreter mit entsprechender Entscheidungskompetenz ...“ [PAUSE] *„Oder soll ich mich an Ihren Chef wenden?“*

▷ Alternative 5: Dessen Führungskraft ins Spiel bringen
PL: „Soll ich mich direkt an Ihren Chef wenden, um dieses Gespräch zu führen?“

Als einzigartige Person in einer einzigartigen Situation gibt es für Sie keine allgemeingültige Lösung. Vielmehr müssen Sie die hier speziell bestmögliche finden.

▶ Beispiel: Ablehnung der Stichprobenergebnisse
Sie erläutern gerade eine von Ihnen vorgenommene Auswertung.
FB: „Wenn Sie die richtige Stichprobe gezogen hätten, wären Sie auch zu den richtigen Ergebnissen gekommen!“
Diese Reaktion kann nun bedeuten, dass Sie mit Ihren Ergebnissen entweder falsch oder aber goldrichtig liegen. Bitten Sie deshalb um eine Erläuterung.
PL: „Wie meinen Sie das?“ Oder
PL: „Wie sähe das richtige Ergebnis Ihrer Meinung nach aus?“
Hören Sie sich die Antwort an und wägen Sie ihren Inhalt ab.
Im Falle einer Vollauswertung (z. B. per Datamining) oder einer statistisch repräsentativen Stichprobe merken Sie an, dass dies nichts an den Ergebnissen ändern würde, da die Stichprobe die Grundgesamtheit umfasste bzw. repräsentativ war.
PL: „Der Stichprobenumfang wurde statistisch ermittelt. Die Stichprobe wurde korrekt gezogen. Die Ergebnisse sind statistisch signifikant. Eine Erweiterung der Stichprobe würde zu keinem anderen Ergebnis führen.“
Auch der jeweilige Auswertungszeitraum liefert keinen zulässigen Einwand.
FB: „Das Ergebnis ist Zufall. Schauen Sie sich einen anderen Zeitraum an. Da ist es nicht so.“
PL: „Der Auswertungszeitraum wurde vorab revisionsintern festgelegt. Ich habe mich an diese Vorgabe gehalten. Das Ergebnis ist, wie es ist.“

Haltlose Argumente des Fachbereichs dürfen Sie auch einfach ignorieren. Denn unnötige Rechtfertigungen schwächen nur Ihre Position. Notorische „Alphatiere“ könnten Ihnen dies allerdings übelnehmen. Berücksichtigen Sie also den jeweiligen Kontext. Verweisen Sie in jedem Fall auf Ihre Prüfungsvorbereitung und Ihre Abstimmung mit Ihrem Chef. [100]

[100] Vgl. Kapitel 2 Vor Prüfungsbeginn.

4.2 Vereinbarung von Maßnahmen

4.2.1 Ziele der Vereinbarung von Maßnahmen

Haben Sie sich schon einmal überlegt, weshalb es sinnvoll ist, mit dem Fachbereich Maßnahmen zu vereinbaren? Früheren Kollegen von mir war dies offenbar nicht klar, da sie stets versuchten, sich die dafür nötige Zeit zu sparen, vor allem aber auch dadurch den Follow-up Aufwand zu minimieren. Statt Maßnahmen formulierten sie daher in ihren Berichten lediglich Floskeln, wie z. B.: „Mit unserer Prüfung haben wir den Fachbereich für die Notwendigkeit von Verbesserungen sensibilisiert." In denjenigen Fällen aber, in denen sie doch nicht umhin konnten, Maßnahmen zu vereinbaren, stuften sie diese von ihrer Wesentlichkeit her immer so niedrig wie möglich ein. Damit hofften sie, Zeit und vor allem Nerven zu sparen. Im Laufe der Jahre zeigte sich dann jedoch immer deutlicher, dass allein durch obige „Sensibilisierung" die Qualität der in den Fachbereichen ablaufenden Prozesse sich nicht nachhaltig verbessern ließ.

Wissenschaftlich belegen lässt sich der Sinn der Maßnahmenvereinbarungen z. B. mithilfe der systemischen Organisationstheorie. Diese besagt u. a., dass das, was nicht in der Kommunikation eines Unternehmens enthalten ist, für dieses nicht existiert. Somit gibt es auch keine Reaktionsmuster oder Notfallpläne, wenn ein derartig „exkommuniziertes"[101] Ereignis plötzlich eintritt und schlimmstenfalls die Überlebenswahrscheinlichkeit des Unternehmens gefährdet. So entstehen Situationen, im Zuge derer sich die Öffentlichkeit fragt: *„Wusste das denn niemand?"* Wissen allein genügt also nicht. Es gilt, dieses Wissen zu kommunizieren und dadurch diese Ereignisse zu verhindern. Wer ist dafür zuständig? Wir natürlich! Die Revision hat zu beobachten, was in der Kommunikation des Unternehmens enthalten ist und was nicht. Wir können und müssen blinde Flecke und „exkommunizierte" Dinge ansprechen. Diesem Zweck dienen allgemein betrachtet bereits unsere Prüfungen an sich. Deren Durchführung allein gliche allerdings lediglich einer Sensibilisierung. Um Problemfelder nachhaltig im Gespräch – und damit im Lösungsfokus – zu halten, bedarf es dagegen mehr. Insbesondere müssen wir in den Fachbereichen Interesse daran wecken, Schwachstellen zu schließen und weitere Folgeprozesse anzustoßen. Dies ist umso wirksamer, wenn sich das Wollen nicht nur auf ein „weg von", sondern auf ein „hin zu" einem bestimmten Zustand bezieht. Anschließend haben wir dahingehend auch für den nötigen Handlungsdruck zu sorgen. Manch ein Fachbereich hat sich bei uns schon nachträglich dafür bedankt – auch wenn er uns zunächst verflucht hatte.

Das primäre Ziel der Maßnahmenvereinbarung sind also die beiden oben fett gedruckten Punkte: Dass sich die Fachbereiche nicht nur dafür interessieren, ihre Schwachstellen zu beheben, sondern sich nötigenfalls auch dazu bemüßigt fühlen.

---

[101] Der Begriff „exkommuniziert" geht auf Dr. Gunther Schmidt zurück. Vgl. Schmidt, Gunther: Liebesaffären zwischen Problem und Lösung, S. 45.

Die Überlebenswahrscheinlichkeit des Unternehmens wird allerdings erst dadurch wirklich verbessert, dass die vereinbarten Maßnahmen auch nachhaltig umgesetzt werden. Erinnern Sie sich an Konrad Lorenz: „... umgesetzt ist nicht beibehalten." Es geht um das Beibehalten. Nachhaltige Lösungen erfordern daher Maßnahmen, die speziell auf Nachhaltigkeit ausgerichtet sind. Dazu müssen sie eine Reihe von Bedingungen erfüllen. Eine solche Maßnahme muss:

- Notwendig sein.
- Einen Zielzustand beschreiben oder enthalten, d. h. nicht nur einen Analyse- oder Prüfauftrag.
- Nicht zu pauschal, aber auch nicht zu konkret festgelegt sein.
- Einen ausreichenden Umfang besitzen, darf also nicht zu kurzsichtig sein.
- Die „SMART"-Kriterien erfüllen: **s**pezifisch, **m**essbar, **a**kzeptiert, **r**ealistisch und **t**erminiert.

4.2.2 Mögliche Schwierigkeiten bei der Vereinbarung von Maßnahmen

Vielleicht wären Sie geneigt, zunächst alles intern, d. h. mit Ihrem Chef, und dann erst mit dem Fachbereich abzustimmen. Das hätte den Vorteil, dass Sie sich keine Blöße gäben und nicht zurückrudern müssten, falls Ihr Chef bestimmte Punkte anders sähe als Sie. Was aber, wenn er fragt: *„Was denkt denn der Fachbereich darüber? Wie sieht das der Fachbereich? An welche Maßnahmen denkt der Fachbereich?"* Dafür sollten Sie eine Antwort parat haben. Auch müssten Sie davon ausgehen, dass sich der Fachbereich heftig dagegen empören würde, wenn eine Vereinbarung im eigentlichen Wortsinn gar nicht stattfände, sondern die Maßnahmen von der Revision in Eigenregie angeordnet würden. Auch eine zu späte Miteinbeziehung des Fachbereichs, z. B. erst kurz vor Berichtsversand an den Vorstand, würde zu hochschlagenden Emotionen führen.

Doch auch wenn Sie den Fachbereich früh genug miteinbeziehen, können in dieser Phase viele Komplikationen auftreten:

- Ihren Gesprächspartnern mangelt es an Informationen, Interesse, Know-how oder Entscheidungskompetenz.
- Stressreaktionen (Angriff, Flucht, Erstarrung) des Gesprächspartners.
- Einwände, Ausreden und Diskussionen aller Art, mit dem Ziel, möglichst viele Maßnahmen abzuwenden.
- Auswirkungen werden vom Fachbereich nicht gesehen und daher geleugnet.
- Mögliche Risiken oder Chancen werden vom Fachbereich nicht erkannt.
- Es gibt vermeintlich keine Maßnahme, um ein bestimmtes Problem zu lösen.
- Es findet sich kein Zuständiger/Verantwortlicher für diese Maßnahme
- Streit um die Erledigungsfrist der Maßnahme (Die Revision möchte etwas sofort, der Fachbereich erst viel später).
- Die Maßnahme wird dem Fachbereich aufoktroyiert. Er setzt sie später nicht nachhaltig um, weil er nicht davon überzeugt ist.

4.2.3 Wie kann die Erfolgswahrscheinlichkeit erhöht werden?

▶ Die Chance des direkten Gesprächs nutzen

Manche Revisoren möchten der direkten Konfrontation aus dem Weg gehen und versuchen, Maßnahmen ausschließlich schriftlich abzustimmen.[102] In der mündlichen Besprechung haben Sie den Vorteil einer Eins-zu-eins-Beziehung und damit die Chance, sich weitgehend auf das sachliche Thema zu beschränken. Sobald Sie jedoch Ihre Maßnahmen schriftlich an den Fachbereich schicken und um Akzeptanz oder Bestätigung bitten, wird eine hierarchische und politische Angelegenheit daraus. Auch fixieren Sie dabei Positionen, die nicht ohne Gesichtsverlust verändert oder aus der Welt geschafft werden können. Mündlich dagegen können Sie dem Fachbereich ein persönliches Versprechen abnehmen, die besprochene Maßnahme umzusetzen – das eindeutige *„Ja"* zur Maßnahme. Geben Sie diesen Vorteil nicht aus der Hand! Behandeln Sie Feststellungen und vereinbaren Sie Maßnahmen also in einem persönlichen Gespräch und ermöglichen Sie damit sowohl sich als auch den Fachbereichen, ohne Gesichtsverlust Ihre Positionen zu verändern. Betätigen Sie sich als geistige Maßnahmen-Hebamme, indem Sie den Fachbereich selbst auf die lösende Idee kommen lassen – auch wenn Sie von dieser zuvor bereits eine klare Vorstellung haben. Das erhöht die Wahrscheinlichkeit einer nachhaltigen Umsetzung beträchtlich. Nutzen Sie die Gelegenheit, Maßnahmen mündlich zu besprechen und in der mündlichen Besprechung Maßnahmen zu vereinbaren.

▶ Der Ausgangspunkt: Es besteht Einvernehmen über Sachverhalte und Fakten

Den Ausgangspunkt haben Sie bereits geschaffen.[103] Durch Ihre Prüfungstätigkeit und die bisherigen Gespräche haben Sie von den bestehenden themenabhängigen Konfliktpotenzialen bereits eine ungefähre Vorstellung erlangt, die sich nun konkretisieren wird. Loten Sie aus, wo die Emotionen hochkochen, und was vergleichsweise freimütig akzeptiert wird. Dieses Wissen können Sie dann in den weiteren Phasen und insbesondere in der Abschlussbesprechung nutzen. Wenn Sie die Interessen des Revisionspartners kennen, umso besser. Wenn nicht, ist es jetzt an der Zeit, diese Interessen und Bedürfnisse herauszuarbeiten und gemeinsam nach guten und nachhaltigen Lösungen zu suchen.

Bei der Maßnahmenvereinbarung können die Gesprächspartner je nach Unternehmen und Fachbereich der Arbeitsebene, der unteren oder der mittleren Managementebene angehören. Falls die Maßnahmenvereinbarung nicht unmittelbar nach der Fixierung der Fakten mit demselben Gesprächspartner erfolgt, sollte sich die Managementebene tendenziell um eine Stufe erhöhen.

Hier die zu empfehlenden Schritte im Detail in Stichpunkten:

- Darstellung der möglichen Auswirkungen der Sachverhalte.
- Darstellung der bestehenden Risiken.

---

[102] Vgl. Kapitel 5.3 Berichtsabstimmung extern.

[103] Vgl. Kapitel 4.1 Fixierung der Sachverhalte.

- Die Betroffenen zu Beteiligten machen.
- Klärung, ob eine Maßnahme notwendig ist.
- Klärung, ob eine Maßnahme möglich ist.
- Festlegung der Zuständigkeit und Verantwortung für die Erledigung der Maßnahme.
- Inhaltliche Vereinbarung und sprachliche Fixierung der Maßnahme.
- Terminliche Fixierung der Maßnahme.

Unter einer Vereinbarung verstehe ich eine möglichst einvernehmlich erstellte Regelung der durchzuführenden Aktivitäten, die bis zu einem bestimmten und von beiden Seiten akzeptierten Termin abgeschlossen sein müssen. Vielleicht haben Sie selbst schon die Erfahrung gemacht – die sicherlich jeder Motivationsforscher bestätigen wird – dass es eine nachhaltigere Wirkung zeigt, wenn sich jemand selbst ein Ziel setzt, als wenn ihm dieses Ziel von jemand anderem vorgeschrieben wird. So kann eine innere Trägerschaft (ownership) der Veränderung entstehen und eine persönliche Verantwortungsübernahme erfolgen, die beide in schwierigen Situationen als Energiequellen dienen.[104] Erhöhen Sie die Eigenmotivation für die Erledigung der Maßnahmen, indem Sie die Betroffenen zu Beteiligten machen. Falls in Ihrem Unternehmen das Wort der Revision für die Fachbereiche „Gesetz" ist und ohne jegliche Diskussion alles gemacht wird, was die Revision sagt, hört sich das vielleicht etwas eigenartig an. In so einer Unternehmenskultur ist die Vereinbarung von Maßnahmen ein Kinderspiel – hier würde sogar schon die alleinige „Sensibilisierung" funktionieren. Allerdings erkennt man auch hier, dass Maßnahmen immer genau dann nachhaltiger umgesetzt werden und wirken, wenn die Gesprächspartner an der Auswahl und/oder der Formulierung stärker beteiligt waren.

► Die richtigen Gesprächspartner

Stellen Sie sicher, dass Sie mit Personen sprechen, die über ausreichende Fachkompetenz verfügen.[105] Für die Vereinbarung von Maßnahmen sollte die Person zudem über eine entsprechende Entscheidungskompetenz verfügen. Hier sind Experten oder sog. „informelle Führer", also Personen, die sowohl fachlich versiert als auch so hoch angesehen sind, dass ihr Wort auch ohne offizielle Führungsposition zählt, ideal. Damit haben Sie gleichzeitig eine hohe Chance auf gute Lösungen und gleichzeitig ein geringes Risiko, dass derjenige später überstimmt wird. Im Zweifelsfall klären Sie verbindlich, ob die nötige Entscheidungskompetenz vorliegt, oder ob Sie die entsprechenden Kompetenzträger (die untere bis mittlere Managementebene) zu den Gesprächen hinzubitten oder später mit einbeziehen sollen. Achten Sie auf jeden Fall auf ein klares *„Ja"*. Wie dringend die unmittelbare Entscheidungskompetenz Ihres Gesprächspartners wirklich ist, sollten Sie auch vom Kontext der zu vereinbarenden Maßnahmen abhängig machen:

---

[104] Vgl. Doppler, Klaus: Über Helden und Weise, S. 5.

[105] Vgl. auch Kapitel 4.1.3 Auf die richtigen Gesprächspartner achten.

- Falls es Ihnen mehr um Ideensammlungen, Überprüfung der Machbarkeit und die Optimierung der Nachhaltigkeit von Maßnahmen geht, sollten Sie sich an Sachbearbeiter, Experten und informelle Führer halten, also diejenigen, die sich gut auskennen und später die Maßnahme umzusetzen haben.
- Falls die Maßnahme schon relativ klar ist, und es um die Zustimmung des Fachbereichs hierzu geht, sollte die Managementebene einbezogen werden.
- Falls das Thema von Anfang an eine sehr politische Komponente beinhaltet, sowohl Fakten als auch Maßnahmen aber schon klar sind, sollte unbedingt die Managementebene hinzugezogen werden bzw. das Gespräch gleich auf dieser Ebene geführt werden.

► Betroffene beteiligen – Das „Was-wäre-wenn-Spiel“ mit Auswirkungen
Um letztendlich nachhaltige Lösungen zu erreichen, gilt es, nachhaltig wirkende Maßnahmen zu vereinbaren. Dazu ist es notwendig, Einigkeit über die Notwendigkeit einer Maßnahme zu erzielen. Dies erreichen Sie, indem Sie den Gesprächspartner bestätigen lassen, dass eine Abweichung des Ist- vom Soll-Zustand besteht. Wenn Sie eine **explizite Vorschrift** prüfen und feststellen, dass diese nicht eingehalten wurde, ist das selten ein Problem und führt kaum zu anstrengenden Diskussionen. Die Maßnahme lautet: *„Die Vorschrift ist ab sofort einzuhalten. Zwischenzeitliche Versäumnisse sind aufzuarbeiten.“* Die Fakten sind klar, die Vorschriften sind bekannt und die Vereinbarung, diese einzuhalten, ist fast ein Automatismus.

Was aber, wenn Sie **keine explizite Vorschrift** prüfen? Was, wenn Sie einen Prozess beurteilen und sehen, er läuft nicht „rund“? Wenn Sie ein Projekt prüfen und sehen, die Projektmitglieder liegen sich in den Haaren? Wenn zwei Bereichsleiter einen persönlichen Grabenkrieg führen, der sich auf das Unternehmen negativ auswirkt? Dann ist es nicht so einfach, eine Maßnahme zu kreieren, welche die jeweilige Situation beheben oder zumindest verbessern kann. In diesem Fall ist das optimale bzw. erfolgversprechendste Vorgehen, bewusst schrittweise einen **gemeinsamen Lernprozess** mit dem Fachbereich zu durchlaufen. Auch wenn es uns Revisoren ganz leichtfallen mag, „unrunde“ Prozesse oder andere Schwachstellen zu erkennen, sollten wir nicht davon ausgehen, dass dies unseren Gesprächspartnern ebenso geht. Schließlich sind diese an das, was uns als falsch oder verbesserungswürdig auffällt, einfach gewöhnt. Auch identifizieren sich Personen mit bestimmten Abläufen, wenn sie diese selbst entwickelt und eingeführt oder schon lange befolgt haben. Sich später von ihnen zu trennen oder sie anzupassen, kommt einem nachträglichen Eingeständnis gleich, Schwächen zuvor nicht bemerkt, oder Prozesse nicht optimal entwickelt und umgesetzt oder nicht angepasst zu haben. Die psychologische Hürde, die zu nehmen ist, sollte nicht unterschätzt werden. Sie stellt alle Beteiligten vor eine große Herausforderung. Diese lässt sich durch ein schrittweises Vorgehen meistern, das die Erkenntnis einer Verbesserungsmöglichkeit langsam wachsen und reifen lässt. Hier gilt es, Ihr Wissen und auch Ihr Ego (*„Ich weiß es besser“*) stark zurückzunehmen. Begeben Sie sich in die Rolle einer distanzierten, aber gleichzeitig als „einer von uns“ wahrnehmbaren Person, die sich für das Unternehmen engagiert, ohne damit zu verschmelzen oder sich vereinnahmen oder instrumentalisieren zu lassen.[106] Animieren Sie Ihren Gesprächspartner, sich selbst mit der Situation auseinanderzusetzen. Sensibilisieren Sie ihn für mögliche Folgen und Auswirkungen. Sprechen Sie von Ihrer Seite konkrete Risiken nur an, wenn diese von Ihrem Gesprächspartner nicht selbst erkannt werden. Halten Sie es wie Lehrer Bömmel aus der Feuerzangenbowle: *„Da stelle mer uns mal janz dumm und frage uns, ...“* Stellen Sie Fragen, leisten Sie Hilfe zur Selbsthilfe und lenken bzw. führen Sie sehr behutsam Ihren Gesprächspartner in Richtung Auswirkungen und mögliche Risiken. Vermeiden Sie entmündigende Vorgaben, setzen Sie zunächst nur leichte Impulse, beobachten Sie deren Wirken und nutzen Sie das Lösungspotenzial Ihres Gesprächspartners.

Ausgangspunkt ist immer das *„Ja“* zu den Fakten. D. h., Ihr Gesprächspartner hat Ihnen bestätigt, dass Sie die Fakten vollständig und richtig dargestellt bzw. das Flow-Chart richtig gezeichnet haben.
PL: „Nachdem wir nun Einigkeit über die Fakten erzielt haben, möchte ich mit Ihnen die möglichen Auswirkungen dieses Sachverhalts besprechen.“
Jetzt spielen Sie das **„Was-wäre-wenn-Spiel“**. Ganz wichtig ist dabei, dass Sie sich ständig in hypothetischen Fällen unter Nutzung des Konjunktivs bewegen. Spielen Sie bei einem Prozess diese Vorgehensweise mit allen Elementen (z. B. allen Inputfaktoren, Verarbeitungsschritten, Parametern usw.) des Flow-Charts bzw. mit der Ist-Situation durch, indem Sie von vorne nach hinten den Prozess durchlaufen und an dessen Elementen und Pfeilen entlangwandern bzw. die Ist-Situation nach möglichen Auswirkungen hinterfragen.
PL: „Ausgehend von dem Flow-Chart; was wäre, wenn X passieren würde?“
Konkretes Beispiel:
PL: „Was wäre, wenn dieser Input-Faktor nicht rechtzeitig zur Verfügung stünde?“
PL: „Wie würde es sich auswirken, wenn dieser Parameter nicht korrekt wäre?“
PL: „Woran würden Sie erkennen, wenn es Probleme bei diesem Verarbeitungsschritt gäbe?“
Fragen Sie, wie sich das auf den weiteren Prozess auswirken würde; welche Kontrollpunkte dies erkennen würden, welche Auswirkungen das hätte und welche Risiken dies implizieren könnte.
PL: „Wie würde sich das auf den weiteren Prozess auswirken?“
PL: „Wie würden die vorhandenen Kontrollen dies erkennen?“
PL: „Welche Kontrollpunkte würden dies erkennen?“
PL: „Würden die bestehenden Fehlerlisten darauf hinweisen?“
PL: „Auf welche Art und Weise könnten Sie es dennoch erkennen?“
PL: „Welche Reaktionsmöglichkeiten bestünden?“
PL: „Würden diese Reaktionen zeitnah greifen?“
PL: „Wer sonst noch, außer Ihnen, könnte etwas tun?“
PL: „Was könnte sonst noch getan werden?“

[106] Doppler, Klaus: Über Helden und Weise, S. 6.

PL: „Wie könnte dies alles verhindert werden?“
PL: „Vor dem Hintergrund Ihrer Informationen über präventive und reaktive Möglichkeiten – was schätzen Sie, welche Auswirkungen X auf Ihre Abteilung/Ihren Unternehmensbereich/unser Unternehmen hätte?“

Gehen Sie langsam und transparent vor und nehmen Sie sich ausreichend Zeit. Pausieren Sie immer dann in Ihrer Gesprächsführung, wenn Ihr Gesprächspartner Zeit zum Nachdenken benötigt. Bedenken Sie, dass mögliche Schwachstellen oder Probleme bei Ihrem Gesprächspartner zu Stressreaktionen und inneren Dialogen führen können. Gehen Sie davon aus, dass sich seine Gedankenwelt einengen wird.

Wenn Sie den Prozess einmal von vorne nach hinten durchlaufen haben, drehen Sie den Spieß um und fragen von hinten nach vorne: Beginnen Sie bei den Auswirkungen oder Effekten und fragen Sie nach möglichen Ursachen und Beispielen:
PL: „Was schätzen Sie, unter welchen Umständen könnte X eintreten?“
PL: „Was könnte alles dazu führen, dass Sie nicht plausible Ergebnisse erhalten und ggf. Vortageswerte berichten müssten?“ Dies ergänzen Sie mit:

- „Ist so etwas schon einmal passiert?“
- „Gibt es dafür Belege/historische Ereignisse?“
- „Wie oft kommt das vor?“
- „Wann ist das das letzte Mal eingetreten?“

Greifen Sie die genannten Auswirkungen und Risiken auf und reflektieren Sie diese laut. (Wenn Sie zu zweit sind, können Sie eine Reflecting Team Sequenz einsetzen, d. h. in Anwesenheit des Fachbereichs mit Ihrem Revisionskollegen auf der Metaebene über die Situation sprechen. Wenn nicht, dann wenden Sie das Seitenmodell an und erläutern verschiedene Sichtweisen (einerseits ..., andererseits ...)).
PL: „Wenn Sie die Auswirkungen und die Risiken so schildern, dann melden sich zwei (drei, ...) Stimmen in mir. Einerseits könnte man das so-und-so sehen, andererseits aber auch so-und-so.“
Hier dürfen Sie Verallgemeinerungen („man“) nutzen. Sie sagen ja nicht, dass Sie der Sache explizit zustimmen, sondern signalisieren nur ein allgemeines Verständnis für die Situation bzw. Sichtweise.

Verallgemeinern Sie die Auswirkungen und Risiken und übertragen Sie sie auf das Unternehmen, damit dieses insgesamt und nicht Ihr Gesprächspartner persönlich mit dem Problem in Verbindung gebracht wird. Nutzen Sie hier wieder explizit den Konjunktiv, um die Sache in der Schwebe zu halten und weniger konfrontativ wirken zu lassen. Sie wollen ja die Einsicht und das Eigeninteresse des Gesprächspartners für die Problemlösung aktivieren und nichts aufoktroyieren.
PL: „Wenn das so wäre, dann stünde unser Unternehmen vor dem Problem X.“
Versuchen Sie behutsam, das Problembewusstsein und das **Interesse** an einer möglicherweise besseren Lösung in Ihrem Gesprächspartner zu wecken. Reflektieren Sie die Bedeutung der Auswirkungen gemeinsam mit ihm. Fragen und diskutieren Sie,

was der Fachbereich diesbezüglich schon unternommen hat. Hören Sie heraus, ob dieser auf alle Eventualitäten, die Sie zuvor hypothetisch durchgespielt hatten, vorbereitet ist. Sobald Sie realistische Varianten identifizieren, wo das noch nicht der Fall ist, legen Sie eine Pause ein und lassen Sie den Gesprächspartner darüber nachdenken.

Falls schon eine Einschätzung erfolgte, greifen Sie diese auf, oder fragen Sie nach **Wahrscheinlichkeiten** oder Gewichtungen.
PL: „Für wie wahrscheinlich halten Sie das?"
PL: „Für wie groß/klein/schlimm halten Sie die Auswirkungen?"
PL: „Könnten Sie dies quantifizieren?"
In der Regel wird Ihr Gesprächspartner eine bestehende Lücke kommentieren:
FB: „Stimmt, für diesen Fall würden die Kontrollen nicht greifen. Das würde nicht bemerkt werden."
Holen Sie sich die Bestätigung der Abweichung bzw. Kontrolllücke ggf. in Form einer wertschätzenden geschlossenen Frage:
PL: „So wie Sie mir das jetzt erläutert haben, fehlt doch genau dann X oder?"
Gebraucht Ihr Gesprächspartner **Relativierungen**, dann bestätigt dies ebenfalls die Abweichung bzw. Kontrolllücke.
FB: „Ist ja nicht so schlimm/passiert sowieso nicht/nur ein rein theoretisches Risiko/ist noch nie aufgetreten."
Gehen Sie zunächst auf die Abweichung bzw. Lücke ein und behandeln Sie die Eintrittswahrscheinlichkeit erst später. Die Zustimmung ist umso wahrscheinlicher, je offener und konstruktiver Sie dieses Gespräch gestalten. Bitte verkneifen Sie sich jedes Anzeichen von Freude, wenn Sie die Bestätigung Ihrer Vermutung erhalten. Manchen Kollegen huscht dann ein Lächeln über die Lippen. Wie Sie sich denken können, ist dies eher kontraproduktiv.

Fragen Sie Ihren Gesprächspartner nach Plänen, Vorstellungen oder Ideen zur Schließung der Lücke bzw. Verbesserung der Situation. Je nach Situation können Sie – wenn Sie es auch wirklich so meinen – auch die Existenz der Abweichung wertschätzend formuliert kommentieren:
PL: „Schade, ich war so beeindruckt von Ihrem Prozess/Ihrer Organisation und hatte gehofft, dass jede Eventualität bedacht wäre. Das werde ich nun leider aufnehmen müssen. Haben Sie schon Pläne, Vorstellungen oder Ideen, wie Sie damit umgehen wollen?" Oder nutzen Sie nur den letzten Satz.
PL: „Wie wollen Sie mit der Abweichung/Lücke umgehen? Haben Sie dafür schon Pläne, Vorstellungen oder Ideen?"
Daraufhin hören Sie sich diese ggf. an und nehmen Sie nach Möglichkeit auf. Dies fällt umso leichter, je expliziter Sie gedanklich einen Rahmen vorgegeben haben, der auf jeden Fall eingehalten werden muss. Z. B. maximale Fehlerquote von X % oder Kosten von Y. Dabei ist die Art und Weise, wie diese Rahmenbedingungen künftig erfüllt werden sollen, erst einmal egal. Greifen Sie die genannten Pläne, Vorstellungen oder Ideen, wie die Risiken abzuwenden sind oder sich die Situation verbessern

lässt, auf und fragen Sie nach konkreten Vorschlägen zum diesbezüglichen Vorgehen. Falls Ihr Gesprächspartner die betreffenden Aktivitäten nicht im eigenen Zuständigkeitsbereich sieht, fragen Sie, wer jeweils was erledigen sollte.
PL: „Wer könnte/müsste/sollte was genau tun, damit die Risiken für unser Unternehmen vermieden oder verringert werden könnten?"
Falls Ihr Gesprächspartner einfallslos ist, oder Sie aus Ihrem Erfahrungsschatz selbst gute Ideen haben, bieten Sie diese an. Auf Basis dieser Diskussion lassen Sie Ihren Gesprächspartner den **Maßnahmentext** formulieren. Gehen Sie trichterförmig vor und haken Sie mit immer konkreter werdenden Fragen nach, bis Sie von Ihrem Gesprächspartner ein eindeutiges *„Ja"* zum Maßnahmentext erhalten.

Versuchen Sie nur dann in Vorlage zu gehen, wenn Sie die Einschätzung Ihres Gesprächspartners nicht für realistisch halten und auch Ihre Nachfrage zu keinem Ergebnis führt. Verwenden Sie hierfür unbedingt Ich-Botschaften, den Konjunktiv und abschwächende Wörter oder Nachsätze für ein langsames Vortasten.
PL: „Auf Grundlage der von Ihnen bestätigten Sachverhalte/Fakten, würde ich folgende Auswirkungen sehen ..."
PL: „Eigentlich wäre dann doch noch X und Y zu beachten, oder?"
Will sich Ihr Gesprächspartner dem Thema „Auswirkungen und Risiken" entziehen, scheuen Sie sich nicht, auch einen konfrontativen Dialog zu führen, der ihn immer wieder dazu zwingt, sich mit den Sachverhalten auseinanderzusetzen. Informieren Sie den Gesprächspartner über Ihre derzeitige Beurteilung der Auswirkungen je Thema (positive Dinge und negative Dinge). Falls Sie sich nicht sicher sind, dass Sie mit Ihrer Beurteilung Recht haben, oder es sein könnte, dass Ihr Chef Sie überstimmen wird, gibt es folgende Varianten dies zu berücksichtigen, ohne sich Rückzugsmöglichkeiten zu verbauen:
PL: „Nach aktuellem Stand der Prüfung (→ es ist noch Folgendes offen...) sehe ich derzeit folgendes Risiko (X), das sich nach meiner Einschätzung wie folgt (Y) auswirken könnte."
PL: „Ich habe in der Prüfung Folgendes gesehen ... und muss noch intern abstimmen, wie die Revision dies beurteilen wird. Ich sehe da folgende Möglichkeiten ..."
PL: „Vorbehaltlich der internen Abstimmung, sehe ich das wie folgt ..."
Diskutieren Sie mögliche Schlussfolgerungen
PL: „Wie sehen Sie das?" Oder *„Was ist Ihre Einschätzung dazu?"*
Testen und analysieren Sie das Konfliktpotenzial:

- Wo kochen die Emotionen hoch?
- Was wird anscheinend problemlos hingenommen?
- Worin bestehen die Interessen und Bedürfnisse des Gesprächspartners?

Diskutieren Sie mögliche Maßnahmen:

- Welche Rahmenbedingungen müssen die Maßnahmen erfüllen?
- Welche Möglichkeiten sieht der Gesprächspartner?
- Was können Sie aus Ihrem Erfahrungsschatz beitragen?

Bauen Sie einer späteren Nicht- oder Teilerledigung vor.[107] Achten Sie darauf, dass die Maßnahme weder zu allgemein noch zu konkret formuliert ist. Überprüfen Sie die vereinbarte Textformulierung auf mögliche Schlupflöcher. Das Ziel sollte eine nachhaltige (Verhaltens-)Änderung sein[108] und nicht, dass nur weiteres Papier oder unnötige bürokratische Prozesse erzeugt werden.

Schauen Sie Ihrem Gesprächspartner bei der eigentlichen Vereinbarung direkt in die Augen. Denn bei bestehendem Blickkontakt wird daraus immer eine Vereinbarung zwischen Personen. Lassen Sie bei der Vereinbarung von Maßnahmen von Anfang an keine Zweifel aufkommen, dass jegliche späteren Ausflüchte vergeblich wären. Dies reduziert die Wahrscheinlichkeit von Ausweich- und Hinhaltetaktiken und erhöht die Verbindlichkeit. Zusätzlich sollten Sie sich zunächst der Einigkeit vergewissern und anschließend scherzhaft drohen:
PL: „Ich möchte bereits jetzt spätere Missverständnisse so gut wie möglich ausschließen. Bitte stellen Sie noch einmal mit Ihren eigenen Worten dar, wie Sie die Maßnahme verstehen und wie Sie sie umsetzen werden."
Darauf erfolgt die Bestätigung. Ggf. justieren Sie nach.
PL: „Wunderbar. Ich sehe, wir haben das gleiche Verständnis über die Maßnahme. [PAUSE und dann scherzhaft mit Blick in die Augen] *Wehe, Sie erinnern sich in ein paar Monaten nicht mehr daran!"*
Falls Sie sich nicht sicher sind, ob Sie die vorgeschlagene Maßnahme akzeptieren können, oder es sein könnte, dass Ihr Chef Sie später überstimmt, halten Sie sich eine **gesichtswahrende Rückzugsmöglichkeit** offen:
PL: „Das ist eine interessante Idee/Möglichkeit. Darüber muss ich zunächst mal nachdenken. Ich lasse mir alles durch den Kopf gehen und melde mich dann noch einmal bei Ihnen." Oder
PL: „Vorbehaltlich der revisionsinternen Abstimmung, sehe ich das wie folgt ..."
Anschließend informieren Sie über den weiteren Ablauf.

► Die Freiheit, sich nicht zu einigen
Zwingen Sie sich nicht dazu, sich um jeden Preis zu einigen, denn das würde Ihre Verhandlungsposition nur schwächen. Schließlich besteht auch die Möglichkeit eines **Dissenses**, d. h., Sie einigen sich mit dem Fachbereich, sich nicht zu einigen. An sich ist ein Dissens nicht schlimm. Allerdings wird er üblicherweise nicht gerne gesehen, da er im Prinzip einer Eskalation des Themas an den Vorstand entspricht. Dieser möchte meist nicht selbst entscheiden und erwartet daher von seinen Untergebenen, dass sie sich einigen. Umgekehrt ersparen sich die Untergebenen üblicherweise gerne ein Machtwort Ihres gemeinsamen Chefs. „Macht erfüllt eine Konflikten vorbeugende Funktion, weil allen klar ist, dass nicht klar ist, welche Konsequenzen die Einbeziehung des Machthabers in die Kommunikation (das sprichwörtliche

---

107 Vgl. Kapitel 6 Follow-up.

108 Vgl. Kapitel 4.2.1 Ziele der Vereinbarung von Maßnahmen.

„Machtwort") hätte."[109] In der Finanzdienstleistungsbranche jedoch besteht die zusätzliche Herausforderung, dass es aufgrund der von der Aufsicht geforderten organisatorischen Funktionstrennung oft keinen gemeinsamen Chef gibt, der ein Machtwort sprechen könnte. In solchen Fällen müssten sich dann zwei verschiedene Vorstände mit dem Thema auseinandersetzen. Dies ist für alle Beteiligten unangenehm und läuft auf die Frage hinaus, für wen ein Dissens unangenehmer ist: für den Fachbereich, oder für die Interne Revision. Steht der Vorstandsvorsitzende hinter seiner Revision, signalisiert, einen Dissens ins Spiel zu bringen, Ihrem Gesprächspartner, dass es Ihnen mit der angedachten Maßnahme zur Behebung eines aus Revisionssicht bestehenden Risikos ernst ist, und Sie auch diesen Weg gehen würden, um sie durchzusetzen. Es hängt sehr vom **„Tone at the Top"** ab, ob in Ihrem Unternehmen ein Dissens zulässig ist. Verschaffen Sie sich ggf. dafür frühzeitig die nötige Rückendeckung, indem Sie sich in der internen Abstimmung grünes Licht für diese Konsequenz erteilen lassen.

Manchmal, wenn es um das Überleben des Unternehmens geht, kann es wichtig sein, als Revision die Unternehmensinteressen konsequent durchzusetzen. Dann nutzen Sie ein **Ultimatum** nach dem Motto: *„Entweder Sie tun, was ich möchte, oder Sie haben die Folgen zu tragen."* Das funktioniert aber nur kurzfristig und ist für den Aufbau einer vertrauensvollen Beziehung zum Fachbereich deutlich kontraproduktiv. Nutzen Sie es wirklich nur in echten Ausnahmefällen.

Alternativ zu Dissens oder Ultimatum ist die **Risikoübernahme** durch den Fachbereich und den Vorstand möglich. D. h., ersterer ist bereit, das aufgezeigte Risiko zu tragen und wird keine Maßnahmen zur Risikovermeidung oder -reduktion umsetzen. Bei dieser Variante muss das bestehende Risiko, der Wunsch des Fachbereichs, auf eine Maßnahme zu verzichten, und das gegenteilige Votum der Revision im Bericht transparent dargestellt werden, damit der Vorstand, sollte er dieses Risiko doch nicht tragen wollen, einschreiten kann. Damit Sie sicher nicht einem Bluff des Fachbereichs aufsitzen, empfiehlt sich in der praktischen Vorgehensweise, dem Vorschlag der Risikoübernahme nur unter der Bedingung zuzustimmen, dass dies bereits mit dem zuständigen Fachvorstand abgestimmt wurde. D. h., Sie erläutern, dass die entsprechende Berichtspassage wie folgt lauten wird: *„Der Fachbereich X hat uns die schriftliche Zustimmung des Vorstands Y vorgelegt, dass das dargestellte Risiko ohne Ergreifung jeglicher Maßnahme hingenommen werden wird. Aus diesem Grund entfällt die folgende, aus Sicht der Revision erforderliche Maßnahme: …"* Verlangen Sie zu einem kurzfristigen Termin diese schriftliche Bestätigung, um sie in Ihren Berichtsentwurf aufnehmen zu können.

[109] Simon, Fritz B., Einführung in die systemische Organisationstheorie, S. 94.

4.2.4 Reaktionsmöglichkeiten für auftretende Phänomene

► Beispiel: Sie verwenden keine zieldienlichen Formulierungen

Damit können Sie z. B. dem Fachbereich die Chance zur Eigenmotivation nehmen oder nicht genügend Handlungsdruck aufbauen.

▷ Problemvariante 1: Keinesfalls mit der Tür ins Haus fallen

PL: „Es gibt hier ein Problem, nämlich, dass …"

Das klingt besserwisserisch und fordert eine abwehrende Haltung heraus. Gehen Sie stattdessen Schritt für Schritt vor. Zunächst die Bestätigung des Ist-, des Soll-Zustands, der Abweichungen und dann erst die hieraus möglicherweise resultierenden Auswirkungen und Risiken, d. h. Probleme.

▷ Problemvariante 2: Möglichst keine Maßnahmen vorgeben

PL: „Es gibt die folgenden Möglichkeiten, das abzustellen: A oder B, oder C."

Überfordern Sie den Gesprächspartner nicht mit Ihren lange im Voraus überlegten Vorschlägen. Vielmehr sollte er die Lösungsvorschläge entwickeln. Auch wenn Sie sich schon Ihre Gedanken gemacht haben! Denken Sie an die Hebammenmetapher. Sie helfen dem Fachbereich, sein Kind zu gebären, und halten ihm nicht eine Auswahl an schreienden Babys vor die Nase und fragen ihn, welches davon er gerne hätte. Nehmen Sie ihm nicht seinen Kinderwunsch oder das „Glücksmoment" nach der Geburt.

▷ Problemvariante 3: Falsch verwendeter Konjunktiv

PL: „Ich würde vorschlagen, dass Sie … [sich darum kümmern]."

Verzichten Sie auf den Konjunktiv.

PL: „Ich schlage vor, dass Sie …"

▷ Problemvariante 4: Pauschalkritik

PL: „Es ist alles im Argen. Nichts ist in Ordnung …"

Vermeiden Sie Pauschalkritik. Führen Sie die Auffälligkeiten und Fakten jeweils einzeln an und achten Sie auf Einigkeit über jeden Sachverhalt, bevor Sie Ihre Schlussfolgerung ziehen und ansprechen.

► Beispiel: Nicht zuständig oder verantwortlich

In manchen Unternehmen will jeder Verantwortung übernehmen. Da werfen Sie ein Thema in den Raum, und es stürzen sich sofort fünf Leute darauf und kümmern sich darum, z. B. weil sie sich beweisen und Verantwortung übernehmen wollen. In anderen Unternehmen hingegen laufen alle weg. Keiner möchte Verantwortung übernehmen; vielleicht, weil es sich für die Karriere nicht auszahlt. Niemand möchte sich Fehler in die Schuhe schieben lassen, jeder kümmert sich nur um seinen eigenen direkten Einflussbereich. Im Ergebnis ist das Thema kaum unterzubringen. Sie haben den Eindruck, Sie werden auf der Suche nach jemandem, der die Verantwortung übernimmt, durch das gesamte Unternehmen geschickt. Immer hören Sie, ein anderer sei zuständig. Wie reagieren Sie?

Lassen Sie sich nicht abschrecken. Erkundigen Sie sich, ob in Ihrem Unternehmen Prozess- oder Produktverantwortlichkeiten festgelegt sind. Falls ja, klären Sie ab, wer jeweils wofür verantwortlich ist und in welches (übergeordnete) Verantwortungsgebiet Ihr Thema fällt.
FB: „Dieses Thema T1 geht mich nichts an. Ich bin nur ausführendes Organ. Für dieses Thema T1 bin ich nicht verantwortlich. Die Zuständigkeit liegt nicht bei mir, sondern bei X."
PL: „Ich habe mich erkundigt, wer für das übergeordnete Thema T0 verantwortlich ist. Im aktuellen Organigramm werden Sie genannt. Ist das richtig?"
Warten Sie das klare *„Ja"* ab. Erst dann machen Sie weiter.
PL: „Da Sie für das übergeordnete Thema T0 die Verantwortung tragen, die Zuständigkeit für T1 aber nirgends dokumentiert ist, liegt es in Ihrer Verantwortung, sich des Themas T1 anzunehmen." Ggf. ergänzen Sie:
PL: „Das kann auch darin bestehen, dass Sie mit <Bereich> zwischenzeitlich eine klare Vereinbarung treffen und mir die entsprechende Dokumentation liefern."

▶ Beispiel: Zurückweisung von Zuständigkeit oder Verantwortung
FB: „Ich weiß nicht, was Sie von mir wollen! Sie haben zwar bei mir im Unternehmensbereich geprüft, aber für die Überwachungstätigkeit, die Sie fordern, bin ich nicht zuständig! Das muss jemand anderer machen."
Wenn Sie das überrascht, nutzen Sie am besten einen sog. „Brückensatz"[110] oder eine Floskel, um die Situation zu überbrücken und Ihre Gedanken zu sammeln.
PL: „Das ist interessant."
Gehen Sie nun, falls es dies in Ihrem Unternehmen gibt, auf Prozessverantwortliche oder produktverantwortliche Stellen ein. Diese müssen die Überwachungstätigkeit organisieren, auch wenn sie letztere nicht selbst durchführen. Im Zusammenhang mit der Prozess- oder Produktverantwortung werden folgende Begriffe verwendet, die sich oft auf ein und dieselbe Person beziehen:

- Process Owner = derjenige, der sich um einen Prozess zu kümmern hat
- Accountability = derjenige, der Sanktionen zu erwarten und zu tragen hat, falls bei dem Prozess(teil) etwas fehlschlägt
- Responsibility = derjenige, der für den Prozess(teil) offiziell verantwortlich ist
- Issue Owner = der für den Prozess zuständige Vorstand (oder Bereichsleiter).

Gerade bei arbeitsteiligen Prozessen über verschiedene Bereiche kann es vorkommen, dass sich diese Begriffe auf verschiedene Personen beziehen. Wenn Sie z. B. für etwas verantwortlich sind, aber nicht dafür geradestehen müssen, wenn es misslingt, sind Probleme zu erwarten. Auch wenn Sie die Antwort bereits kennen sollten, stellen Sie hier folgende Frage nach der Sichtweise Ihres Gesprächspartners:

[110] Vgl. Thiele, Albert: Argumentieren unter Stress, S. 72 und S. 268–270.

PL: „Wie Sie sicherlich wissen, sind in unserem Unternehmen alle Verantwortlichkeiten für Prozesse/Produkte genau zugeordnet. Wer ist aus Ihrer Sicht für den Prozess/das Produkt verantwortlich?“
FB: „Das ist jemand anderer. Ich bin das nicht.“
PL: „Das lässt sich leicht klären. Lassen Sie uns doch kurz im Intranet/im Anweisungswesen nachsehen.“
Sollte Ihr Gesprächspartner verantwortlich sein:
FB: „Oh, da steht ja, dass ich verantwortlich bin. Wer schreibt denn da so etwas rein!?! Darüber werde ich mich sofort beschweren!“
Fragen Sie weiter nach, wieso er keine Kenntnis davon hatte.
PL: „Herr X, wie kommt es, dass Sie von Ihrer Zuständigkeit und Verantwortung keine Kenntnis hatten?“
Für den weiteren Fortgang des Gespräches gibt es nun zwei Varianten.

▷ Alternative 1: Good Cop
PL: „Ich werde in den Bericht aufnehmen, dass die Überwachungstätigkeit vom Produkt-/Prozessverantwortlichen zu organisieren und inkl. Kontrolle zu etablieren ist. Sollten Sie die Produkt-/Prozessverantwortung abgeben, informieren Sie mich bitte darüber.“

▷ Alternative 2: Bad Cop
Falls Ihr Gesprächspartner nun ausfallend werden und Ihnen drohen sollte, verdeutlichen Sie ihm, dass auch Sie Machtmittel einsetzen und z. B. seine Unkenntnis über die eigene Zuständigkeit in Ihren Bericht aufnehmen könnten.
PL: „Herr X, so lasse ich nicht mit mir sprechen.“ [PAUSE] *„Dass Sie von Ihrer Zuständigkeit keine Kenntnis hatten, werde ich wohl in den Bericht aufnehmen müssen. Da ändert auch Ihre Kampfdialektik nichts daran.“*

▶ Beispiel: Auswirkung kann nicht benannt werden
FB: „Keine Ahnung. Ich kann Ihnen nicht sagen, wie sich das auswirken würde. Das weiß ich nicht. Hierüber habe ich keine Informationen.“
PL: „Das macht nichts. Wissen müssen Sie das auch nicht. Aber schätzen können Sie. Was schätzen Sie denn, was die Auswirkungen wären?“

▶ Beispiel: Mögliche Auswirkungen oder Risiken werden nicht gesehen
FB: „Diese Maßnahme ist nicht nötig!“
Dies passiert, wenn Sie das Was-wäre-wenn-Spiel entweder nicht ausreichend gespielt haben, oder sich Ihr Gesprächspartner ganz und gar resistent zeigt.
PL: „Wenn Sie das so sagen, haben Sie dafür doch bestimmt gute Gründe. Welche sind das?“
Dass Sie ihm zugutehalten, die Ablehnung der Maßnahme nachvollziehbar rechtfertigen zu können, wirkt auf der Beziehungsebene. Hören Sie sich die Gründe an und überprüfen Sie, ob sie valide sind. Ggf. müssen Sie noch einmal auf die Sachverhalte und Fakten zurückkommen. Andernfalls halten Sie dagegen.

PL: „Nach meiner Einschätzung besteht das folgende Risiko [...]. Die Maßnahme soll das Ziel erreichen, dieses Risiko zu begrenzen.“
Hören Sie sich die Einwände an. Manchmal stören sich die Gesprächspartner an einzelnen Worten. Wenden Sie sich vom Wortlaut ab und stattdessen dem **Ziel und Zweck** der Maßnahme zu.
PL: „Um dieses Ziel zu erreichen, dachte ich mir, ist die vorgeschlagene Maßnahme geeignet. Aber vielleicht haben Sie ja eine bessere Idee, um das Ziel und den Zweck zu erreichen?“
Vielleicht erfolgt dann ein konstruktiverer Vorschlag.
FB: „Das ist doch alles viel zu theoretisch, was Sie da sagen! Das ist nur ein theoretisches Risiko. Die Praxis sieht anders aus!“
Das ist einer der Standardvorwürfe gegenüber der Revision. Fragen Sie freundlich und interessiert nach.
PL: „Das interessiert mich. Erläutern Sie mir das bitte genauer?“
FB: „Das, was Sie da erzählen, wird nicht passieren.“
PL: „Dass es bisher noch nicht aufgetreten ist, bedeutet nicht, dass es nicht passieren könnte.“
Jetzt können Sie ggf. noch eine der bekannten Krisen Ihrer Branche zitieren. Dagegen ist meist nicht viel Sinnvolles zu erwidern.
PL: „Denken Sie doch z. B. an die letzte Krise X. Darauf waren wir als Unternehmen nicht vorbereitet und mussten es teuer bezahlen. Oder denken Sie an die Krise Y, auf die wir sehr gut vorbereitet waren und sehr glimpflich weggekommen sind.“
FB: „Unsere Mitarbeiter machen so etwas nicht. Das kommt bei uns nicht vor.“
PL: „Ja, das würde ich mir auch wünschen.

„Leider ist dem nicht so.“ [wenn bereits etwas passiert ist]
„Leider kann ich nicht davon ausgehen.“ [wenn es noch nicht passiert ist]

Zusätzlich bietet sich immer folgende Variante an:
PL: „Es ist meine Aufgabe, den Vorstand auf Risiken hinzuweisen. D. h., ich beurteile die Situation und stelle die damit verbundenen Risiken dar; auch wenn es noch nicht vorgekommen ist und hoffentlich auch künftig nicht vorkommen wird.“ Oder
PL: „Meine Aufgabe ist, den Vorstand auf Risiken hinzuweisen. Sie können gerne in Ihrer Stellungnahme anmerken, dass Sie keine Risiken sehen.“ Oder
PL: „Ich denke, es ist Sache des Vorstands, hierüber zu entscheiden. Ich werde es auf alle Fälle empfehlen/als Maßnahme vorschlagen.“
FB: „Jetzt haben Sie sich doch nicht so; das ist doch nicht so schlimm!“ Oder
FB: „Das war schon immer so, und hat noch nie jemanden gestört!“
Lassen Sie sich dadurch nicht verunsichern. Fangen Sie ggf. noch einmal von vorne an und erreichen über die Sachverhalte, die Fakten, den Soll-Ist-Abgleich, die Differenz, die Auswirkungen und die Risiken schließlich Ihr Ergebnis.
PL: „Die Fakten hatten Sie mir eben bestätigt. Ebenfalls die möglichen Auswirkungen. Angesichts dieser Auswirkungen sehe ich das Risiko als so hoch an, dass etwas zu dessen Begrenzung unternommen werden muss.“

FB: „Ich sehe das Risiko als sehr gering an."

Nun fragen Sie erneut nach den Gründen und gehen darauf ein. Sollte sich dennoch eine **Pattsituation** ergeben, weisen Sie auf die Möglichkeit Dissens und Risikoübernahme hin. Sie setzen darauf, dass der Andere dies weniger will als Sie:[111]

PL: „Das ist Ihr gutes Recht. Sie müssen nicht einer Meinung mit mir sein." [PAUSE] *„Sollten Sie der Meinung sein, dass diese Risiken ignoriert werden können, überzeugen Sie ihren Vorstand davon, dass diese Risiken nicht durch eine Maßnahme eingegrenzt oder reduziert werden sollen. Dann entscheidet der Vorstand, ob er diese Risiken eingehen möchte, oder nicht."* [PAUSE] *„Diese Entscheidung benötige ich schriftlich bis X* [Termin]. *Falls sich der Vorstand gegen diese Maßnahme entscheiden sollte, hätte ich kein Problem damit. Das ist seine Kompetenz. Damit hätte ich trotzdem meine Aufgabe erfüllt."*

► Beispiel: Keine Ahnung vom Geschäft

FB: „Sie haben keine Ahnung vom Geschäft!"

Das ist einer der Standardvorwürfe gegenüber der Revision. Lassen Sie sich hiervon nicht verunsichern. Fragen Sie freundlich und interessiert nach.

PL: „Wie meinen Sie das?"

Prüfen Sie die Antwort auf ihren Gehalt. Falls der Tonfall Ihres Gesprächspartners zu entwürdigend war, antworten Sie freundlich, aber bestimmt:

PL: „Herr X, so lasse ich nicht mit mir sprechen."

► Beispiel: Die Verantwortung auf die Revision schieben

Manche Revisionspartner sind sehr geschickt darin, die operative Verantwortung auf die Revision abzuwälzen – besonders, wenn die Lösung nicht sofort ins Auge springt.

FB: „Sie sind doch von der Revision! Sie müssen mir doch sagen, was ich wie genau tun soll. Also, was soll ich machen?"

Positionieren Sie sich in so einem Fall eindeutig und widersprechen Sie klar. Der Fachbereich ist und bleibt operativ verantwortlich und hat seine Aufgaben zu erfüllen. Nehmen Sie ihm nichts davon ab.

PL: „Da muss ich jetzt etwas klarstellen. Die Verantwortung für dieses Thema hat Ihr Fachbereich und die Verantwortung bleibt auch in ihrem Fachbereich." [PAUSE] *„Mit unserer Prüfung identifizieren wir Risiken oder Optimierungspotentiale. Es ist unsere Aufgabe, hierüber den Vorstand zu unterrichten. Selbstverständlich machen wir auch Sie auf diese Risiken oder Optimierungspotenziale aufmerksam. Es liegt weiterhin in ihrer Verantwortung, die Risiken zu begrenzen und die Optimierungspotenziale zu heben."*

Wiederholen Sie das Ziel, das mit der Maßnahme erreicht werden soll. Fragen Sie, auf welchem Wege oder mit welchen Mitteln dieses Ziel erreicht werden kann und wie andere Unternehmen dieses Problem lösen. Was natürlich von Ihnen vorgegeben werden muss, sind die Kriterien, an denen Sie die Erledigung der Maßnahme überprüfen werden. Diese orientieren sich meist am Ziel der Maßnahme.

---

111 Vgl. Kapitel 4.2.3 Die Freiheit, sich nicht zu einigen.

► Beispiel: Die Revision wird zu Budget-Zwecken instrumentalisiert
In bestimmten Fällen sind die Revisionspartner sehr kooperativ. Sie präsentieren von sich aus alle Schwächen und zeigen auch eine grundsätzliche Bereitschaft, alles zu verbessern. Doch leider, leider stehen nicht genügend Ressourcen (Mitarbeiter, Budget) zur Verfügung. Sie haben den deutlichen Eindruck, manipuliert zu werden.
FB: „Ich sehe das auch so. Diese weiteren Kontrollen wären eine gute Sache. Aber dazu bräuchte ich mindestens noch fünf zusätzliche Mitarbeiter. Die habe ich nicht. Weder die Sollstellen, noch das Budget dazu.“ Oder
FB: „Ich würde die Maßnahme ja gerne umsetzen, mir fehlen jedoch die Ressourcen, um das zu tun. Schreiben Sie das in Ihren Bericht.“
PL: „Da das nicht Teil der Prüfung war, kann ich dazu keine Aussage treffen. Sie können dies aber gerne in Ihrer Stellungnahme zum Bericht erwähnen. So können Sie dieses Thema beim Vorstand adressieren und anschließend Ihre Ressourcensituation mit ihm verhandeln.“ Oder
PL: „Meine Aufgabe ist es nicht, über die Verteilung von Ressourcen zu entscheiden. In unserer Prüfung hatten wir das Thema X im Fokus. Die Effizienz der Nutzung Ihres Ressourceneinsatzes war nicht Gegenstand der Prüfung. Dazu können wir keine Aussage treffen.“
FB: „Wenn Sie nicht dafür sorgen, dass ich weitere Ressourcen erhalte, dann kann ich diese Kontrolle nicht umsetzen.“
PL: „Dass Ihnen zu wenig Ressourcen zur Verfügung stehen, sollten Sie mit Ihrer Führungskraft besprechen. Es steht Ihnen selbstverständlich auch frei, dies in Ihrer Stellungnahme zum Bericht zu erwähnen.“

► Beispiel: Abschreckungstaktik durch angeblich hohe Kosten
Ein gängiger Versuch, die Revision unter Druck zu setzen, besteht darin, die ggf. sehr hohen Kosten der Maßnahmenumsetzung anzuführen.
FB: „Wenn wir so viel kontrollieren würden, dann würden wir unserem Unternehmen durch den Kontrollaufwand einen wirtschaftlichen Schaden zuführen.“ Oder
FB: „Die von Ihnen geforderte Kontrolle ist zu aufwendig/zu kostenintensiv. Wir könnten das schon machen, aber das würde <Betrag> kosten. Wollen Sie für diese Kosten verantwortlich sein? Überlegen Sie sich das noch einmal!“
Sind Sie sicher, dass Sie die Auswirkungen und deren Risiken zur Genüge besprochen haben? Überprüfen Sie das für sich. Meist stellt der Fachbereich eine einseitige Rechnung auf. Sicher sind Kontrollen teuer. Aber die Kosten der Auswirkungen bzw. drohende Kosten aufgrund des Risikos werden oft ignoriert. In den Fachbereichen herrscht häufig die Haltung: Ist noch nicht passiert = wird nicht passieren.
Sollten die Kosten der Auswirkungen und Risiken geringer sein als die Kosten der Kontrolle, gilt es vorsichtig zu sein. Wenn Sie auf einer Kontrolle bestehen (die nicht auf Gesetzen, Vorschriften oder Ähnlichem beruht), dann versuchen Sie, dem Vorwurf, ein Kostentreiber zu sein, vorzubauen. Fragen Sie nach, auf welcher Grundlage der Fachbereich die Kosten kalkuliert hat. Klären Sie ab, ob hier nur ins Vage hinein

argumentiert oder nur eine Seite betrachtet wurde, oder ob die vorgenommene Kalkulation diesen Ausdruck verdient hat.

PL: „Welche Kalkulationsgrundlage haben Sie dabei verwendet?“ Oder

PL: „Wie haben Sie die Kosten der Kontrolle kalkuliert?“ Oder

PL: „Wie kalkulieren Sie die Kosten der Auswirkungen und Risiken?“

Dann plausibilisieren Sie die Kalkulation und verarbeiten das Ergebnis in Ihrem Bericht. Um den Vorstand richtig zu informieren, halte ich es für angebracht, die Kontrolllücke, die Auswirkungen, die Risiken, die abgeleitete Maßnahme sowie die Kostenkalkulationen darzustellen.

Was machen Sie, wenn keine solche Kalkulation vorliegt? Eine Möglichkeit ist, darauf hinzuweisen, dass nicht notwendigerweise eine vollautomatisierte IT-Lösung erforderlich ist, sondern auch pragmatische Ansätze vorstellbar sind. Fragen Sie nach solchen.

PL: „Ließe sich das nicht vielleicht auch pragmatischer lösen, ohne vollautomatisierte IT-Umsetzung?“

Sie können aber auch besagte Kosten-Nutzen-Kalkulation per Maßnahme fordern.

PL: „Wie Sie wissen, ist die Revision nicht operativ tätig. Insbesondere treffen wir keine Investitionsentscheidungen. Diese muss immer der Fachbereich treffen. Wir sorgen nur dafür, dass die Notwendigkeit einer Entscheidung transparent wird. Lassen Sie uns doch die Erstellung einer Kosten-Nutzen-Analyse als Maßnahme vereinbaren. Falls das Analyseergebnis rechtzeitig vorliegt, können Sie es über Ihre Stellungnahme dem Vorstand berichten.“

Achtung: Formulieren Sie die Maßnahme geschickt und ohne Schlupflöcher. So bleibt die Verantwortung für diese Entscheidung da, wo sie hingehört – im Fachbereich. *„Der Fachbereich hat unter Abwägung verschiedener Möglichkeiten, auch pragmatischer Lösungen, eine Kosten-Nutzen-Analyse durchzuführen und zu entscheiden, ob zukünftig für die dargestellte Lücke eine Kontrolle einzuführen ist. Die Analyse ist der Revision vorzulegen und je nach Ergebnis umzusetzen.“*

► Beispiel: Eine nachträgliche Kontrolle verhindert nicht, dass es passiert

Besonders knifflig ist die Argumentation für Maßnahmen, die nicht präventiv wirken, sondern lediglich dafür sorgen, dass ein Schaden, der schon entstanden ist, schnellstmöglich erkannt wird, damit noch steuernd eingegriffen werden kann.

FB: „Eine zusätzliche Kontrolle bringt nichts! Sie würde nichts verhindern!“

PL: „Ich stimme mit Ihnen darin überein, dass die beste Lösung, also das Verhindern, nicht möglich ist. Es kann immer passieren.“ [PAUSE] *„Selbstverständlich wäre es schön, wenn es eine Möglichkeit gäbe die Sache zu verhindern. Da stimme ich mit Ihnen überein. Das wäre die beste Lösung.* [PAUSE] *Könnten Sie sich einen anderen Weg vorstellen, um dies zu erreichen? Haben Sie eine Idee?“*

FB: „Nein.“

PL: „Da auch ich keine Idee habe, wie das funktionieren könnte, zielt die zusätzliche Kontrolle darauf ab, es zumindest so schnell wie möglich zu bemerken. Das Ziel der

Maßnahme ist daher nicht, es zu verhindern, sondern es möglichst schnell zu erkennen, um Schlimmeres verhindern zu können. Daher benötigen Sie so etwas wie ein Alarmsystem.“
FB: „Dennoch könnten wir es nicht verhindern. Dann brauchen wir auch keinen Alarm.“
PL: „Wenn Sie ein Alarmsystem hätten, könnten Sie schnell darauf reagieren.“
FB: „Im schlimmsten Fall würde aber sogar eine Reaktion innerhalb von fünf Minuten nach Eintritt des Schadens keinen Unterschied mehr machen.“
Natürlich kommt es hier darauf an, ob das mögliche Ereignis eine Kleinigkeit darstellt oder die Existenz des Unternehmens bedroht. Fordern Sie, was Sie für angemessen halten. Der Fachbereich kann dem Vorstand immer noch vorschlagen, das Risiko in Kauf zu nehmen. Auf jeden Fall sollte der Vorstand umso eher über das gewünschte Sicherheitsniveau entscheiden, je existenzbedrohender das mögliche Ereignis ist.

► Beispiel: Aufforderung, die Zukunft vorhersehen zu können
Bei einem sehr existenzbedrohenden Ereignis hält die Revision präventive Maßnahmen bzw. ein „Alarmsystem“ für erforderlich. Der Fachbereich nicht.
FB: „Dann beweisen Sie mir doch, dass es in Zukunft passieren wird.“
Der unausgesprochene Zusatz ist: *„Wenn Sie das nicht können, machen wir auch nichts.“* Wie reagieren Sie in so einem Fall? – Geben Sie ihm zunächst Recht.
PL: „Ja, das können wir genauso wenig wie Sie. Schade eigentlich. Aber es ist nicht erforderlich, das zu beweisen. Dass das Risiko besteht, darüber sind wir uns einig, oder?“
Warten Sie das uneingeschränkte *„Ja“* ab.
PL: „Dass es kein häufiges Ereignis ist, darüber sind wir uns auch einig. Richtig?“
Erarbeiten Sie ein möglichst uneingeschränktes *„Ja“*.
PL: „Auch wenn es ein seltenes Ereignis ist, besteht das Risiko, dass es eintreten könnte. Und wenn es eintritt, ist die Existenz des Unternehmens gefährdet.“
PL: „Wenn wir Ereignisse identifizieren, welche die Existenz des Unternehmens gefährden könnten, dann ist es unsere Aufgabe, den Vorstand darüber zu informieren. Er kann dann entscheiden, welches Sicherheitsniveau er wünscht.“
Denken Sie daran: Ein Dissens ist möglich. Sie müssen sich nicht einigen. Es ist nicht Aufgabe der Revision, über ein existenzbedrohendes Risiko zu entscheiden und es ggf. zu tragen. In so einem Fall muss der Vorstand entscheiden. Fordern Sie also, was Sie für angemessen halten.

► Beispiel: Der Klassiker – Es war schon immer so
FB: „Das haben wir schon immer so gemacht! Und jetzt kommen Sie einfach so daher und wollen das ändern! Es hat doch immer funktioniert.“
PL: „Nur weil in der Vergangenheit Gott sei Dank nichts passiert ist, muss das nicht für die Zukunft gelten. Was war denn mit <Krise/Skandal>? Da hat auch keiner gedacht, dass da was passiert. Und passiert ist es doch. Die Welt/der Markt verändert

sich, die Prozesse verändern sich – alles verändert sich. Und dieses Thema muss der sich verändernden Welt angepasst werden.“
Sobald nichts Konstruktives mehr erwidert wird, schließen Sie das Thema mit der Erklärung ab, es dem Vorstand zu überlassen, sich dagegen zu entscheiden.
PL: „Die Revision ist vom Vorstand beauftragt, ihn auf Schwächen und Verbesserungsmöglichkeiten hinzuweisen. Das mache ich. Das Thema muss aus meiner Sicht in unserem Unternehmen wirklich angegangen werden.“ [Pause] *„Falls sich der Vorstand gegen diese Maßnahme entscheidet – das steht ihm frei –, bin ich auch nicht böse. Das ist eine Managemententscheidung. Meine Aufgabe besteht lediglich darin, ihn darauf hinzuweisen.“*

► *Beispiel:* „Aber ..., aber ..., aber ...“
Sie haben den Eindruck, der Revisionspartner gibt einfach Kontra, ohne damit ein konkretes fachliches Interesse zu verfolgen; es gehört wohl lediglich zu den Zielvorgaben dieses Fachbereichs, die Anzahl der Maßnahmen zu minimieren. Scheuen Sie sich in so einem Fall nicht, die Technik des „Sprungs in der Schallplatte“ zu nutzen. Wiederholen Sie wieder und wieder Ihre Aussage.
PL: „Zur Begrenzung des Risikos halte ich X für erforderlich.“
PL: „Ich wiederhole mich da gerne. Zur Begrenzung des Risikos halte ich X für erforderlich.“
Seien Sie nicht irritiert, wenn Ihr bestes Argument keine Wirkung zeigt. Eine Ergänzung vieler weiterer Argumente wäre hier kontraproduktiv, da insbesondere diejenigen, welche Sie als Letzte anführen würden, eine vermutlich deutlich geringere Stichhaltigkeit hätten. Ihr Gesprächspartner könnte dann leicht dagegenhalten.
Bleiben Sie also bei Ihrem besten, oder ggf. bei den zwei oder drei ungefähr gleichbesten Argumenten. Wiederholen Sie diese hartnäckig („Sprung in der Schallplatte“), sobald Sie erkannt haben, dass Ihr Gesprächspartner ausschließlich abblockt. Vermeiden Sie, sich zu rechtfertigen. Sollten Sie nicht weiterkommen, wechseln Sie auf die Metaebene und sprechen dies an.
PL: „Ich habe den Eindruck, wir kommen so nicht recht voran. Was meinen Sie?“

► Beispiel: Problem ist „unlösbar“ oder es gibt keine klassische Maßnahme
Dieser Fall ist schwieriger. Z. B. könnte die Prüfung ergeben haben, dass zwei Unternehmensbereiche nicht reibungslos zusammenarbeiten, oder ein Projektleiter nicht mit seinem Teilprojektleiter spricht. Eine Maßnahme: „Vertragt Euch“ oder „redet miteinander“ ist schwer nachzuverfolgen.

Es gibt zwei grundsätzliche Möglichkeiten, hiermit umzugehen.

▷ Alternative 1: ansprechen, sensibilisieren und berichten
Entweder sprechen Sie das Thema bei beiden an und reden ihnen sozusagen ins Gewissen. Dann könnten Sie im Bericht vermerken: *„Im Rahmen unserer Prüfung haben wir den Fachbereich für das Thema Zusammenarbeit sensibilisiert. Der Fachbereich hat uns zugesagt, die Zusammenarbeit zu verbessern.“*

Damit wäre die Sache für Sie erledigt. Sie haben das Problem identifiziert, besprochen und berichtet. Ein Follow-up entfällt. Wahrscheinlich sehen die betroffenen Personen keine Möglichkeit, etwas an ihrer Situation zu ändern und haben das Gefühl, der andere wäre schuld und die Situation sei so verfahren, dass man selbst nichts bewirken könne. Mit Anraten ist es meist nicht getan. Oft sind weitere Aktivitäten erforderlich, um eine nachhaltige Wirkung zu erzielen. Es besteht also das Risiko, dass Ihr Bericht zu keiner nennenswerten Veränderung führt.

▷ Alternative 2: Mediation[112]
Für erfolgsversprechender halte ich, den Fachbereich zu einer Mediation oder einem gemeinsamen (Konflikt-)Gespräch aufzufordern, welches von einer unabhängigen Person moderiert wird. Die Teilnahme daran sollte zwar eigentlich freiwillig erfolgen. Doch dafür besteht der Vorteil, dass die Aufforderung zur Mediation in Form einer Maßnahme in den Bericht aufgenommen werden kann. Denn auch wenn die Konfliktparteien nicht ernsthaft nach einer Lösung suchen oder die Mediation abbrechen, kann dies von der Revision im Follow-up behandelt und weitere Schritte (z. B. Gespräche mit den zuständigen Fachvorständen) eingeleitet werden. Denn wenn die beschriebene Situation dem Unternehmen schadet (Kosten durch unrunde Prozesse, ineffizientes Arbeiten, Grabenkriege usw.), hat die Revision darauf hinzuweisen. Wurde die Mediation durchgeführt und eine Lösung erarbeitet, kann im Follow-up bei den Konfliktparteien weiteres Feed-back zur veränderten Situation eingeholt und das Gespräch aufrechterhalten werden. Z. B.:
PL: „Welche Erfahrungen haben Sie inzwischen miteinander gemacht?“
PL: „Welche Unterschiede bestehen im Vergleich zu vorher?“

▶ Beispiel: Die Frist für die Maßnahmenumsetzung sei viel zu kurz
FB: „Ja, die Maßnahme ist notwendig. Das ist schon ok so. Aber wir haben so viel zu tun, das schaffen wir unmöglich so schnell! Wir müssen dazu erst ein Projekt beantragen, es aufsetzen ... Und das mit dem Budget wird auch nicht so einfach werden. Sie wissen doch, wie es im Moment gerade aussieht ... Wir brauchen mindestens doppelt so lange.“
Hier sind die in Ihrer Revision bestehenden Regeln entscheidend. Falls es keine vorgegebenen Fristen für die Umsetzung von Maßnahmen z. B. abhängig von der Wesentlichkeit gibt, können Sie relativ frei darüber entscheiden:
PL: „Das ist sehr bedauerlich. Welche konkreten Argumente haben Sie für einen späteren Umsetzungstermin? Was spräche dafür und was dagegen?“
Versuchen Sie herauszuhören, ob die Gründe triftig oder nur vorgeschoben sind. In letzterem Fall bleiben Sie hart. In ersterem Fall sollten Sie Ad-hoc-Maßnahmen zur kurzfristigen Begrenzung der Risiken fordern, die dann von dem langfristigen Projekt abgelöst werden.

---

[112] Vgl. Puhani, Silvia: Mediation in der Internen Revision und Puhani, Silvia: Revision als Vermittler zwischen Unternehmensbereichen.

PL: „Welche Ad-hoc-Maßnahmen könnten Sie ergreifen, um die zwischenzeitlichen Risiken zu begrenzen?"
Zusätzlich sollten Sie die einzelnen Zwischenschritte des Projektes zeitlich verbindlich fixieren. Angenommen, Sie dürfen regelkonform nur Maßnahmen vereinbaren, die eine Laufzeit von drei Monaten haben, dann reihen Sie verschiedene Maßnahmen gemäß den Projektschritten aneinander. Die nächste startet also jeweils erst dann, wenn die vorherige Maßnahme abgeschlossen ist.
PL: „Was halten Sie davon, wenn wir die verschiedenen Zwischenschritte gleich terminlich festhalten? Dann kann ich diese ins Follow-up aufnehmen."
Im Zweifel halten Sie sich als gesichtswahrenden Ausweg die Möglichkeit offen, in der Regelung nachzulesen oder um Rücksprache zu bitten. Denn die Abfolge der Maßnahmen muss auch von Ihrem Follow-up-Tool abgebildet werden können.
PL: „Ich werde das mit meinem Chef besprechen und mich bei Ihnen melden."

► Beispiel: Vorwurf der Priorisierung durch Terminvorgaben
Bei der Vereinbarung einer bestimmten Maßnahme kontert Ihr Gesprächspartner mit einer starken Verallgemeinerung und einer für Sie überraschenden Aussage.
FB: „Ständig prüfen Sie bei uns! Mit all Ihren Terminvorgaben priorisieren Sie unsere sämtlichen Aktivitäten! Das können wir nicht länger hinnehmen!"
Hier bietet sich die Strategie an: Zustimmung + Erläuterung + Abfrage der Gründe.
PL: „Ja, wir prüfen oft bei Ihnen. Das liegt an unserer risikoorientierten Prüfungsplanung, die so vom Vorstand verabschiedet wurde. Wir haben keinen Überblick über alle Ihre Aktivitäten und maßen uns auch nicht an, diese zu priorisieren. Unsere Terminvorgaben entsprechen den revisionsinternen Regelungen. Um davon abzuweichen, benötigen wir gute Gründe. Bitte nennen Sie mir diese." Oder
PL: „Da muss ich etwas klarstellen. Wenn wir Fristen setzen, so entsprechen diese Terminvorgaben unseren revisionsinternen Regeln. Wenn Sie diese Termine nicht einhalten können, weil Sie andere Prioritäten haben, dann setzen Sie uns bitte davon in Kenntnis. Wir haben keinen Überblick, was bei Ihnen gerade ansteht. Am besten listen Sie intern für sich all Ihre Aufgaben, priorisieren diese und informieren mich dann über die relevanten Termine. Selbstverständlich benötige ich dann für meine Unterlagen noch eine entsprechende Begründung. Liefern Sie mir diese. Dann werde ich das mit meinem Chef abstimmen."

► Beispiel: Zu pauschale oder konkrete Maßnahme
Oft verlegen sich Revisionspartner auf die Strategie, sich dumm zu stellen:
FB: „Diese Maßnahme ist viel zu pauschal. Darunter kann ich mir nichts vorstellen. Was soll ich denn da konkret machen? Was muss ich vorlegen, damit Sie die Maßnahme als erledigt schließen?"
Das kommt am häufigsten vor, wenn eine bestimmte Sache, z. B. eine Kontrolle, noch nicht existiert. Sie ist nicht konzipiert, nicht implementiert, und muss jetzt als ein großes Thema angegangen werden. Wenn Sie jetzt nichts spezifizieren, laufen Sie Gefahr, dass die Maßnahme nur in Teilen erledigt wird und so den vorgesehenen Zweck nicht erreicht.

Gleichzeitig müssen Sie aufpassen, dass Sie nicht in die Falle laufen, die Maßnahme zu konkret zu formulieren. Wenn Sie sich darauf einlassen, dem Revisionspartner genau zu sagen, was er tun soll, z. B.
PL: „Passen Sie im Excel-Sheet X die Formel Y an."
dann kann es passieren, dass das Excel-Sheet umbenannt und dann im Follow-up gekontert wird:
FB: „Ich habe kein Excel-Sheet mehr mit dem Namen X. Die Maßnahme entfällt also bzw. ist für mich erledigt."
Der Zweck der Maßnahme wird so natürlich nicht erreicht. Wie können Sie das umgehen und dagegen Vorsorge treffen?

- Ergänzen Sie im Maßnahmentext das Risiko sowie das Ziel bzw. den Zweck der Maßnahme, dieses zu begrenzen. Damit können Sie später Ihr Follow-up darauf abstellen, ob das Ziel bzw. der Zweck der Maßnahme erreicht wurde.
- Lassen Sie sich die Umsetzung in Form eines persönlichen Versprechens mit Blickkontakt zusagen. Nur sehr abgebrühte Personen schaffen es, Ihnen in die Augen zu sehen und Sie dabei anzulügen.
- Sammeln Sie Erfahrungen und identifizieren Sie Ihre Pappenheimer. Sie werden bald gelernt haben, bei wem welche Vorgehensweise funktioniert.

▶ Beispiel: Die Drei-Affen-Argumentation
Wenn die Kollegen im Fachbereich einer hohen Arbeitsbelastung unterliegen, oder sich den Konsequenzen einer Maßnahme schlicht entziehen wollen, kann es zu eigenartigen Argumentationen kommen.
FB: „Ich will die Kontrolle nicht durchführen. Denn wenn ich etwas kontrolliere, dann finde ich was, muss es melden und habe viel Arbeit. Ich muss ja nicht überall hingucken, denn was ich nicht kontrolliere, sehe ich auch nicht, und wenn ich etwas nicht sehe, dann muss ich auch nicht darauf reagieren."

Eine solche Reaktion bedeutet, dass die Kontroll- und Fehlerkultur im Unternehmen nicht optimal ausgestaltet ist. Anscheinend fürchtet der Überbringer des negativen Reports schlimmere Konsequenzen als der Verursacher der schlechten Reporting-Ergebnisse. Das führt dazu, dass im gesamten Unternehmen kein Controller (und auch kein Revisor?) mehr auf etwas hinweisen möchte. Um dies nachhaltig zu ändern, benötigen Sie auf jeden Fall den Rückhalt des gesamten Revisionsmanagements. Das große Thema „Kontroll- und Fehlerkultur" des Unternehmens lässt sich schwerlich durch eine einzelne Maßnahme lösen. Es gilt, strategisch vorzugehen. Versuchen Sie, Ihre Führungskraft für eine grundlegende Lösungsstrategie (Thematisierung im Vorstands-Jour-fixe oder Jahresbericht, Initiierung eines Change-Projektes usw.) zu gewinnen. Gegenüber dem Fachbereich gilt es konsequent, kurz und eindeutig zu reagieren. Machen Sie ihm unmissverständlich klar, dass Sie keine Ausflüchte dulden.
PL: „Das kann ich so nicht akzeptieren."

Rechtfertigen Sie sich nicht dafür, denn: *Wer sich rechtfertigt, klagt sich an.* Nutzen Sie im Zweifel die Technik „Sprung in der Schallplatte" und wiederholen Sie Ihre Forderung.

► Beispiel: Fachbereich hat noch nicht darüber nachgedacht
Sie haben eine Auffälligkeit angesprochen und Ihren Gesprächspartner gebeten, sich dazu zu äußern. Dieser jedoch hat sich offenbar zu dem Thema noch gar keine Gedanken gemacht, da seine Ausführungen konfus und irrelevant wirken.

Erläutern Sie auf der Metaebene, weshalb Sie glauben, dass Sie hier momentan nicht weiterkommen. Schließen Sie den Punkt ab und vertagen Sie, falls es Ihnen zeitlich möglich ist, die Besprechung. Wenn nicht, gehen Sie gleich zu den Konsequenzen über (siehe unten). Erklären Sie, dass Sie ihm eine Zusammenfassung des Sachverhalts zumailen werden (für den Bericht müssen Sie das ohnehin formulieren), dass die Diskussion dieses Punktes zum Folgetermin fortgesetzt wird und dass Sie dieses Entgegenkommen nicht noch einmal zeigen werden. Sollte er dann keine Lösungsvorschläge anbieten, würden Sie dies in den Bericht aufnehmen müssen.
PL: „Ich habe nicht den Eindruck, dass wir so zum Ziel kommen." [PAUSE] *„Da Sie mir bisher keine Vorschläge liefern können, schlage ich Ihnen folgendes Vorgehen vor. Ich maile Ihnen die Zusammenfassung des Sachverhalts, den Sie mir bestätigt haben, so wie ich sie in den Bericht aufnehmen werde. Bitte geben Sie mir dann bis Ende der Woche eine Rückmeldung zu Ihren Lösungsvorschlägen."* [PAUSE] *„Sollte ich von Ihnen bis Ende der Woche keine Lösungsvorschläge erhalten, würde ich das in meinen Bericht aufnehmen müssen. Darauf würde ich, auch in Ihrem Interesse, gerne verzichten. Einverstanden?"*

Diese Vorgehensweise dient dazu, die Diskussion über die konkreten Maßnahmeninhalte nicht in das Follow-up zu verlagern. Achten Sie auf die Terminsetzung (bis Ende der Woche) und setzen Sie die Konsequenzen einer weiterhin ausstehenden Antwort in den Konjunktiv. Enden Sie mit einer geschlossenen Frage, um eine echte Zustimmung zu erhalten. Bleiben Sie hartnäckig.

► Beispiel: Innere Dialoge aufgrund von Ärger über den Fachbereich
Wütend und frustriert denken Sie: *„Wieso müssen die Kollegen im Fachbereich sich ständig so unkollegial verhalten?"* Sie als Revisor müssten immer nett und freundlich bleiben, die dagegen dürften sich anscheinend alles herausnehmen ...
PL: „Was fällt denen ein!"
PL: „Wie kann der Fachbereich nur ... (so blöd sein)?"
PL: „Jetzt bin ich denen doch letztes Mal wirklich entgegengekommen, und dann so was. Also wirklich!"
PL: „Wieso machen die das nicht einfach?"
PL: „Ich hätte vorhin/letztes Mal doch lieber ..."
PL: „Wieso ist das immer so anstrengend mit denen?"
Zu Beginn meines Revisoren-Daseins wälzte ich selbst oft solcherlei Gedanken. Inzwischen ist mir klar geworden, dass ich mich weitaus mehr über mich selbst als

über die anderen geärgert habe. Denn zu Anfang machte ich es ihnen wohl wirklich zu einfach, mich an der Nase herumzuführen. Mit sich zu hadern, ist vollkommen normal. Friedemann Schulz von Thun behandelt solche inneren Dialoge sogar in einem eigenen Buch.[113] Freuen Sie sich, dass Ihnen Ihre Reaktion bewusst wurde. Jeglicher Perfektionismus, dahingehend dass Sie es bereits früher hätten merken müssen, ist unangebracht und eine redensartlich lange Leitung ist in so einem Fall nur allzu menschlich. Wann immer Sie es bemerkt haben – genau dann können Sie darauf reagieren.
Der Schlüssel liegt im Perspektivenwechsel: Stellen Sie sich z. B. vor, selbst geprüft zu werden. Würde Ihnen das gefallen? Würden Sie jede vorgeschlagene Maßnahme freudig annehmen? Eine weitere Perspektive bietet die systemische Organisationstheorie an: Aus den Anforderungen an eine Organisation entstehen notwendigerweise verschiedenste Zielkonflikte. Es geht gar nicht anders. Jeder Bereich hat seine Zielvorgabe und seine Perspektive. Wenn dann die Revision im Sinne des Gesamtunternehmens Maßnahmen einfordert, entsprechen diese nicht unbedingt den primären Zielvorgaben der Bereiche (z. B. mehr Geschäft zu machen). Da Revision und Fachbereich unterschiedliche Interessen verfolgen, ist es normal, dass ein hohes Konfliktpotenzial besteht. Umgekehrt wäre es sogar bedenklich, wenn dies nicht der Fall wäre. Ein grundsätzliches Kontra darf uns somit nicht irritieren. Wenn Sie allerdings immer wieder an den gleichen Punkten stecken bleiben, liegt es vielleicht nicht nur am Fachbereich ...

▶ Beispiel: Gegenfragen und Diskussionen bringen Sie vom Thema ab
Um sich nicht auf die Vereinbarung von Maßnahmen einlassen zu müssen, versucht der Revisionspartner, Sie in ein möglichst anregendes Gespräch zu verwickeln. Er spricht andere Themen an oder stellt Gegenfragen, die im Bereich Ihrer Kompetenz liegen, damit Sie darauf eingehen. Wie lehnen Sie diese Einladung geschickt ab?

Nehmen Sie solche Einladungen möglichst nicht an. Gehen Sie auf die Metaebene und lenken Sie sofort zu Ihrem Thema zurück, sobald Sie merken, dass Sie davon abgewichen sind. Führen Sie ggf. den „Schatten der Zukunft" ein.
PL: „Ich möchte wieder auf den Grund unseres Gespräches zurückkommen. Es geht um die Vereinbarung einer Maßnahme, um das Risiko X zu verringern." Oder
PL: „Diese Diskussion ist ja sehr interessant, aber die Zeit läuft uns weg. Ich fürchte, wenn wir so weitermachen, sind wir auch in einer Stunde nicht weiter."
Falls der Gesprächspartner nicht darauf eingeht, wenden Sie die „Sprung-in-der-Schallplatte"-Methode an und wiederholen also:
PL: „Ich möchte wieder auf den Grund unseres Gespräches zurückkommen. Es geht um die Vereinbarung einer Maßnahme, um das Risiko X zu verringern."
Dann hängen Sie noch eine Frage daran.
PL: „Welche Maßnahme stellen Sie sich vor?"
Anschließend wird das Gespräch wieder das eigentliche Thema behandeln.

---

113 Vgl. Schulz von Thun, Friedemann: Miteinander reden 3.

► Beispiel: Die Revision soll direkt die IT ansprechen
Je nach Organisationsform und Haltung der Internen Revision kann der geprüfte Fachbereich den Versuch unternehmen, eine Prozessänderung auf einen anderen Bereich und insbesondere auf die IT abzuschieben.
FB: „Um die Maßnahme umzusetzen, muss die IT beauftragt werden. Da ich deren Zulieferung bzw. Erledigung nicht beeinflussen kann, müssen Sie die Maßnahme dafür direkt an die IT richten."
Hier hängt es nun wieder von Ihrem Unternehmen und der Haltung der Revision ab, wie zu reagieren ist.

▷ Alternative 1: Ein Hauptverantwortlicher steuert alles
Falls ein Hauptverantwortlicher alles organisieren und für die Einhaltung sorgen muss, wird die Maßnahme nur mit dem Hauptverantwortlichen vereinbart.
PL: „Als Hauptverantwortlicher sind Sie es, der die Umsetzung organisieren und für die Einhaltung sorgen muss. Wenn die IT nicht zeitnah liefert, müssen Sie dies eskalieren. Wir können für die Abarbeitung der Maßnahme gerne Meilensteine vereinbaren, damit im Follow-up genau nachvollzogen werden kann, an welcher Stelle sich die Abarbeitung befindet. Welche Meilensteine schlagen Sie vor?"

▷ Alternative 2: Zuarbeitende Einheit erhält separate Teilmaßnahme
Falls ein Federführer in der Organisation die Abarbeitung zwar insgesamt übernehmen muss, andere Fachbereiche aber zuarbeiten müssen, erhält jeder Einzelne die ihn betreffenden Maßnahmen.
PL: „Als Hauptverantwortlicher müssen Sie die Umsetzung organisieren und verantworten. Für die zuliefernde IT werde ich zusätzlich zu Ihrer Maßnahme eine separate Maßnahme vereinbaren. Sollte sich diese Zulieferung verzögern, werde ich Ihre Maßnahme verlängern. Welche konkreten Meilensteine schlagen Sie vor?"

Diese Lösungsvariante stellt hohe Anforderungen an Ihr Follow-up-Tool. Klären Sie unbedingt vorab, ob so eine Vorgehensweise Ihren Regelungen entspricht und technisch umsetzbar ist.

► Beispiel: Drohkulisse der Konsequenzen für das Unternehmen
Besonders, wenn Ihre Loyalität und/oder sehr lange Betriebszugehörigkeit bekannt ist, müssen Sie mit folgendem Vorwurf rechnen, um Schuldgefühle zu erzeugen, Ihr Kostenbewusstsein zu wecken und den Druck auf Sie zu erhöhen:
FB: „Wissen Sie eigentlich, was Sie unserem Unternehmen damit antun, wenn Sie das jetzt in Ihrem Bericht und mit dieser Maßnahme thematisieren?"
Dies gelingt Ihrem Gesprächspartner aber nur, wenn Sie es zulassen.

▷ Als scherzhafte Antwort böte sich z. B. an:
PL: „Ich wette, ich erfülle damit die bisher unerfüllten Wünsche der Firma." Oder *„Darauf hat das Unternehmen schon so lange hin gefiebert."*

Dies könnte natürlich diverse ungewollte Reaktionen auslösen. Ob Sie es sich erlauben können, hängt von der Situation, von Ihrer eigenen, wie auch von der Persönlichkeit des Revisionspartners ab.

▷ Hier eine Reaktionsmöglichkeit, die immer möglich ist:
PL: „Die Revision hat vom Vorstand den Auftrag, ihn auf Schwächen und Verbesserungsmöglichkeiten hinzuweisen. Das mache ich. Das Thema muss aus meiner Sicht in unserem Unternehmen angegangen werden.“ [PAUSE] *„Falls sich der Vorstand gegen diese Maßnahme entscheidet, habe ich kein Problem damit. Das ist eine Managemententscheidung. Meine Aufgabe ist es nur, ihn darauf hinzuweisen.“*

► Beispiel: Bereits mit dem Wirtschaftsprüfer abgestimmt
Je nach Unternehmen kann der Wirtschaftsprüfer gegenüber der Revision einen höheren, niedrigeren oder den gleichen Stellenwert einnehmen. Der folgende Ausspruch kommt typischerweise im ersten und letzten Fall vor:
FB: „Das habe ich schon mit dem Wirtschaftsprüfer abgestimmt, und es war alles ok. Wie kommen Sie dazu, das jetzt zu beanstanden? Stimmen Sie sich gefälligst besser miteinander ab!“

Der Einwand mit dem Wirtschaftsprüfer fordert eine noch klarere Positionierung und schürt bei unsicheren Revisoren leicht Selbstzweifel. Auch Fachbereiche verwenden dieses Argument gerne untereinander. *„Das habe ich bereits mit der Revision/dem Wirtschaftsprüfer/dem Vorstand so abgestimmt.“* Falls Sie einmal selbst hierzu als Vorwand genutzt wurden, werden Sie die Taktik leicht durchschauen. Im besten Fall wurden Sie zumindest telefonisch über etwas „informiert“, ohne dass Sie dazu hätten Stellung nehmen können. In der dreisteren Variante fand überhaupt kein Kontakt statt. In beiden Fällen erfahren Sie später, dass die betreffende Person gegenüber verschiedenen Stellen behauptet, etwas Bestimmtes mit Ihnen so und so abgestimmt zu haben, obwohl dies nicht der Fall war.
Wenn Sie nun also Ihrerseits hören, etwas sei mit dem Wirtschaftsprüfer/dem Vorstand bereits abgestimmt, dann reagieren Sie entsprechend und fragen nach:
PL: „Was bedeutet ‚abgestimmt‘ in diesem Zusammenhang genau?“ [PAUSE] *„Nach meiner Erfahrung legt sich kein Prüfer leicht auf eine bestätigende Aussage fest.“*

Meist weicht der Revisionspartner dann aus und gibt eine Antwort wie:
FB: „Sie wissen ja, wie so etwas ist. Ich habe mein Thema/Projekt vorgestellt, er hat genickt und hat nichts dagegen gesagt.“
Nutzen Sie, dass wir Prüfer uns in gewisser Weise doch alle ähnlich sind.
PL: „Ja, das dachte ich mir. Ich würde auch keine bestätigende Aussage treffen, wenn ich etwas nicht tatsächlich eingehend geprüft hätte.“ [PAUSE] *„Im Gegensatz zu dem Wirtschaftsprüfer habe ich eine Prüfung durchgeführt und mir durch meine Prüfungstätigkeit eine fundierte Meinung gebildet.“*

4.3 Revisionsinterne Abstimmung

4.3.1 Ziele der revisionsinternen Abstimmung

Um einer schlankeren Gliederung willen wird die revisionsinterne Abstimmung, die im Laufe der Prüfung wiederholt zu erfolgen hat, in diesem Kapitel thematisch zusammengefasst. Die interne Berichtsabstimmung wird in Kapitel 5.2 behandelt. Diese Darstellung könnte den irrtümlichen Eindruck erwecken, es handle sich um eine einmalige Angelegenheit. Vielmehr im Gegenteil sollte die interne Abstimmung regelmäßig und bei Bedarf auch ad hoc erfolgen, am besten parallel zur gesamten Prüfung, und zwar jeweils zwischen dem Prüfungsleiter, dem Prüfungsteam und dem Revisionsmanagement. An bestimmten Punkten des Prüfungsprozesses (zu Beginn bei der Auftragserteilung, am Ende der Vorbereitung bei der Auftragsfixierung, am Ende der Vor-Ort-Prüfungsphase, vor oder bei der Ergebnisbesprechung, bei der Festlegung von Maßnahmen, bei der Formulierung des Berichtsentwurfs und selbstverständlich zum finalen Bericht) sind diese internen Abstimmungen von äußerster Wichtigkeit. Sie dienen dazu, über Zwischenstände zu informieren, sich über die nächsten Schritte zu einigen und eine frühzeitige Kurskorrektur zu ermöglichen. Wann konkret eine interne Abstimmung stattfindet, kann sich von Revision zu Revision unterscheiden. Passen Sie also die folgenden Informationen der in Ihrem Unternehmen genutzten Vorgehensweise flexibel an.

Sie als Prüfungsleiter wollen durch die revisionsinterne Abstimmung für Ihren Prüfungsauftrag, Ihr Konzept, Ihren Ressourceneinsatz, Ihre Zeitplanung, Ihre Vorgehensweise und Ihre Prüfungsergebnisse den vollen Rückhalt Ihres Chefs erhalten. Dieser soll sich im Misserfolgsfall nicht mit dem Argument aus der Affäre ziehen können, er habe von nichts gewusst und es sei allein Ihre Verantwortung. Damit ist allerdings nicht gemeint, dass Sie jeden kleinen Trippelschritt abstimmen. Die groben Züge und Meilensteine müssen jedoch eindeutig fixiert sein. Hierüber muss zwischen Ihnen und Ihrem Chef Einvernehmen herrschen, sonst laufen Sie Gefahr, dass eine eventuelle Konflikteskalation als unnötig und allein Ihre Schuld dargestellt wird.

Für Ihren Chef birgt die revisionsinterne Abstimmung den Vorteil möglicher frühzeitiger Kurskorrekturen. Erst am Ende der Prüfung festzustellen, dass der Ansatz doch nicht geeignet war, wäre für alle Seiten frustrierend. Im Idealfall hingegen wird die materielle Auseinandersetzung mit den betreffenden Themen revisionsintern so gehandhabt, dass klare und einvernehmliche Zielvorstellungen entstehen.

4.3.2 Mögliche Schwierigkeiten bei der revisionsinternen Abstimmung

Am schlimmsten wäre, wenn diese nicht regelmäßig durchgeführt wird; wenn Sie als Prüfungsleiter – sogar, wenn Sie in dieser Rolle neu sind – einen Auftrag erhalten, allein gelassen werden und sich erst wieder blicken lassen dürfen, wenn Sie den fertigen Berichtsentwurf auf den Tisch legen. Dann haben Sie es wesentlich schwerer, den jeweils aktuellen Stand zu reflektieren und die weiteren Schritte zu planen. Auch bestände die Gefahr, dass Sie sich zu sehr in Details verstricken, den roten Faden verlieren oder Ihnen wichtiger Input aus nur Ihrem Chef zugänglichen Quellen versagt bliebe. Außerdem würden Sie für eventuelle Entscheidungen, die sich später als falsch herausstellten, die alleinige Verantwortung tragen müssen.

Doch auch wenn die revisionsinternen Abstimmungen regelmäßig durchgeführt werden, kann einiges ungünstig verlaufen:

- Wenn Prüfungsleiter und Chef nicht die Zeit dazu finden, sondern sie aufschieben, wird mit der revisionsinternen Abstimmung zu spät begonnen.
- Vermeintlich schon in der Prüfungsvorbereitung geklärte Punkte müssen wieder neu aufgerollt werden (wenn z. B. die Herangehensweise an die Prüfung anders gedacht war, die falsche Stichprobe gezogen wurde usw.).
- Prüfungsleiter und Führungskraft beurteilen den gleichen Sachverhalt unterschiedlich und kommen zu keiner Einigung. Es entsteht eine Pattsituation.
- Es werden ausschließlich oder zu lange nur Formalien und nicht die materiellen Inhalte der Prüfung abgestimmt.
- Die Kritik der Führungskraft ist nicht präzise genug.
- Es bestehen bei mindestens einer Partei keine klaren Zielvorstellungen.

Wie könnte sich dies alles auswirken?

- Notwendige Kurskorrekturen könnten erst viel zu spät oder gar nicht mehr vorgenommen werden.
- Die Abstimmung könnte sich zeitaufwendig über etliche Runden hinziehen.
- Dem Fachbereich könnte es gelingen, Prüfer, Prüfungsleiter und Führungskraft der Revision gegeneinander auszuspielen.

Letztlich werden Effektivität und Effizienz der Prüfung leiden und sich ein hoher Ressourcenverbrauch und eine wenig zeitnahe Berichterstattung ergeben.

Um selbst einen kleinen Eindruck von den entstehenden Kosten zu erhalten, führen Sie doch einmal folgende Rechnung durch. Nehmen Sie Ihr Jahresbruttogehalt und verdoppeln Sie diese Zahl, da Ihrem Unternehmen weitere Kosten (Versicherungen, Räume, Ausstattung usw.) entstehen. Dann teilen Sie diese Zahl durch die Anzahl der Prüfungen, die Sie pro Jahr mit einem Revisionsbericht abschließen. Jetzt haben Sie eine Vorstellung davon, wie viel Ihr Unternehmen für eine Ihrer Prüfungen ausgibt, wenn Sie sie alleine durchführen. Bei Teamprüfungen multiplizieren Sie Ihr Ergebnis mit der durchschnittlichen Anzahl der Teammitglieder. Ganz schön teuer, oder?

Um die Kosten eines Prüfungstags zu erhalten, teilen Sie Ihr verdoppeltes Jahresbruttogehalt durch 200 (man kann ohne Urlaube, Krankheit, Wochenenden und Feiertage von ca. 200 Prüfungstagen pro Jahr ausgehen). Überschlagen Sie nun, wie viele Tage Sie im vergangenen Jahr wegen der Folgen misslungener Abstimmungen verloren haben. Wenn Sie nun beide Zahlen miteinander multiplizieren, also Ihren „Tagessatz“ und die Anzahl der verschwendeten Tage, können Sie abschätzen, wie viel Ihr Unternehmen hätte einsparen können, wenn es zu keinerlei Problemen gekommen wäre. Interessant oder? Dabei sind die Zeiten derjenigen Personen, mit denen Sie die Abstimmung durchgeführt haben, noch nicht einmal miteingerechnet. Das Gute ist, dass die Wahrscheinlichkeit einer erfolgreichen Abstimmung auch von Ihrer Seite aus erhöht werden kann.

4.3.3 Wie kann die Erfolgswahrscheinlichkeit erhöht werden?

Grundsätzlich lässt sich sagen: Je besser die Prüfungsvorbereitung (d. h. je besser der Prüfungsleiter mit seiner Führungskraft und seinem Prüfungsteam zu einer Einigung über Ziel, Umfang und Ablauf der Prüfung gelangt ist), umso leichter die laufende Besprechung des Prüfungsfortschritts. Und je zielführender die laufenden Abstimmungen verlaufen, umso leichter wird auch die Abstimmung der Prüfungsergebnisse und des Berichtsentwurfs sein. Zusätzlich gilt, dass die Abstimmung umso einfacher sein wird, je weniger vorbelastet die gemeinsame Vorgeschichte und die Arbeitsbeziehung sind.

► Führung von unten

Suchen Sie die Abstimmungsgespräche nicht zu vermeiden, sondern betrachten Sie sie als Chance. Erläutern Sie Ihre Intention, als Revision einheitlich aufzutreten, gegenüber dem Fachbereich eine abgestimmte Beurteilung des Prüfungsergebnisses abzugeben und Überraschungen im Sinne später notwendig werdender Änderungen so weit wie möglich zu vermeiden. Dosieren Sie die Informationsmenge jeweils so, dass sie von Ihrem Prüfungsleiter bzw. Chef verarbeitet werden kann. Halten Sie diesbezügliche Termine stets ein und stellen Sie niemanden bloß. Sie werden wahrscheinlich unterschiedliche Perspektiven einnehmen. Versetzen Sie sich in die Lage Ihres Gesprächspartners und überlegen Sie sich eine Antwort auf die Fragen:

- Was will mein Prüfungsleiter bzw. mein Chef wohl von mir wissen?
- Worüber sollte ich mit ihm sprechen?
- Was sollte ich mündlich und was schriftlich präsentieren?

► Führung von oben

Halten Sie sich an das, was Sie in der Prüfungsvorbereitung[114] festgelegt hatten, wie Sie informieren sollen und selbst informiert werden wollen. Sollten Sie mündlich kommunizieren (was ich sehr empfehle), geben Sie als Prüfungsleiter jedem Prüfer eine Chance auf einen „freien Bericht“. Notieren Sie sich Ihre Fragen und stellen diese erst, nachdem der freie Bericht beendet wurde. Sollten Sie schriftlich kommunizieren, geben Sie dem Prüfer zeitnah eine möglichst konkrete Rückmeldung: Wie soll das Ziel, die Story des Berichts aussehen? Was genau gefällt Ihnen nicht, und weshalb ist dem so?

Machen Sie möglichst alles zu einer gemeinsamen Entscheidung. Worauf auch immer Sie sich einigen, daran halten Sie sich. Einem Prüfer dann später in den Rücken

[114] Vgl. Kapitel 2 Vor Prüfungsbeginn.

zu fallen, wird sich langfristig verheerend auswirken, auch wenn es kurzfristig manchmal als das geringere Übel erscheinen mag. Bedenken Sie: Nichts schweißt mehr zusammen als gemeinsam überstandene Probleme; nichts bringt mehr auseinander als ein eskalierender Konflikt.

4.3.4 Reaktionsmöglichkeiten für auftretende Phänomene

▶ Beispiel: Allgemeines zu Abstimmungsmodalitäten mit Ihrem Chef

Legen Sie bereits in der Prüfungsvorbereitung[115] fest, wie die laufende Kommunikation und Abstimmung zwischen Ihnen und Ihrem Chef ablaufen und durchgeführt werden soll. Je nach präferiertem Sinneskanal möchte er entweder Texte lesen oder Ihren Ausführungen zuhören oder arbeitsaufwendige Powerpoint-Folien betrachten. Folgen Sie unbedingt diesen (impliziten) Wünschen. Trotz der Berücksichtigung des präferierten Sinneskanals kann es vorkommen, dass Ihr Chef Ihre Ausführungen teilweise ignoriert, stattdessen nach anderen (seinen Lieblings-) Themen oder Details fragt, die Sie in diesem Stadium der Prüfung noch nicht kennen können. Umgekehrt könnte er Sie auch bitten, sich allgemeiner zu halten, also auf Details zu verzichten. Auch dass der Termin nicht pünktlich stattfindet oder ständig verschoben wird, sodass Sie die Unterlagen fortlaufend aktualisieren müssen, lässt sich nicht ausschließen. Das kann recht anstrengend werden. Kontaktieren Sie Ihren Chef zu den verabredeten Terminen, aber halten Sie den Aufwand für sich gering. Wenn Sie nicht vor Ort sind, Ihr Chef aber den auditiven Sinneskanal bevorzugt, vereinbaren Sie Telefontermine. Erläutern Sie den aktuellen Stand Ihrer Prüfung in folgender Reichenfolge: Wie sind Sie bislang vorgegangen, was haben Sie vorgefunden, was davon ist noch eine Vermutung, was können Sie bereits belegen, und wie wollen Sie weiter vorgehen? Schildern Sie Ihre Erfahrungen mit dem Fachbereich und einigen Sie sich mit Ihrem Chef auf die weitere Vorgehensweise.

▶ Beispiel: Ihre Führungskraft ist nicht bereit, Zwischenstände zu besprechen

Schlimmstenfalls möchte sich Ihr Chef nicht die Option nehmen lassen, Sie später als allein verantwortlich darzustellen. Bestenfalls hat er tatsächlich einfach keine Zeit. Was können Sie tun?

Bitten Sie ihn um einen Termin und geben Sie dabei den Antwortraum durch Nutzung der A- oder B-Technik vor, d. h., Sie bieten exakt zwei Alternativen an. Dies baut vor einer Antwort C eine gewisse psychologische Hürde auf.

PL: „Herr X, ich möchte Ihnen gerne den aktuellen Zwischenstand meiner Prüfung mitteilen. Passt es Ihnen heute Abend oder morgen Vormittag?"

FK: „Leider passen mir beide Termine nicht."

Ihr Chef hat besagte Hürde also überwunden. Geben Sie deshalb nicht auf. Passen Sie ihn irgendwo (z. B. in der Küche) ab und berichten Sie ihm den Zwischenstand Ihrer Prüfung. Versuchen Sie, sein Interesse zu wecken, z. B. mit einer Auffälligkeit, und doch noch einen Termin zu erhalten.

---

115 Vgl. Kapitel 2 Vor Prüfungsbeginn.

PL: „Ach Herr X, wo ich Sie hier gerade treffe – ich muss Sie unbedingt sprechen. In meiner Prüfung habe ich X festgestellt. Haben Sie kurz Zeit?“

► Beispiel: Ihre Führungskraft hält Abstimmtermine nicht ein
Sie haben einen Abstimmtermin mit Ihrem Chef, den dieser aber nicht einhält. Wenn ein Prüfer Termine nicht einhält, kann der Prüfungsleiter ihn relativ einfach darauf hinweisen. Durch das Über-/Unterordnungsverhältnis ist das eine ganz normale Führungsaufgabe. Wie ist allerdings vorzugehen, wenn die Führungskraft Termine nicht einhält? Was können Sie als Prüfungsleiter tun?

Sprechen Sie Ihren Chef darauf an. Erklären Sie, dass Sie einen Termin haben, wieso er Ihnen wichtig ist und was Sie damit erreichen wollen.
PL: „Wir haben jetzt einen Termin/Wir hätten um so-und-so-viel Uhr einen gemeinsamen Termin gehabt. Sie waren nicht zu sprechen/nicht anzutreffen. Dieser Termin ist/wäre mir wichtig (gewesen), um mit Ihnen den aktuellen Stand der Prüfung zu besprechen, damit ich Überraschungen vermeiden und dem Fachbereich eine einheitliche Meinung der Revision präsentieren kann.“ [PAUSE] *„Insbesondere möchte ich Folgendes mit Ihnen besprechen ...“*

Hören Sie sich die Antwort an. Vielleicht gibt es für das Scheitern des Termins einen guten Grund. Vereinbaren Sie auf jeden Fall einen neuen Termin. Geben Sie auch hier den Antwortraum durch die A- oder B-Technik vor.[116]
Wiederholen Sie ggf. Anliegen, Dringlichkeit und Grund des Gesprächs.
PL: „Ich benötige einen Termin mit Ihnen, um Sie über den aktuellen Stand der Prüfung zu informieren. Ich bin an einem Punkt, an dem ich mit Ihnen bis heute Abend X vereinbaren muss, um gegenüber dem Fachbereich einheitlich auftreten zu können.“

Das sollte Ihnen einen Termin verschaffen.

► Beispiel: Die Führungskraft in der Revision gibt keine zeitnahe Rückmeldung
Falls Sie Ihrer Führungskraft Ihre bisherige Dokumentation zur Abstimmung eingereicht und Sie nicht zeitnah eine Rückmeldung erhalten haben, erkundigen Sie sich danach. Erinnern Sie Ihren Chef an die notwendige Rückmeldung. Vielleicht hatten Sie mit ihm ja einen Termin vereinbart, bis zu dem Sie eine Rückmeldung erhalten sollten. Vielleicht gibt es dazu eine Vereinbarung oder eine Vorgabe in Ihren revisionsinternen Regelungen. Falls ja, weisen Sie darauf hin. Zeigen Sie auf, welche Probleme entstehen können, wenn Sie die Rückmeldung nicht kurzfristig erhalten.
PL: „Ich benötige Ihre Rückmeldung zu meiner Prüfung. Ich habe Ihnen meine bisherige Dokumentation am <Datum> mit der Bitte um Qualitätssicherung eingereicht. Ich werde die Ergebnisse kurzfristig mit dem Fachbereich besprechen müssen. Es wäre nicht gut, wenn sich anschließend auf unserer Seite noch etwas ändern würde. Bis wann kann ich mit Ihrer Rückmeldung rechnen?“

[116] Vgl. oben 4.3.4 Beispiel: Ihre Führungskraft ist nicht bereit, Zwischenstände zu besprechen.

Warten Sie die Antwort ab.
PL: „Ich kann nachvollziehen, dass Sie viel zu tun haben und die Qualitätssicherung nicht vollständig abschließen konnten. Können wir uns stattdessen bitte mündlich austauschen? Die wichtigsten Punkte, zu denen ich Ihre Einschätzung benötige, sind X und Y."
Warten Sie wieder die Antwort ab. Falls diese negativ ist:
PL: „Hmmm, das ist sehr bedauerlich."
Legen Sie eine Pause ein und denken Sie dann laut und ohne Vorwürfe nach:
PL: „Das würde für mich bedeuten, dass ich entweder ohne Abstimmung in das Gespräch mit dem Fachbereich gehen oder dieses verschieben muss. Dann könnte ich aber die Prüfung nicht mehr im geplanten Zeitraum abschließen; sie befindet sich bereits auf einem kritischen Zeitpfad. Ich möchte auch dieses Thema zuerst abgeschlossen haben, bevor ich etwas Neues anfange. Was schlagen Sie vor? Was wäre die beste Vorgehensweise?"

Jetzt sollte ein konstruktiver Vorschlag erfolgen. Dokumentieren Sie solche Gespräche (d. h. was besprochen wurde) an geeigneter Stelle, damit Ihnen der verzögerte Prüfungsverlauf nicht im nächsten Mitarbeitergespräch zur Last gelegt werden kann. Allein eine solche Notiz wird Sie derartig beruhigen, dass Sie Ihren Kopf wieder frei bekommen und nach einer weiteren Möglichkeit der konstruktiven Zusammenarbeit suchen können.

▶ Beispiel: Wie weit bei Nachfragen des Chefs aus dem Fenster lehnen?
Ihre Führungskraft stellt Ihnen eine Rückfrage, die Sie ad hoc nicht beantworten können. Wie reagieren Sie?

Wollen Sie Wissen vortäuschen und eine Antwort geben mit dem Risiko, sie später korrigieren zu müssen, oder wollen Sie zugeben, dass Sie von dem betreffenden Punkt noch keine Ahnung haben? Wenn Sie verständlicherweise beides nicht tun wollen, bitten Sie, zunächst einen Überblick geben zu dürfen.
P: „Herr X, bitte lassen Sie mich Ihnen zunächst einen groben Überblick über den aktuellen Stand der Prüfung geben. Danach gehe ich gerne auf Ihre Fragen ein."
Jetzt haben Sie die Möglichkeit, die Situation und den Kontext darzustellen. Dies reduziert den Druck, sofort eine Antwort parat haben zu müssen. Mit etwas Glück wird die Frage dann gar nicht mehr wiederholt werden. Falls doch, antworten Sie:
P: „Zum jetzigen Zeitpunkt kann ich das noch nicht abschließend beantworten."

▶ Beispiel: Der Prüfer hält sich nicht an Vereinbarungen oder ist in Verzug
Falls Ihr Prüfer bereits während der Prüfung in Verzug ist, nicht alle Aufgaben erledigt hat, oder sich nicht an Vereinbarungen hält, gilt es, dies kurzfristig zu thematisieren. Vielleicht offenbart sich Ihr Prüfer von sich aus und sagt:
P: „Wie du weißt, müssen wir rechtzeitig fertig werden. Also – die Zeit ist um, aber ich konnte nicht alles abdecken. Ich müsste, um fertig zu werden, mindestens noch einmal die gleiche Zeit investieren."

Falls sich Ihr Prüfer nicht von sich aus offenbart, sprechen Sie, sobald Sie als Prüfungsleiter feststellen, dass er nicht alles wie verabredet erledigt hat, dies an.
PL: „Zu Beginn der Prüfung hatten wir vereinbart, dass du X prüfst. Dabei solltest du die Themen X1 und X2 abdecken. Diese kann ich hier nicht wiederfinden." Oder
PL: „Wir hatten vereinbart, dass du dieses und jenes prüfst. Dabei solltest du das Thema Y abdecken. Dazu sehe ich hier keine Ergebnisse."
Darauf könnte er zum Beispiel erwidern:
P: „Die Zeit war einfach zu schnell um. Wegen dieser und jener Verzögerung konnte ich das nicht mehr prüfen."
Jetzt ist eine klare Aussage von Ihnen erforderlich!
PL: „Meine Aufgabe ist es, die Prüfung zu steuern. Hierbei muss ich mich auf dich verlassen können. Ich erwarte von dir, dass du dich an getroffene Vereinbarungen hältst. Wenn etwas dazwischenkommt, erwarte ich umgehend eine Information von dir. Es ist nicht akzeptabel, dass du mich nicht informiert hast."
Falls regelmäßige Besprechungen durchgeführt wurden:
PL: „Genau damit so etwas nicht passiert, sitzen wir sowohl zu Beginn als auch während der Prüfung regelmäßig zusammen und besprechen den aktuellen Stand."
P: „Die vorgegebene Zeit war zu kurz. Das ging einfach nicht."
PL: „Du als Prüfer bist mit dem Thema viel unmittelbarer befasst als ich. Es liegt in deiner Verantwortung, es sofort anzusprechen, wenn Schwierigkeiten auftreten oder du bemerkst, dass du dein Programm in der besprochenen Zeit nicht erledigen kannst. Das kann ich so nicht akzeptieren."
Drücken Sie sich hierbei also unmissverständlich aus und halten Sie dabei Blickkontakt. Legen Sie daraufhin eine Sprechpause ein. Dann treffen Sie eine Vereinbarung über Ihre weitere Zusammenarbeit. Achten Sie zukünftig auf laufende Abstimmtermine mit dem Prüfer. Diese erhöhen den Druck auf ihn und senken seine Freiheitsgrade.

► Beispiel: Zurückhaltende Informationsweitergabe durch den Prüfer
Wenn Sie als Prüfungsleiter den Eindruck haben, Ihr Prüfer würde Sie nicht ausreichend informieren, und Sie müssten für jedes Detail extra nachfragen, wechseln Sie auf die Metaebene und beschreiben Sie ihm Ihre Wahrnehmung.

▷ Variante 1: Auf direktem Weg:
PL: „Ich habe den Eindruck, ich muss dir alles aus der Nase ziehen. Bitte informiere mich ausführlicher und ohne dass ich ständig nachfragen muss."

▷ Variante 2: Auf indirektem Weg:
PL: „Ich habe dich um diesen Abstimmtermin gebeten, damit ich zeitnah über den Stand deiner Prüfungsaktivitäten informiert werde ... Ich habe den Eindruck, dass das im Moment nicht gelingt. Wenn wir so weitermachen wie bisher, wohin schätzt du, wird uns das führen?"
Sie dürfen als Antwort darauf erwarten, dass es so noch recht lange dauern wird.

PL: „Was schätzt du, ist das für den weiteren Prüfungsverlauf eher besser, oder eher hinderlich?"
Falls wider Erwarten „besser" geantwortet werden sollte, stellen Sie klar, dass es aus Ihrer Sicht schlechter ist. Fahren Sie fort, indem Sie Ihre Forderung begründen.
PL: „Meine Intention ist, dass die Revision mit einer Stimme spricht und wir spätere Überraschungen vermeiden. Hierzu benötige ich ausreichende Informationen zum Stand deiner Prüfungsaktivitäten. Ich erwarte von dir, dass ich zukünftig unaufgefordert und in dem nötigen Umfang Informationen von dir erhalte."
Meist wird es der Prüfer aber gar nicht erst auf eine Ermahnung ankommen lassen.

► Beispiel: Der Prüfer hält Sie durch zu viele Informationen unnötig auf
Auch dass der Prüfer den Prüfungsleiter ständig behelligt und über jeden kleinsten Schritt informiert, kann vorkommen. Wahrscheinlich beabsichtigt er, Ihnen so lange auf die Nerven zu gehen, bis Sie ihm freie Hand lassen. Als Prüfungsleiter laufen Sie hierbei also Gefahr, um Ihre Ruhe zu haben, etwas abzusegnen, was später auf Sie zurückfiele. Also Vorsicht bei Ihren Zusagen.
P: „Herr PL, mich hat A angerufen und dann habe ich B gesagt und jetzt werde ich noch eine Mail schicken und da steht dann C drin. Schauen Sie mal her, so habe ich das jetzt vorbereitet. Ist das so O.K.?"
Bleiben Sie freundlich, legen Sie Ihre Erwartungshaltung dar oder machen Sie eine klare Vorgabe. Bitten Sie um Wiederholung dessen, was Sie gesagt haben.
PL: „<Name>, ich habe dir schon einmal gesagt, dass ich deinen Prüfungsteil nicht in jedem kleinen Schritt miterleben möchte. Dazu bist du als eigenständiger Prüfer eingeteilt. Es liegt in deiner Verantwortung, mit dem üblichen Prüfungsgeschäft umzugehen. Ich habe nicht vor, jede einzelne deiner E-Mails Korrektur zu lesen. Dafür habe ich auch keine Zeit. Zwischen unseren Abstimmterminen möchte ich von dir nur dann informiert werden, wenn etwas Außergewöhnliches vorliegt oder etwas zu eskalieren droht. [PAUSE] *Also wann sollst du mich informieren?"*

► Beispiel: Vermeintlich längst Geklärtes wird wieder aufgerollt
Mitunter werden Dinge noch einmal aufs Tapet gebracht, über die Sie bereits in der Vorbereitung Einigkeit erzielt zu haben glaubten. Falls Sie eine schriftliche Notiz dazu haben, sollten Sie diese nun nutzen und vorlegen.
PL: „Herr X, wir hatten dieses Thema schon in der Prüfungsvorbereitung angesprochen. Damals hatte ich unsere Vereinbarung notiert: (Zitat)."
Hören Sie, ob sich etwas geändert hat, es neue Informationen gibt oder ein anderes Vorgehen gewählt werden muss. Oder waren Sie sich etwa nur scheinbar einig?
PL: „Ich möchte vermeiden, dass uns dies wieder passiert. Wenn wir uns auf etwas geeinigt haben, sollten wir dabei bleiben."
PL: „So wie ich das sehe, hatten wir nur geglaubt, uns geeinigt zu haben. Also ich sehe die Sache wie folgt..."
PL: „Ich sehe das Ganze anders, nämlich folgendermaßen..."

Versuchen Sie daraufhin, die jeweiligen Interessen des anderen herauszuhören. Überlegen und besprechen Sie, wie die Sache im Einzelfall ins Reine gebracht werden kann, und vereinbaren Sie, was Sie in Zukunft unternehmen wollen, damit Ihnen etwas Derartiges nicht wieder passiert.

► Beispiel: Sie werden zum Nachprüfen geschickt
In der internen Abstimmung stellt Ihnen Ihr Chef Fragen, die Sie nicht beantworten können. Diese sind aber so wichtig, dass Sie erneut Kontakt mit dem Fachbereich aufnehmen müssen, um sie zu klären. Meist wissen die Revisionspartner genau, dass Sie eigentlich schon fertig waren. Insbesondere dann, wenn zwischen dem letzten und dem erneuten Erscheinen ein längerer Zeitraum liegt. Daher hören Sie:
FB: „Was machen Sie hier? Ich dachte, Sie sind mit Ihrer Prüfung fertig!"
Um sich hier aus der Affäre zu ziehen, sollten Sie **transparent** agieren.
PL: „In der internen Abstimmung sind noch einige Fragen aufgetaucht, die ich mit Ihnen klären möchte."
Dagegen lässt sich nicht viel sagen. Die Wahrscheinlichkeit ist dann sehr hoch, dass sich Ihr Gesprächspartner wieder beruhigen wird.

► Beispiel: Der Revisionsleiter ist „Best Buddy" des geprüften Bereichsleiters
Falls Sie in einem großen Unternehmen arbeiten und Sie üblicherweise Ihre Prüfung nur mit Ihrem Abteilungsleiter, nicht aber dem Revisionsleiter besprechen, kann es zu Problemen führen, wenn der Revisionsleiter dem Leiter des geprüften Fachbereichs sehr nahe steht bzw. freundschaftlich mit ihm verbunden ist. In dieser Konstellation kann es passieren, dass der geprüfte Bereichsleiter frühzeitig Ihren Revisionsleiter anspricht und ihm sein Leid klagt, z. B. über die Prüfung oder die Maßnahmen oder die Revisoren. Damit kämen Sie in eine Situation, in welcher dem Revisionsleiter zu Ihrer Prüfung zunächst nur die Sichtweise des Fachbereichs vorliegt. Sie wollen auf alle Fälle vermeiden, dass Ihr Revisionsleiter von seinem Kumpel aus dem Fachbereich überrascht wird und diesem gegenüber vorschnelle Aussagen oder Zugeständnisse trifft. Schlimmstenfalls erhalten Sie zusätzlich eine Ermahnung.

Nur wenn Sie Ihren Revisionsleiter als sehr besonnen einschätzen, können Sie auf eine Vorabinformation verzichten. Je näher der Revisionsleiter jedoch dem anderen Bereichsleiter steht und je impulsiver er üblicherweise reagiert, desto früher sollten Sie ihn über die Prüfung inkl. Feststellungen und Maßnahmen informieren – auch wenn Sie es gemäß revisionsinterner Regelung nicht sollen oder müssen. Als Präventionsmaßnahme sollte also dem Revisionsleiter Ihre Perspektive bereits vorliegen, wenn sein befreundeter Kollege aus dem Fachbereich auf ihn zukommt. Dann kann er objektiver (re)agieren.

► Beispiel: Es fällt Ihnen schwer, Ihrem Chef zu widersprechen
Es ist vollkommen normal, dass man die Hand, die einen füttert, nicht beißen möchte. Fritz B. Simon erklärt die Funktion von Hierarchie folgendermaßen: „Hierarchie ist dazu da, Kommunikation überflüssig zu machen. Und sie ist extrem hilfreich, wo

immer Entscheidungen schnell getroffen und nicht diskutiert werden sollten – am Operationstisch zum Beispiel. Gefährlich wird es für die Organisation wie für die Spitze der Hierarchie, wenn kein Widerspruch mehr kommuniziert wird. [...] Gute Führungskräfte organisieren sich den Widerspruch, aber das ist harte Arbeit, weil es unwahrscheinlich ist, dass er spontan geäußert wird.“[117]

Ein guter Chef würde es also begrüßen, wenn Sie ihm durch Ihren Einwand wertvolle Informationen liefern. Sie haben aber nicht in der Hand, wie Ihr Chef reagiert, oder ob er seinen Job gut macht oder nicht. Das können Sie nur abschätzen.

Was Sie allerdings darüber hinaus beachten sollten, ist der Code of Ethics des IIA und Ihr eigenes Wertesystem. Sollte Ihr Chef gegen Ihr persönliches Wertsystem verstoßen und gleichzeitig dem Unternehmen durch sein Handeln Schaden zufügen, sind Sie aufgefordert, dem entgegenzuwirken. Die möglichen negativen Auswirkungen auf Ihre Karriere sollten Sie sich dabei, unabhängig von Ihrer letztendlichen Entscheidung, auf jeden Fall bewusst machen.

[117] Simon, Fritz B.: Wer stört, gilt als gestört, 2013, vgl. https://www.brandeins.de/magazine/brand-eins-wirtschaftsmagazin/2013/normal/wer-stoert-gilt-als-gestoert, Abfrage: 11.9.2021.

4.4 Ergebnisbesprechung mit den Führungskräften eines Fachbereichs

4.4.1 Ziele der Ergebnisbesprechung

Sofern Sie in nur einem Fachbereich geprüft haben, handelt es sich bei der Ergebnisbesprechung de facto um eine Abschlussbesprechung. Bei Prüfungen, die mehrere Unternehmensbereiche betreffen, sollten Sie je Unternehmensbereich vor der eigentlichen Abschlussbesprechung jeweils eine Ergebnisbesprechung durchführen. So reduzieren Sie zunächst die Komplexität, die durch die Gruppendynamik zwischen den verschiedenen Bereichsleitern (z. B. politisches Taktieren, Machtdemonstrationen) entsteht. Hier also die einfache Variante. Die Abschlussbesprechung mit Gruppendynamik folgt in Kapitel 4.5. Diese Trennung ist in der Praxis schon aus zeitlichen Gründen nicht immer möglich. Der Klarheit halber wird im Folgenden „Ergebnisbesprechung" für das Gespräch mit einem Bereichsleiter und „Abschlussbesprechung" für das Gespräch mit mehreren Bereichsleitern verwendet.

Nun besprechen Sie mit jedem Bereichsleiter unter Anwesenheit mindestens Ihres Chefs einzeln die Ergebnisse Ihrer Prüfung. Hierbei verfolgen Sie zwei Ziele: Einerseits liefern Sie die betreffenden Informationen, und andererseits bereiten Sie gleichzeitig auch die Abschlussbesprechung vor. Denn wenn sich eine Prüfung thematisch über mehrere Bereiche erstreckt, bedeutet dies, dass letztere miteinander interagieren, was üblicherweise Konfliktpotenziale mit sich bringt. Durch die getrennte Durchführung der Ergebnisbesprechungen vermeiden Sie direkte Konfrontationen der Bereichsleiter untereinander und erkennen günstigstenfalls auch Hintergründe und mögliche Koalitionsbildungen, die Sie sich in der Abschlussbesprechung zunutze machen können. Testen Sie mögliche Konfliktpotenziale aus und lassen Sie sich Ihre bisherigen Prüfungsergebnisse bestätigen. Machen Sie die sich anbahnenden Streitpunkte ausfindig. Diskutieren Sie möglichst viele davon bereits jetzt aus. Versuchen Sie auszuschließen, dass in der Abschlussbesprechung neue Fragen oder sonstige Überraschungen auftreten. Jede zusätzliche Information kann die dortigen Erfolgsaussichten erhöhen. Nutzen Sie also die Chance, sich noch ein letztes Mal mit den Themen auseinanderzusetzen und sich der Einigkeit darüber innerhalb der Revision zu versichern. Nur so kann Ihre Beurteilung in der Abschlussbesprechung mit einer Stimme und der nötigen gefestigten Überzeugung präsentiert werden.

4.4.2 Mögliche Schwierigkeiten bei der Ergebnisbesprechung

Schlimmstenfalls werden hierbei Konflikte eskalieren: Der Fachbereich will das Prüfungsergebnis verbessern, indem er sich an Ihren Chef wendet und jede Ihrer Feststellungen und Maßnahmen anficht. Fatal wäre, wenn sich diese dabei als unhaltbar herausstellten, über die Ursachenanalyse neue Fragestellungen und Informationen aufträten oder Sie eine der vorausgegangenen Prüfungsphasen nicht sorgfältig genug durchgeführt hätten. Dann wäre die Grundlage für die Berichterstattung nicht mehr ausreichend – ein Super-GAU.

Schwierig wird es auch, wenn der Fachbereichsleiter all seine Mitarbeiter aus politischen Gründen überstimmt, und die Ergebnisse der Abstimmung mit diesen somit für null und nichtig erklärt werden. Außerdem könnte sich die Revision selbst torpedieren, indem sich ihre hier anwesenden Vertreter gegenseitig widersprechen.

4.4.3 Wie kann die Erfolgswahrscheinlichkeit erhöht werden?

Zunächst einmal sollte die Ergebnisbesprechung mit den Führungskräften des Fachbereichs tatsächlich durchgeführt werden. Das allein erhöht die Erfolgswahrscheinlichkeit für einen guten Prüfungsabschluss.

► Je Fachbereich eine Ergebnisbesprechung durchführen
Informieren Sie die jeweiligen Führungskräfte abschließend über die relevanten Prüfungsergebnisse. Setzen Sie zu Beginn Ihre Gesprächspartner noch einmal kurz ins Bild, indem Sie Ihren Prüfungsauftrag, das Ziel, die Vorgehensweise usw. darstellen. Gliedern Sie die Ergebnisbesprechung nach Themen. Fangen Sie also keinesfalls mit Ihrer Gesamtbeurteilung an, sondern stellen Sie die verschiedenen Themen einzeln vor. Informieren Sie über die abschließenden Ergebnisse dieses Themas, indem Sie analog zur Vereinbarung von Maßnahmen zunächst über Sachverhalte und Ist-Zustände berichten. Dann erläutern Sie die Abweichungen zwischen dem Soll- und dem Ist-Zustand. Beschreiben Sie die Risiken und die Auswirkungen. Erläutern Sie dem Bereichsleiter, welche Maßnahmen seine Untergebenen mit Ihnen vereinbart haben, und lassen Sie sich die Maßnahmen einschließlich der Erledigungsfristen von ihm bestätigen. Auch hier gilt wieder: Interpretieren Sie Schweigen nicht als Zustimmung, sondern als Ablehnung und fragen Sie daraufhin nach. Identifizieren Sie Punkte, die in der Abschlussbesprechung mit den anderen Bereichsleitern zu Diskussionen führen könnten. Fragen Sie zum Abschluss jedes Themas nach Anmerkungen vonseiten des Bereichsleiters. Wenn Sie die vorherigen Schritte ausführlich genug und schrittweise durchgeführt haben, können Sie darauf vertrauen, dass die „normalen" Themen innerhalb des Fachbereichs bereits zur Genüge diskutiert und intern abgestimmt wurden, da während des Prüfungsprozesses dazu ausreichend Zeit und Gelegenheit bestand. Worüber man sich dennoch erst jetzt ereifert, muss also für den Fachbereich von hoher Brisanz sein. Dementsprechend viel Energie und Emotion wird in die Verhandlung gesteckt werden. Haben sich in der Ergebnisbesprechung keine materiellen Änderungen gegenüber Ihrer bisherigen Sichtweise ergeben, dann und nur dann geben Sie zum Schluss eine Gesamtbeurteilung ab. Andernfalls halten Sie sich damit möglichst zurück und verwenden ausschließlich Äußerungen im Konjunktiv. Man wird dafür Verständnis haben, dass Sie die betreffenden Änderungen und deren Auswirkungen zunächst revisionsintern diskutieren müssen.

► Die Interessen des Bereichsleiters beachten
Geht man davon aus, dass alles menschliche Handeln einem aus der jeweiligen Perspektive betrachteten berechtigten Ziel dient, gibt es demnach keine „guten" oder „schlechten" Menschen, sondern nur Menschen, die versuchen, durch ihre Handlungen ihre Interessen und Bedürfnisse zu befriedigen. Diese unterscheiden sich je nach Rolle, die eine Person in einem Unternehmen erfüllt. Der Manager des Fachbereichs hat wahrscheinlich das Interesse, seinen Fachbereich möglichst effektiv und effizient

zu führen. Zusätzlich könnte er z. B. ein persönliches Interesse, z. B. an Macht und Anerkennung haben. Wenn Sie die Interessen und Bedürfnisse Ihres Gesprächspartners erkannt haben, werden Sie seine Handlungsmuster leichter verstehen; z. B. einen Vertuschungsversuch oder die Anwendung von kurzfristigen Behelfslösungen anstelle der aufwendigeren Ursachenbehebung. Gegen letztere könnte z. B. der Wunsch sprechen, den Schein der Unfehlbarkeit zu wahren.

Die Interne Revision hat darauf zu achten, dass genau wie sie selbst auch die Manager der Fachbereiche sich der Gesamtheit des Unternehmens verpflichtet fühlen und ein entsprechendes Verhalten zeigen. Überlegen Sie, ob das bei den Leitern der geprüften Bereiche der Fall ist. Achten Sie besonders dann, wenn Sie dieses Verhalten vollständig zu vermissen scheinen, auf Ihre eigene Haltung und Ihre Gedanken. Rechnen Sie bei entscheidenden Themen auf jeden Fall mit Gegenwind. Bliebe dieser ganz aus, so hieße das, dass der betreffende Bereichsleiter seine Rolle nicht wie erforderlich ausfüllt. Ein Revisionsbericht kann im richtigen Umfeld viel bewirken und daher ein sehr mächtiges Instrument sein. Für einen Fachbereich kann dieses allerdings auch eine erhebliche Gefahr oder Bedrohung darstellen. Ein erst spät einsetzender Protest deutet nicht unbedingt darauf hin, dass die Gefahr erst jetzt als solche erkannt wird. Vielleicht wollte man zunächst abwarten, ob sich der betreffende Kritikpunkt nicht ohnehin (z. B. in der revisionsinternen Abstimmung) auflösen würde. Verständlicherweise ereifert man sich gegen ein schlechtes Urteil. Trotzdem ist es möglich, dass Sie den diesbezüglichen Protest als harscher und verletzender empfinden, als er vom Fachbereich beabsichtigt war. Versuchen Sie herauszuhören, ob dies der Fall sein könnte.

Sollte das Gespräch sich verfahren, wechseln Sie auf die Metaebene. Reflektieren Sie alles bis dahin Besprochene und führen Sie den Schatten der Zukunft ein: Fordern Sie Ihre Gesprächspartner zu einer Schätzung auf, welchen Fortschritt Sie bei dem momentanen Tempo innerhalb der nächsten Stunde erzielen würden. Sprechen Sie auch die Möglichkeit „Dissens“ an.

▶ Fokus auf den einheitlichen Revisionsauftritt
Hierzu empfiehlt es sich, vor der Ergebnisbesprechung die Inhalte und Vorgehensweise intern zu besprechen und die Rollenaufteilung zu klären. Um den Prüfungsleiter in seiner Kompetenz zu stärken, sollte seine Führungskraft die Begrüßung übernehmen und dann die Gesprächsführung an ihn übergeben. Falls Konflikte auftreten, besteht dann die Chance, dass die Führungskraft vermittelnd eingreifen kann. Würde sie dagegen von Anfang an die Ergebnisse vortragen, wäre diese Chance verschenkt, da der Prüfungsleiter in einem Abhängigkeitsverhältnis steht und einen zu niedrigen Rang in der Gesprächsrunde hat, als dass er die vermittelnde Rolle einnehmen könnte.

Ein uneinheitliches Auftreten der Revision wird der Fachbereich konsequent ausnutzen. Wenn Sie in diese missliche Lage geraten sollten, fahren Sie auf keinen Fall im Prozess fort; selbst dann nicht, wenn z. B. der Termin der Abschlussbesprechung schon vereinbart sein sollte. Halten Sie unbedingt inne. Denn was in dieser Besprechung vonstattengeht, entspricht lediglich einem Warmlaufen für die Abschlussbesprechung. Wenn sich die Revision jetzt bereits uneinig ist, lohnt es sich nicht, auch nur einen Schritt weiter zu gehen. Identifizieren Sie, woran es lag, fangen Sie dann genau dort wieder an und führen Sie die notwendigen Schritte (erneut) durch. Sollte es sich um eine unternehmenspolitische Auseinandersetzung zwischen dem Fachbereich und der Internen Revision handeln, klären Sie vorab intern, mit welcher Rückendeckung Sie rechnen können, und in welchen Punkten Ihnen diese versagt bleiben wird. Wenn es keine andere Lösung gibt, dürfen Sie sich intern überstimmen lassen. Aber vergessen Sie nicht, dies in Ihrer Prüfungsakte zu dokumentieren. Keinesfalls sollten Sie sich in einer Interaktion als Opferlamm präsentieren (Wer sich wie ein Schaf verhält, zieht Wölfe an). Schlimmstenfalls stehen Sie für eine Abschlussbesprechung nicht zur Verfügung.

4.4.4 Reaktionsmöglichkeiten für auftretende Phänomene

► Beispiel: Unterlagen nicht oder zu spät geliefert – Vorbereitung nicht möglich

Jede Revision hat ihre eigene Vorgehensweise. Manche verschicken die Berichtsentwürfe vor der Ergebnisbesprechung zur Information an den Fachbereich, andere nicht. Falls ihre Revision zu letzteren gehört, kann Ihnen Folgendes passieren.

FB: „Ohne vorher die Unterlagen zu sehen, kann ich das nicht besprechen. Die Unterlagen sind noch nicht eingetroffen."

Rechtfertigen Sie sich nicht, sondern erwidern Sie offen und freundlich:

PL: „Herr X, in der Internen Revision unseres Unternehmens ist es nicht vorgesehen, die Berichtsentwürfe vor der Ergebnisbesprechung zu versenden. Ich möchte Ihnen auch gerne erklären, wieso wir uns für diesen Weg entschieden haben." [PAUSE] *„Uns geht es um einen offenen Dialog. Wir wollen mit Ihnen die Inhalte besprechen. Wenn bereits etwas schriftlich zu Papier gebracht wurde, wirkt dies für einen Dialog eher hemmend. Der, der etwas geschrieben hat, wird es eher verteidigen und derjenige, der etwas aus einer vielleicht ungeschickten Wortwahl herausliest, was nicht seinen Vorstellungen entspricht, versteift sich leicht in Formulierungswünschen. Wir wünschen stattdessen den offenen Austausch."*

Auch wenn sich der Revisionspartner dann noch erklärt, er persönlich hätte doch lieber den Entwurf, können Sie sich auf diese allgemeine Regelung berufen.

PL: „Sorry, aber das entspricht nicht unserer Vorgehensweise."

Anders verhält es sich natürlich, wenn die Revision vor der Ergebnisbesprechung Unterlagen versandte, der Revisionspartner aber nur ein sehr kurzes Zeitfenster hatte, um diese vor der Besprechung durchzusehen. Sie können den Fall, dass die Berichtserstellung gleichsam in letzter Minute erfolgte und dabei noch Probleme mit Layout und Formatierung auftraten, sicherlich nachvollziehen. Wenn Sie sich dafür entschuldigen, bricht Ihnen kein Zacken aus der Krone. Gönnen Sie dem Revisionspartner, Ihnen gegenüber wenigstens in diesem einen Punkt im Recht zu sein.

PL: „Ja, dafür möchte ich mich gerne persönlich bei Ihnen entschuldigen. Gestern wurde es wirklich sehr spät. Üblicherweise versenden wir den Berichtsentwurf am Vorabend der Ergebnisbesprechung. Bitte entschuldigen Sie dies.“ [PAUSE]
PL: „Damit aus unserer späten Lieferung für Sie keine Nachteile entstehen, werde ich das Ergebnis ausführlich erläutern. Außerdem haben Sie im Anschluss an diese Besprechung auch noch die Möglichkeit, den Berichtsentwurf durchzugehen und dazu schriftlich Stellung zu nehmen.“

► Beispiel: Annullierung bereits fixierter Ergebnisse durch den Bereichsleiter
Mit den zuständigen Sachbearbeitern, Gruppen- und Abteilungsleitern bestand Einvernehmen über die Sachverhalte, Auswirkungen, Risiken und Maßnahmen. Der Bereichsleiter jedoch geht in der Ergebnisbesprechung auf Konfrontationskurs:
FB: „Ich bezweifle stark, dass das stimmt, was Sie da erzählen. Das ist nicht so!“
Auf die erzielte Einigkeit mit seinen Untergebenen zu verweisen, würde gegenüber dem Bereichsleiter nichts bewirken. Wichtig ist, dass Ihre Führungskraft, die Sie bei den kritischen Themen hoffentlich frühzeitig mit einbezogen haben, Sie jetzt unterstützt. Nehmen Sie Blickkontakt mit der ranghöchsten, überstimmten Person auf. Günstigenfalls wird diese das Wort ergreifen. Andernfalls sollten Sie sich trotzdem nicht ärgern. Wir würden es an deren Stelle vielleicht auch nicht wagen. Unternehmen Sie einen neuen Anlauf. Vielleicht hatte der Bereichsleiter einfach noch keine Gelegenheit gehabt, Ihre Sicht der Dinge zu hören. Verfahren Sie genau so wie bei den anderen Abstimmungen. Erläutern Sie Ihr Prüfungsziel und Ihre Vorgehensweise. Präsentieren Sie die gesicherten Fakten. Stellen Sie einige Was-wäre-wenn-Fälle vor und spielen Sie die jeweiligen Auswirkungen durch. Fragen Sie nach der Perspektive des Bereichsleiters hinsichtlich dieser Fälle und ihrer Auswirkungen. Falls er die von Ihnen geschilderten Risiken zwar nicht bestreitet, sie aber für extrem niedrig hält, erklären Sie ihm, dass Sie trotzdem darauf hinzuweisen haben und Maßnahmen zur Begrenzung für erforderlich halten. Ggf. bitten Sie den Bereichsleiter, seinen Einwand zu begründen.
PL: „Was macht Sie so sicher, dass es auch mit noch so geringer Wahrscheinlichkeit nicht passieren kann? Wie gehen Sie mit diesem Risiko um?“
Wahrscheinlich ist bei ihm lediglich der Wunsch der Vater dieses Gedankens. Erspüren Sie seine Motive: Ist er um das Unternehmen oder mehr um sich selbst besorgt? Stellen Sie Ziel und Zweck der Maßnahmen vor. Sollte der Bereichsleiter dazu eine Idee vorbringen, die zwar von Ihrer Maßnahme abweicht, aber den gleichen Zweck erfüllt, überlegen Sie, ob Sie diese Idee übernehmen können. Verweigert er sich dagegen jeglicher Maßnahme, dann gehen Sie wie folgt vor:
PL: „Wenn der Fall X eintritt, dann besteht das Risiko Y. Das Risiko Y hat die Auswirkung Z. Auch wenn Sie dieses Risiko für sehr gering einschätzen, kann es doch eintreten. Es ist meine Aufgabe, den Vorstand hierüber zu informieren. Selbstverständlich ist mir bekannt, dass es einen Trade-off gibt, zwischen den Kosten zur Vermeidung von Risiken und dem Zugewinn an Sicherheit. Wenn Sie die entstehenden Kosten im Vergleich zum Zugewinn an Sicherheit für zu hoch halten, können Sie dies

gerne in Ihrer Stellungnahme anführen. Es ist nicht Aufgabe der Revision, diese Entscheidung zu treffen, sondern Ihre. Wir möchten nur, dass der Vorstand davon erfährt, wie Sie sich entscheiden. Ich schlage vor, die Maßnahme wie folgt zu formulieren: Der Fachbereich wird unter Abwägung von Kosten und Nutzen eine Entscheidung zum Thema X treffen und entsprechend umsetzen. "[118]

Dann haben Sie immer noch die Chance, dass in einer fundierten Entscheidung die Sache zu Ende gedacht wird. Zumindest haben Sie den Vorstand über die anstehende Entscheidung informiert.

▶ Beispiel: Neue Informationen durch den Bereichsleiter
Es lässt sich leider nie ganz ausschließen, dass der Bereichsleiter neue Informationen in die Ergebnisbesprechung einbringt.
FB: „Ja, aber Sie haben X vergessen. Es weist eindeutig Y nach."
Seien Sie hier vorsichtig. Antworten Sie, Sie könnten augenblicklich noch nicht sagen, ob und inwieweit diese neue Information Ihre Berichtsaussage verändern würde. Verweisen Sie auf das Eingangsgespräch,[119] wenn Sie dort die gesamte Prüfungsthematik einmal kurz top-down mit ihm durchgegangen sind und abgefragt haben. Dies sollte seine Chancen auf Kurswechsel durch Neuinformationen von vornherein reduziert haben.
PL: „Schade, dass ich erst jetzt davon erfahre, obwohl mir von Ihren Mitarbeitern bestätigt wurde, dass meine Informationsbasis vollständig und richtig ist. [Dies müssen Sie hier unbedingt anbringen. Sonst erhalten Sie Ihre Informationen zukünftig nur noch zu spät.] *Wenn ich das richtig verstehe und darüber nachdenke, dann kann ich momentan noch nicht nachvollziehen, welche Auswirkungen dies auf die Berichtsaussage haben wird. Bitte erläutern Sie mir, was Sie dazu denken."*
Falls diese neue Information einen Unterschied macht, sollten Sie sie aufnehmen. Halten Sie den Fachbereich jedoch unbedingt etwas hin, bevor Sie ihm das mitteilen. Spielen Sie eine Weile „Reflecting Team" und diskutieren Sie mit Ihrem Chef laut in Anwesenheit aller anderen Personen, ob Sie sich darauf einlassen sollen oder nicht. Falls Ihre Führungskraft in so einer Situation einmal nicht mit anwesend ist, können Sie auch Ihre in sich widerstreitenden Seiten explizit artikulieren.
PL: „Ich bin mir da noch nicht sicher. Einerseits möchte ich die Prüfung zeitnah abschließen, aber andererseits könnte die neue Information für die Berichtsaussage wichtig sein. Ich möchte zwar keine falsche Aussage treffen, möchte aber auch nicht dafür gerügt werden, dass ich später liefere als verabredet. Hmmm." [DENKPAUSE] *„Ich werde das mit meiner Führungskraft besprechen und Sie über unsere Entscheidung informieren."*
Bitten Sie aber auf jeden Fall darum, solche Informationen zukünftig rechtzeitig, d. h. während der Prüfung zu erhalten. Verlangen Sie zudem ausreichende Belege für die neue Information. Sonst könnten Sie sie nicht berücksichtigen. Es schadet in

118 Vgl. hierzu 4.2.4 Beispiel: Abschreckungstaktik durch angeblich hohe Kosten.
119 Vgl. Kapitel 3.1 Eingangsgespräch auf Managementebene.

so einem Fall – wenn Ihnen Ihr Gesprächspartner Informationen vorenthalten hat – auch nicht, wenn Sie die Ansprüche an die zu erbringenden Nachweise etwas höher ansetzen. Das beschleunigt meiner Erfahrung nach die zukünftigen Zulieferungen.
PL: „Diese neue Information würde die Berichtsaussage tatsächlich ändern. Im Interesse unserer weiteren Zusammenarbeit möchte ich Sie bitten, mir so etwas zukünftig früher, d. h. während der Prüfung zukommen zu lassen. Andernfalls verzögert es den Abschluss der Prüfung. Auch jetzt kann ich diese Information nicht ohne Weiteres in den Bericht aufnehmen. Dazu benötige ich zuvor von Ihrer Seite ausreichende Belege dafür. Bis wann können Sie mir diese liefern?"
Vereinbaren Sie für die Lieferung der Nachweise unbedingt einen festen Termin.

Falls dies nun zu einer Überschreitung des zeitlichen Limits führen würde, das Sie mit Ihrem Chef verabredet hatten, dann geben Sie das Problem an diesen weiter.
PL: „Die Berücksichtigung dieser neuen Information wird die Fertigstellung des Berichtes um X Tage verzögern. Schließlich benötige ich noch die Nachweise und muss diese wiederum plausibilisieren und ggf. den Bericht anpassen. Was meinen Sie, Herr [Chef]? Können wir deswegen in diesem Fall die Berichterstattung um X Tage später durchführen?"
Haben Sie deswegen kein schlechtes Gewissen. Eine solche Entscheidung gehört zu den Aufgaben Ihres Chefs.

▶ Beispiel: Sie merken, Sie reagieren nicht zieldienlich
Grundsätzlich gilt es, so eine Besprechung als das zu sehen, was sie ist. Wenn wir anstelle des Fachbereichs wären und kein sehr gutes Ergebnis zu erwarten hätten, dann würden wir doch auch versuchen, es maximal zu verbessern. Es kann also nicht verwundern, dass der Fachbereich die Ergebnisbesprechung dafür zu nutzen versucht. Es ist möglicherweise seine letzte Gelegenheit, um auf das Prüfungsergebnis Einfluss zu nehmen. Wenn Sie nun in der Ergebnisbesprechung sitzen und merken, dass Sie nicht zieldienlich reagieren (Sie sich z. B. aufregen, die Geduld verlieren, Ihre Wortwahl oder Ihr Tonfall nicht passen, oder Sie zu konfrontativ agieren), dann rufen Sie sich Folgendes in Erinnerung: Jeder Input, den Sie erhalten, muss von Ihrem Gehirn erst verarbeitet werden, bevor Sie darauf reagieren können. Die bewusste Verarbeitung eines Inputs dauert dabei immer länger als die unbewusste. Letztere funktioniert aber nicht nur schneller, sondern auch wirksamer und ökonomischer.[120] Evolutionstheoretisch lässt sich das so erklären, dass sich die Gene derjenigen besser durchsetzen konnten, die Gefahrenquellen schneller identifizieren und darauf mit Flucht-, Kampf- oder Totstellreaktionen auch schneller reagierten. So kommt es, dass wir auch heute noch auf bestimmten Input unbewusst in so einer Weise reagieren, wie sie vor Jahrtausenden für das Überleben vorteilhaft gewesen sein muss, für unsere derzeitige Aufgabe jedoch nicht zieldienlich ist. Trösten Sie sich also damit, dass es vollkommen normal ist, auf Angriffe oder Bedrohungen mit

[120] Vgl. Schmidt, Gunther: Liebesaffären zwischen Problem und Lösung, S. 44.

Flucht-, Kampf- oder Totstellreflexen zu reagieren. Wie gesagt: Noch vor wenigen Jahrtausenden stellte dies die optimale Reaktion dar.

Mag es auch inzwischen meistens, aber vor allem in Ihrer konkreten Situation kontraproduktiv sein – das Wichtigste ist, dass Sie diese unbewusste Reaktion bemerkt haben, Sie Ihnen also bewusst geworden ist. Damit haben Sie bzw. nehmen Sie sich die Zeit, zwischen dem Input und Ihrer Reaktion eine bewusste Entscheidung zu treffen. Das Wichtigste ist also, zu merken, wenn man nicht optimal zieldienlich reagiert. Dies wird Ihnen umso leichter und häufiger gelingen, je mehr Übung Sie darin haben. Nehmen Sie regelmäßig eine Metaposition ein und beobachten Sie sich aus dieser. Üben Sie das in unproblematischen Gesprächen, in denen Sie keine Stressreaktionen zeigen. Ergründen Sie nach jedem Gespräch, wie es gelaufen ist. Was wurde wie von wem gesagt, und wer reagierte wie darauf. Je mehr Übung Sie darin haben, umso leichter wird es Ihnen gelingen, diese Beobachterposition auch in schwierigen Gesprächen einzunehmen. Wenn Sie dann erkennen, in welche Reaktionsmuster Sie, aber auch Ihr Gesprächspartner verfallen, haben Sie die Chance, Ihre Strategie und Gesprächsführung individuell anzupassen.

Überlegen Sie sich, welche Reaktion angebrachter wäre. Sie könnten auch die anderen Gesprächsteilnehmer bitten, eine solche Metaposition einzunehmen. Werfen Sie den Schatten der Zukunft und fragen Sie:
PL: „Wenn ich dieses Gespräch aus der Metaposition betrachte, frage ich mich, wie es weitergehen wird. Und da würde mich Ihre Meinung sehr interessieren. Was meinen Sie, wo wären wir in einer Stunde, wenn wir jetzt so weitermachen würden?“
[Konjunktiv!]
Das bringt meist Bewegung in die Sache und eröffnet die Möglichkeit, aus einer Eskalationsspirale auszusteigen. Setzen Sie sich dabei bitte nur erfüllbare Ziele!

► Beispiel: Der Bereichsleiter wird laut
In der Prüfung wurde der Nachweis erbracht, dass sich der Bereichsleiter um ein bestimmtes Thema schlichtweg nicht gekümmert hatte. Nachdem die Revision dies angesprochen hat, brüllt er:
FB: „Was fällt Ihnen ein, mir zu sagen, was meine Verantwortung ist?“
Daraufhin spricht ihn der Revisionsleiter (IR-L) an:
IR-L: „Herr X, jetzt werden Sie doch nicht so laut.“
Daraufhin schreit dieser:
FB: „Ich bin doch gar nicht laut!“
In so einer eskalierten Situation hilft es kaum, an die Vernunft zu appellieren. Denn den Zugang zu dieser hatte der Bereichsleiter vorübergehend verloren. Er sah seine Felle davonschwimmen und stand dementsprechend unter Stress. Je entgleister die Situation, desto besser eignet sich Humor als Lösungsmöglichkeit. Dieser scharfe Kontrast reißt Streithähne häufig aus der Eskalationsspirale wieder heraus.
PL: „Ach, das sagt mein Mann auch immer. Das sei ja noch gar nicht laut gewesen – er könne noch viel lauter.“

Mit dieser Intervention gelang es mir tatsächlich einmal, den nötigen Unterschied herzustellen: Der aufgebrachte Bereichsleiter wirkte verdutzt, lächelte kurz und war anschließend wieder zu einer „normalen“ Unterhaltung fähig.

► Beispiel: Vorwurf der Einmischung

Laut Eingangsgespräch wollte der Bereichsleiter keine zwischenzeitlichen Informationen durch die Interne Revision erhalten. Er erklärte, er werde sich ausschließlich mit seinen Untergebenen über die Prüfung austauschen. Nachdem Sie alle erforderlichen Schritte inklusive Maßnahmenvereinbarung durchlaufen haben, poltert der Bereichsleiter in der Ergebnisbesprechung plötzlich los:

FB: „Sagen Sie mir doch nicht, wie ich meine Arbeit machen muss!“

Folgende Reaktionsvarianten stehen Ihnen zur Verfügung:

▷ Variante 1: Ignorieren und die Aufgabe der Revision erläutern

PL: „Meine Aufgabe ist es, diese Prüfung durchzuführen und dem Vorstand über die Prüfungsergebnisse zu berichten.“ [PAUSE]

PL: „Der Vorstand möchte wissen, welche Maßnahmen vom Fachbereich eingeleitet werden, um die dargestellten Risiken einzuschränken oder zu beheben.“ [PAUSE]

PL: „Zusätzlich verlangt der Vorstand die Einschätzung der Revision zu diesen vom Fachbereich eingeleiteten Maßnahmen. Daher bietet es sich an, dass wir diese Maßnahmen diskutieren und, wenn möglich, gemeinsam vereinbaren.“

▷ Variante 2: Mit Humor reagieren

PL: „Oh, bestimmt nicht. Ich habe mit meiner eigenen Arbeit schon genug zu tun.“

Bitte wenden Sie diese Variante nur situativ an, und nur, falls es Ihrem Naturell entspricht. Ich selbst habe damit gute Erfahrungen gemacht.

▷ Variante 3: Auf Auswirkungen und höhere Macht des Vorstands hinweisen

PL: „Selbstverständlich kann ich im Bericht auch festhalten, dass wir uns nicht einigen konnten, oder Sie den von der Revision vorgeschlagenen Maßnahmen nicht folgen wollen. Dann hätte das aber die Auswirkung, dass wir jeweils mit unseren Vorständen sprechen müssten. Und das könnte sehr aufwendig werden.“ [PAUSE]

PL: „Bestimmt haben wir beide weniger Aufwand, wenn wir dies selbst klären.“

Wenn dem Bereichsleiter die Auswirkung seiner fehlenden Kooperation aufgezeigt wird, wird er wahrscheinlich einlenken. Falls nicht, brechen Sie ab und bitten ihn um eine schriftliche Gegendarstellung für Ihren Bericht.

► Beispiel: Der Fachbereich tritt mit mehr als zehn Leuten auf

Lassen Sie sich davon nicht beunruhigen, sondern überlegen Sie: *„Was könnte das bedeuten? Wie ist das zu interpretieren?“*

Möglicherweise hält sich der Bereichsleiter, mit dem Sie verabredet sind, für außerstande, Ihnen die nötigen Auskünfte allesamt selbst zu erteilen. Vielleicht fühlt er sich auch nur grundsätzlich unsicher. Letztendlich spielt es gar keine Rolle. Da er diese zahlmäßig starke Unterstützung aus seinem Bereich nun einmal angefordert hat, wird er sie wohl auch nötig haben. – Was für Sie keineswegs ein Problem darstellt, sondern eher im Gegenteil Entspannung signalisiert! Bestimmt werden die zahlreichen Vertreter des Fachbereichs Sie nicht alle zugleich attackieren. Stattdessen werden sie sich ihrer Rangordnung gemäß zurückhalten und nur nach Aufforderung ihres Vorgesetzten sprechen. Somit ist es zunächst nur der ranghöchste Vertreter, auf den Sie sich als Ihren einzigen Gesprächspartner zu konzentrieren haben. Sollte dieser dann zu verschiedenen Themen verschiedenen Untergebenen das Wort erteilen, dann konzentrieren Sie sich jeweils auf den, der gerade spricht, und auf seine(n) Vorgesetzten. Durch Ihre Prüfung sollten Ihnen die betreffenden Personen ohnehin namentlich bekannt sein. Nutzen Sie dies, indem Sie sie auch mit Namen ansprechen. Signalisieren Sie Offenheit und Entspannung.

Natürlich können Sie einen solchen Massenaufmarsch auch dahingehend interpretieren, dass man Sie verunsichern oder einschüchtern möchte. Das hat der Fachbereich aber nicht in der Hand. Sie müssten es zulassen. Und wieso sollten Sie das tun? Ist denn dem Bereichsleiter bekannt, wie gut Ihre Arbeitsbeziehung zu seinen Leuten ist? Weiß er wirklich, mit wem Sie auf einer Wellenlänge liegen? Kann er sich sicher sein, dass seine Leute ihn richtig informiert haben? Vermutlich nicht. Oder befürchtet er, dass Ihnen etwas hinter vorgehaltener Hand zugeflüstert wurde? Möglicherweise. Beobachten Sie die Reaktion des Managers, wenn Sie mit Freude jeden einzelnen Teilnehmer mit Namen begrüßen. Sie haben nichts zu befürchten. Sie sind in Ihrer Prüfung zu Ergebnissen gelangt, die Sie nun vortragen werden, damit das Management dazu Stellung nimmt. Eigentlich armselig, wenn dabei so viele Leute Hilfestellung leisten müssen. Denken Sie daran: So viele es auch sein mögen und so kompetent jede davon auf ihrem speziellen Fachgebiet auch sein mag – es kann trotzdem zu jeder Zeit immer nur eine Person mit Ihnen sprechen.

► Beispiel: Der Bereichsleiter wird unfair

Je wesentlicher Ihre Prüfungsergebnisse sind, als desto gefährlicher können sie vom Bereichsleiter des Fachbereichs eingeschätzt werden, und umso eher wird er auch zu unfairen Mitteln greifen. Wichtig ist, dies zu erkennen und für sich zu nutzen und umzuformulieren (Reframing).

Wenn ein Bereichsleiter unfair wurde, half es mir persönlich immer, zu denken: *„Aha, das ist ja eine spannende Reaktion. Er wird es wohl nötig haben, sich mit solchen Mitteln zu wehren.“* Anderen soll es auch schon geholfen haben, sich den Angreifer in Unterhosen vorzustellen. Welche Strategie auch immer Sie genau anwenden – versuchen Sie die Sache umzudeuten und für sich zu nutzen. Bedenken Sie: Für den Bereichsleiter geht es primär um den Inhalt des Berichts und nicht um Sie als Person. Andernfalls würde er sich auch trotz eines für ihn höchst schmeichelhaften Berichtes feindselig zeigen – und wer hätte so etwas schon jemals erlebt? Die unfairen Aktionen betreffen also nicht Ihre Person, sondern sind der Sache geschuldet. Lassen Sie sich daher nicht davon irritieren. Wenn der Fachbereichsleiter mit der Zeit lernt, dass Sie nicht so leicht aus der Ruhe zu bringen sind, bricht er seine vergeblichen Versuche vielleicht vorzeitig ab oder verlegt sich beim nächsten Mal von vornherein auf eine andere Strategie.

Greift der Bereichsleiter Sie dagegen persönlich an, müssen Sie reagieren und Grenzen setzen.[121] Totstellen (= Schweigen) ist keine Option. Denn dann würde er denken, er habe Sie übertrumpft. Lassen Sie das nicht zu. Stellen Sie sofort klar, dass Sie sich nicht auf diese Weise behandeln lassen.
PL: „Herr X, so lasse ich nicht mit mir umgehen."
Meist genügt es schon, sich einen persönlichen Angriff auf diese Weise zu verbitten. Denn meist handelt es sich dabei nur um einen Test des Bereichsleiters, ob sich auf diesem Wege etwas erreichen lässt. Wenn Sie früh signalisieren, dass dies keineswegs der Fall ist, wird er einen anderen und dann hoffentlich fachlichen oder inhaltlichen Ansatz wählen.

▶ Beispiel: Drohkulisse – dem Unternehmen schaden
Ihr Bericht enthält Exkommuniziertes, also etwas, das eigentlich jeder wusste, aber niemand schwarz auf weiß lesen wollte. Die Sachlage an sich kann nicht bestritten werden. Dazu sind die Fakten zu eindeutig. Doch solch ein offenes Geheimnis transparent zu machen, führt manchmal zu folgendem merkwürdigen Einwand:
FB: „Mit Ihrem Bericht schaden Sie dem Unternehmen."
Diese Anschuldigung würde jeder Revisor, da er natürlich auf das Wohl des Unternehmens sehr bedacht ist, gerne vermeiden. Andererseits ist es doch vielmehr im Gegenteil das Totschweigen von Problemen, das dem Unternehmen schadet. Diese Zwickmühle lässt sich durch Verbalisieren und Reframing auflösen:
PL: „Herr X, Sie vermuten richtig, dass ich nur das Beste für unser Unternehmen will. Meine Aufgabe ist, die Situation dem Vorstand transparent zu machen, damit er selbst entscheiden kann, was das Beste für das Unternehmen ist."
FB: „Dann ist es aber schon zu spät! Dann steht es ja schon in Ihrem Bericht!"
Falls Ihr Revisionsleiter Sie begleitet, liegt es an ihm, einzugreifen. Sind Sie auf sich alleine gestellt, können Sie antworten:
PL: „Im Gegensatz zu meinem Revisionsleiter habe ich neben der schriftlichen Berichterstattung keinen Zugang zum Vorstand."
FB: „Dann werde ich den Revisionsleiter darauf ansprechen."
Betrachten Sie dies am besten nicht als Drohung, sondern als legitimen Versuch des Bereichsleiters, über den Revisionsleiter etwas beim Vorstand zu bewirken. Ob dieser Versuch gelingt, hängt vom Revisionsleiter und vom Vorstand ab. Daher können Sie gelassen und ehrlich antworten.
PL: „Ja, das können Sie gerne tun. Das ist eine Möglichkeit."
Wie beim vorherigen Beispiel kümmert den Bereichsleiter der Inhalt des Berichts – nicht Ihre Person.

---

121 Vgl. auch 3.1.4 Beispiel: Allgemeiner Umgang mit unfairen persönlichen Angriffen.

► Beispiel: Aufforderung, brisante Ergebnisse aus dem Bericht zu entfernen
Sie sind stolz darauf, ein bestimmtes ernstzunehmendes Risiko in Ihrer Prüfung als Erster entdeckt zu haben und nun berichten zu können. Da Letzteres für den Fachbereichsleiter sehr unangenehme Folgen hätte, möchte er es verhindern:
FB: „Sie wollen doch wohl keine schlafenden Hunde wecken! Das muss weg! Machen Sie das weg!"
Auch hier also wieder der klassische Fall von etwas Exkommuniziertem. Die direkte Aufforderung, eine Feststellung zu vergessen und nicht zu berichten, ist dagegen hoffentlich wirklich selten. Lassen Sie sich auf keinen Fall zu einer Rechtfertigung hinreißen, sondern beschränken Sie sich auf Ihre Standardaussage zu den Aufgaben der Revision:
PL: „Herr X, die Revision ist ein Organ des Vorstands. Es ist meine Aufgabe, dem Vorstand über meine Prüfungsergebnisse zu berichten."
Anschließend schalten Sie, falls nötig, auf „Sprung in der Schallplatte":
PL: Herr X, ich weiß nicht, wie ich es Ihnen anders sagen soll. Es ist meine Pflicht, den Vorstand über meine Prüfungsergebnisse zu unterrichten."

► Beispiel: Der Fachbereichsleiter übergeht Sie
Obwohl Ihnen als Prüfungsleiter offiziell die Gesprächsführung obliegt, kann es vorkommen, dass Sie der Bereichsleiter ignoriert und sich mit seinen Stellungnahmen und Einwänden ausschließlich an Ihren Vorgesetzten wendet. Sei es, dass ihm Ihr Chef nähersteht, z. B. weil die beiden eine berufliche Historie verbindet; sei es, dass ihm Ihre konsequente Einstellung bekannt ist und er deshalb hofft, Ihren Chef leichter zum Nachgeben bringen zu können. Was auch immer der Grund dafür sein mag – in dieser Situation können Sie nicht viel mehr tun, als darauf zu achten, dass Ihr Chef keine Zusagen macht, die Sie nicht mittragen wollen. Unterbrechen Sie deshalb konsequent das Gespräch der beiden, wann immer eine Änderung im Bericht gewünscht wird, für die Sie Beweise oder schriftliche Belege benötigen.
FB: „Das ist alles ganz anders. Selbstverständlich habe ich mich um alles ausreichend gekümmert. Alles ist bestens in Ordnung."
Chef.: „Ja, wenn Sie sagen, dass das so ist, dann werden wir den Bericht selbstverständlich entsprechend anpassen."
Hier z. B. ist es dringend geboten, die entsprechenden Forderungen zu stellen.
PL: „Um das zu tun, benötige ich, wie Sie wissen, entsprechende Unterlagen, die dies belegen. Bitte liefern Sie mir diese in den nächsten zwei Tagen zu. Sollte ich die Unterlagen bis dahin nicht erhalten, kann ich den Bericht nicht anpassen."
Sollten in so einem Fall die betreffenden Unterlagen dann nicht geliefert werden (können), dürfen Sie sich gerne freuen und bestätigt fühlen: Der Fachbereich hatte also lediglich ein taktisches Manöver versucht, das ihm misslungen ist.

► Beispiel: Das Gespräch verfährt sich in eine Sackgasse

Wenn das Gespräch bei zwei sich widersprechenden Positionen hängenbleibt, die dann ad infinitum wiederholt würden („nein“ – „doch“ – „nein“ – „doch“), dann nehmen Sie eine Metaposition ein und führen Sie den Schatten der Zukunft ein.

PL: „Wo wären wir in einer Stunde, wenn wir so weitermachen würden?“

Das sollte – wie so oft – helfen, um aus der Eskalationsspirale auszusteigen.

Sie können auch Ihre Erwartung aussprechen.

PL: „Also, wenn Sie mich fragen – ich persönlich bin der Ansicht, dass wir so in einer Stunde auch nicht recht viel weitergekommen sein werden. Ich habe das Gefühl, wir drehen uns im Kreis. Geht es Ihnen auch so?“

Das zeigt Ihre Gesprächskompetenz und auch, dass Sie sich Ihre Gesprächsführung nicht aus der Hand nehmen lassen.

► Beispiel: Die Gesamtnote wird angegriffen

Viele Revisionen vergeben in ihren Berichten eine Gesamtnote; manchmal im Schulnotensystem, manchmal mittels Ampelfarben, manchmal über Balkendiagramme. Dies soll dem Vorstand ermöglichen, mit einem Blick das Prüfungsergebnis zu erfassen. Das wissen auch die geprüften Fachbereiche. Aus diesem Grund fechten sie eine enttäuschende Gesamtnote sofort an, sobald sie sie erfahren. Die Besprechung dreht sich folglich nur noch um diese und nicht mehr um die Inhalte.

FB: „Formulieren Sie den Text gerne etwas härter, aber verbessern Sie dafür die Gesamtnote.“

Dies ist umso verständlicher, als ja bekannt ist, dass der Vorstand wenig Zeit hat und deshalb die Gesamtnote zur Vorselektion nutzt. D. h., er entscheidet je nach Note, ob er das zusammengefasste Prüfungsergebnis oder den Bericht liest oder beides gleich zur Seite legt. Insofern ist die Gesamtnote von entscheidender Bedeutung. Vermeiden Sie daher eine Situation wie die obige wenn möglich von vornherein. Besprechen Sie also zuerst die Inhalte und Ergebnisse und teilen Sie dem Fachbereich die Gesamtnote erst hinterher mit. In denjenigen Fällen, in denen dies leider nicht möglich ist, verhalten Sie sich folgendermaßen:

PL: „Herr X, um mit Ihnen über die Gesamtnote zu sprechen, möchte ich zunächst Einigkeit über sämtliche Prüfungsergebnisse haben. Es könnte ja sein, dass ich etwas nicht ganz richtig dargestellt habe. Aus diesem Grund halte ich es für eindeutig sinnvoller, zunächst über sämtliche Ergebnisse zu sprechen. Im Anschluss daran können wir uns gerne über die Gesamtnote unterhalten.“

Wenn dann noch Gegenwind kommt, dann setzen Sie nach.

PL: „Herr X, es hätte absolut keinen Sinn, zuerst über die Gesamtnote zu sprechen, bevor wir Einigkeit über die Prüfungsergebnisse haben.“ [PAUSE]

PL: „Lassen Sie uns nun mit den Inhalten beginnen.“

Beginnen Sie daraufhin mit Ihrem ersten Thema.

► Beispiel: Subtile Andeutung nicht näher spezifizierter negativer Konsequenzen
FB: „Überlegen Sie sich das nochmal, ob Sie das wirklich so schreiben wollen."
Sie ignorieren dies und fahren fort.
FB: „Ich wiederhole mich: Überlegen Sie sich, ob Sie das wirklich so schreiben wollen."
Begegnen Sie diesem vagen, zunächst nicht weiter konkretisierten Beeinflussungsversuch mit einem freundlichen, offenen Lächeln und antworten Sie:
PL: „Vielen Dank für Ihren Hinweis. Ich habe ihn gehört."
Oder, falls Sie eine Änderung dieser Stelle tatsächlich in Betracht ziehen:
PL: „Vielen Dank für Ihren Hinweis. Ich versichere Ihnen, ich werde es mir überlegen."
Damit legen Sie sich nicht fest und können das Gespräch wie geplant fortsetzen.

► Beispiel: Androhung einer scharf konfrontativen Stellungnahme
FB: „Wenn Sie den Bericht nicht ändern, werden Sie von mir eine saftige Stellungnahme erhalten."
Lassen Sie sich davon nicht zu einer Eskalation provozieren, sondern beglückwünschen Sie sich, dass Sie mit Ihrem Bericht wohl tatsächlich den Nerv getroffen haben. Das erleichtert eine freundliche, unverbindliche und deeskalierende Antwort.
PL: „Vielen Dank, dass Sie mich hierüber informiert haben."
Ein Bereichsleiter, der seine Arbeit durch Ihren Bericht in ein schlechtes Licht gerückt sieht, wird hier allerdings vermutlich nachsetzen.
FB: „Ich meine es ernst! Die Stellungnahme wird sich gewaschen haben, wenn Sie den Bericht nicht vorher ändern."
Falls Ihr Vorgesetzter nicht anwesend ist, erwidern Sie:
PL: „Vielen Dank für diese Information. Ich werde meinen Chef davon in Kenntnis setzen."
FB: „Ich sag's Ihnen ja nur. Das kann nicht so bleiben."
PL: „Ich habe verstanden, dass Sie eine Änderung des Berichts wünschen."
Wenn dem Bereichsleiter früher oder später klar wird, dass er auf diesem Wege nichts erreicht, wird er sich daraufhin wahrscheinlich an die nächsthöhere Ebene, also Ihren Chef, wenden. Falls dieser nicht anwesend ist, dann informieren Sie ihn zügig, bevor er sich etwa vorschnell irgendwelche Zugeständnisse abringen lässt.

► Beispiel: Ein Dissens zeichnet sich ab
Dies könnte Sie als Prüfungsleiter nervlich belasten. Schließlich möchte man seine Prüfung einvernehmlich beenden und wünscht sich eine möglichst reibungslose Abstimmung. Wir reden hier selbstverständlich nur über gewissenhaft durchgeführte Prüfungen und dementsprechend fundiert recherchierte, korrekte Berichte; nicht über solche, bei denen der Revisionspartner mit seiner Gegendarstellung im Recht ist. Dass die Fachbereiche mit dem, was die Revision schreibt, nicht einverstanden sind, ist aber in jedem Fall die normalste Sache der Welt; auch und gerade dann, wenn es inhaltlich richtig ist.

Sich darauf zu einigen, dass man uneinig ist, stellt auch eine Leistung dar. Seien Sie also damit im Reinen. Bieten Sie dem Revisionspartner diesen Ausweg an. Seine Ansicht in Form einer Stellungnahme zu vertreten, bleibt davon schließlich unberührt.

PL: „Ich denke, unsere Positionen sind sehr gegensätzlich, und ich frage mich, ob wir uns überhaupt inhaltlich einigen können. Ich denke eher, wir sind uns darüber einig, dass wir uns nicht einig werden." [PAUSE] *„Und das wäre für mich überhaupt kein Problem. Sie können zum Bericht gerne eine Stellungnahme abgeben. Wir weisen im Bericht darauf hin und stellen unsere beiden Ansichten dar."*

4.5 Abschlussbesprechung mit mehreren Fachbereichen

4.5.1 Ziele der Abschlussbesprechung mit mehreren Fachbereichen

Dieses Kapitel baut auf dem vorausgegangenen auf. Ob Sie eine Ergebnisbesprechung mit den Führungskräften nur eines Fachbereichs (siehe 4.4) oder aber mehrerer gleichzeitig durchzuführen haben, macht einen ernstzunehmenden Unterschied aus. Denn Menschen verhalten sich in Gruppensituationen oft grundlegend anders als in einem Vier-Augen-Gespräch. Die Gruppendynamik muss einkalkuliert werden! Diese könnte unter den Bereichsleitern z. B. von expliziten oder impliziten hierarchischen Unterschieden, Neid, Missgunst, Voreingenommenheit oder Ihrer gemeinsamen Historie bestimmt sein.

Die Abschlussbesprechung hat das Ziel, die Prüfungsergebnisse zu finalisieren und eine faire Berichterstattung zu erleichtern. Zwar ist die Teilnahme mehrerer Fachbereiche für den Prüfungsleiter immer mit größerer Anstrengung verbunden. Dafür können Sie sich sicher sein, dass Ihre Berichterstattung durch die Einbeziehung vieler verschiedener Know-how-Träger und Interessenvertreter hohen Ranges tendenziell ausgewogener ausfallen wird. Selbstverständlich sollen die in den Ergebnisbesprechungen mit den Fachbereichen jeweils bilateral diskutierten Lösungsvorschläge nun von einer neutralen Partei – der Revision – vorgestellt und auf mögliche unerwünschte Nebenwirkungen oder Spätfolgen auf das Gesamtunternehmen abgeklopft werden. Dass die Lösungsvorschläge nicht aus einem bestimmten Lager stammen, erhöht die Chance auf wertschätzende Betrachtung des Inhalts und eine ausgewogene Diskussion, die einem echten Meinungsbildungsprozess gleichkommt. Denn die gemeinsame Besprechung wird günstigenfalls zu einem besseren gemeinsamen Verständnis der Gesamtzusammenhänge, des Gesamtprozesses und der gegenseitigen Interessen aller Beteiligten führen. Dies wird sich förderlich auf die Zusammenarbeit und insb. auf die Diskussion der angedachten Maßnahmen einschließlich möglicher Risiken und Nebenwirkungen auswirken. Darüber nur jeweils bilateral zu diskutieren, würde den Fachbereichen nicht gerecht werden. Auch deren Kooperation untereinander wird durch das gemeinsame Gespräch gefördert werden.

Lassen Sie sich die vereinbarten Maßnahmen nun inhaltlich und terminlich bestätigen. Idealerweise wurde auch das Eigeninteresse der Fachbereiche für diese geweckt. Bei manchen Maßnahmen stellt es sich dagegen sehr schnell heraus, dass sich keiner der Fachbereiche für ihre Umsetzung verantwortlich fühlt. Dann ist es Ziel dieser Abschlussbesprechung, gemeinsam die Verantwortlichkeit für diese Maßnahmenumsetzung zu bestimmen und sich diese bestätigen zu lassen.

4.5.2 Mögliche Schwierigkeiten bei der Abschlussbesprechung

Auf jeden Fall mit Problemen rechnen müssen Sie, wenn die Bereichsleiter nicht selbst erscheinen, sondern stattdessen eine Heerschar von **Vertretern** schicken, die über keine ausreichende Entscheidungskompetenz verfügen. Denn jegliche getroffenen Vereinbarungen – falls es überhaupt dazu kommt – können hinterher von den Bereichsleitern wieder annulliert werden.

Wenn Sie in einem Unternehmen arbeiten, in welchem sämtliche Entscheidungen beim Mittagessen/Kaffee/Golf/Betriebssport usw. getroffen werden, und Besprechungen somit nur „Abnicktermine" darstellen, können Sie hier wenig bewirken. Eine offene Diskussion wird dann nicht stattfinden, da sie gegen die Unternehmenskultur verstoßen würde. Dementsprechend müssten Sie, um bei diesem Termin einen Erfolg zu verzeichnen, vorher Lobbyarbeit betrieben haben, sodass bereits eine Vorabentscheidung vorliegt.

Der Worst Case für einen Prüfungsleiter ist eine Abschlussbesprechung, die nicht nur in sachlicher, sondern auch emotionaler Hinsicht eskaliert: Sie und Ihre Prüfer werden von allen Seiten in lautem und wütendem Tonfall persönlich angegriffen. Jeder schiebt die Verantwortung auf den anderen, oder man ist sich einig, dass es eigentlich nichts zu beanstanden gibt, und nur die Revision das nicht einsieht. Falls dann auch noch Uneinigkeit innerhalb der Revision auftritt (Vorgesetzter widerspricht dem Prüfungsleiter), dann ist an Kooperation zwischen Revision und Fachbereichen gar nicht mehr zu denken. Allenfalls Kooperation der Fachbereiche untereinander in Form eines Bündnisses gegen die Revision wäre noch vorstellbar. Das Ziel, Einvernehmen über den Prüfungsbericht herzustellen, ist damit aller Wahrscheinlichkeit nach verfehlt worden. Vielmehr wird die Versendung des Berichtes den Charakter von Aufoktroyieren mittels der vom Vorstand verliehenen Macht aufweisen. Das ist zwar letztendlich auch eine mögliche Lösung, doch dazu muss in der Revision auch die nötige Konfliktfähigkeit, Standhaftigkeit und Integrität vorhanden sein und der „Tone at the Top" dies zulassen.

4.5.3 Wie kann die Erfolgswahrscheinlichkeit erhöht werden?

► Vorbereitung der Abschlussbesprechung

Die wichtigste Vorbereitung stellen sämtliche vorausgehenden Prüfungsschritte dar. Diese müssen einzeln und sorgfältig durchlaufen worden sein, damit diejenigen Themen, die Sie als vorab geklärt betrachten, nicht noch einmal in Erscheinung treten. Da Sie mit jedem der Bereichsleiter bereits eine eigene Ergebnisbesprechung durchgeführt haben, weiß jeder, was nun ungefähr auf ihn zukommt.

Je früher Sie einen Termin zu vereinbaren suchen, an dem alle relevanten, über Entscheidungskompetenz verfügenden Personen Zeit haben, desto leichter werden Sie einen solchen finden. Manche Prüfungsleiter vereinbaren den Termin für die Abschlussbesprechung bereits im Eingangsgespräch oder fixieren ihn in der Prüfungsankündigung. Eine Abschlussbesprechung mit vielen hochrangigen Teilnehmern zu organisieren, d. h. einen Termin und einen Raum zu finden, kostet unbestreitbar viel Zeit. Die positiven Effekte überwiegen den Aufwand jedoch um ein Vielfaches.

Wenn Sie bei der Terminvereinbarung erwähnen, dass der Revisionsleiter teilnehmen wird, sollte dies die anderen Bereichsleiter dazu bewegen, ebenfalls teilzunehmen; vorausgesetzt, die Revision besitzt im Unternehmen genügend Ansehen. Wenn ein Bereichsleiter selbst verhindert ist, erkundigen Sie sich vorab, ob sein Vertreter mit der entsprechenden Entscheidungskompetenz ausgestattet ist. Sollte dem nicht so sein, erwägen Sie, den Termin zu verschieben.

Wählen Sie als Ort der Abschlussbesprechung unbedingt neutralen Boden, um das Gleichgewicht der Kräfte nach Möglichkeit zu unterstützen; am besten einen Konferenzraum – dort hat keiner der Beteiligten einen speziellen Heimvorteil – und nur falls ein solcher nicht zur Verfügung steht, das Büro des Revisionsleiters.

Sollte die Abschlussbesprechung – wie möglicherweise grundsätzlich jede Besprechung in Ihrem Unternehmen – lediglich eine reine Absegnungsrunde darstellen, kommt den vorausgegangenen Prüfungsschritten der inhaltlichen Abstimmung und Vereinbarung von Maßnahmen umso mehr an Bedeutung zu. Betreiben Sie aktive Lobbyarbeit für Ihre Prüfung und deren Ergebnisse, damit alle wichtigen informellen Führer im Unternehmen – auch das Revisionsmanagement – gut und ausgewogen informiert sind.

Was können Sie nun tun, um die Wahrscheinlichkeit des Worst Case zu reduzieren? Spielen Sie die möglichen Szenarien vorab in Gedanken durch: Wer sagt was wann, und was passiert daraufhin? Wandeln Sie jeweils Ihre Aktivitäten ab. Fügen Sie präventive Handlungen hinzu und probieren Sie so lange verschiedene Interventionen aus, bis sich ein realistisches und gutes Ende abzeichnet. Wenn Sie dies für jede denkbare Horrorvision durchgespielt haben, kann nicht mehr viel schiefgehen. Dann sind Sie gut vorbereitet und können die Herausforderung beruhigt und selbstsicher angehen. Beobachten Sie in der realen Abschlussbesprechung laufend, welchen Verlauf diese gerade zu nehmen droht, und intervenieren Sie entsprechend Ihrer Vorbereitung. Beobachten Sie, womit Sie Erfolg haben und überlegen Sie, was Sie das nächste Mal anders angehen wollen.

Eine zusätzliche Komplikation kann sich ergeben, wenn Sie in einer Matrix- oder Tensor-Organisation (= eine dreidimensionale Matrix) arbeiten. In so einem Umfeld hat jeder Mitarbeiter mehrere Vorgesetzte, die jeweils unterschiedliche Positionen bekleiden und deshalb auch unterschiedliche Interessen vertreten. Besonders im Zusammenhang mit Verantwortungen oder Kompetenzen kommt es dann schnell zu Konflikten. In manchen Organisationen möchte sich jeder beweisen und daher für möglichst viel zuständig sein, in anderen dagegen wird die Verantwortung lieber abgewälzt und die Zuständigkeit bestritten, damit man z. B. nicht zur Rechenschaft gezogen werden kann. Wie die Situation in Ihrem Unternehmen diesbezüglich auch aussehen mag – stellen Sie sich darauf ein, dass auch Ihre Abschlussbesprechung von der jeweiligen Tendenz geprägt sein wird. Wenn Sie damit rechnen, wird es Sie nicht überraschen. Damit haben Sie genügend Zeit, sich vorher verschiedenste Interventionen zu überlegen. Binden Sie hierbei auch das Revisionsmanagement mit ein, und einigen Sie sich auf Vorgehen und Rollenverteilung.

Gehen Sie nur ausreichend vorbereitet in eine Abschlussbesprechung. Denken Sie daran, dass Sie sich auf dem Präsentierteller befinden und man Sie entsprechend akribisch beobachten wird. Hier können Sie viel gewinnen, aber auch viel verlieren –

nicht nur persönlich. Bei den Themen, bei denen Sie einknicken, wird es Ihren Kollegen sogar Jahre später noch sehr schwerfallen, etwas zu bewegen. Denn schließlich *„... hat sich ‚die Revision' das ja mal angesehen, und damals war doch alles ok. Wieso soll dann jetzt, ...“*

Halten Sie sämtliche Absprachen, die Sie getroffen haben, unbedingt ein. Seien es die interne Rollenaufteilung oder auch die Zusagen gegenüber den Fachbereichen.

► Zur konkreten Vorgehensweise
Agieren Sie auch in der Abschlussbesprechung gegenüber den Fachbereichen transparent. Verzichten Sie so weit wie möglich auf vom Vorstand geliehene Macht. Damit steigern Sie nebenbei das Ansehen der Revision im Unternehmen. Dies bedeutet, die Betroffenen nicht vor vollendete Tatsachen zu stellen, sondern alle an einen Tisch zu holen und sich über die Ergebnisse und Maßnahmen zu verständigen. Die Diskussion sollte möglichst offen, gesichtswahrend und lösungsorientiert geführt werden, damit in dieser Atmosphäre gemeinsam kreative Lösungen erarbeitet werden können.

Behandeln Sie die Themen der Reihe nach und adressieren Sie dabei den jeweils hauptsächlich betroffenen Bereichsleiter direkt (Blickkontakt und Name). Die Erläuterung der Zusammenhänge kann gerne in gewisser Ausführlichkeit stattfinden. Deren Grad sollte so gewählt werden, dass auf zu reichliche Details verzichtet, aber einem interessierten Zuhörer ein guter Überblick über den Prozess bzw. das Prüfungsthema verschafft wird. Man könnte hier einwenden, der hauptsächlich Betroffene wisse darüber doch ohnehin Bescheid. Tatsächlich erteilen Sie diese Erläuterungen aber speziell für die übrigen Bereichsleiter. Diese Technik heißt Triangulation. Man nutzt sie in der Mediation, wenn z. B. zwei Personen nicht mehr miteinander reden und einer schon abschaltet, sobald der andere nur seinen Mund öffnet. Der Sinn dieser Vorgehensweise liegt darin, etwas zu sagen, damit es von den anderen, nicht betroffenen Bereichsleitern aufgenommen werden kann, da es von neutraler Seite ausgesprochen wird. Gehen Sie deshalb nach Möglichkeit auch auf die Interessen der jeweils anderen Bereiche ein. Sprechen Sie, wenn Sie an Schnitt- oder Nahtstellen zu anderen Bereichen gelangen, deren jeweiligen Leiter direkt an (Blickkontakt und Name). Erläutern Sie, wieso für welchen Bereich welche Informationen besonders wichtig sind. Auch dies geschieht wieder im Interesse der Übrigen. Wenn der hauptsächlich betroffene Bereichsleiter Ihre Aussagen bestätigt, ist dies hilfreich. Vermitteln Sie den Sinn einer Kooperation zum Wohle des gesamten Unternehmens. Fragen Sie zum Abschluss jedes Themas nach Anmerkungen zu Ihrer Darstellung. Falls keine erfolgen, versuchen Sie, ein explizites *„Ja“* zu Ihren Prüfungsergebnissen und ggf. Maßnahmen dieses Themas vom hauptsächlich zuständigen Bereichsleiter zu erhalten. Auf diese Weise fixieren und beenden Sie alle Themen der Reihe nach. Zuletzt stellen Sie Ihre Gesamtbeurteilung dar.

Vorsicht: Haben sich durch die Besprechung bei einzelnen Themen Änderungen ergeben, so greifen Sie diese zum Schluss auf. Ggf. nutzen Sie den Ansatz des Reflecting Team und diskutieren revisionsintern offen, weshalb und inwiefern sich dadurch etwas an der Gesamtbeurteilung ändern könnte. Lassen Sie Ihren Chef entscheiden, ob dies ad hoc ausdiskutiert oder zurückgestellt werden soll. Beenden Sie die Abschlussbesprechung mit der Information über den weiteren Ablauf (Berichtsabstimmung, Berichtsversand).

▶ Die Unternehmensinteressen vertreten
Die folgende Vorgehensweise hilft Ihnen, die Interessen des Gesamtunternehmens auch gegen Widerstände zu vertreten. Gehen Sie bei dem strittigen Thema mental im Prozess zurück und beginnen Sie noch einmal (ganz) von vorne.

- Ausgangspunkt: Sie haben die Ist-Situation geprüft.
- Sie haben eine bestimmte Sollvorgabe genutzt und eine Abweichung zwischen Ist- und Soll-Situation festgestellt.
- Lassen Sie sich vom zuständigen Bereichsleiter die Tatsache der Abweichung mit einem eindeutigen *„Ja“* ohne Abschwächung bestätigen.
- Stellen Sie die Auswirkungen und Risiken aus Sicht jedes einzelnen Bereichsleiters dar. Bitten Sie den zuständigen Bereichsleiter, sie entweder zu bestätigen oder aus seiner Sicht darzustellen.
  PL: „Herr X, wie wird sich diese Abweichung aus Ihrer Sicht auswirken?“
  PL: „Sie, Herr X, haben die Abweichung bestätigt. Wie schätzen Sie, wirkt sich diese Abweichung aus?“
- Bitten Sie die anderen Bereichsleiter, jeweils ihre Sicht der Auswirkungen und Risiken der dargestellten Abweichung zu erläutern.
  PL: „Herr Y, wie schätzen Sie, wirkt sich diese Abweichung aus Ihrer Sicht (auf Ihren Bereich) aus?“
  Die geniale Wirkung dabei entsteht dadurch, dass nicht (nur) die Revision etwas vorgibt, sondern der jeweils betroffene Bereichsleiter die Situation, in der er sich befindet, für die Übrigen darstellt, wodurch diesen glaubhaft gemacht wird, dass es sich nicht nur um „Hirngespinste“ der Revision handelt.
- Verallgemeinern Sie die dargestellten Auswirkungen und die Risiken, indem Sie sie auf das gesamte Unternehmen übertragen: Dieses, und nicht mehr nur ein einzelner Bereichsleiter persönlich, habe somit ein Problem.
  PL: „Wenn das so käme, dann stünde unser Unternehmen vor diesem und jenem Problem.“
  Nutzen Sie hier bewusst den Konjunktiv, um die Sache als in der Schwebe befindlich und weniger konfrontativ zu charakterisieren. Sie wollen schließlich die Einsicht und das Eigeninteresse der Bereichsleiter aktivieren.

- Sollten keine neuen Erkenntnisse aufgetreten sein, stellen Sie die bereits vorbesprochenen Maßnahmen der gesamten Runde vor und nehmen dabei Blickkontakt mit jedem zuständigen Bereichsleiter auf, wenn Sie „seine" Maßnahme darstellen.
  PL: „In den bisherigen Vorbesprechungen haben wir folgende Maßnahme(n) vereinbart, damit die dargestellten Auswirkungen und Risiken für unser Unternehmen vermieden oder verringert werden: ..."
  Dann fragen Sie in die Runde, ob diese Maßnahmen aus Sicht aller Bereichsleiter diesem Ziel dienen, oder welche „Risiken oder Nebenwirkungen" hierbei zu bedenken wären.
  PL: „Haben Sie aus Ihrer Sicht zu diesen Maßnahmen Bedenken wegen etwaiger Risiken oder Nebenwirkungen, die beachtet werden sollten?"
  Dann holen Sie sich jeweils ein explizites *„Nein"* zu weiteren Bedenken bzw. ein explizites *„Ja"* zur Vereinbarung der Maßnahmen ein.
- Bei neuen Erkenntnissen fragen Sie in die gesamte Runde, wer was tun könnte, um diese Auswirkungen oder Risiken vom Unternehmen abzuwenden oder um die Situation für das Unternehmen zu verbessern.
  PL: „Wer könnte/müsste/sollte was genau tun, damit die Risiken für unser Unternehmen vermieden oder verringert werden könnten?"
  Nutzen Sie auch hier wieder den Konjunktiv. Greifen Sie Vorschläge auf und bieten Sie einen Formulierungsvorschlag für die betreffenden Maßnahmen an. Erwirken Sie von jedem Bereichsleiter ein explizites *„Ja"* zu den Maßnahmen, für die er jeweils zuständig ist.

Sollte sich eine angeregte Diskussion entwickeln – die Gelegenheit dafür ist immerhin günstig –, versuchen Sie die Haltung einzunehmen, dass es Ihnen persönlich vollkommen egal ist, welcher Bereich sich nun explizit um die Lösung kümmert, solange das Problem für das Unternehmen beseitigt wird. Wenn es gelingt, die gegenseitige Kooperation der einzelnen Bereiche zu optimieren, werden die Bereichsleiter Ihre Arbeit zu schätzen wissen. Schließlich kosten sie unrunde Prozesse Zeit und Nerven.

► Akzeptieren Sie einen möglichen Dissens

Falls Sie sich nicht einigen oder in einem wichtigen Punkt die Gesamtunternehmensinteressen nicht hundertprozentig umsetzen können, so ist das nicht tragisch. Denn Sie dürfen die Entscheidung auch an den Vorstand abgeben. Meist sind die Bereichsleiter von der Option, sich darauf zu einigen, sich nicht zu einigen, nicht besonders angetan. Daher kann alleine dieser Vorschlag manchmal einiges bewegen. Vergewissern Sie sich hierzu vorab der Rückendeckung durch das Revisionsmanagement und stimmen Sie sich frühzeitig intern ab. Aufgrund der oben[122] beschriebenen Nachteile sollte das Instrument „Ultimatum" möglichst vermieden und stattdessen versucht werden, das Thema mit einem Dissens auf die Vorstandsebene zu eskalieren.

[122] Vgl. Kapitel 4.2.3 Die Freiheit, sich nicht zu einigen.

Weisen Sie die Fachbereichsleiter in der Abschussbesprechung darauf hin, dass sie ausreichend Gelegenheit haben werden, ihre abweichende Sichtweise in Form von Stellungnahmen zum Berichtsentwurf darzustellen.

4.5.4 Reaktionsmöglichkeiten für auftretende Phänomene

▶ Beispiel: Sie werden als Prüfungsleiter nicht beachtet

Unter den Bereichsleitern entwickelt sich ein Gespräch. Man ignoriert die Revision, wechselt gerne das Thema und unterhält sich prächtig, aber nicht zielführend. Noch schlimmer wäre, wenn sich auch noch das Revisionsmanagement an dem Gespräch beteiligen und man Sie als Prüfungsleiter vollkommen links liegen lassen würde. Wie erobern Sie die Gesprächsführung zurück?

Unterbrechen Sie die Unterhaltung in einem klaren und bestimmten Tonfall. Unterstützen Sie dies durch Ihre Körpersprache.

PL: „Meine Herren!“

Wahrscheinlich müssen Sie noch einen zweiten Anlauf nehmen.

PL: „Meine Herren!“

Wenn immer noch niemand reagieren sollte, sprechen Sie Ihren Chef oder den Revisionsleiter an und informieren Sie ihn, dass Sie nun beginnen bzw. mit der Abschlussbesprechung fortfahren möchten.

PL: „Herr X [Chef oder Revisionsleiter], ich möchte nun mit der Abschlussbesprechung beginnen/fortfahren.“

Ab hier bleibt es Ihrem Chef oder dem Revisionsleiter überlassen, für die nötige Aufmerksamkeit zu sorgen. Wie viele Versuche er dafür benötigt, ist nicht mehr Ihr Problem. Manchmal zeigen aber auch schon die exakt gleichen Worte, wenn sie von einer höheren Hierarchieebene ausgesprochen werden, die nötige Wirkung. Sobald genug Ruhe eingekehrt ist, ergreifen Sie das Wort.

▶ Beispiel: Unvorbereitete oder nicht entscheidungsbefugte Teilnehmer

Sie haben mehrere Bereichsleiter zur Abschlussbesprechung eingeladen. Obwohl sie zugesagt haben, delegieren einige davon kurz vor Termin die Teilnahme an der Abschlussbesprechung an einen Vertreter. Dieser ist mitunter sogar unvorbereitet.

Zunächst sollten Sie in so einer Situation Ihren Chef und den Revisionsleiter über die Teilnahme der Vertreter informieren. Es kann sein, dass insbesondere der Revisionsleiter dies als Affront auffasst, da er als ranghohes Alphatier nur Besprechungen mit anderen ranghohen Alphatieren beiwohnen möchte. Versuchen Sie trotzdem, ihn mit allen Mitteln zu einer Teilnahme zu bewegen. Es kann z. B. helfen, bei den Vorzimmerdamen der sich vertreten lassenden Bereichsleiter anzurufen, nach dem Grund der Delegation zu fragen und den expliziten Wunsch des Revisionsleiters nach Teilnahme des Bereichsleiters zu äußern. Nicht zufällig sei schließlich der Termin auch schon von langer Hand vereinbart gewesen.

PL: „Hallo Frau X, im Auftrag meines Revisionsleiters soll ich nachfragen, aus welchen Gründen Herr Y die Teilnahme an der Abschlussbesprechung zu Prüfung P auf

Herrn Z delegiert hat.“ [PAUSE] *„Richten Sie bitte Herrn Y aus, dass mein Revisionsleiter, Herr R, die Teilnahme von Herrn Y explizit wünscht.“* [PAUSE] *„Schließlich sei der Termin ja schon vor Wochen vereinbart gewesen. Vielen Dank.“*

Wie durch ein Wunder können dann andere Termine manchmal doch noch verschoben werden oder werden als nicht mehr ganz so dringend erachtet.

Durch die Teilnahme von Vertretern wird ein offener Schlagabtausch der Fachbereiche zumindest unwahrscheinlicher, da sich die Vertreter gegenüber den anwesenden Bereichsleitern wahrscheinlich weitestgehend zurückhalten werden, außer sie werden direkt angegriffen. Dieses scheinbar leichtere Spiel wird für Sie dafür ein umso schwierigeres Nachspiel haben. Denn erstens kann jede Entscheidung später durch den abwesenden Bereichsleiter überstimmt werden. Und zweitens kann die Zurückhaltung der Vertreter dazu führen, dass nicht alle Interessen optimal vertreten werden und keine aus Sicht des Gesamtunternehmens optimale Lösung gefunden wird.
Versuchen Sie, dies zu verhindern, indem Sie sich von vornherein jeweils Klarheit über die fragliche Entscheidungskompetenz der Vertreter einholen:
PL: „Herr X, in welcher Funktion vertreten Sie Herrn Y [abwesender Bereichsleiter]?“ [PAUSE] Ggf. haken Sie nach.
PL: „Sind Sie befugt, in dieser Abschlussbesprechung im Namen von Herrn Y zu entscheiden?“
Falls die Antwort nicht eindeutig genug ist, rufen Sie den Bereichsleiter, Herrn Y, persönlich an, um diese Fragen zu klären. Erläutern Sie, dass Sie vermeiden wollen, die Zeit aller anderen Anwesenden zu verschwenden.
PL: „Herr X, falls Sie nicht genau wissen, ob Sie über eine ausreichende Entscheidungskompetenz verfügen, schlage ich vor, wir klären das jetzt gleich vorab, damit wir die Abschlussbesprechung nicht noch einmal durchführen müssen. Ich rufe Herrn Y eben an, um das zu klären.“
Falls Sie ihn nicht erreichen oder keine positive Antwort erhalten, erwägen Sie, den Termin zu verschieben. Sprechen Sie dies deutlich in der Runde an.
PL: „Ich erwäge im Moment stark, den Termin zu verschieben. Einerseits möchte ich die Abschlussbesprechung so bald wie möglich durchgeführt haben. Andererseits ist sie sinnlos, wenn nicht jeder Bereich mit entsprechend designierten Kompetenzträgern vertreten ist. Ich erwäge, den Termin zu verschieben.“
Dann nehmen Sie sich die Zeit und denken in Ruhe darüber nach, ob Sie das wirklich tun wollen. Üblicherweise werden sich die Vertreter dann dahingehend äußern, dass die Abschlussbesprechung nicht ihretwegen verschoben werden müsse. Daraufhin werden sie sich verpflichtet fühlen, dass ihre dafür zu tun, nicht von ihrem Bereichsleiter später überstimmt zu werden.
Falls die Vertreter dagegen vorschlagen sollten, die Besprechung abzubrechen, dann folgen Sie diesem Vorschlag. Wenn die Sache sowieso schon so ungut startet und Sie keine Gewähr für einen guten Ausgang haben, vertagen Sie lieber.

► Beispiel: Bereichsleiter bleiben wiederholt fern

Falls Sie nun in der Folgeveranstaltung zu obigem Beispiel auf das gleiche Problem stoßen, d. h. abwesende Bereichsleiter – egal ob die gleichen oder andere – abermals keine entscheidungsbefugten Vertreter geschickt haben, dann stellen Sie klar, dass diese Verzögerungstaktik bei Ihnen nicht fruchtet.

PL: „Meine Herren, ich sehe, wir haben nun schon wieder das gleiche Problem wie letztens. Nicht alle Bereichsleiter haben sich kompetenzgerecht vertreten lassen. Das kann ich so nicht akzeptieren."

Legen Sie darauf eine Pause ein und sehen Sie die Anwesenden eindringlich an. Denken Sie dann laut nach, d. h., Sie erörtern in Anwesenheit der Fachbereichsvertreter die weitere Vorgehensweise mit dem Revisionsleiter oder Ihrem Chef (= Reflecting Team). Praktizieren Sie dabei eine Variante der Good Cop/Bad Cop-Taktik: Zeigen Sie als Prüfungsleiter eine harte Linie auf. Ihr Chef bzw. der Revisionsleiter in der Rolle des Good Cop darf dann gerne einlenken.

PL: „Herr [Chef/Revisionsleiter], wie Sie wissen, habe ich beim letzten Mal ausdrücklich darauf hingewiesen, dass alle Bereiche kompetenzgerecht vertreten sein müssen. Jetzt sehe ich, dass dies erneut nicht beachtet wurde." [PAUSE] *„Ich schwanke nun zwischen zwei alternativen Vorgehensweisen: Entweder wir vermerken im Bericht, dass die Bereiche trotz nachdrücklicher Aufforderung nicht zu einer Abschlussbesprechung bereit waren, und verschicken ihn in seiner gegenwärtigen Version an den Vorstand, oder wir führen die Abschlussbesprechung mit den hier Anwesenden durch, betrachten die hier getroffenen Aussagen als kompetenzgerecht abgegeben und ignorieren spätere Anmerkungen. Was meinen Sie?"*

Da den Bereichsleitern beide Alternativen missfallen dürften, wird Ihr Chef oder Revisionsleiter wahrscheinlich gar nicht eingreifen müssen. Eine erneute Terminverschiebung sollte die Revision keinesfalls zulassen und dieser Linie folgen, sofern die Vertreter die nicht anwesenden Bereichsleiter nicht telefonisch zuschalten können.[123] Bedenken Sie: „Weniges untergräbt die eigene Glaubwürdigkeit schneller und wirkungsvoller, als ein Abgehen von deklarierten und angekündigten Vorhaben."[124] Durch diese konsequente Intervention haben Sie den Anwesenden gezeigt, dass Sie sich von solcherlei Finten nicht irreführen lassen. Wahrscheinlich werden die Bereichsleiter ihre Teilnahme an Abschlussbesprechungen dann zukünftig terminlich einrichten können.

► Beispiel: Der Sinn der gemeinsamen Abschlussbesprechung wird angezweifelt

Im Vorfeld der Abschlussbesprechung haben Sie mit jedem betroffenen Fachbereich die Ergebnisse besprochen. In jeder dieser Besprechungen war man sich einig, dass das Problem bei jemand anderem läge. Der eigene Fachbereich selbst würde zwar

[123] Vgl. hierzu auch Kapitel 6.1.3 Aufbau eines gewissen Drucks bei gleichzeitig vertrauensvoller Zusammenarbeit.

[124] Malik, Fredmund: Unternehmenspolitik und Corporate Governance, S. 325–326.

die Auswirkungen spüren, könne an der Ursache aber nichts ändern. Vor diesem Hintergrund bringt ein Bereichsleiter folgenden Einwand vor:
FB: „Wieso sollen wir hier unsere Zeit verschwenden?"
Zwar können Sie auch in jeder anderen Phase der Prüfung dieser Finte des Fachbereichs begegnen. Hier speziell in der Abschlussbesprechung wird diese Dynamik durch die Anwesenheit mehrerer Fachbereichsleiter besonders ausgeprägt sein. In dieser Situation besteht die Gefahr, dass Sie sich zu einer Rechtfertigung gedrängt fühlen oder selbst den Sinn dieser Veranstaltung anzuzweifeln beginnen. Damit würden Sie allerdings dem Ansehen der Revision schaden. Wählen Sie stattdessen eine Reaktion, aus der klar hervorgeht, dass Sie sich nicht so schnell und so leicht einschüchtern lassen.
PL: „Herr X [direkte Ansprache des Bereichsleiters], Ziel dieser Besprechung ist, das Prüfungsergebnis, die bestehenden Risiken, Auswirkungen und bereits bilateral diskutierte Lösungen in diesem Kreis zu erörtern und zu überprüfen, ob die geplanten Lösungen ggf. ungewollte Nebeneffekte haben oder bereits für alle Interessengruppen und unser Unternehmen insgesamt zielführend sind." [PAUSE] *„Da Ihr Fachbereich von den Prüfungsthemen direkt betroffen ist, habe ich Ihr Interesse an dieser Abschlussbesprechung vorausgesetzt."* [PAUSE]
Dies sollte dem Bereichsleiter zu denken geben. Denn dieses ihm von Ihnen unterstellte Interesse kann er ja kaum in Anwesenheit der anderen Bereichsleiter abstreiten. Das würde sich zu schnell herumsprechen. Allerdings birgt es auch Risiken, einen hochrangigen Manager in Gegenwart seiner ihm gleichgestellten Kollegen gemaßregelt aussehen zu lassen. Daher sollten Sie, um den Betroffenen nicht zu sehr an Gesicht verlieren zu lassen, unbedingt mit der Darstellung der Schwierigkeit der Situation und einem Kompliment fortfahren:
PL: „Ich gebe zu, dass die Situation nicht einfach zu lösen ist. Vielleicht gibt es auch keine optimale Lösung. Wenn aber doch, dann wird sie genau dieser Teilnehmerkreis erarbeiten. Davon bin ich überzeugt. Daher möchte ich Sie bitten, unserem Unternehmen diese Chance zu geben."

► Beispiel: Mehrere Fachbereichsleiter bestreiten auf einmal das Problem
In jeder der vorgeschalteten Ergebnisbesprechungen war man sich einig, dass das Problem zwar bestehe, aber bei jemand anderem läge. Man selbst spüre zwar die Auswirkungen, könne daran aber nichts ändern. Die anderen seien verantwortlich. Doch als Sie das Thema nun wieder ansprechen, bekommen Sie plötzlich zu hören:
FB: „Wissen Sie, ich weiß gar nicht, was das hier alles soll. Was wollen Sie? Es ist doch alles O.K."
Dass angeblich kein Problem existiert, sollte Sie zunächst nicht weiter stören.
PL: „Wenn Sie sagen, es sei alles O.K., wie meinen Sie das genau?"
FB: „Na, dass eben alles O.K. ist."
PL: „Alles? Das ist viel."
Warten Sie daraufhin ab, ob sich vielleicht einer der anderen Bereichsleiter zu Wort meldet. Überlegen Sie sich inzwischen, wie Sie weiter vorgehen wollen. Dass die

Bereichsleiter ein Problem, das sie in den bilateralen Ergebnisbesprechungen jeweils bestätigt haben, nun kollektiv leugnen, ist natürlich frustrierend. Aber genau das können Sie hier wunderbar nutzen.

PL: „In der Prüfung habe ich gesehen, dass die Fakten so-und-so waren. Die Richtigkeit der Fakten haben Sie, Herr X, mir bestätigt. Aus diesen Fakten ergeben sich verschiedene Auswirkungen. Insbesondere die-und-die Auswirkungen haben wir [leihen Sie sich hier die Macht der Revision] *in Ihrem Unternehmensbereich festgestellt. Diese Auswirkungen wirken auf Ihren Bereich belastend und führen zu einem dauerhaft höheren Ressourcenverbrauch. Ich meinte Sie in der Ergebnisbesprechung so verstanden zu haben, dass Sie dies als Problem sehen."*

Die Verwendung der ersten Person macht diese letzte Aussage weniger konfrontativ, da sie die Möglichkeit offenlässt, dass Sie persönlich vielleicht den Bereichsleiter falsch verstanden haben. Wie könnte sich dieser nun aus der Affäre ziehen? Zum einen hat er Ihnen diese Auswirkungen bereits als real bestätigt und zum anderen haben Sie darüber weitere Fakten gesammelt. Am wahrscheinlichsten dürfte eine Bestätigung, aber gleichzeitig starke Relativierung Ihrer Aussage sein.

FB: „Na ja. Ganz so können Sie das auch nicht sagen. Wir sehen die Auswirkungen und würden gerne darauf verzichten. Aber als Problem würde ich das jetzt auch nicht bezeichnen."

PL: „Halten wir fest, Sie bemerken die Auswirkungen in Ihrem Bereich, und es wäre Ihnen lieber, diese Auswirkungen würden nicht auftreten."

Durch diese Umformulierung konkretisieren Sie seine Aussage. Holen Sie sich hierzu eine explizite Zustimmung von ihm. Dann sprechen Sie die anderen Bereichsleiter der Reihe nach an. Stellen Sie dar, welche Auswirkungen sich für wen ergeben (und natürlich auch, welche Sie belegen können).

PL: „Herr Y [ein anderer Bereichsleiter], ich habe gesehen – und Ihre Leute haben mir bestätigt –, dass sich dieses und jenes in Ihrem Bereich auf diese und jene Weise auswirkt. Stimmt das?"

Wahrscheinlich wird er darauf mit *„Ja"* oder *„Ja, aber"* antworten. Fahren Sie mit weiteren Bereichsleitern analog fort. Dann fassen Sie alles zusammen.

PL: „Wir haben eben gehört, dass sich unser Prüfungsthema im Bereich A so-und-so, im Bereich B so-und-so (anders) und im Bereich C so-und-so (nochmal anders) auswirkt. Diese Auswirkungen sehe ich als unbefriedigend für unser Unternehmen an. Im Interesse unseres Unternehmens sollten die negativen Auswirkungen minimiert werden. Ist das auch Ihre Meinung?"

Gehen Sie hier also sehr langsam und schrittweise vor und stellen Sie die Interessen des Unternehmens in den Vordergrund. Warten Sie die allgemeine Zustimmung ab.

PL: „In den Vorbesprechungen hatten wir dazu A diskutiert, um die negativen Auswirkungen für unser Unternehmen zu verringern. In der Zwischenzeit hatten wir alle die Gelegenheit, noch einmal darüber nachzudenken. Haben Sie diesbezüglich Ergänzungen oder alternative Vorschläge?"

Diskutieren Sie Vorschläge, die Ihnen sinnvoll erscheinen, (A') in der Runde im Hinblick darauf, ob sie für das Unternehmen wirklich eine Verbesserung gegenüber der bisher angedachten Maßnahme (A) darstellten. Falls ja, übernehmen Sie A', falls nicht, schließen Sie das Thema ab und vereinbaren A.

PL: „Das bedeutet also, dass Sie, Herr Z, in Ihrem Unternehmensbereich die Maßnahme (A oder A') umsetzen werden."

Warten Sie das *„Ja"* ab.

PL: „Bis wann schaffen Sie das?"

Versuchen Sie, der Antwort zu entnehmen, ob der Termin realistisch sein dürfte.

PL: „O.K., dann vereinbaren wir also, dass (A oder A') bis [Datum] umgesetzt wird. Richtig?"

Jetzt das finale *„Ja"* und Sie haben auch diese Herausforderung prima gemeistert.

► Beispiel: Mehrere Bereichsleiter schieben die Problemursache auf andere

Dieses Phänomen kann Ihnen auch schon während der Prüfungsdurchführung begegnen. Es wird hier behandelt, weil mehrere Bereiche beteiligt sind. In der Vorbesprechung wurde eine bestimmte Problematik (hier: Übergabe einer Kontrollaufgabe hat nicht funktioniert) als solche jeweils bestätigt, aber niemand will dafür verantwortlich sein.

PL: „In unserer Prüfung haben wir Thema X geprüft. Auftrag war, die Ursache für den eingetretenen Schaden festzustellen. Dies ist uns gelungen. Die vorgesehene Kontrolle wurde nicht durchgeführt. Wir können bestätigen, dass die Kontrolle das tatsächlich eingetretene Problem erkannt hätte. Das Problem hätte viel früher erkannt werden können, wenn die Kontrolle regelmäßig durchgeführt worden wäre." [PAUSE] *„Die tieferliegende Ursache, nämlich warum die Übergabe fehlgeschlagen und dies niemandem aufgefallen ist, gilt es dagegen noch zu klären."*

Normalerweise wird nun mindestens einer der Bereichsleiter von sich aus seine Sicht der Dinge darstellen. Falls nicht, fordern Sie alle der Reihe nach dazu auf.

BL A: „Ich habe die Aufgabe an Herrn B übergeben. Ich habe damit nichts zu tun."

BL B: „Die Übergabe hat nie stattgefunden! Wir hatten einige Male diskutiert, konnten uns aber nicht einigen. Ich habe die Sache nie übernommen."

Jetzt fassen Sie zusammen, was Sie verstanden haben.

PL: „Ich fasse zusammen: Ursache scheint die missglückte Übergabe zu sein. Sie, Herr A, sagen, Sie hätten die Kontrolle übergeben und seien nicht mehr dafür zuständig gewesen. Und Sie, Herr B, sagen, Sie hätten zwar einmal die Übergabe besprochen, diese aber nie abgeschlossen. Daher hätten Sie die Kontrolle nie übernommen." [PAUSE] *„Habe ich das richtig zusammengefasst?"*

Wenn das von beiden Seiten bestätigt wird, sind Sie zwar einen Schritt weiter, aber noch nicht am Ziel. Denn Ihr Vorgesetzter hätte im Bericht gerne die klare Benennung von Ross und Reiter. Eine Passivkonstruktion wie z. B. *„Die Übergabe zwischen den Bereichen schlug fehl. Die Kontrollaufgabe wurde nicht durchgeführt"* kommt nicht infrage, da die eigentliche Ursache daraus nicht ableitbar wäre. Und wer diese nicht kennt, kann auch nicht verhindern, dass das gleiche Malheur in Zukunft wieder passieren wird. Um nun also Ross und Reiter ausfindig zu machen,

empfiehlt es sich, den Fokus des Gesprächs auf die Zukunft zu richten, d. h. insbesondere: weg von der Schuld. Setzen Sie somit neu an und erkundigen Sie sich nach der unternehmensinternen Vorgabe für Übergaben – auch wenn Sie diese vermutlich bereits im Voraus nachgelesen hatten. Der explizite Vorwurf: *„Was, Sie kennen die Unternehmensregelung für Übergaben nicht?"* würde nur zu einer nicht zieldienlichen Eskalation führen. Sie fangen also besser bei Adam und Eva an.
PL: „Unser Unternehmen hat den Übergabeprozess doch sicherlich geregelt. Wie sieht der denn aus?"
Mit dieser offenen Frage für den leichten Einstieg können Sie sich allerdings, wenn Sie Pech haben, auch einen Konter einhandeln, etwa im Sinne von:
BL A/B: „Was, das wissen Sie nicht?"
Diese Einladung zur Rechtfertigung sollten Sie besser nicht annehmen. Wiederholen und präzisieren Sie stattdessen Ihre Frage.
PL: „Ich drücke meine Frage gerne präziser aus. Erläutern Sie mir bitte die Kernelemente des Übergabeprozesses unseres Unternehmens so, wie Sie ihn verstanden haben."
So können Sie überprüfen, wie gut die betreffenden Bereichsleiter in diesem Prozess bewandert sind. Selbstverständlich fragen Sie zuerst den einen und danach den anderen. Halten Sie die beiden während ihrer Ausführungen nötigenfalls dazu an, ausschließlich den abstrakten Übergabeprozess darzustellen, ohne den konkreten Fall zu kommentieren:
PL: „Herr A/B, ich muss Sie hier unterbrechen. Es geht mir hier nur um die allgemeine Darstellung unseres Übergabeprozesses. Bitte erläutern Sie mir diesen."
Sobald Sie mit den Ausführungen zufrieden sind, bedanken Sie sich und erteilen dem anderen Bereichsleiter das Wort.
PL: „Vielen Dank, Herr A. Herr B, haben Sie zu dieser Darstellung von Herrn A noch etwas hinzuzufügen?"
Warten Sie das *„Nein"* oder eine Ergänzung ab.

Alles Weitere hängt natürlich von den Gegebenheiten in Ihrem Unternehmen ab:

- Gibt es einen geregelten Übergabeprozess oder fehlt ein solcher?
- Wird dort die Hol- oder Bringschuld des abgebenden und des aufnehmenden Bereiches festgelegt?
- Muss nach jeder Übergabe ein Protokoll erstellt werden?
- Enthält dieser Prozess eine Lücke?

PL: „Es ist mir wichtig, dass in Zukunft Probleme bei der Übergabe von Aufgaben vermieden werden. Um zu wissen, wo dabei anzusetzen ist, möchte ich von Ihnen wissen, an welcher Stelle der Prozess geschärft werden müsste." [PAUSE] *„In unserem Unternehmen sind Übergaben geregelt. Das wissen wir. Es ist eine explizite Bringschuld festgelegt. D. h. derjenige Bereich, der etwas abgibt, muss jemanden finden, der es übernimmt, und hat dafür zu sorgen, dass alle notwendigen Informationen bereitgestellt werden. Soweit ich verstanden habe, besteht darüber zwischen*

Ihnen ebenfalls Einigkeit. Dennoch hat es nicht funktioniert. Ich frage mich, wie kann man sich das erklären?"
Die letzte Frage stellen Sie sich zwar ausdrücklich selbst („Ich frage mich"), doch für alle hörbar. Sie enthält eine Verallgemeinerung („man"). Diese drückt aus, dass Sie lediglich auf die Klärung des Sachverhalts bedacht sind und nicht beabsichtigen, einem der beiden Bereichsleiter die Schuld zuzuschieben. Das reduziert die Wahrscheinlichkeit, den ohnehin vorhandenen Verteidigungsreflex zu verstärken.
PL: „In der Prüfung konnte uns das Übergabeprotokoll nicht vorgelegt werden. Daher müssen wir annehmen, es wurde nicht erstellt. Das werden wir auch so im Bericht darstellen." [PAUSE] *„Gemäß unserer Vorgaben hätten Sie beide das Übergabeprotokoll unterschreiben müssen, um zu dokumentieren, was in welchem Umfang übergeben wurde."* [PAUSE]
PL: „Sie erwähnten vorhin, Herr B, Sie beide hätten sich über die Sache unterhalten, hätten sich aber nicht einigen können. Was sieht die Übergaberegelung vor, wenn man sich nicht einigen kann? [PAUSE] *Ist das explizit geregelt?* [PAUSE] *Gibt es ein Eskalationsverfahren?"* [PAUSE] *„Haben Sie Nachweise, dass Sie sich daran gehalten haben?"* [PAUSE] *„Ich frage mich, woran es lag, dass die Kontrollaufgabe im Nirwana landen konnte."*
Jetzt versuchen Sie, sich schrittweise anzunähern. Fordern Sie je nach Antwort Nachweise und engen Sie die Ursache ein. Falls Sie dabei keinen Fortschritt erzielen, fragen Sie die beiden Bereichsleiter nach Verbesserungsmöglichkeiten.
PL: „Sie beide waren nun in dieser Situation. Angenommen, Sie müssten in Zukunft wieder eine solche Übergabe vollziehen." [PAUSE] *„Was würden Sie anders machen?"* [PAUSE] *„Worauf würden Sie stärkeren Wert legen?"* [PAUSE] *„Was sollte an dem Prozess verbessert werden?"* [PAUSE]
Lassen Sie die beiden Herren auch Rollen tauschen, d. h., Sie fragen denjenigen, der die Aufgabe abgeben sollte, nach seinen Vorschlägen für den Fall, dass er zukünftig eine Aufgabe übernehmen soll, und umgekehrt. Halten Sie die Antworten fest und fragen Sie nach weiteren Verbesserungsmöglichkeiten.
PL: „Aha. Was noch?"
Dann sollten Sie aus den vorgeschlagenen Verbesserungsmöglichkeiten noch einmal ein Fazit ziehen. In den meisten Fällen kann der Prozess auf die eine oder andere Weise verbessert werden.
PL: „Wenn also das-und-das und dieses-und-jenes verbessert würde, dann könnte so ein Fall nicht wieder auftreten. Mhmm. Bedeutet das im Umkehrschluss, dass dies in unserem konkreten Fall auch die Ursachen waren?"
Damit sind Sie fast schon am Ziel. Sie kennen konkrete Verbesserungsmöglichkeiten und sind bestimmt auch schon über die Ursachen recht umfassend im Bilde. Falls diese wirklich handfest sind, fassen Sie sie zusammen und denken Sie laut über die Formulierung im Bericht nach.
PL: „Kann man zusammenfassend sagen, dass es da-und-daran lag?"
Warten Sie das *„Ja"* ab.

PL: „Wäre es richtig dargestellt, wenn ich es im Bericht so-und-so formulieren würde?"
Ab hier diskutieren Sie dann nur noch die konkrete Formulierung im Bericht.

▶ Beispiel: Die Besprechung eskaliert – mehrere Bereichsleiter beschimpfen sich
Hierzu möchte ich noch einmal den eben dargestellten Fall der gescheiterten Übergabe aufgreifen: Wenn die beiden Bereichsleiter auf Konfrontation eingestellt sind, werden Sie sie vermutlich gar nicht nacheinander auffordern müssen, jeweils ihre Sicht der Dinge zu schildern. Die beiden werden von sich aus damit herausplatzen.
BL A: „Ich habe die Aufgabe übergeben! Ich habe damit nichts zu tun! Das liegt nur an Ihnen, Herr B. Nur Ihretwegen haben wir jetzt diesen Schlamassel."
BL B: „Die Übergabe hat nie stattgefunden! Ich hatte die Aufgabe nie übernommen!"
BL A: „Das stimmt nicht! Wir hatten sogar einige Male darüber gesprochen! Das war ganz klar Ihre Pflicht, Herr B, dafür zu sorgen, dass die Kontrolle bei Ihnen durchgeführt wird."
BL B: „Wir konnten uns aber nie einigen! Es gab nie eine finale Übergabe. Daher habe ich damit nichts zu tun!"
Ein derartiges Streitgespräch könnte sich noch beliebig lange hinziehen und würde von unbeteiligten Kollegen vielleicht sogar als amüsant empfunden werden. Als Prüfungsleiter tun Sie dagegen gut daran, einzugreifen und es zu unterbinden.
PL: „Meine Herren!" [PAUSE]
Wahrscheinlich benötigen die beiden zunächst einige Sekunden, um sich daran zu erinnern, dass auch die Revision anwesend ist. Fahren Sie erst fort, wenn Sie die volle Aufmerksamkeit haben. Gehen Sie auf das ein, worüber Einigkeit besteht.
PL: „Meine Herren, dass das Problem an der Übergabe liegt, darüber sind wir uns alle einig, oder?"
Warten Sie die Bestätigung ab. Wahrscheinlich wird anschließend gleich wieder einer den anderen beschuldigen. Versuchen Sie nun, zu **triangulieren**, also das Gespräch auf sich zu ziehen, sodass die Bereichsleiter nicht miteinander, sondern zunächst ausschließlich zu und mit Ihnen sprechen; und das möglichst nacheinander und ohne sich gegenseitig zu unterbrechen.
PL: „Während unserer Prüfung hatten wir in Ihren Bereichen jeweils nach dem Übergabeprotokoll gefragt. Erhalten haben wir es weder von Ihnen, Herr A [Blickkontakt], noch von Ihnen, Herr B [Blickkontakt]." [PAUSE]
PL: „Da uns das Protokoll nicht vorgelegt werden konnte, gehe ich davon aus, dass es nicht existiert. Ich werde das so im Bericht festhalten."
PL: „O.K., nachdem wir das nun geklärt haben, möchte ich nach vorne schauen. Es kommt mir darauf an, dass so eine Situation in Zukunft vermieden wird. Ist das auch in Ihrem Interesse?"
Darauf müssen die beiden nun wohl mit *„Ja"* antworten. Dann richten Sie wie oben den Fokus auf die Zukunft. Kalkulieren Sie „Ehrenrunden" ein. Rechnen Sie damit,

dass sich die Herren wieder anbrüllen oder zumindest noch gegenseitig etwas sticheln werden. Das ist ganz normal. Vielleicht lässt sich ja zwischendurch noch einmal der Prüfungsauftrag zitieren, um beide auf das gemeinsame Ziel zu fokussieren.

► Beispiel: Kein Fachbereich möchte die Problemlösung übernehmen
Das Problem als solches wurde in der Ergebnisbesprechung jeweils bestätigt, aber niemand möchte die Ursachen beheben und die „Aufräumarbeiten" durchführen. Dies möglichst zu ändern, ist also nun das Ziel der Abschlussbesprechung.

Zur generellen Vorgehensweise: Stellen Sie das Prüfungsergebnis Schritt für Schritt vor, lassen Sie sich jeden Schritt (Auftrag, Sachverhalte usw.) von jedem einzelnen [Blickkontakt!] mit einem *„Ja"* bestätigen und fassen Sie regelmäßig zusammen. Zerlegen Sie die Aufgabe ggf. in einzelne Pakete und treffen dafür jeweils eine Vereinbarung. Dies scheint einfacher als es ist. Doch wenigstens haben Sie hier den Vorteil, dass jeder Einzelne das Problem an sich bereits bestätigt hat.
PL: „Dadurch, dass unser Unternehmen keine Übersicht über Sache X hat, kann sich die Auswirkung Y ergeben. Dies birgt das Risiko Z." [PAUSE]
PL: „Dieses Risiko Z ist unnötig und muss aus Sicht des Unternehmens begrenzt werden. Stimmen Sie dem zu?" [jeweils Blickkontakt; von jedem ein *„Ja"* einholen]
PL: „Um das Risiko Z zu begrenzen, muss einerseits der Prozess angepasst werden, und andererseits müssen die bestehenden Daten aufgeräumt werden. Stimmen Sie dem zu, dass dies erforderlich ist?"
Manche Teilnehmer hindert ihre grundsätzliche Abwehrhaltung daran, richtig zuzuhören. Daher ist es möglich, dass nun jemand einwirft:
FB: „Aber ich kann doch gar nichts dafür!"
Blicken Sie denjenigen an und antworten Sie ihm:
PL: „Herr A/B/C, ich behandle hier nicht die Schuldfrage. Mich interessiert vielmehr, ob auch Sie es für erforderlich halten, dass der Prozess verbessert und die bestehenden Daten aufgeräumt werden müssen."
Warten Sie seine Zustimmung ab. Nehmen Sie nacheinander mit jedem Einzelnen Blickkontakt auf, wenn Sie Folgendes sagen.
PL: „So, und jetzt kommt die Preisfrage, auf die Sie alle bestimmt schon gewartet haben: Wer wird das wohl machen müssen?" [PAUSE] *„Gibt es Freiwillige?"*
Falls es in Ihrem Unternehmen Prozessverantwortlichkeiten gibt, sollte sich der Betreffende jetzt melden und zumindest die Prozessverbesserung übernehmen. Eventuell werden Sie ihm etwas auf die Sprünge helfen müssen.
PL: „Ich denke, unser Prozessverantwortlicher sollte sich jetzt melden." [PAUSE] *„Dieses Thema fällt doch unter den Prozess P und damit in Ihren Zuständigkeitsbereich, Herr A, oder?"*
Das sollte genügen, um ein *„Ja"* zu erhalten.
PL: „Gut, dann ist klar, dass Herr A sich als Prozessverantwortlicher darum kümmern wird, dass der Prozess verbessert wird." [PAUSE] *„Jetzt bleibt noch die Frage, wer welche Aufräumtätigkeiten übernimmt."*

Wahrscheinlich spielen jetzt alle „Beamtenmikado“, d. h., wer sich zuerst bewegt, hat verloren. Wenn sich einige Zeit lang keiner meldet, dann versuchen Sie, über die bestehenden Zugriffsrechte weiterzukommen.
PL: „Lassen Sie uns zunächst gemeinsam überlegen, was beim Aufräumen alles zu tun ist. Um die Bestände aufzuräumen, benötigen wir die entsprechenden Daten. Im Anschluss daran muss 1 erledigt werden, anschließend 2 unter Zuhilfenahme von 3. Habe ich das richtig dargestellt?“
Warten Sie die allseitige Bestätigung ab.
PL: „Es muss ja auch nicht einer alles alleine machen. Mal sehen. Wer kann die Datenabzüge erstellen? Wer hat die Möglichkeiten/Zugriffsrechte/Kompetenzen, um die weiteren Schritte zu unternehmen?“
Mit der Aussicht, nicht alles auf einmal machen zu müssen, werden sich nun die einzelnen Bereiche bereitwilliger die für sie selbst leicht zu bewerkstelligenden Punkte heraussuchen, oder die Dinge, für die ohnehin niemand anderes infrage kommt. Als Nächstes bitten Sie den Prozessverantwortlichen, das alles zu koordinieren. Und damit dürften die ungeliebten Aufräumarbeiten nun tatsächlich erledigt werden. Treffen Sie zum Schluss mit jedem noch eine konkrete Vereinbarung.

► Beispiel: Einer der Bereichsleiter wird von seinen Kollegen gemobbt
Bereichsleiter sind nicht alle gleich mächtig. Sie kennen bestimmt die Unterschiede. Der eine hat mehr Mitarbeiter, der andere weniger, der eine verdient viel Geld für das Unternehmen und ein anderer verursacht als Stabseinheit nur Kosten. Einer steht in der Gunst des Vorstandsvorsitzenden, ein anderer nicht. Diese Machtunterschiede können so weit gehen, dass sich die Bereichsleiter gegen einen aus ihren Reihen verbünden: Z. B. werden diesem grundsätzlich alle unangenehmen Aufgaben mit einhelliger Mehrheit übertragen. In diesem Fall haben Sie in der Abschlussbesprechung nicht das Problem, „jemanden“ zu finden, der etwas übernimmt, sondern müssen besonders darauf achten, dass es sich wirklich um denjenigen handelt, der dafür am geeignetsten ist: derjenige, der Datenzugriff hat und Veränderungen an der richtigen Stelle im Prozess vornehmen kann. Es würde dem Unternehmen nichts nützen, wenn stattdessen das Mobbing-Opfer mangels Voraussetzungen die Aufgabe nicht nachhaltig erledigen kann, und dann später dafür an den Pranger gestellt werden würde. Die Chance auf eine nachhaltige Verbesserung sollte bestehen. Unterstützen Sie deshalb den Underdog darin, sich gegen ihn bzw. seinen Bereich überfordernde Aufgaben zu wehren, indem Sie aufzeigen, welcher andere Bereich für diese Aufgabe prädestiniert ist. Es darf nicht möglich sein, dass ein Fachbereich auf Kosten eines anderen erfolgreich ist.[125]

► Beispiel: Drohung mit dem Wirtschaftsprüfer
Am Ende der bislang erfolgreich verlaufenen Abschlussprüfung verkünden Sie Ihr Gesamtergebnis. Einer der Bereichsleiter wendet darauf ein:
BL A: „Das würde aber beim Wirtschaftsprüfer nicht gut ankommen!“

---

125 Vgl. Sprenger, Reinhard, K.: Radikal führen, S. 66.

Selbstverständlich pflichtet ihm gleich ein weiterer Bereichsleiter bei.
BL B: „Wirklich, das wäre gar nicht gut! Was das auslösen würde!“
Lassen Sie sich nicht dahingehend manipulieren, sich bedroht oder eingeschüchtert zu fühlen. Antworten Sie, so wie immer, wenn Sie bedrängt werden:
PL: „Es ist meine Pflicht, dem Vorstand über meine Prüfung zu berichten.“
BL: „Aber bedenken Sie doch, was das auslösen wird.“
PL: „Es obliegt dem Vorstand, darüber zu entscheiden, wie er mit den von mir erhaltenen Informationen umgehen wird.“
Jegliche anderen Einwände wehren Sie dann wieder mit dem Sprung in der Schallplatte ab.
PL: „Ich weiß nicht, wie ich es Ihnen sonst noch sagen soll. Es ist meine Pflicht, dem Vorstand über meine Prüfungsergebnisse zu berichten.“

Drei Mal sollten genügen. Wenn Sie sich sehr resolut zeigen, kann es vorkommen, dass sich die Bereichsleiter an eine höhere Führungsebene der Revision wenden. Sollten Sie überstimmt werden, achten Sie besonders auf eine sehr penibel geführte Prüfungsakte. Das Gesprächsprotokoll sollte nicht fehlen.

5 Berichterstattung

5.1 Berichterstellung

5.1.1 Ziele der Berichterstellung

Wie wir alle wissen, müssen wir über unsere Prüfungsergebnisse alle relevanten Personen informieren. Dazu erstellen wir gemäß IIA Standards schriftlich Revisionsberichte, die verschiedenste Mindestinhalte und Qualitätskriterien aufweisen, Wesentliches hervorheben sowie weitere interne oder externe Vorgaben erfüllen.

Zu den **Inhalten** gehören:

- Das Ziel der Prüfung bzw. der Prüfungsgegenstand.
- Der Umfang der Prüfung sowie die Angabe von Einschränkungen oder Abgrenzungen.
- Der Zeitraum, auf den sich die Beurteilung bezieht.
- Die Prüfungsfeststellungen, die alle relevanten Projekte oder Beurteilungsmodelle (z. B. Risiko- oder Kontrollmodelle) berücksichtigen.
- Die zusammenfassende Beurteilung, die Bewertung und Schlussfolgerungen.
- Die Empfehlungen, Maßnahmen oder Aktionspläne.

Wichtige **Qualitätskriterien** für einen Prüfungsbericht sind:

- Richtigkeit,
  d. h., der Bericht muss frei von Fehlern und verzerrten Darstellungen sein. Die Inhalte müssen den zugrunde liegenden Tatsachen entsprechen.
- Objektivität,
  d. h., der Bericht muss sachlich, unparteiisch und nicht tendenziös geschrieben sein. Das Ergebnis muss einer sachlichen und ausgewogenen Beurteilung aller relevanten Tatsachen und Umstände entsprechen.
- Klarheit,
  d. h., die sprachliche Darstellung ist leicht verständlich und logisch. Unnötige Fachausdrücke werden vermieden und alle wesentlichen und relevanten Informationen dargestellt.
- Prägnanz
  d. h., der Text ist präzise formuliert, kommt gleich auf den Punkt und vermeidet unnötige Ausführungen, überflüssige Einzelheiten und Doppelaussagen.
- Konstruktive Grundhaltung,
  d. h., der Bericht unterstützt den Vorstand bzw. die Organisation dabei, erforderliche Verbesserungen zu erzielen.

- Vollständigkeit,
  d. h., der Bericht liefert zur Erläuterung der Beurteilungen, Empfehlungen, Maßnahmen und Schlussfolgerungen alle dafür relevanten Informationen und Feststellungen. Es werden keinerlei für die Berichtsempfänger wichtigen Informationen ausgelassen.
- Zeitnähe,
  d. h., Bericht und Maßnahmen sind in Abhängigkeit von der Problemstellung zweckdienlich und rechtzeitig, sodass die Führungskräfte angemessene Maßnahmen ergreifen können

5.1.2 Mögliche Schwierigkeiten bei der Berichterstellung

Einen Bericht zu erstellen ist wesentlich schwieriger als es zunächst aussieht. Journalisten sagen: „Qualität kommt von Qual". Mein ehemaliger Chef sagte: *„Entweder quält sich der Leser oder der Schreiber. Da ich nicht möchte, dass sich der Vorstand quält, quälen Sie sich!"*

Wenn Ihnen der Beginn schwerfällt, sind Sie in guter Gesellschaft. Selbst Bestsellerautoren haben Schreibblockaden und sitzen vor einem leeren Blatt Papier oder schreiben etwas, löschen es, schreiben wieder und löschen wieder. Schließlich besteht ein gewaltiger Unterschied zwischen lediglich einem Text und einem qualitativ hochwertigen Text. Vielleicht fällt es Ihnen schwer, Ihre Gedanken zu sammeln, Sie führen innerlich Dialoge mit Ihrem Chef oder dem Fachbereich, wissen nicht, wo Sie anfangen oder wie Sie einen roten Faden spinnen sollen oder sehen den Wald vor lauter Bäumen nicht. Vielleicht schreiben Sie einfach alles auf, was Sie wissen oder beschreiben Ihre Vorgehensweise der Prüfungsdurchführung. Aber interessiert das wirklich den Vorstand?

Davon, wie Ihre Interne Revision organisiert ist, d. h. insbesondere welche Tools oder Vorgaben bestehen, hängt Ihre Gliederungs- und Gestaltungsfreiheit ab. Sie lässt sich irgendwo in einem Spektrum zwischen „keinerlei Einschränkungen" und „strikte, hochaggregierte Pflichtinhalte des Prüfungskonzeptes ohne jegliche Freiheiten" ansiedeln. Dabei kann sowohl die vollkommene als auch die gänzlich fehlende Freiheit eine Erschwernis darstellen.

Doch sogar wenn Sie als Prüfungsleiter mit Ihren eigenen Entwürfen gut vorankommen, kann es immer noch passieren, dass Ihre Mitprüfer die zugesagten Berichtsteile nicht zuliefern, oder diese sprachlich oder inhaltlich nicht zusammenpassen und keine runde Story ergeben. Sie sehen: Es ist wirklich eine Kunst, einen richtig guten Revisionsbericht zu schreiben.

5.1.3 Wie kann die Erfolgswahrscheinlichkeit erhöht werden?

► Typisches Revisionsberichtswesen

Falls Sie vollkommene Freiheit in Ihrer Berichterstattung haben, halten Sie sich an das typische Berichtswesen der Internen Revision. Der **administrative Teil** des Revisionsberichts enthält Titel und ggf. Untertitel, Berichtsnummer, Verteiler und Berichtsdatum sowie Angaben zur geprüften Organisationseinheit oder Gesellschaft und zur Art der Prüfung; ferner Angaben zu Prüfungsleiter und ggf. Prüfern sowie zu Prüfungszeitraum und Anzahl der Prüfertage. Manchmal werden auch die Informationsquellen gelistet. Der **inhaltliche Teil** beginnt mit dem Ziel der Prüfung, dann folgt die Auftragsbeschreibung oder Ursache, anschließend werden die Schwerpunkte der Prüfung genannt. Die weiteren typischen Bausteine (top-down): Gesamtwürdigung bzw. zusammenfassendes Ergebnis bzw. Management Summary, die detaillierten Prüfungsergebnisse (mit Risikodarstellung, Note oder Klassifizierung, Statistiken z. B. von Feststellungen oder der Hinweis auf Wiederholungsfälle) und die Maßnahmen und Handlungsaufforderungen. Abschließend wird auf die Schlussbesprechung und einen ggf. vorliegenden Dissens oder abweichende Stellungnahmen hingewiesen.

► Aufbau: Pyramide vs. wissenschaftlicher Trichter
Aus Schule und Universität ist uns der sogenannte wissenschaftliche Trichter bekannt. Erst werden alle Details des zu lösenden Problems einzeln dargestellt. Anschließend werden wesentliche Erkenntnisse hervorgehoben und eine abschließende Kernaussage (die wissenschaftliche Schlussfolgerung) formuliert. Dieses Vorgehen wird gewählt, damit erst Einigkeit über sämtliche Details besteht, bevor die Schlussfolgerung überraschen kann. Dies entspricht auch genau dem chronologischen Ablauf einer Prüfung. Es besteht ein Problem, dieses wird von allen Seiten beleuchtet, die einzelnen Aussagen werden mit Beweisen unterlegt, und dann wird verdichtet, bis die wesentlichen Aussagen und die Kernaussage als unanfechtbar bestehen bleiben.

Eine ausführliche Dokumentation dieser Vorgehensweise ist für die Berichtsgrundlage goldrichtig. Auch jeder externe Prüfer wird sich darüber freuen. Der Vorstand dagegen muss und will nicht jeden unserer Schritte nachvollziehen, sondern kurz und prägnant darüber informiert werden, was los ist und wer was zu tun hat. Das entspricht dem genauen Gegenteil unserer Prüfungsdurchführung und gleicht eher dem Aufbau eines Zeitungsartikels, welches das Ergebnis in den Vordergrund rückt. Zuerst erfolgt die Kernaussage, dann weitere wesentliche Dinge und am Schluss werden die Details angeführt. Wenn Sie beim Aufbau des Berichtes von den Ergebnissen ausgehen, werden Sie Ihr Prüfungskonzept, an welchem sich alle Informationen ausrichten, in umgekehrter Reihenfolge heranziehen müssen. Es lohnt sich, bei dessen Erstellung einen möglichen gegenläufigen roten Faden der späteren Berichterstattung im Hinterkopf zu behalten.

Somit wird die Gesamtwürdigung bzw. die Management Summary gleichsam zur Schlagzeile mit Unterzeilen für den Rest des Berichtes. Sie fasst ihn vollständig zusammen, enthält eine beurteilende Gesamtaussage und beantwortet bereits zusammenfassend die 7-Fragen: Wer? Was? Wann? Wo? Wie? Warum? Woher? Hieraus sollte der Vorstand erkennen können, ob er einzugreifen hat oder nicht. Ausgehend von dieser auf den Punkt gebrachten Gesamtbeurteilung werden dann die einzelnen Themen dargestellt und absteigend von wichtig nach weniger wichtig immer feiner untergliedert, wobei die Details immer die Aussage des jeweils darüber liegenden Ganzen zu untermauern haben.

► How To und Wording
Sichten Sie Ihre Unterlagen und ordnen Sie alles systematisch Ihrem Prüfungskonzept zu. Überlegen Sie, ob Sie die Gliederung Ihres Revisionsberichts daran ausrichten können, oder eine andere Struktur wählen müssen, um eine runde Story präsentieren zu können. Sorgen Sie aber auf jeden Fall für einen systematischen Aufbau und verwenden Sie folgerichtige Verknüpfungen.

Dies bedeutet: Erst denken – dann texten – dann perfektionieren.

Erstellen Sie zunächst die Gesamtwürdigung bzw. die Management Summary. Fassen Sie hier alles Wichtige im richtigen Abstraktionsgrad prägnant in einer Beurteilung zusammen. Stellen Sie sich ein „Skelett mit Pulsschlag“ vor und achten Sie auf den roten Faden. Denken Sie wie ein Vorstand: *„Bitte keine Details!“*

Im Anschluss daran stellen Sie entlang des roten Fadens in der richtigen Reihenfolge die einzelnen Themen dar. Jetzt kommt Fleisch an die Knochen.

Wenn der erste grobe Textentwurf im Hinblick auf Argumentation und Gedankengang steht, widmen Sie sich bei der Perfektionierung dem sprachlichen Ausdruck.

- Verwenden Sie kurze Sätze und eine klare, einfache Sprache.
- Nutzen Sie für jeden Gedanken einen Absatz (→ viele Absätze verwenden).
- Achten Sie auf die Vollständigkeit Ihrer Beurteilungen (kein Sachverhalt ohne Beurteilung).
- Benennen Sie Ross und Reiter (keine Namen, sondern Funktion und Organisationseinheit bzw. Unternehmensbereich bzw. Gesellschaft).
- Versuchen Sie, etwaigen Fragen des Lesers zuvorzukommen.
- Vermeiden Sie Passivkonstruktionen.
- Vermeiden Sie unklare oder mehrdeutige Formulierungen.
- Ersetzen Sie die „Tabu-Worte“ Ihres Chefs (d. h. solche, die ihm erfahrungsgemäß missfallen) durch andere Wörter
- Streichen Sie Überflüssiges (z. B. Füllwörter); Überflüssiges ist überflüssig.
- Vermeiden Sie nach Möglichkeit Substantivierungen.
- Definieren Sie wichtige Begriffe.
- Führen Sie Abkürzungen ein.
- Das Lesen am Stück muss ohne Verständnisprobleme und ständige Verweise auf Anlagen möglich sein.
  - Achten Sie auf exakte Formulierungen und ersetzen Sie relativierende Adjektive z. B.:
  - viele Fehler → jeder zweite Vorgang fehlerhaft
  - späte Verbuchung → Verbuchung in X von Y Fällen erst nach 3 Tagen
  - erhebliche Verzögerung → um bis zu 7 Tage verzögert
  - lange Bearbeitungszeit → erst nach 2 Monaten bearbeitet

- Achten Sie auf folgende Unterschiede in der Aussagekraft
  - „Kein Mangel" ←→ „In Ordnung"
    Es ist ein Unterschied, ob Sie eine negative oder eine positive Zusicherung geben. Kein Mangel bedeutet, dass keine wesentlichen Schwächen bestehen, wohingegen „In Ordnung" wegen der risikoorientierten Prüfung keine vollständige, sondern nur eine hinreichende Sicherheit bieten kann.
  - „Das IKS ist angemessen" hat eine andere Bedeutung als „das IKS ist wirksam". Bei „angemessen" wird nur die Soll-Situation beurteilt. Sinngemäß: Wenn es so angewendet würde, wäre es in Ordnung. „Wirksam" hingegen drückt aus, dass die Sollvorgabe nicht nur angemessen ist, sondern auch genau wie vorgesehen umgesetzt wird, sodass (in diesem Beispiel) das IKS tatsächlich seine Funktion erfüllt.

Vor Abgabe Ihres Berichtes lesen Sie nochmals alles gründlich durch. Stimmt der Inhalt? Stimmen alle Formalien, Grammatik und Rechtschreibung? Achtung: Sollten Sie den geforderten sprachlichen Anforderungen nicht gewachsen sein, suchen Sie sich eine entsprechende Unterstützung, um dieser Grundlagen mächtig zu werden. Auch das Erlernen des 10-Fingersystems kann Ihre Effizienz enorm steigern.

5.1.4 Reaktionsmöglichkeiten für auftretende Phänomene

► Beispiel: Schreibblockade
Sie sitzen vor einem leeren Berichtslayout. Sie schreiben etwas, löschen es wieder, schreiben, löschen, ... – kurzum, die Seite ist nach einiger Zeit immer noch leer und will sich einfach nicht füllen. Wie lässt sich das ändern?

Denken Sie an den sogenannten Elevator Pitch. Stellen Sie sich vor, der Vorstand ruft Sie an, oder Sie treffen den Vorstand im Aufzug, und er bittet Sie, ihm kurz zu sagen, was bei Ihrer Prüfung herauskam. Formulieren Sie Ihre Aussage mündlich in 3-5 Sätzen. Notieren Sie diese wichtigsten Aussagen. Dann haben Sie bereits den Inhalt Ihrer Management Summary. Die sprachlichen Feinheiten kommen später.

Ausgehend von dieser Management Summary bauen Sie eine Story auf. Überlegen Sie, welcher rote Faden Sie an allen wichtigen Themen vorbeiführt. Versuchen Sie keinesfalls, bereits auf Anhieb den perfekten Bericht zu schreiben. Erst das Skelett (mit Pulsschlag), und dann das Fleisch.

► Beispiel: Sie haben „Laserstrahlen im Kopf"
Sie formulieren etwas, schreiben es auf und denken sich sofort: *„Nein, was wird der Fachbereich wohl sagen?"* oder *„Nein, das ist ein Tabu-Wort, das darf ich nicht verwenden"*, oder *„Wenn ich das so schreibe, streicht es mir mein Chef gleich wieder"*. Vor lauter Denkblockaden und erzwungenen Wortumgehungen bringen Sie keinen einzigen Satz zu Papier. Wie kommen Sie da raus?
Bei diesem Szenario stelle ich mir immer eine Diebesbande oder ein Agententeam („Verlockende Falle", „Ocean's 11–13", „Mission Impossible", ...) vor, das einen Tresor knacken will, und schon weit vorgedrungen ist. Nun trennt sie nur noch eine

Barriere von sich bewegenden Laserstrahlen von der Tresortür. Meist tritt dann eine Art Schlangenmensch in Aktion, der mit Handstandüberschlägen, Flickflacks, Standwagen, Pirouetten usw. turnerisch-artistisch die Laserbarriere unbemerkt durchquert. Im Film sieht es so aus, als ob das auf Anhieb so ginge. Doch auch diese artistischen Kunststücke müssen geplant, vorbereitet und eingeübt werden. Planen Sie also zunächst den Weg zum Tresor – Ihrem fertigen Bericht. Ignorieren Sie die Laserstrahlen (die sprachlichen Tabus, Reizwörter und verhandlungstaktischen Brennpunkte), vergessen Sie die Sorge um Ihr Gleichgewicht bei Ihren akrobatischen Übungen und konzentrieren Sie sich jetzt ausschließlich auf den Inhalt des Berichts. Welche Aussage soll dem Leser vermittelt werden? Stellen Sie sich vor, Sie unterhalten sich mit Ihrem nettesten Revisionskollegen, und erzählen ihm Ihre Prüfungsergebnisse, frei von der Leber weg. Sie müssen das nicht nur gedanklich machen. Tun Sie es tatsächlich, und bitten Sie Ihren Kollegen, mitzuschreiben. Gehen Sie dann durch die Mitschrift. Schreiben Sie jedes wichtige Thema auf ein Moderationskärtchen oder einen Post-it-Zettel. Dann sortieren Sie die Themenkärtchen so, dass Sie einen roten Faden erhalten. Das ist Ihre Berichtsstruktur. Wenn Sie möchten, visualisieren Sie sich je Thema Ihre Feststellungen mit Beurteilung und Maßnahmen z. B. auf einem Flipchart. Gehen Sie dabei nach dem Schema vor: Soll – Ist – Abweichung – Risiko – Beurteilung – Ursache – Maßnahme. Dann müssen Sie Ihre Stichpunkte nur noch mit Wörtern anreichern und ganze Sätze bilden. Auf dieser Basis kümmern Sie sich erst jetzt im Feinschliff um mögliche Alarmsensoren und Ihre artistischen Übungen mit dem Ziel, die Laserstrahlen zu umgehen.

▶ Beispiel: Sie möchten sämtliche Details in den Bericht übernehmen
Vielleicht bestätigt Ihre Erfahrung den Spruch „der Teufel steckt immer im Detail". Auf den ersten Blick sieht es ganz gut aus, doch mit zunehmender Prüfungstiefe werden Sie immer häufiger fündig und das nährt diese Erfahrung. Und da die Details so wichtig sind, führen Sie alles, was Sie Schritt für Schritt geprüft und herausgefunden haben, auch akribisch im Bericht an. Nur leider führt dies dazu, dass Ihr Bericht zunächst viel zu lang ausfällt und Sie ihn auf die Hälfte kürzen müssen. Sie würden gerne von vornherein alles knapper zusammenfassen, befürchten aber, damit angreifbar zu werden, weil dann die Begründungen oder manche Inhalte nicht nachvollziehbar würden. Was gilt es zu tun?

Mit der chronologischen Dokumentation Ihres Vorgehens und der Details kann jeder sachverständige Dritte jede Ihrer Prüfungsaussagen nachvollziehen und sich an Ihrer guten Prüfungsdokumentation erfreuen. Das ist hervorragend! Nur unterscheiden sich die Ziele von Prüfungsdokumentation und Bericht. Rufen Sie sich den strukturellen Unterschied zwischen dem „wissenschaftlichen Trichter" und der „pyramidalen Berichterstattung" ins Gedächtnis.[126] Letztere ist nun gefragt. Nehmen Sie Ihre detailreiche Prüfungsdokumentation und fragen Sie sich im Falle jeder einzelnen Abweichung zwischen Ideal-Soll- bzw. Soll- und Ist-Zustand nach den Ursachen dieser

[126] Vgl. Kapitel 5.1.3 Aufbau: Pyramide vs. Wissenschaftlicher Trichter.

Abweichung. Ich meine hier nicht den offensichtlichen Grund, z. B. eine Kontrolle wurde nicht durchgeführt, sondern nach dem wirklichen Grund, z. B. knappe Mitarbeiterkapazitäten, Zeitdruck, schlechte Kontrollkultur, fehlendes Know-how der Mitarbeiter usw. Sortieren Sie alle Abweichungen nach ihren teilweise nur vermuteten Ursachen und überprüfen Sie, ob eine einzelne Ursache oder vielleicht eine Verkettung verschiedenster, scheinbar zufälliger, Ursachen besonders hervorsticht. Überlegen Sie, wie dies zur Geschäftssituation Ihres Unternehmens passen könnte. Besteht gerade hohes Wachstum, hoher Umsatz und Mitarbeitermangel? Kommt Ihr Unternehmen vor lauter Innovationen nicht mehr nach, Strukturen und Prozesse zu ordnen? Oder sind Sie in einer schwierigen Umstrukturierungsphase mit Stellenabbau? Wurde kürzlich umstrukturiert? Gab es extern neue Anforderungen? Gut möglich, dass Sie nun ahnen, was die Hauptursache sein könnte. Diskutieren Sie diese Ahnung – falls noch nicht in der Prüfungsdurchführung[127] geschehen – mit dem Fachbereich auf verschiedensten Ebenen (vom Sachbearbeiter bis zum Bereichsleiter) und investieren Sie in weitere Gespräche, wobei Sie zunächst nur fragen, welche Ursachen man dort selbst sieht. Anschließend äußern Sie Ihre Vermutungen und versuchen, ein offenes Gespräch zu führen. Bitten Sie insbesondere um Lösungsideen zur Ursachenbehebung. Die Hauptursache wird zu Ihrer Kernaussage des Berichtes. Die weitere Gliederung wird entweder durch weitere Ursachen oder durch die diversen Folgen (= die festgestellten Soll-Ist-Abweichungen) bestimmt. So erhalten Sie einen roten Faden, dem Sie folgen, indem Sie die einzelnen vormals zusammenhanglosen Details als Folgen der zuvor beschriebenen Ursachen anführen.

Natürlich läuft ein ursachenzentrierter Bericht große Gefahr, in der Schlussbesprechung oder der Phase der Berichtsabstimmung angegriffen zu werden. Sichern Sie sich also Ihre Ursachenvermutung in vielen Gesprächen ab. Wenn es ein wirklich heikles Thema ist, gehen Sie davon aus, dass Sie unter vier Augen eine Bestätigung für Ihre Ursachenvermutung erhalten werden, nicht jedoch in einer größeren Runde oder auf offiziellem Wege. Fertigen Sie Gesprächsnotizen an und versichern Sie sich des notwendigen Rückhalts durch das Revisionsmanagement.

► Beispiel: Schwierigkeiten beim Kürzen

Wer kennt das nicht? Nachdem Sie lange um Formulierungen gerungen haben und endlich etwas zu Papier gebracht haben, sollen Sie kürzen. Sie merken, Sie können sich nicht von Ihren Textpassagen trennen. Auch mir bereitet das Löschen von Texten große Probleme. Ich hänge an ihnen. Wenn die Texte deutlich zu lang sind, habe ich mir deshalb angewöhnt, sie nicht zu löschen und damit endgültig zu verlieren, sondern sie unter einer anderen Version abzuspeichern und so aufzuheben. Dann nehme ich ein leeres, oder nur mit administrativen Dingen gefülltes Berichtsformat und überlege mir auf der bestehenden Grundlage neu, was ich sagen will und wie ich es sagen will.

---

[127] Vgl. Kapitel 3 Vor-Ort-Phase.

Ist der Löschumfang moderat, gehe ich meinen Entwurf Satz für Satz durch, auf der Suche nach Dingen, die weggelassen werden können, ohne die Aussage oder Beweiskraft zu schmälern. Falls Ihnen auch das schwerfällt, nutzen Sie das Konzept des Outsourcings. Geben Sie Ihren Text z. B. jemandem aus Ihrem Prüfungsteam, und bitten Sie denjenigen, all das zu markieren, was gestrichen werden kann, oder Kürzungsvorschläge zu formulieren. Da jeder an seinen eigenen Texten stärker hängt als an fremden Texten, können Sie sich bei Gelegenheit auch gerne revanchieren. Sie haben die Kompetenz, Texte zu kürzen. Hier ist jedoch der Kontext zu betrachten. Es sind Ihre liebgewonnenen Formulierungen, um die Sie lange gerungen haben. Dieses „Problem“ werden Sie bei fremden Texten nicht haben.

▶ Beispiel: Ihre Revisionskollegen liefern Berichtspassagen nicht zu
In der Prüfungsvorbereitung hatten Sie mit Ihren Mitprüfern vereinbart, dass diese Ihnen über ihre jeweiligen Prüfungsthemen Textpassagen für den Bericht zuliefern würden. Diese haben Sie nicht gemäß Absprache erhalten.

Suchen Sie so schnell wie möglich das Gespräch mit Ihrem Prüfer. Sprechen Sie ihn darauf an (analog zu 3.3 Beispiel: Prüfer verhält sich nicht zieldienlich), ohne gleich Vorwürfe zu erheben. Versuchen Sie zu verstehen, was los ist. In großen Revisionen können die Mitglieder einer Teamprüfung unterschiedliche Chefs haben, die vielleicht noch Sonderaufgaben vergeben, die dieser Prüfer erledigen soll, während er Ihrer Prüfung zugeteilt ist. Hierdurch können für Ihre Prüfung Verzögerungen entstehen. Falls grundsätzliche Themen der abteilungsübergreifenden Zusammenarbeit identifiziert wurden, lassen Sie diese Ihren Chef auf der Führungsebene klären. Wie auch immer die Ursachen tatsächlich lagen, Sie haben die Berichtspassagen noch nicht erhalten. Für Ihre Prüfung müssen Sie jetzt nach vorne schauen. Treffen Sie eine neue Vereinbarung mit dem Prüfer. Holen Sie sich ein klares „Ja“ zu diesem neuen Termin. Informieren Sie sowohl Ihren als auch dessen Chef über den neuen Termin. Machen Sie hierbei klar, wie wichtig und dringend die pünktliche Zulieferung ist.

▶ Beispiel: Die zugelieferten Berichtspassagen passen nicht zusammen
Vielleicht gibt es in Ihrer Internen Revision keinen einheitlichen Stil oder Standard. Vielleicht haben sich Ihre Kollegen auch nur den Wünschen ihrer direkten Vorgesetzten bereits so angepasst, dass jeder den Stil einer anderen Abteilung vertritt. Einer behandelt nur die Ursachen, der Nächste möchte keinen Ärger, ein Anderer stellt dar, was er alles weiß oder getan hat usw. Dass die Passagen nicht zusammenpassen, ist ganz normal. Seien Sie daher nicht frustriert, sondern gehen Sie davon aus, dass Sie damit immer wieder zu tun haben werden. Damit sich ein Bericht „wie aus einem Guss“ liest, muss er eben auch aus einem Guss stammen, d. h. von einer Person geschrieben worden sein.

Setzen Sie sich mit dem jeweiligen Prüfer für den anstehenden Part zusammen und schreiben Sie den Bericht gemeinsam. Sie haben hier die Wahl, sich an den vorformulierten Stichpunkten zu orientieren oder von einer von Ihnen vorbereiteten Passage auszugehen. Dass bei letzterer Variante schon etwas zu Papier gebracht wurde, kann ein Vor-, aber auch ein Nachteil sein. Welchen Weg Sie wählen, sollten Sie von der Erfahrung, dem Interesse und der Widerspruchsfähigkeit des Prüfers abhängig machen. Er sollte in der Lage sein, vorab formulierten Textpassagen zu widersprechen, falls sie sich nicht mit seinen Prüfungsergebnissen decken. Berichtspassagen gemeinsam zu formulieren scheint zwar zunächst sehr viel Zeit zu kosten, diese wird aber durch das Entfallen der Abstimmschleifen sehr schnell wieder hereingeholt. Zusätzlich steigert es die Qualität Ihres Berichtes deutlich, wenn sich alle intensiv einbringen. Diese Kooperation erhalten Sie, wenn Sie sich von Ihrer Seite aus kooperativ verhalten.

► Beispiel: Sie merken, in Ihrem Kopf bilden sich Feindbilder
Während Sie Ihren Bericht schreiben, merken Sie, dass Sie sich über den betreffenden Fachbereich ärgern. Vielleicht sehen Sie ihn als Konkurrenz oder erinnern sich an negative Erfahrungen, die Sie gemacht haben. Ihre negative Einstellung, Ihr Misstrauen oder Ihre Frustration werden sich unbewusst in Ihrer Sprache niederschlagen. Vielleicht bemerken Sie, dass Sie in Kriegsmetaphern über die geprüften Bereiche sprechen: Sie „ziehen in die Schlacht“, „werden angreifen und sich positionieren“, man hat Sie „angeschossen“, oder Sie werden „zu einem Vergeltungsschlag ausholen“ oder Ähnliches.

Lehnen Sie sich zurück, wechseln Sie auf die Metaebene und betrachten Sie die Situation von außen, z. B. wie auf einer Kinoleinwand. Versuchen Sie auch, zwischen Ihren Beobachtungen und Bewertungen und zwischen „dem Fachbereich“ und dem Verhalten einzelner Personen zu trennen. Gemäß Systemischer Organisationstheorie vertreten Sie die Interessen der Internen Revision, und Ihre Gesprächspartner vertreten die Position ihres Fachbereichs. Jeder versucht mit seinen Mitteln, seine Interessen durchzusetzen. Es ist sehr gut, wenn Sie unfaire Methoden Ihrer Gesprächspartner sogleich als solche erkennen, aber noch besser, wenn Sie darauf auch entsprechend reagieren können. Falls Sie das erst im Nachhinein bemerken, halten Sie sich vor Augen, dass Ihrem Gesprächspartner wohl wirklich kein anderes Mittel mehr zur Verfügung stand. Man könnte fast Mitleid mit ihm haben. Jetzt haben Sie es erkannt und können sich frei entscheiden, sich nicht auf dieses Niveau zu begeben, und einen sehr professionellen und objektiven Bericht schreiben.

► Beispiel: Sie wollen es allen recht machen und haben Entscheidungsprobleme
Sie möchten allen Erwartungen entsprechen, denen Ihres Chefs, des Fachbereichs und Ihren eigenen. Je nachdem, mit welchen dieser Erwartungen Sie sich aktuell innerlich solidarisieren, schreiben Sie Ihren Bericht. Dann wechselt die Koalition und Sie verwerfen Passagen, ändern sie mehrfach ab und erkennen dennoch Ihre Prüfungsfeststellungen nicht wieder. Wie lässt sich das verhindern?

Dass der geprüfte Fachbereich bezüglich der inhaltlichen Aussagekraft des Berichts eine andere Wunschvorstellung hat als die Revision, liegt auf der Hand. Ein besonders gewissenhafter Revisor, der versucht, allen unterschiedlichen Erwartungen gerecht zu werden, gerät daher zwangsläufig in eine oder sogar mehrere Zwickmühlen. Während der betroffene Fachbereich meist möglichst unkonkrete Formulierungen bevorzugt: „Die Entscheidung X hat sich ergeben“, möchte z. B. der Revisionsleiter Ross und Reiter genannt wissen: „Am <Datum> hat <Person X> die Entscheidung Y getroffen“. Solche Zwickmühlen fühlen sich nicht gut an. Gerade wenn man durch das wiederholte Umformulieren ein und derselben Berichtspassage in Terminverzug gerät, kann dies zu schlaflosen Nächten führen. Wenn einen dann trotz (oder gerade wegen) all der innerlichen Drehungen und Wendungen und diplomatisch ausgefeilten Formulierungen der umgeschriebene Text zunehmend anzuwidern beginnt, kann dies sogar richtig krank machen – wie jedes so aussichtslose Unterfangen. Oder, mit den Worten von Herbert Bayard Swope Sr.: *„I can't give you a sure-fire formula for success, but I can give you a formula for failure: try to please everybody all the time.“* Bedenken Sie: „Das Gegenteil von gut ist gut gemeint.“ Wenn Sie es wirklich allen rechtmachen wollen, stellen Sie sich vor eine unlösbare Aufgabe. Denn den sich widersprechenden Anliegen mehrerer Parteien gleichermaßen entgegenzukommen, würde darauf hinauslaufen, dass man sich gemeinsam in der Mitte trifft. Das wäre jedoch lediglich ein fauler Kompromiss, der langfristig kaum tragfähig wäre, schließlich wäre letztlich das Interesse jeder Seite enttäuscht – auch Sie von sich selbst.

Ich plädiere für Selbstverantwortung. Hören Sie sich alle Seiten an und erkunden Sie deren Interessen. Erkunden Sie Ihre eigenen Interessen und Wertvorstellungen. Fragen Sie sich, mit welcher Lösung Sie selbst am besten leben können; welche Lösung sich wirklich gut anfühlt. Nutzen Sie dazu Ihr eignes Wertesystem und Ihr Bauchgefühl, oder wissenschaftlicher ausgedrückt: Ihre somatischen Marker als inneren Kompass. Beobachten Sie, wo für Sie „Norden“ ist. Wenn Sie wissen, nach welchen Werten Sie sich ausrichten wollen, dann überlegen Sie, welche Entscheidung dem entspräche. Grenzen Sie die Alternativen ein. Nun bewerten Sie diese Entscheidung, indem Sie ihre möglichen Auswirkungen durchspielen. Was würde dann passieren? Was hätte welchen Preis? Wie würde sich das anfühlen? Rational begründen können Sie wahrscheinlich jede Ihrer Alternativen. Machen Sie das, was Sie persönlich für richtig halten.

Bei Entscheidungen mit einem hohen Preis, z. B. wenn Sie nicht das tun, was gewollt ist, sondern das, was Sie für richtig halten, wird ein *„Und sie dreht sich doch!“* zu negativen Konsequenzen führen. Doch verlangen das nicht die Revisionsstandards? Sollten wir nicht sogar unseren Job aufs Spiel setzen, wenn wir dadurch unsere Integrität als Revisor bewahren? Das ist etwas, das jeder mit sich selbst ausmachen muss. Aus eigener Erfahrung kann ich sagen, dass es nicht leicht ist. Mir persönlich zeigt mein Körper sehr deutlich, wann ich auf Abwege komme und ich mich nicht entsprechend meines eigenen Wertesystems verhalte. Ich wünsche Ihnen, dass Sie niemals in eine Situation geraten, in der Sie so schwere Entscheidungen zu treffen haben. Es lässt sich aber leider nie ganz ausschließen. Üben Sie also im Kleinen. Beobachten Sie Ihr Wertesystem. Beobachten Sie Ihre Entscheidungen, und wie es Ihnen langfristig damit ergeht. Richten Sie sich nach Ihren Werten aus, und Sie werden sehen, wie gut Sie mit immer schwierigeren Situationen umgehen können.

Bei sehr wichtigen Entscheidungen mit einer gefühlten Pattsituation sollten Sie sich bewusst vornehmen, dieser wichtigen Entscheidung viel Zeit und Energie zu widmen, um sie nach bestem Wissen und Gewissen treffen zu können. Die meisten Menschen würden wahrscheinlich diese Pattsituation durch die Wahl eines einfacheren Weges umgehen; Sie aber nicht. Sie setzen sich mit dieser Entscheidung intensiv auseinander. Sie sollten Verständnis dafür haben, dass Sie zum aktuellen Zeitpunkt noch nicht wissen können, welche Alternative die bessere sein wird, und daher nicht ausschließen können, dass Sie sich falsch entscheiden. Nehmen Sie sich vor, nicht mit sich zu hadern, falls sich Ihre Entscheidung als falsch herausstellen sollte, z. B. weil Sie die Auswirkungen nicht exakt richtig abgeschätzt hatten. Wenn Sie sich schon so viel Zeit dafür nehmen, dann sollten Sie später auch darauf vertrauen, dass Sie selbst und zu diesem Zeitpunkt keine bessere Entscheidung hätten treffen können.

▶ Beispiel: Sie merken, Sie wollen gravierende Wertungen vermeiden
Maßnahmen, die von Ihnen als wesentlich oder schwerwiegend gekennzeichnet werden, haben bekanntlich Konsequenzen. Solche Maßnahmen müssten Sie wahrscheinlich revisionsintern intensiver abstimmen, die Ergebnisbesprechung und die Schlussbesprechung könnte brisant werden, vielleicht müssten Sie auch dem Vorstand oder Aufsichtsrat Auskunft geben, oder eine Aufsichtsbehörde informieren. Schließlich hätten Sie eine intensivere Berichterstattung über das Follow-up zu erwarten. Vielleicht würde das Einschalten von Aufsichtsrat oder Aufsicht weiteres Ungemach nach sich ziehen. All dies sind verständliche Gründe dafür, es sich mehrfach zu überlegen, wie ein Mangel oder eine Maßnahme zu werten sind.

Lehnen Sie sich zurück und überlegen Sie, aus welchen Gründen Sie schwanken. Liegen diese eher an den Folgen für das Unternehmen, an den Folgen für Sie persönlich oder nur an Ihrer Bequemlichkeit, Aufwand und Ärger zu umgehen? Versuchen Sie, diese Frage ehrlich zu beantworten. Sollten Sie nun die Bequemlichkeit ausschließen können, gehen Sie so vor wie im vorhergehenden Beispiel.

▶ Beispiel: Sie kennen Texte auswendig und überlesen dadurch Fehler
Wenn Sie der Meinung sind, Ihr Berichtsentwurf wäre so nun in Ordnung, oder Sie müssen ihn aufgrund des Termindrucks abgeben, halten Sie inne und führen Sie einen letzten Check durch. Wenn Sie manche Formulierungen oder Textpassagen vermeintlich schon auswendig können, passiert es leicht, dass Sie Fehler überlesen. Nutzen Sie in so einem Fall Ihre Vergesslichkeit. Planen Sie die letzte Überprüfung am folgenden Morgen, oder noch besser, am Montagmorgen. Versuchen Sie, über das Wochenende nicht mehr an den Bericht zu denken. Lesen Sie ein spannendes Buch, unternehmen Sie etwas, treffen Sie sich mit Freunden, um Ihr Erleben mit

neuen Eindrücken anzureichern. Dies hilft, genügend „Vergessen“ zu erreichen, um dann noch einmal den Inhalt, Formalitäten und Sprache (insb. Grammatik und Rechtschreibung) zu überprüfen. Qualität kommt eben manchmal von Qual.

Falls Sie diesen Zeitpuffer nicht mehr haben, bitten Sie einen Revisionskollegen, den Bericht nochmals auf Formalitäten und sprachliche Qualität zu überprüfen.

▶ Beispiel: Sie merken, Sie leiden an Versagensangst
Willkommen im Club! Falls auch Sie hin und wieder Selbstzweifel an Ihren Fähigkeiten und Ängste vor dem eigenen Versagen haben, empfehle ich Ihnen, das Gedicht „Versagensangst“ von Robert Gernhardt mehrmals laut aufzusagen:

> Ich leide an Versagensangst,
> besonders, wenn ich dichte.
> Die Angst, die machte mir bereits
> manch schönen Reim zuschanden.

Dieses Gedicht zaubert immer wieder ein Schmunzeln in mein Gesicht.

5.2 Berichtsabstimmung intern

5.2.1 Ziele der internen Berichtsabstimmung

Stellen Sie sich vor, es gäbe keine revisionsinterne Berichtsabstimmung. Was könnte dann passieren? Nun, einige von Ihnen werden sagen: *„Na, das wäre doch klasse! Ohne die lästigen Abstimmrunden könnte ich endlich mehr Zeit in die eigentliche Prüfung investieren. Dann müsste ich mich nicht mehr um einzelne Formulierungen, den roten Faden, oder Wörter streiten. Auch könnte ich mir das ganze politische Geplänkel sparen. Dann würde ich auch mehr Prüfungen schaffen und könnte meinen Prüfungsplan viel leichter erfüllen!"* Ja, dann könnte sicherlich mehr geprüft werden. Aber bedenken Sie, welche weiteren Auswirkungen es sonst noch hätte. Könnten nicht unklare Formulierungen im Bericht zu Missverständnissen führen? Würden Sie als Prüfungsleiter dann nicht ganz allein dem Vorstand und den Bereichsleitern gegenüberstehen müssen? Könnten diese Sie dann nicht mit Leichtigkeit ausspielen? Würden dann nicht Statusunterschiede eine Diskussion auf Augenhöhe verhindern, gerade, wenn die Politik ins Spiel kommt?

Die revisionsinterne Berichtsabstimmung ermöglicht es der Internen Revision durch ihren geschlossenen Auftritt, die ihr zur Verfügung gestellte Macht zu aktivieren und so dem Rest des Unternehmens die Stirn bieten zu können, eine unabhängige Position einzunehmen und auf Dinge hinzuweisen, die unbequem sind und die keiner gerne hört, mit denen sich das Unternehmen aber gerade deshalb umso dringender auseinandersetzen sollte. Das Hauptziel der revisionsinternen Berichtsabstimmung ist also, dafür zu sorgen, dass die Revision ihre Macht und ihren Einfluss maximal effektiv ausüben kann. Für Sie hat das den angenehmen Nebeneffekt, dass Sie Rückendeckung für Ihre Prüfungsergebnisse erhalten. Denn sollten Sie umgekehrt die interne Berichtsabstimmung umgehen oder darin kein Einvernehmen erzielen, wird sich alles, und ich meine wirklich alles, gegen Sie wenden. Vor allem Ihre Führungskräfte, im Sinne von: *„Das war nicht mit mir abgestimmt!"* oder *„Ich hatte davon keine Kenntnis!"* Dies sollten Sie vermeiden. Außerdem bedeutet „abstimmen", dass sich mindestens eine weitere Person mit dem Bericht beschäftigt. Dies sorgt quasi automatisch für eine perspektivenreichere und damit fairere Beurteilung und objektivere Berichterstattung.

5.2.2 Mögliche Schwierigkeiten bei der internen Berichtsabstimmung

Vielleicht erinnert Sie Ihre interne Berichtsabstimmung an einen „endlosen" Pingpong-Ballwechsel. Noch schlimmer gestaltet es sich meist, wenn Sie mehrere interne, möglicherweise gleichberechtigte, Abstimmpartner haben, die sich gegenseitig widersprechen. Zudem kann es leicht passieren, dass in Ihrem Unternehmen zwischenzeitlich (durch die Prüfung bedingt, oder auch nicht) eine Umstrukturierung erfolgt und sich die im Bericht dargestellte Situation vollkommen ändert. Vielleicht hat das Management des Fachbereichs bereits jetzt schon eingegriffen, da Sie durch Ihre Prüfungstätigkeit seine Aufmerksamkeit auf bestehende Schwächen oder Verbesserungspotentiale gelegt hatten. Vielleicht wird bereits jetzt schon alles in Ordnung gebracht und optimiert bzw. es werden entsprechende Projekte aufgesetzt. Sie stellen sich deshalb die Frage, ob das, was Sie zu berichten haben, vor diesem neuen Hintergrund überhaupt noch berichtenswert ist. Vielleicht werden Sie überstimmt oder erhalten nicht genügend Rückhalt, eventuell gerade, wenn es um unbequeme Ursachen geht; oder Ihr Chef bringt sich so aktiv in das Umformulieren ein, dass Sie Ihre Prüfung (fast) nicht mehr wiedererkennen und sich vom Inhalt der dabei entstandenen Textpassagen distanzieren müssen. Vielleicht ergeben sich weitere Fragen, zu denen Sie mit Ihren Prüfern Rücksprache halten möchten oder müssen, obwohl dies zeitlich nicht mehr möglich ist. Selbstverständlich kann auch durch nicht (sehr) wertschätzende Anmerkungen oder unfaire, persönlich beleidigende Kommentare, bei Ihnen großes Frustpotenzial entstehen. Sie werden des Berichts zunehmend überdrüssig und müssen sich mehr und mehr überwinden, die Anmerkungen Ihres Chefs überhaupt zu lesen.

5.2.3 Wie kann die Erfolgswahrscheinlichkeit erhöht werden?

Je intensiver Sie die bisherigen Schritte durchlaufen haben und insbesondere, je intensiver und erfolgreicher Sie die bisherige interne Abstimmung[128] durchgeführt haben, umso erfolgversprechender ist dies für die interne Berichtsabstimmung, denn dann haben Sie den Boden dafür schon bereitet. Die interne Berichtsabstimmung geht in ihrer Intensität allerdings über die allgemeine Problematik der revisionsinternen Abstimmung in Kapitel 4.3. hinaus.

► Späteinsteiger ins Boot holen

Jetzt muss sich auch das Revisionsmanagement wirklich mit der Thematik und den bestehenden Herausforderungen auseinandersetzen. Zusätzlich treten nun weitere Interaktionspartner hinzu, zu denen Sie im bisherigen Prüfungsverlauf wahrscheinlich noch keinen so ausgiebigen Kontakt hatten oder haben konnten: andere Abteilungsleiter, eine interne Qualitätssicherungsstelle oder der Revisionsleiter. Selbstverständlich hielte ich es für günstig, eine revisionsinterne Qualitätssicherungsstelle bereits von Beginn an so einzubeziehen, wie oben[129] dargestellt. Schenken Sie diesen weiteren Interaktionspartnern ausreichende Beachtung. Holen Sie wie ein Taxi die „Späteinsteiger" da ab, wo Sie sind. Ob diese eher in Ruhe lesen oder zunächst von Ihnen einen mündlichen Überblick, evtl. angereichert durch eine Skizze, erhalten wollen, erfahren Sie, indem Sie jeweils ein persönliches Gespräch anbieten. Bei fehlendem Interesse wird es einfach abgelehnt werden.

Der Revisionsleiter kennt bisher wahrscheinlich nur den Titel der Prüfung und benötigt daher eher eine Top-down-Sicht Ihres Auftrags und Ihrer Ergebnisse. Üblicherweise interessieren ihn nur die Punkte im Detail, wegen derer er eingebunden werden sollte, wollte oder musste. Der Qualitätssicherer will dagegen ausführlicher informiert werden. Starten Sie auch hier mit dem Prüfungsauftrag und erläutern dann der

---

128 Vgl. Kapitel 4.3 Revisionsinterne Abstimmung.

129 Vgl. Kapitel 4.3 Revisionsinterne Abstimmung.

Reihe nach Ihr Konzept, Ihre Vorgehensweise, die Prüfungshandlungen und die Ergebnisse. Ein anderer Abteilungsleiter kann mit seinem Informationsbedürfnis irgendwo zwischen einer detailverliebten Bottom-up- und einer Top-Down-Management-Sicht liegen. Schenken Sie auch ihm genügend Zeit und Beachtung. Falls einer seiner Mitarbeiter Mitglied Ihres Prüfungsteams ist, nehmen Sie ihn mit zu der Besprechung mit seinem Chef. Dies ist nötig, um mit Ihrem Prüfer ein einheitliches Bild darstellen zu können.

► Die Berichtsabstimmung zum Ende bringen
Bei andauernden Abstimmrunden mit Ihrem Chef achten Sie darauf, dass Sie zeitnahe und konkrete Rückmeldung erhalten, was genau warum noch nicht in Ordnung ist, und was wie geändert werden soll, damit es noch besser werden kann. Zusätzlich müssen Sie Ihren berechtigten Wunsch nach zügiger Erledigung explizit artikulieren und vor allem mit Argumenten, für die sich Ihr Chef interessieren muss, untermauern. Letztendlich läuft es immer darauf hinaus, ob die Prüfung im dafür vorgesehenen Zeitfenster fertiggestellt wird, da andernfalls

- sich die nächste Prüfung verschiebt,
- daran anknüpfende Teamprüfungen kaum verschoben werden können,
- andere Kollegen in Zeitverzug kommen oder auf Sie warten müssen,
- die Einhaltung des Prüfungsplans eventuell gefährdet wäre und
- die Zielerreichung der Revision eventuell gefährdet wäre.

Diese Argumente sind wohl kaum von der Hand zu weisen – was allerdings keineswegs bedeutet, dass sie Ihrem Chef auch stets bewusst sind. Denn wie alle Menschen ist auch er nicht gegen selektive Wahrnehmung oder Verdrängen gefeit. Somit empfiehlt es sich, ihm schon von Anfang an kleine Erinnerungs- oder Wahrnehmungshilfen zu leisten und ihn regelmäßig auf Ihre Zeitplanung hinzuweisen. Wenn Termine bei Ihrem Chef platzen, fragen Sie hartnäckig, aber (Achtung!) freundlich, ohne jeden Anflug von Aggressionen, nach neuen. Zeigen Sie Ihre Frustration nur über die Auswirkungen der entstandenen Verzögerungen (wie z. B. mehrere parallele Prüfungen, sich verschiebende Teamprüfungen). Die Festlegung des Abstimmungsprocederes mit mehreren Personen wird umso einfacher, je weniger die Beteiligten den Bericht kennen, da dann noch keine inhaltlichen Positionskämpfe, sondern ausschließlich statusabhängige Rangeleien zu erwarten sind. Sie wissen hoffentlich aus Ihrer Prüfungsvorbereitung oder anhand einer revisionsinternen Regelung, wer „das letzte Wort" zu dem Bericht haben wird. Falls nicht, könnte es Ihnen passieren, wie ein Briefträger zwischen den verschiedenen Abstimmpartnern hin- und herlaufen zu müssen. Um das zu vermeiden, erkundigen Sie sich, wie Sie damit umzugehen hätten, falls sich Rückmeldungen widersprechen sollten. Ganz wichtig ist hier der Konjunktiv, denn Sie wollen ja nur vorbauen. Vielleicht entscheidet man dann für eine Reihenfolge der Abstimmpartner oder wegen Zeitmangels für eine parallele Abstimmung mit zeitgleichen Rückmeldungen von allen Interaktionspartnern (was aufgrund möglicher Pattsituationen unvorteilhaft wäre) oder die zusätzlichen Abteilungsleiter erhalten die Beschlusshoheit nur für die sie betreffenden Passagen. Stimmen Sie nur einem Verfahren zu, das Sie für erfolgversprechend im Sinne eines zeitnahen Endergebnisses halten.

▶ Die Problematik der eigenen Unabhängigkeit

In manchen Fällen stellt sich natürlich auch die Frage, ob und inwieweit Sie sich – mehr oder weniger freiwillig oder gezwungenermaßen – intern überstimmen lassen. Wie Sie wissen, gilt die Unabhängigkeit gemäß den IIA Standards auch auf Ebene des Prüfers und Prüfungsleiters, obwohl Sie in einem Abhängigkeitsverhältnis zu Ihrem Unternehmen und Ihrem Chef stehen. Offiziell gibt es aus Sicht des IIA keinen Zwang und keine Verpflichtung, Prüfungsfeststellungen abzuschwächen oder nicht zu berichten, schließlich könne man ja schlimmstenfalls seinen Arbeitgeber wechseln. In der Praxis ist es aufgrund organisatorischer Vorkehrungen höchstens einem Revisionsleiter – und auch diesem vermutlich nur einmal – möglich, einen Bericht vollkommen „ungefiltert" zu verschicken. Sie als Prüfungsleiter könnten höchstens aus Protest freiwillig kündigen, jedoch ohne Ihr Ziel, den Bericht wie gewünscht verschicken zu können, erreicht zu haben. Allerdings können und sollten Sie, wenn Sie intern überstimmt werden, die Möglichkeit nutzen, Ihre in die interne Abstimmung eingereichte Berichtsversion Ihrer Prüfungsakte beizufügen. Diese wird dann für sich sprechen, sollte sie ein externer Prüfer einsehen.

5.2.4 Reaktionsmöglichkeiten für auftretende Phänomene

▶ Beispiel: Ihr Chef formuliert etwas in Ihrem Bericht, das nicht durch Ihre Prüfungshandlungen unterlegt ist

Wenn Sie davon ausgehen, dass die Formulierung inhaltlich richtig ist, besorgen Sie sich schnellstmöglich den Beleg dafür. Wenn nicht, erwirken Sie von Ihrem Chef möglichst kurzfristig eine Änderung. Geben Sie sich keinesfalls die Blöße, erst eine Woche nach dem Beweis zu suchen und anschließend doch um Änderung der Formulierung zu bitten. Eine eigenmächtige Änderung wäre ebenfalls kontraproduktiv, weil der Chef es merken und übelnehmen oder trotzdem unvermittelt, z. B. in der Abschlussbesprechung, seine alte Formulierung verwenden könnte. Es sei denn, Sie haben zuvor abgeklärt, dass es sich lediglich um einen Vorschlag handelt. Einen solchen dürften Sie natürlich problemlos abwandeln. Betrachtet Ihr Chef seine Formulierung(en) dagegen als verbindlich und beharrt darauf, bitten Sie ihn um einen Termin für die gemeinsame Abstimmung. Für diese bereiten Sie eine Erörterung der Vor- und Nachteile der bestehenden Textpassage vor sowie eine Alternative, für die Sie ebenfalls Pro und Kontra abwägen.

Mehr Zeit für eine nachträgliche Recherche haben Sie, falls die interne Abstimmung statt an Pingpong eher an Fernschach erinnert, also schriftlich vor sich geht. Sollten Sie allerdings in der Schlussphase mit Ihrem Chef gemeinsam vor dem Computer sitzen, empfehle ich, ausschließlich Formulierungen zu verwenden, die durch Ihre Prüfungsaktivitäten eindeutig gesichert sind. Auf einen Vorschlag Ihres Chefs könnten Sie z. B.:

- Seine Aussage gerade so weit abwandeln, dass sie durch Ihre Prüfungshandlungen unterlegt ist.
- Einen gänzlich neuen Gegenvorschlag machen.
- Um etwas Zeit zu gewinnen, anmerken, dass Sie hierzu mit dem zuständigen Prüfer Rücksprache halten oder noch einmal Ihre Prüfungsakte dazu konsultieren wollten, bevor Sie dieser Formulierung zustimmen könnten.

► Beispiel: Sie distanzieren sich innerlich von dem Bericht
Wenn der „Ballwechsel" der internen Berichtsabstimmung bereits Olympianiveau erreicht, kann es passieren, dass Sie sich innerlich immer weiter von dem Bericht distanzieren, bis Sie das Gefühl haben, es sei gar nicht mehr Ihrer. Ihnen erscheinen die Inhalte und Aussagen verdreht, oder es fällt Ihnen schwer, die Motivation aufrechtzuerhalten. Sie wollen die Abstimmung nur noch beenden – fast egal wie.

Erinnern Sie sich daran, was Sie mit Ihrem Bericht bewirken wollen. Malen Sie sich aus, wie Ihr Bericht Ihrem Unternehmen nutzen wird, und verpflichten Sie sich dazu, Ihre Einstellung zum Prüfungsthema positiv zu halten. Nutzen Sie diese Energie und schließen Sie Ihre Prüfung professionell ab.

Sollten Sie nun der Meinung sein, mit dem aktuellen Bericht könnten Sie das, was Sie für Ihr Unternehmen bewirken wollen, nicht erreichen, dann erklären Sie dies Ihrem Chef. Erläutern Sie, warum es Ihnen zunehmend schwerfalle, hinter dem Bericht zu stehen. Versuchen Sie, ein möglichst offenes Gespräch zu führen. Falls Sie nicht mit Entgegenkommen rechnen, informieren Sie Ihren Chef darüber, dass Sie den Bericht in seinem jetzigen Zustand nicht unterschreiben möchten.

Für den Fall, dass Sie des Themas lediglich überdrüssig sind, sich kaum noch für die letzten Aktivitäten motivieren können und finden, das Prüfungsergebnis enthielte sowieso nichts, was Ihr Unternehmen nachhaltig positiv verändern könnte, dann ist es höchste Zeit, Ihre wertvollen Ressourcen nicht weiter daran zu verschwenden. Sprechen Sie dies bei Ihrem Chef auf der Metaebene an. Verweisen Sie auf den hohen Zeitaufwand, der mit weiteren Abstimmrunden verbunden wäre.

► Beispiel: Rückmeldungen nur zur Form – nicht zum Inhalt
Manche Führungskräfte versuchen, dem Prüfungsleiter zunächst nur Feedback zur Form des Berichts zu geben und den Inhalt auszusparen oder auf später zu verschieben. Dies kann vielfältige Gründe haben. Oft bedeutet es eine Vermeidung der tatsächlichen Auseinandersetzung mit dem Prüfungsthema, dem Prüfungsergebnis, den Maßnahmen, dem Bericht und vielleicht auch mit Ihnen als Prüfungsleiter. Lassen Sie sich damit nicht so einfach abspeisen. Sicher ist es schwierig, etwas von der eigenen Führungskraft einzufordern. Führen Sie von unten und gehen Sie auf die Metaebene. Sagen Sie, was Sie brauchen, und welche Auswirkungen ein weiterer Abstimmungszyklus hätte.
FK: „Sie haben nicht das aktuelle Layout verwendet. So sehe ich mir den Bericht nicht an. Reichen Sie ihn mir im richtigen Layout wieder ein!"

Lassen Sie sich von seiner Weigerung nicht frustrieren. Vermeiden Sie einen weiteren Zeitverlust und versuchen Sie, eine inhaltliche Rückmeldung zu erhalten.

PL: „Stimmt, das ist mir gar nicht aufgefallen. Das werde ich selbstverständlich ändern. Um den vereinbarten Termin zu halten [Es hat auch seine Vorteile, sich auf einen Termin für den Berichtsversand zu einigen!] *möchte ich eine weitere Schleife gerne vermeiden. Wenn Sie mir jetzt noch Ihre inhaltlichen Anmerkungen mitteilen, kann ich gleich beides anpassen."*

Wer einmal ausweicht, wird wahrscheinlich erneut ausweichen.

FK: „Mit den Inhalten möchte ich mich nicht beschäftigen, bevor nicht die Form stimmt."

PL: „Hmmm [Denkpause] *– lassen Sie mich mal kalkulieren. Bis ich den Bericht angepasst habe, würde so-und-so lange dauern. Dann würde ich den Bericht einreichen und Sie bräuchten ausreichend Zeit, ihn durchzugehen und zu kommentieren. Anschließend müsste ich Ihre Anmerkungen entsprechend einarbeiten und Ihnen erneut zur Qualitätssicherung geben. Ich schätze mal, das würde insgesamt so-und-so lange dauern und die Berichterstattung so-und-so lange nach hinten verschieben. Was meinen Sie?"*

FK: „Ja, aber nur weil SIE nicht gleich das richtige Format verwendet haben und so lange brauchen, um meine Anmerkungen einzuarbeiten."

PL: „Das würde dann zu einem verzögerten Start meiner nächsten Prüfung führen und damit würde sich mein Jahresprogramm verschieben/dann könnte ich bei der Teamprüfung nicht rechtzeitig anfangen/dann könnte ich den Bericht nicht vor meinem/Ihrem Urlaub abschließen." [PAUSE]

PL: „Ich möchte gerne alles dafür tun, dass ich die Prüfung zeitnah abschließen kann, um die Erfüllung meines Jahrprogramms nicht zu gefährden."

FK: „Dann hätten Sie gleich das richtige Layout verwenden müssen."

Es scheint, als kämen Sie hier kaum weiter. Bestenfalls hat Ihr Chef nun Bedenken hinsichtlich seiner Jahresplanung. Starten Sie einen neuen Anlauf mit einem anderen Ansatz.

PL: „Bei einem bestimmten Aspekt würde ich gerne Ihre Erfahrung nutzen."

Wer kann das schon ablehnen? Schildern Sie daraufhin die Kernaspekte Ihrer Prüfung und der Prüfungsergebnisse, die intern oder extern zu Diskussionen führen könnten, vor. Stellen Sie jeweils eine Frage. Bringen Sie so Ihren Chef dazu, sich mit der Prüfung inhaltlich zu beschäftigen. Dabei sollten Sie die spezifischen „Macken" oder „Hobbythemen" Ihres Chefs ausnutzen. Manch einer ist detailverliebt, während sich manch anderer gar nicht mit Details beschäftigen möchte. Den einen interessieren nur fachliche Einzelheiten, den anderen eher die Zusammenhänge und der Kontext. Vielleicht ist Ihre Führungskraft Mitglied eines Revisoren-Netzwerks und kann hierüber Erfahrungswerte erfragen. Bitten Sie ihn darum:

PL: „Könnten Sie bitte in Ihrem Netzwerk erfragen, wie andere Unternehmen mit dieser und jener Sache umgehen? Ich bin der Meinung, der Fachbereich sollte das auf diese und jene Weise machen, befürchte hier aber starken Gegenwind."

Fragen Sie den Fachverliebten nach seinem fachlichen Wissen zur Beurteilung eines Sachverhalts. Beim Detailverächter lassen Sie in Ihre Ausführungen einfließen, mit wem Sie die fachlichen Details bereits diskutiert haben, und wer alles Ihrer Sichtweise bereits zugestimmt hat. Und wenn Ihre Führungskraft daraufhin sozusagen angebissen hat, dann lenken Sie das Gespräch auch auf die übrigen Berichtsinhalte, wodurch Sie für diese zumindest eine mündliche Abstimmung erreichen.

► Beispiel: Zeitverzögerung und endlose Abstimmrunden
FK: „Hier ist Ihr Berichtsentwurf mit meinen Anmerkungen. Ich habe jetzt keine Zeit, sie mit Ihnen zu besprechen. Arbeiten Sie alles schon mal um. Sobald ich in den nächsten Tagen Zeit finde, sage ich Ihnen noch etwas dazu."
Vielleicht rechnen Sie ja aus Erfahrung schon mit Anmerkungen, die die Seiten dominieren, dabei aber wenig hilfreich und außerdem unleserlich sind. Wenn Ihre Motivation, den Bericht zu verbessern, davon in Mitleidenschaft gezogen würde, wäre das sehr verständlich. Sie könnten geneigt sein, den Bericht erst einmal zur Seite zu legen und die Besprechung abzuwarten, doch das würde die Situation auch nicht verbessern. Gewünscht hätten Sie sich stattdessen eher Folgendes:
FK: „Herr PL, das ist ein klasse Bericht! Ich habe selten eine so prägnante Darstellung gesehen! Das kann alles so bleiben!"
Wäre das nicht schön? Zu träumen ist nicht verboten. Aber halten Sie das auch für ein realistisches Ziel? Wohl eher nicht. Wie wäre es, eine zweitbeste Lösung anzustreben? Diese zeichnet sich dadurch aus, dass Ihr Bericht zwar noch nicht 100 % perfekt ist, Sie aber eine zeitnahe und konkrete Rückmeldung erhalten, was genau warum noch nicht in Ordnung ist, und was wie geändert werden soll, damit es noch besser werden kann. Artikulieren Sie Ihren Wunsch und untermauern Sie ihn mit für Ihren Chef interessanten Argumenten.[130]
Nutzen Sie die Chance bereits dann, wenn Sie Ihren Berichtsentwurf abgeben. Legen Sie ihn nicht ins Postfach, in den Eingangskorb oder auf den Tisch, sondern drücken Sie ihn Ihrem Chef persönlich in die Hand.
PL: „Herr X, hier ist mein Berichtsentwurf. Ich liege momentan so-und-so in der Zeit. Kann ich bis dann-und-dann mit Ihrer Rückmeldung rechnen? Dann hätte ich noch genau so-und-so viel Zeit, Ihre Anmerkungen zu verarbeiten und könnte dann rechtzeitig mit den Teamkollegen die nächste Teamprüfung vorbereiten." [PAUSE]
PL: „Wissen Sie, sonst würde die Vorbereitungszeit mit dem Team der nächsten Prüfung leiden, und ich würde so gerne mit vollem Einsatz die nächste Teamprüfung leiten. Und der Kollege Y hat mich schon angesprochen, er möchte bald anfangen, weil sein Einsatz bei der anderen Prüfung in den nächsten Tagen zu Ende geht. Sie schaffen das doch sicherlich bis dann-und-dann, oder?"
Schmücken Sie das gerne noch mit weiteren konkreten Abhängigkeiten aus. Machen Sie eine PAUSE und lassen Sie Ihre Aussage wirken. Damit Ihr Chef seine eigenen

130 Vgl. Kapitel 5.2.3.

Ziele erreichen kann, werden Sie fast zwangsläufig eine Zusage erhalten. Falls es doch nicht dazu kommt und Sie vertröstet werden:
FK: „Ich werde es versuchen, bin mir aber nicht sicher, ob ich es schaffe. Ich muss noch dieses und jenes erledigen und kann Ihnen nichts versprechen."
Falls Ihr Chef sich stärker von seinem elektronischen Kalender leiten lässt als von der Wichtigkeit und Dringlichkeit der Dinge, dann vereinbaren Sie, sowohl zum Lesen als auch zum Besprechen dieses Berichtes Zeiten im Kalender zu blocken.
PL: „Was halten Sie davon: Ich werde Ihnen in Ihrem Kalender für morgen einen Termin blockieren, damit Sie meinen Berichtsentwurf in Ruhe lesen können und einen weiteren Termin, damit wir den Bericht besprechen können."

Falls Sie die Befürchtung haben, es würde endlos mit den Abstimmrunden weitergehen, greifen Sie ein. Führen Sie den Schatten der Zukunft ein und besprechen mit Ihrem Chef den Abstimmprozess auf der Metaebene.[131]
PL: „Wenn ich unsere Abstimmrunden von außen betrachte, dann sehe ich wenig Fortschritte. Was meinen Sie, wo werden wir bis Ende der (nächsten) Woche sein?"
FK: „Ja und? Was kann ich dafür, wenn Sie nicht in der Lage sind, verständliche deutsche Sätze zu schreiben, sodass ich ständig raten muss, wie Ihre Prüfungsergebnisse denn eigentlich lauten müssten? Wenn Sie das nicht auf die Reihe kriegen, kann ich Ihren Mist ja wohl kaum einfach so durchwinken. Glauben Sie nicht, dass sich das nicht negativ auf Ihre Beurteilung auswirken wird?"
Falls Sie dies aus Ihrem emotionalen Gleichgewicht bringt und Ihr Selbstwertgefühl ankratzt, lesen Sie bitte das vorletzte Beispiel in diesem Kapitel.[132] Der Schlüssel liegt hier darin, in diesem Ausbruch den Wunsch nach Veränderung zu erkennen. Nehmen Sie diesen als Grundlage und fragen Sie nach.
PL: „Was können wir an der jetzigen Vorgehensweise ändern, damit wir in einem Monat weiter sind?"
Hier fragen Sie nicht explizit nur Ihren Chef, was er unternehmen kann, sondern Sie beziehen sich in diese Frage mit ein. (Auch wenn Sie beide der Meinung sind, es läge jeweils am anderen.) Doch auch hier besteht leider keine Erfolgsgarantie.

Vielleicht können Sie es mit Humor nehmen. Die Runden, Versionen oder Ordner zählen. Wenn Sie aber der Meinung sind, jetzt wird es rekordverdächtig, dann sollten Sie einen dezenten Hinweis auf die Versions- oder Abstimmnummer geben oder auf größere „Jubiläen" hinweisen. Es gibt Kollegen, die akribisch jede Version nicht nur speichern, sondern auch ausdrucken und im Prüfungsordner ablegen; wohl in der Hoffnung, der Wirtschaftsprüfer könnte darauf stoßen und sehen, dass hier etwas grundlegend nicht in Ordnung ist, wenn die Abstimmung mehr Ordnerplatz beansprucht als sämtliche restlichen Prüfungsunterlagen.

---

[131] Vgl. Kapitel 5.2.3.

[132] Vgl. Kapitel 5.2.4 Beispiel: Sie merken, Ihr Selbstbild verändert sich negativ.

▶ Beispiel: Sie erhalten kryptische Rückmeldungen von Ihrem Chef
Was können Sie tun, um stattdessen konkrete Rückmeldungen zu erhalten, die Ihnen helfen, den Bericht zu verbessern?

Die Wahrscheinlichkeit dafür lässt sich erhöhen, indem Sie Wert darauf legen, dass die Kommentare

- lesbar sind (ggf. hilft die Vorzimmerdame),
- Ihnen genau verdeutlichen, was genau aus welchem Grund nicht in Ordnung ist,
- Sie dabei unterstützen, eine konkrete Zielvorstellung zu entwickeln (was soll wie geändert werden).

Lassen Sie sich nicht mit Papier abspeisen. Fordern Sie einen Termin ein.
PL: „Um Ihre Anmerkungen zeitnah bearbeiten zu können, möchte ich sicherstellen, dass ich Sie richtig verstanden habe. Haben Sie jetzt oder in einer Stunde Zeit, mit mir darüber zu sprechen?"
[Das war das Modell A oder B: Der Fragende gibt den Antwortraum vor!]
Bleiben Sie hartnäckig und haken Sie nach. Das ist Ihr Beruf. Zeigen Sie Ihrem Chef, dass Sie Ihren Beruf beherrschen.
PL: „Ich konnte diesen Kommentar leider nicht lesen/verstehen. Bitte erläutern Sie ihn mir." Oder *„Mir ist klar, dass ich diese Passage umschreiben soll. Allerdings kann ich mir nicht erklären, was genau Sie daran stört. Bitte verdeutlichen Sie mir die Gründe und Ihre konkreten Zielvorstellungen."*
Weicht Ihr Chef aus, haken Sie nach und drücken Sie Ihre Befürchtungen aus.
PL: „Wenn Sie mir nicht konkrete Gründe aufzeigen und Ihre Zielvorstellung benennen, fürchte ich, wird der überarbeitete Entwurf nicht Ihren Wünschen gerecht werden. Und ich würde gerne Ihren Wünschen nachkommen." [PAUSE] *„Genau wie Sie, würde ich die Prüfung gerne demnächst beenden."*

▶ Beispiel: Pauschale Berichtskritik
FK: „Bei Ihren Berichten muss ich mich jedes Mal zum Lesen überwinden. Denn dabei rege ich mich immer so auf, dass ich ihn gleich wieder weglegen und später noch mal neu beginnen muss." Oder *„Ihre Berichte sind alle schlecht!"* Oder *„Ihre Berichte sind alle viel schlechter als die Ihrer Kollegen!"*

Selbstverständlich wäre es jetzt vollkommen normal, wenn Ihr Puls steigt, Ihnen schwindelig oder übel wird oder Sie ein Ohrgeräusch bekommen. Die Aussagen Ihres Chefs sind eine Steilvorlage, in die Eskalationsspirale einzusteigen. Gehen Sie nicht darauf ein. Falls Sie aber ohnehin zunächst wie vor den Kopf gestoßen und zu einer Erwiderung unfähig sind, dann freuen Sie sich über diese sinnvolle und hilfreiche Reaktion Ihres Unterbewusstseins, das Sie dadurch vor unbedachten Äußerungen und deren negativen Konsequenzen wirkungsvoll schützt. Ihre Strategie sollte hier wieder sein, Verallgemeinerungen aufzulösen und zu konkreten Aussagen zu präzisieren. Zeigen Sie Interesse und versuchen Sie herauszufinden, weshalb sich Ihr

Chef so pauschal beklagt. Gewähren Sie sich unbedingt einen Moment der Sammlung, um nicht beleidigt oder eingeschnappt zu klingen und wählen dann bewusst eine der folgenden zieldienlicheren Reaktionen:
PL: „Das ist ja eigenartig." Oder *„Komisch."* Oder *„Vielen Dank für diese Information."* Oder *„Das ist sehr interessant."* Oder *„Das interessiert mich."* Und

- „Was genau löst denn Ihre Reaktion aus?"
- „Welche Dinge kann ich konkret verändern, dass dies nicht mehr der Fall ist?"
- „Alle sind wirklich viele! Gibt es keine Ausnahmen?"
- „Welchen meiner Berichte meinen Sie speziell?"
- „Meinen Sie damit meinen aktuellen Bericht?"
- „Was genau gefällt Ihnen an meinem letzten Bericht nicht?"
- „Was genau macht meine Berichte schlechter als die meiner Kollegen?"
- „Ich würde mich gerne an einem sehr guten Bericht orientieren, wenn ich meine Berichte schreibe. Welcher Bericht ist denn aus Ihrer Sicht wirklich gut? Welchen Bericht kann ich als Muster verwenden?"
- „Ich habe verstanden, dass Sie ein Störgefühl bei meinen Berichten haben. Wodurch wird dieses Störgefühl ausgelöst? Ist es der Aufbau, die Gliederung, das Thema, die Präzision oder sind es spezielle Formulierungen?"
- „Woran liegt es Ihrer Meinung nach genau?"

Ihr Chef soll also konkretisieren, was ihm aus welchem Grund nicht gefällt. Wenn er nicht in diesem Sinne antwortet, dann sollten Sie ihm Folgendes anbieten:
PL: „Vielleicht wollen Sie sich noch Gedanken über Ihre spezifischen Kritikpunkte machen. Ich schlage vor, ich vereinbare über Ihre Sekretärin für nächste Woche einen Termin, bei welchem wir dann spezifisch über die einzelnen Dinge sprechen können. Sind Sie damit einverstanden?"

Hierauf kann der Chef mit zwei Varianten reagieren:

▷ Variante 1: Er stimmt zu und
  a) hält sich daran und Sie erhalten die Informationen, die Sie benötigen.
  b) er möchte selbst den Termin setzen.

Das ist für Sie eine relativ gute Lösung, denn solange er diesen Termin nicht fixiert hat, wird er das Thema nicht mehr ansprechen. Falls er es dennoch thematisieren sollte, können Sie immer kontern, dass er ja einen Termin fixieren wollte, und der noch nicht stattgefunden hat. D. h., der Ball liegt in seinem Spielfeld.

▷ Variante 2: Er lehnt es ab und
  a) sagt, er möchte das Thema „Wie schreibe ich gute Berichte" nicht nur mit Ihnen, sondern mit der ganzen Revision angehen. D. h., er wird keine spezifische Berichtskritik in Ihrem Fall durchführen. Das ist für Sie auch relativ gut, denn solange er das Thema nicht für die gesamte Revision geklärt hat, ist er nach wie vor am Zug.
  b) lässt das Thema auf Dauer unter den Tisch fallen.

Wenn dieses Problem deshalb bis zum Einreichen Ihres nächsten Berichtsentwurfs nicht gelöst wurde, legen Sie (je nach seinem Geschmack) eine Tüte Gummibärchen oder eine Tafel Schokolade mit einer kleinen Notiz bei, dies werde ihm das Lesen des Berichtes hoffentlich versüßen.
Wenn – und nur wenn! – Sie in puncto Humor mit Ihrem Chef auf einer Wellenlänge sind, können Sie seinen Tadel alternativ auch mit einem Scherz begegnen. Von einem Konfrontationskurs dagegen möchte ich, wie gesagt, dringend abraten, auch wenn Sie sich verständlicherweise stark dazu provoziert fühlen mögen.

▶ Beispiel: Zwischenzeitliche Veränderungen im Unternehmen, die Ihr Prüfungsthema betreffen

Diese können so wesentlich sein, dass Sie sich die Frage stellen, ob sich Ihr Bericht überhaupt noch lohnt, oder ob Sie sich die Arbeit daran nicht besser sparen sollten.

Dazu kann ich nur sagen: herzlichen Glückwunsch zu Ihrer Leistung! Denn vermutlich ist erst aufgrund Ihrer Prüfung dieses Thema so in den Fokus gerückt worden, dass das Management bereits jetzt schon darauf reagiert. Durch Ihre Prüfungsaktivität haben Sie die Überlebenswahrscheinlichkeit Ihres Unternehmens erhöht.

Diesen Erfolg würde die Interne Revision nun gerne für sich beanspruchen, damit ihr oft bezweifelter Mehrwert in Zukunft weitgehender und bereitwilliger akzeptiert wird. Doch hierbei ist immer mit dem Widerstand der Fachbereiche zu rechnen, die sich jegliche positive Veränderung ebenfalls selbst auf die Fahnen schreiben wollen. Die erfolgreichste Führungskraft ist die, die sich nicht auf ihre Autorität berufen muss. Gleiches gilt für die Revision: Wenn die Fachbereiche die Veränderung tatsächlich für die eigene Idee halten, dann haben Sie in Ihrer Prüfung optimale Arbeit geleistet. Doch leider kann dies die Interne Revision noch nicht für die eigene Reputation verbuchen – es sei denn, Sie unterhalten sich mit dem Vorstand über das Thema. Normalerweise bedarf es dazu Ihres Berichtes. Ihre Prüfung bezieht sich üblicherweise auf einen bestimmten Zeitraum der Vergangenheit. In diesem Zeitraum war die Situation nachweislich A. Stellen Sie also alles so dar, wie Sie es üblicherweise tun würden. Dann ergänzen Sie an prominenter Stelle einen Hinweis auf zwischenzeitliche Aktivitäten. Inzwischen habe der Fachbereich X das Ziel C benannt bzw. entschieden und diese und jene Schritte eingeleitet. Ihr Unternehmen befinde sich aktuell auf dem Weg von A nach C. Zum Zeitpunkt der Berichterstattung stehe man nach Aussage des Fachbereichs bei B. In so einem Fall benötigen Sie nur Nachweise für das Ziel oder die Entscheidung C. D. h., der zusätzliche Prüfungsaufwand für Sie ist gering. Lassen Sie die Maßnahmen möglichst so bestehen, wie Sie sie vereinbart haben. Der einzige Unterschied ist, dass der Fachbereich schon mit der Erledigung begonnen hat.

▶ Beispiel: Sie merken, Ihr Selbstbild verändert sich negativ

Wenn Sie merken, dass die negativen Rückmeldungen zu Ihrem Bericht Ihnen unter die Haut gehen und zu schaffen machen, ja sich sogar negativ auf Ihr Selbstbild auswirken, sollten Sie schnellstmöglich handeln. Machen Sie sich bewusst, dass Ihr Arbeitsleben nur einen Teilaspekt Ihrer ganzen Person ausmacht. Es gibt noch viele weitere Anteile in Ihnen. Wieso sollten Sie Ihrem Chef so viel Macht über Sie geben? Darüber hinaus kann auch er Ihnen Ihre Erfolge der Vergangenheit nicht mehr nehmen. Halten Sie diese – die großen, wie auch die kleinen – in einem eigens dafür geführten Tagebuch fest; und nicht nur das Ereignis selbst, sondern auch alle damit verbundenen visuellen, auditiven kinästhetischen, gustatorischen und olfaktorischen Eindrücke. Lesen Sie darin und rufen Sie sich diese Ereignisse in Erinnerung, wann immer Sie Gefahr laufen, in ein zu negatives Selbstbild gedrängt zu werden. Wie fühlten sich die Erfolgserlebnisse an? Wie könnten Sie Ihr Alters- und Größenerleben, Ihr Körpergefühl, Ihr Atemmuster, Ihr Verhalten und Ihre zu diesem Zeitpunkt geführten inneren Dialoge beschreiben?

► Beispiel: Tendenz, die offizielle Berichterstattung umgehen zu wollen
Manche Revisionsleiter verwenden hierzu folgende Praktiken:

- „Sideletter", also Briefe neben dem Bericht, in denen dann im Gegensatz zum „(ge)schön(t)en" Bericht offenbar Tacheles geredet wird.
- Zwischenberichte, um dem Fachbereich Zeit zu verschaffen, damit dann nach einer weiteren Prüfung die Misere hoffentlich bereits gelöst ist. Ob das so funktioniert, hängt sehr von der Unternehmenskultur und dem Gehör, welches die Revision unternehmensintern findet, ab.
- Die Prüfung nachträglich nicht mehr als Prüfung zu deklarieren. (Denn nur über Prüfungs- und Beratungstätigkeit sei ja zu berichten.)

Ob solcherlei Vorgehen Ihrem Unternehmen nützt, müssen Sie selbst beurteilen. Dem dafür verantwortlichen Manager der Revision dies in einem direkten Gespräch ausreden zu wollen, halte ich für aussichtslos. Schließlich befindet er sich in einer Zwickmühle und kennt die an ihn gestellten Anforderungen. Ich kann Ihnen an dieser Stelle nur empfehlen, sich mit Ihrem persönlichen Wertesystem auseinanderzusetzen und Ihre Prüfungsakte sehr penibel zu führen.

5.3 Berichtsabstimmung extern

5.3.1 Ziele der externen Berichtsabstimmung

Unter externer Berichtsabstimmung verstehe ich die Abstimmung des Berichtstextes mit den relevanten Fachbereichen in Form von Stellungnahmen zum Bericht. In manchen Revisionen erfolgt diese Stellungnahme ausschließlich in mündlicher Form bereits mit der Abschlussbesprechung. Dort erhält der Vorstand nur im Falle eines Dissenses eine schriftliche Stellungnahme zum Bericht. In anderen Revisionen – und hiervon handelt dieses Kapitel – wird der Berichtstext zusätzlich oder anstelle einer Abschlussbesprechung mit dem Fachbereich mittels schriftlicher Stellungnahmen abgestimmt. Dies birgt sowohl Vor- als auch Nachteile. Es schafft die Möglichkeit, sich in der Abschlussbesprechung auf Inhalte, Beurteilungen, Bewertungen und Aussagen zur Abarbeitung von Maßnahmen zu konzentrieren. Hier noch um Formulierungen zu streiten, würde oft den zeitlichen Rahmen sprengen, der bei einer zusätzlichen schriftlichen Abstimmung gegeben ist. Der Nachweis, den Bericht abgestimmt zu haben, ist dann leicht zu erbringen. Andererseits ist unbedingt darauf zu achten, dass es sich bei einem Revisionsbericht nicht um ein Gemeinschaftswerk von Fachbereich und Revision handeln sollte, sondern um das Produkt der Revision. Der erhebliche Aufwand, der für die Revision entsteht, spricht ebenfalls gegen diese Vorgehensweise. Mehr dazu unter 5.3.2.

Ein Austausch von schriftlichen Stellungnahmen mit dem Fachbereich dient dem Ziel, Letzteren vor Berichtsversand möglichst umfassend und transparent zu informieren, damit er auf Fehler und missverständliche Formulierungen hinweisen und eine faire Darstellung der Ergebnisse einfordern kann. Es ist ein Zeichen der Fairness und stärkt eine gute und funktionierende Beziehung, wenn man demjenigen, über den man Bericht erstattet, vorab zumindest Einblick in den Berichtsentwurf gewährt. Ferner dient die Möglichkeit einer Stellungnahme zum Berichtsentwurf dem Ziel, die Qualität und Objektivität der Berichterstattung an den Vorstand zu maximieren. Missverständliche oder falsche Aussagen erst nach Versand des Berichts ungeschehen zu machen, ist so gut wie unmöglich, da diese sich bereits in den Köpfen festgesetzt haben. Außerdem ist dann ein Gesichtsverlust für die Revision kaum mehr vermeidbar. Ein weiteres Ziel der Berichtsabstimmung besteht darin, möglichst zügig Einvernehmen über die konkrete Darstellung und Formulierung zu erzielen und den Bericht damit zum Abschluss zu bringen.

5.3.2 Mögliche Schwierigkeiten bei der Berichtsabstimmung

Man sollte nicht unterschätzen, wie stark der Fachbereich, wenn er die Gelegenheit zur Stellungnahme hat, die Berichterstattung inhaltlich beeinflussen oder zeitlich hinauszögern kann. Insbesondere Schwächen der Revision, z. B. uneinheitliches Auftreten, wird er dabei konsequent ausnutzen.

Besteht in der Internen Revision eine „Konsenssucht", also ein ausgesprochener oder unausgesprochener Zwang zur Einigung mit dem Fachbereich, wird die Berichtsabstimmung für die betroffenen Prüfungsleiter sehr schwierig und nervenaufreibend, bis hin zu dem Phänomen einer „Dauerschleife" (es sei denn, er gibt vollkommen nach): Der Fachbereich liefert eine sehr konfrontative Rückmeldung. Da sich der Prüfungsleiter einigen „muss“, wird er ein Stück Entgegenkommen zeigen und nachgeben. Er schickt den überarbeiteten Berichtsentwurf wieder zurück, und dann geht das Procedere wieder von vorne los. Es folgt wieder eine konfrontative Rückmeldung (diese Strategie war ja in der ersten Runde erfolgreich), und der Prüfungsleiter steht erneut vor dem Problem, nachgeben zu „müssen“, um ein uneingeschränktes *„Ja“* zum Prüfungsbericht zu erhalten.

Falls der Fachbereich unverständliche oder korrekturbedürftige Rückmeldungen abgibt, kostet dies den Prüfungsleiter Zeit und Energie für Nachfragen und Korrekturen, da er die Stellungnahme nicht unmittelbar verarbeiten kann. Sollten die Stellungnahmen zusätzlich noch verspätet oder ohne formal den eigenen Bereichsleiter einzubeziehen abgegeben werden, oder Ansprechpartner für Rückfragen nicht zur Verfügung stehen, können erhebliche zeitliche Verzögerungen entstehen.

5.3.3 Wie kann die Erfolgswahrscheinlichkeit erhöht werden?

▶ Klare Richtlinien für eine einheitliche Vorgehensweise

Es ist für die Interne Revision von unschätzbarem Vorteil, klare Richtlinien zur Vorgehensweise bei der Berichtsabstimmung mit den Fachbereichen festzulegen. Denn erst dadurch wird gewährleistet, dass sich alle Revisoren einheitlich verhalten und dem Fachbereich gegenüber geschlossen auftreten. Andernfalls wäre ständig mit der Situation zu rechnen, dass einer (Vorgesetzter oder Kollege) als gleichsam das schwächste Glied in der Kette stets nachgibt. Der Fachbereich würde dies nicht nur konsequent ausnutzen, sondern auch eine diesbezügliche Erwartungshaltung entwickeln, aus der heraus er sich dann über die weniger nachgiebigen Kollegen vehement beschwert. Die Interne Revision hat die Pflicht, das Gesamtunternehmen, aber auch sich selbst vor solcherlei schädlichen egoistischen Verhaltensweisen zu schützen.

Fordern Sie also klare revisionsinterne Richtlinien ein. Sollte sich in dieser Richtung nichts bewegen lassen, definieren Sie Ihre eigenen Regeln und versuchen Sie über diese, mit Ihrer Führungskraft ein grundsätzliches Einvernehmen zu erzielen.

- Gibt es tatsächlich einen offiziellen Zwang zur Einigung?
- Falls nicht: Wie ist bei einem Dissens vorzugehen?
- Wie viel Zeit geben Sie dem Fachbereich für seine Stellungnahme?
- Wie viel Zeit darf insgesamt vergehen?
- Wie viele Schleifen dürfen höchstens gedreht werden?
    - Wann ist Schluss?
    - Wer entscheidet, wann Schluss ist?
- Wie ist mit unklaren, kryptischen oder fehlerhaften Rückmeldungen umzugehen?
    - Sollen diese grundsätzlich ignoriert werden?
    - Sollen Sie sich damit auseinandersetzen?
    - Sollen Sie sie nach Gutdünken verarbeiten?
- Wie ist mit formalen Fehlern umzugehen?

Solche klaren revisionsinternen Richtlinien erleichtern die Abstimmung und führen, wenn sie konsequent umgesetzt werden, nötigenfalls zu einer zeitnahen bzw. rechtzeitigen Eskalation.

► Kommunikation mit dem Fachbereich
Gehen Sie als Prüfungsleiter mit dem Fachbereich in eine möglichst direkte Kommunikation und suchen Sie das persönliche Gespräch oder telefonieren Sie miteinander. Erinnern Sie den Fachbereich vorab an Rückmeldetermine. Holen Sie sich ein persönliches Versprechen (von Person zu Person) einer angemessenen Stellungnahme ab. Zeigen Sie Ihre Konfliktkompetenz. Lassen Sie keinerlei Missverständnisse darüber aufkommen, dass sämtliche Ausweich-, Abwiegelungs-, Einschüchterungs- und Verzögerungstaktiken, die gegenüber Ihren Kollegen vielleicht schon manchmal zum „Erfolg" geführt hatten, bei Ihnen auf keinen Fall fruchten würden. Halten Sie den Dialog aufrecht. Sprechen Sie den Fachbereich auf die Qualität seiner Stellungnahmen an – im positiven wie im negativen Fall, und bleiben Sie Ihrerseits immer ansprechbar. Falls Sie negatives Feedback erteilen müssen, orientieren Sie sich dabei am Modell der gewaltfreien Kommunikation von Marshall B. Rosenberg [133]: Sie beginnen mit einer möglichst wertfreien Beobachtung und erläutern anschließend die Gefühle, die bei Ihnen hierdurch ausgelöst werden. Dann äußern Sie das damit in Zusammenhang stehende, bisher unerfüllte Bedürfnis. Den Abschluss bildet eine Bitte für die Zukunft.

- Beobachtung: „Wie ich sehe, ist die Stellungnahme (z. B.) zu spät erfolgt."
- Gefühle: „Darüber bin ich enttäuscht, zumal ich Ihr Wort hatte."
- Bedürfnis: „Ich möchte mich auf Ihr Wort verlassen können."
- Bitte: „Bitte halten Sie zukünftig Ihr Wort."

Lassen Sie Ihren Korrespondenz- bzw. Gesprächspartner immer Ihre ernsthafte gedankliche Beschäftigung mit seiner Stellungnahme erkennen. Ignorieren Sie sie keinesfalls, auch wenn Sie vollkommen abstrus oder konfrontativ sein sollte. (1) Überlegen Sie zunächst, was er damit ausdrücken wollte. (2) Überlegen Sie, ob dies für Sie von Relevanz ist oder nicht. Falls ja, gleichen Sie ab, ob (3) der Text die Intention zum Ausdruck bringt, oder ob (4) Anpassungen erforderlich wären. Erläutern Sie Ihrem Gesprächspartner Ihre Gedanken zu den vier Schritten. Gerade Letztere sollten Sie mit dem jeweiligen Revisionspartner unbedingt mündlich diskutieren. Etwas offensichtlich im Affekt Entstandenes oder vollkommen gedankenlos Hingeschriebenes ernst zu nehmen, kann dabei den wünschenswerten Effekt erzielen, dass es Ihrem Gesprächspartner nachträglich peinlich ist. Zeigen Sie die Auswirkungen bestimmter Formulierungen auf, insbesondere bei solchen, durch die der Fachbereich seine Situation sogar regelrecht „verschlimmbessern" würde. Erläutern Sie Ihrem Gesprächspartner Ihre Motive dafür, wieso Sie welche Teile wie verarbeiten und welche

[133] Vgl. Rosenberg, Marshall, B.: Gewaltfreie Kommunikation, S. 25.

Sie nicht übernehmen, sondern wie und aus welchen Gründen Sie sie anpassen werden. Erläutern Sie die Zusammenhänge mit den Stellungnahmen anderer Fachbereiche. Stellen Sie Ihr eigenes Interesse dar, nämlich die objektive, faire und zeitnahe Berichterstattung. (Achtung, letzterem Punkt könnte die Ausführlichkeit Ihrer Erläuterungen schlimmstenfalls zuwiderlaufen.) Bleiben Sie hart in der Sache und freundlich im Ton. Setzen Sie eine Frist, auf der Sie anschließend konsequent beharren.

Falls Sie einmal im Begriff sein sollten, eine Position, die Sie als Vertreter der Revision bezogen haben, wieder verlassen zu wollen, dann führen Sie sich die zu erwartenden Auswirkungen vor Augen; insbesondere, wie sehr Sie Ihre zukünftige Arbeit dadurch erschweren würden, und wie unglaubwürdig die Interne Revision würde, wenn man sie durch genügend Druck stets zum Nachgeben zwingen könnte. Erinnern Sie sich daran, dass Sie sich durch kleine Zugeständnisse nichts als die Forderung noch größerer Zugeständnisse einhandeln würden.[134] Erleichtern Sie sich Ihre Arbeit, indem Sie sich von vornherein Klarheit darüber verschaffen, welche Punkte für Ihren Bericht unabdingbar essenziell sind und welche anderen dagegen einen gewissen Verhandlungsspielraum gestatten. Setzen Sie sich zum Ziel, diese Unterscheidung bis zum Schluss einzuhalten.

5.3.4 Reaktionsmöglichkeiten für auftretende Phänomene

▶ Beispiel: Unternehmensbereich ohne Maßnahme

Angenommen, Sie verschicken den Berichtsentwurf an den oder die geprüften Bereich(e), damit diese dazu Stellung nehmen, wie sie die vereinbarten Maßnahmen zu schließen gedenken. Wenn nun aber in einem Unternehmensbereich keine Maßnahmen nötig sind, sondern alles in Ordnung ist – können Sie sich diesen Arbeitsschritt dann sparen?

Nein. Gerade dann sollten Sie dies dem Bereich besonders eindringlich, d. h. mündlich und schriftlich mitteilen. Wer gute Arbeit geleistet hat, dem geben Sie damit die Gelegenheit, sich darüber zu freuen und in der Wertschätzung seiner Vorgesetzten zu steigen. Auch hilft dies der Revision, ihr Image der Erbsenzähler und Meckerer zu relativieren. Und Ihnen tut es gut, in strahlende Gesichter zu schauen.

▶ Beispiel: Weigerung, den Berichtsentwurf zu lesen

Sie haben den Berichtsentwurf zur externen Berichtsabstimmung verschickt. Kurz darauf erhalten Sie einen Telefonanruf aus dem Fachbereich.

FB: „Den Bericht lese ich nicht. Der ist inhaltlich so schlecht geprüft und die Fakten stimmen nicht. Die Prüfungsqualität ist unter aller Sau! Ich korrigiere Ihnen doch nicht Ihre schlechte Prüfungsqualität. Dafür habe ich keine Zeit!“

---

[134] Vgl. Kapitel 6.1.3 Aufbau eines gewissen Drucks bei gleichzeitig vertrauensvoller Zusammenarbeit.

Dies muss keineswegs bedeuten, dass Sie die inhaltliche Abstimmung der Fakten[135] nicht ordentlich durchgeführt hatten. Nein, dieses Phänomen kann trotzdem auftreten; manchmal sogar, obwohl Sie bereits eine mündliche Abschlussbesprechung abgehalten hatten. Günstigstenfalls können Sie jetzt auf etablierte Revisionsprozesse zurückgreifen. Verweisen Sie auf diese und auf die höhere Macht des Vorstands und werfen Sie den Schatten der Zukunft. Denken Sie laut nach.
PL: „Gemäß den vom Vorstand verabschiedeten Revisionsprozessen, geben wir Ihnen die Gelegenheit zur Stellungnahme. Wenn Sie diese Gelegenheit nicht nutzen möchten, würde der Bericht, so wie er ist, an den Vorstand versendet werden. [PAUSE] *Sollten die Fakten allerdings nicht stimmen, würde das für uns beide nicht gut aussehen. Für mich nicht, weil die Fakten dann falsch wären und für Sie nicht, weil Sie nicht die Gelegenheit genutzt hätten, das richtigzustellen."* [PAUSE] *„Was schlagen Sie vor?"*
Dann warten Sie ab.
Falls der Revisionspartner nicht in Ihrem Sinne reagiert, ist trotzdem noch nichts verloren. Denn vermutlich steckt – wie so oft – nichts als Taktik dahinter, mit dem Ziel, die Revision zum Nachgeben zu bringen. Dann hat Ihr Revisionspartner die Hoffnung, dass die Revisoren für eine lückenlose Dokumentation, anhand derer sich die Unterstellung inhaltlicher Fehler leicht widerlegen ließe, zu sehr unter Zeitdruck stünden. Zeigen Sie sich kooperativ und interessiert. Signalisieren Sie dem Anrufer, dass Sie der Sache umgehend auf den Grund gehen wollen.
PL: „Wirklich? Erzählen Sie." Oder
PL: „Das interessiert mich. Welche Fakten genau?"

► Beispiel: Stellungnahmen verarbeiten: übernehmen oder ändern?
Sie haben eine Stellungnahme des Fachbereichs erhalten, die Sie überrascht: Statt einer Einverständniserklärung zum Berichtsentwurf und zur Maßnahmenumsetzung erfolgt u. a. eine seitenlange Rechtfertigungslitanei, die Sie nicht interessiert und den Vorstand sicherlich auch nicht. Was machen Sie? Übernehmen Sie das, was niemanden interessiert, eins zu eins in Ihren Bericht? – Schwerlich! Verändern Sie den inhaltlichen Sinn der Stellungnahme? – Nein, denn es ist seine und nicht Ihre!

Hier mein Lösungsvorschlag: Sie verarbeiten die Stellungnahme. D. h., solange der Sinn gleich bleibt, können Sie sie entsprechend angepasst einarbeiten und z. B. die Rechtfertigungen weglassen. Um festzustellen, ob der Sinn identisch geblieben ist, suchen Sie den Kontakt mit dem Autor der Stellungnahme. Erläutern Sie, wie Sie die Stellungnahme verarbeitet haben, und lassen Sie sich bestätigen, dass die Aussage weiterhin stimmig ist.

Sollte dieses Vorgehen nicht möglich sein, sollten Sie selbstverständlich den Fachbereich kontaktieren und ein weiteres Gespräch suchen. Viele Revisoren schrecken davor zurück. Ich habe damit jedoch nur gute Erfahrungen gemacht. Sie zeigen,

[135] Vgl. Kapitel 4.1 Fixierung der Sachverhalte.

Ihnen liegt etwas an der ordentlichen Verarbeitung der Stellungnahme. Außerdem diskutieren Sie ja auch Alternativen. Häufig werden Sie Folgendes hören:
FB: „Ach wissen Sie, das habe ich aus meiner Wut heraus so hingeschrieben. Das war gar nicht so gemeint. Lassen Sie es doch einfach weg."
PL: „Das kann passieren. Das kann man doch verstehen." [PAUSE]
PL: „Wissen Sie was, ich ändere die Berichtspassage wie besprochen ab und sende Sie Ihnen noch einmal per Mail zu. Bitte bestätigen Sie mir dann noch mal kurz, dass Sie mit der Formulierung einverstanden sind. Ich benötige das für meine Unterlagen. O.K.?"
Und schon ist die Sache erledigt.

► Beispiel: Noch einmal den Fachbereich kontaktieren oder nicht?
Sie haben eine Stellungnahme zu Ihrem Bericht erhalten, die Sie ärgert. Vielleicht ging sie am Thema vorbei, vielleicht wirft man Ihnen eine schlechte Prüfungsqualität vor, vielleicht will jemand seine Verantwortung nicht wahrnehmen – egal. Die Stellungnahme ist so konfrontativ, dass Sie sie am liebsten ignorieren würden. Die Frage ist nun: Komplett ignorieren oder dem Fachbereich begründen, weshalb Sie sie nicht oder nicht so, wie gewünscht, berücksichtigen werden.

Auf einen nochmaligen Kontakt mit dem Fachbereich zu verzichten, wirkt unbestreitbar verlockend:

- Keine verbalen Attacken zu befürchten.
- Keinen sich hinziehenden E-Mail-Wechsel.
- Keine augenblickliche Eskalation möglich.
- Es kann nicht passieren, dass Ihnen im Gespräch die Worte fehlen.

Ja, diese Vorteile sind kurzfristig gesehen nicht von der Hand zu weisen. Was aber würde wohl passieren, wenn der Fachbereich dann den Bericht erhielte (günstigstenfalls noch vor, schlimmstenfalls erst zeitgleich mit dem Versand an den Vorstand)? Dann hätte die Sache auch viele Nachteile:

- Der Leiter („Alphatier") und sein gesamter Fachbereich reagieren erbost, weil sie ignoriert wurden bzw. sich nicht verstanden fühlen.
- Vermeidbare Missverständnisse werden nicht ausgeräumt und können eskalieren.
- In großen Unternehmen wird der Unmut über die ignorierte Stellungnahme folgenden Weg nehmen: Fachbereich – dessen Vorstand – Vorstand der Revision – Leiter der Revision – Sie als Prüfungsleiter. Und für handwerkliche Fehler sollten Sie die zwei Beschwerden pro Jahr nicht verschwenden!
- Die zukünftige Zusammenarbeit wird vorbelastet und sehr wahrscheinlich schlechter werden.

Langfristig betrachtet schadet es also, der direkten Kommunikation mit den Fachbereichen aus dem Weg zu gehen, zumal sich die dabei zu befürchtenden Konfrontationen ohnehin nicht auf Dauer umgehen lassen. Kontaktieren Sie also den Revisionspartner und versuchen Sie in dem Gespräch herauszuhören, was er wirklich will und mit seiner Stellungnahme bezweckt.
PL: „Ich habe Ihre Stellungnahme erhalten. Könnten Sie mir diese bitte erläutern?"
Versuchen Sie, das dahinter liegende Interesse zu erfahren.
PL: „Was würde sich aus Ihrer Sicht gegenüber der vorherigen Berichtsversion ändern, wenn ich Ihren Vorschlag annehmen würde?"
Hören Sie sich die Antwort an.
PL: „Hmmmm." [Denkpause]. *„Wissen Sie, aus meiner Sicht klingt Ihr Vorschlag sehr in Richtung so-und-so. Dabei kann ich aus den-und-den Gründen nicht mitgehen. Ich möchte unbedingt das-und-das ausdrücken."*
Hier bietet es sich an, den Revisionspartner nach einer eigenen Formulierung zu fragen.
PL: „Fällt Ihnen dafür vielleicht eine andere Formulierung ein?"
Ist das der Fall, so durchdenken Sie diese und geben ihm eine Rückmeldung.
PL: „Das ist jetzt leider im Passiv. Ich darf nicht im Passiv schreiben. Ich muss Ross und Reiter konkret benennen, sonst kann ich die Formulierung intern nicht durchsetzen. Was halten Sie von folgendem Satz: ...?"
Ein nicht zu unterschätzender Nebeneffekt, wenn der Revisionspartner selbst formulieren darf, besteht darin, dass er am eigenen Leib erfährt, dass das Berichtschreiben keine einfache Sache, sondern ausgesprochen schwierig ist. Außerdem merkt er, dass Sie sich wirklich bemühen, seinen Input zu verarbeiten. Meiner Erfahrung nach verzichtet der Fachbereich schon von vornherein auf manch achtlose Stellungnahme, wenn er sich infolgedessen anschließend anstrengen müsste, eine gute Formulierung zu finden, die beiden Seiten gerecht wird.

► Beispiel: Nicht enden wollende Abstimmschleifen
Solche können auch in der Abstimmung mit den Fachbereichen entstehen, wenn Sie bzw. die Revisionsprozesse an sich dies zulassen. Manche Unternehmenskulturen erwarten bei jedem Revisionsbericht einen Konsens; woran gerade ich als Wirtschaftsmediatorin mich auch gar nicht störe. Sehr viel einzuwenden dagegen habe ich gegen faule Kompromisse. Es kann absolut nicht angehen, dass jemand nur „um des lieben Friedens willen" weiter und weiter scheibchenweise zurücksteckt, bis er vollkommen über den Tisch gezogen wird.

Klären Sie bei einer sich hinziehenden Abstimmung zunächst, ob sie eine Ausnahme (z. B. aufgrund eines besonderen Themas oder aufgrund bestimmter Feststellungen) oder den Regelfall darstellt.

Bei einer Ausnahme besprechen Sie am besten zunächst revisionsintern auf der Metaebene mögliche Ursachen und die weitere Vorgehensweise. Anschließend empfiehlt es sich, die bisherigen Abstimmschleifen auch zusammen mit dem Revisionspartner von außen (= auf der Metaebene) zu betrachten. Eruieren Sie zusammen mit ihm, wie es im Hinblick auf die Zukunft zieldienlicher weitergehen könnte.

Meistens allerdings pflegen sich schier endlos hinziehende Abstimmungen ein generelles Problem zu sein. Wenn die Revisionspolitik letztendlich immer einen Konsens vorsieht, für den die Prüfungsberichte notfalls beliebig oft einem Weichspülprogramm unterzogen werden müssen, dann kann auch der gewissenhafteste Prüfer nicht verhindern, dass ihm der Sinn seiner Arbeit zwischen seinen Fingern zerrinnt und sich wie in Seifenlauge auflöst.

Versuchen Sie das Ganze von außen zu betrachten, Abstand zu gewinnen und damit Ihre Entscheidungsfreiheit zu erhöhen. Versuchen Sie, die Revisionsprozesse entsprechend zu verändern. Sollte Ihnen dies nicht möglich sein, bestehen die Alternativen der Eskalation, es auszuhalten, oder die Konsequenzen derart zu ziehen, dass Sie die Stelle oder das Unternehmen verlassen.

▶ Beispiel: Beschwerdeandrohung und Vorwurf der Inkompetenz
Stellen Sie sich vor, Sie haben bereits einige Jahre Revisionserfahrung, wissen, worauf es ankommt, und konnten sich schon häufig bewähren. Doch nun ruft jemand aus dem geprüften Fachbereich an und schimpft:
FB: „Ich habe noch nie so eine schlechte Prüfung gesehen! So etwas Inkompetentes wie Sie habe ich noch nicht erlebt! Ich werde zum Revisionsleiter gehen und mich über Sie beschweren."
Da für Sie außer Frage steht, dass Sie kompetent sind und wissen, was Sie tun, muss der Anruf also einen anderen Grund haben.
Nun könnten Sie sich denken: *„Was hat der wohl? Wieso tickt der so aus? Wie kommt der da drauf? Was maßt der sich an, ein Urteil über meine Kompetenz treffen zu wollen?"*
Die Beschwerde ist hier gar nicht der interessante Punkt. Schließlich wollen Sie jedes Jahr um die zwei Beschwerden über sich hören, sonst müssten Sie zweifeln, ob Sie Ihren Job richtig machen. Falls es durchschnittlich wesentlich mehr als zwei pro Jahr sind, sollte Ihnen das selbstverständlich auch zu denken geben.
Erwägen Sie lieber Folgendes: Haben Sie vielleicht, ohne dass es Ihnen aufgefallen wäre, bei Ihrer Prüfung genau einen besonders empfindlichen Punkt getroffen?
Wenn sich jemand in Rage redet, bringt es meist nichts, auf dieser Ebene weiterzumachen. Tun Sie etwas Unerwartetes. Schweigen Sie mindestens fünf Minuten, bis sich das Gebrüll legt, und dann geben Sie zur Sicherheit noch eine Minute dazu. Oder sprechen Sie den Fachbereich auf einer anderen Ebene an, z. B. mit Humor. Was meinen Sie, wie der Gesprächspartner reagiert, wenn Sie sagen:
PL: „Ahh, endlich. Wissen Sie, wenn sich nicht jedes Jahr zwei Leute über mich beschweren, mache ich mir Sorgen, dass ich meine Arbeit nicht richtig mache. Dieses Jahr habe ich das Pensum noch nicht voll. Machen Sie das gerne."

▶ Beispiel: Laufende Aktualisierung gefordert
Ihr Berichtsentwurf wurde bereits sowohl intern abgestimmt als auch mit dem Fachbereich besprochen. Dennoch erhalten Sie folgende Beschwerde:
FB: „Ihr Bericht spiegelt nicht den aktuellen Stand wider. So können Sie den Vorstand nicht informieren. Das ist alles veraltet. Wir sind inzwischen viel weiter."
Heißt das nun etwa, Sie müssen noch einmal von vorn anfangen? Selbstverständlich wollen Sie den Vorstand korrekt informieren. Wenn das aber bedeuten würde, noch einmal zu prüfen, den Bericht entsprechend umzuschreiben und wiederum intern und extern abzustimmen – was dann? Falls Sie wirklich dazu geneigt sind, bedenken Sie bitte: Sie haben es mit einem „moving target" zu tun. Wenn Ihr Prüfungsobjekt z. B. ein Projekt ist, das ständig fortschreitet, dann müssten Sie Ihren Bericht so lange aktualisieren, bis das Projekt beendet wird. Wichtige vorherige Prüfungsergebnisse würden damit obsolet werden.

Als Lösung bietet sich an, den Fachbereich von vornherein unmissverständlich davon in Kenntnis zu setzen, auf welchen vorher festgelegten Betrachtungszeitraum oder Stichtag sich die Prüfung bezieht,[136] und dass sie somit gewissermaßen einem „snapshot" von einem bewegten Objekt ähnelt.
PL: „Herr X, unser Bericht stellt eine Zeitpunktbetrachtung [bei einem Prüfungsstichtag]/eine fest vorgegebene Zeitraumbetrachtung [bei einem Prüfungszeitraum] dar. Wir erheben den Anspruch, den Sachverhalt genau hierfür richtig darzustellen. Wenn es mittlerweile aktuellere Entwicklungen gegeben hat, vermerken Sie diese bitte in Ihrer Stellungnahme zum Berichtsentwurf."
Was aber, wenn kein vordefinierter Betrachtungszeitpunkt/-raum kommuniziert wurde? Wie entziehen Sie sich dann einer ewig fortlaufenden Aktualisierung?
Hier müssen Sie sich unbedingt mit Ihrer Führungskraft bzw. allen für den Bericht Mitverantwortlichen abstimmen und mit dem Fachbereich zunächst auch dementsprechend verbleiben:
PL: „Vielen Dank für Ihren Input, ich werde das mit meiner Führungskraft besprechen und Sie über das Ergebnis informieren."
Wenn nötig, bitten Sie den Fachbereich, Sie über den aktuellen Stand zu informieren, damit Sie mit Ihrem Chef über konkrete Veränderungen sprechen können.
PL: „Geben Sie mir hierzu bitte bis heute Abend konkrete Informationen zu den zwischenzeitlichen Entwicklungen. Sonst kann ich das nicht mit meinem Chef besprechen."
Dann sprechen Sie mit Ihrer Führungskraft.
PL: „Herr X aus dem Fachbereich so-und-so ist an mich herangetreten. Er hat mich darüber informiert, dass es dort nach Abschluss unserer Prüfungsaktivitäten vor Ort weitere Entwicklungen gegeben hat. Herr X möchte diese nun im Bericht berücksichtigt haben." [PAUSE]
Jetzt bauen Sie Ihre Argumentation auf:

---

136 Vgl. Kapitel 3.1 Eingangsgespräch auf Managementebene.

PL: „Dieses Prüfungsobjekt entwickelt sich ständig weiter. Es ist ein moving target. Wir haben diese Prüfungsobjekt genau von dann bis dann geprüft und können eine richtige Aussage für diesen Zeitraum treffen. Ich fürchte, wenn wir nochmal nachprüfen, erneut schreiben und abstimmen, dass wir auch dann wieder zeitlich hinterherhinken werden und letztendlich vor der gleichen Situation stehen wie jetzt."
PAUSE
PL: „Selbstverständlich möchte ich dem Vorstand inhaltlich richtige Informationen liefern. Allerdings würden wir durch die Aktualisierung so stark in Zeitverzug geraten, dass wir unsere weiteren Prüfungen verschieben müssten. Deshalb schlage ich vor, dass der Fachbereich die zwischenzeitlichen Entwicklungen in seiner Stellungnahme darstellt."
Durch diese Trennung von Bericht und Stellungnahme kann der Vorstand dann auch leicht zwischen belegten Ergebnissen der Revisionsprüfung und der Aktualisierung dienenden Kommentaren des Fachbereichs unterscheiden. Sollte sich letzterer über diese Verfahrensweise beim Vorstand oder Revisionsleiter beschweren, so geht das in Ordnung. Sie erinnern sich (vgl. vorheriges Beispiel): Bei weniger_als zwei Beschwerden im Jahr sollten Sie überdenken, ob Sie Ihren Job noch richtig machen. Außerdem haben Sie hier für das effiziente Arbeiten der Revision gesorgt.

Wenn Ihnen dafür allerdings die Rückendeckung Ihrer Führungskraft fehlt, oder diese die fortlaufende Aktualisierung sogar ausdrücklich von Ihnen verlangt, dann achten Sie unbedingt darauf, dass Sie (mündlich und schriftlich, als Beleg in Ihrer Prüfungsakte) auf die Auswirkungen hingewiesen haben. Denn diese werden spätestens am Ende des Prüfungsjahres deutlich zutage treten. Dann wird ersichtlich werden, zu wie großen Teilen der Prüfungsplan nicht umgesetzt werden konnte. Die entsprechenden Schuldzuweisungen werden Sie dann plausibel und mit geringstem Aufwand widerlegen können.

► Beispiel: Rückmeldungen sind vage oder kryptisch; Änderungswünsche unklar
Sie erhalten zu Ihrem Bericht eine schriftliche Stellungnahme, worin ein allgemeines Missfallen geäußert wird, wie z. B. „Schreiben Sie es doch nicht so negativ!" Manche Fachbereiche geben solche unklaren oder kryptischen Rückmeldungen.
Rufen Sie den betreffenden Schreiber an und sprechen Sie mit ihm.
PL: „Herr X, vielen Dank für Ihre Rückmeldung. Ich habe verstanden, dass Sie nicht einverstanden sind. Erläutern Sie mir bitte die Hintergründe?"
Dann hören Sie zu. Wiederholen Sie, was Sie verstanden haben. (Das bedeutet ja noch lange nicht, dass Sie sich danach richten werden.) Identifizieren Sie nun das Thema, also worum es dabei wirklich geht.
PL: „Sie stören sich insbesondere an dieser-und-jener Formulierung, weil Sie meinen, dass man dann dieses-und-jenes schlussfolgern könnte. Richtig?"
FB: „Ja, genau."
Lassen Sie sich gerne Vorschläge für bessere Formulierungen geben. Sie müssen sie ja nicht zwangsläufig übernehmen.

PL: „Hmmm [Denkpause]*, diese Schlussfolgerung hatte ich nicht beabsichtigt. Was meinen Sie, wie könnte man das anders ausdrücken, ohne diese Schlussfolgerung zu implizieren?"* PAUSE
Jetzt geben Sie dem Fachbereich Zeit, darüber nachzudenken. Derjenige, der jetzt überlegt, wird merken, dass es gar nicht so einfach ist, gut zu formulieren. Diskutieren Sie seine Vorschläge fair. Nennen Sie ihm die Gründe, wieso Sie etwas nicht übernehmen können (z. B., weil es im Passiv steht), und was abgewandelt werden muss. Machen Sie eigene neue Vorschläge und im Nu werden Sie eine Formulierung gefunden haben, die für Sie beide in Ordnung ist.

► Beispiel: Prozessprüfung: Kollektiv- vs. Einzelergebnis?
Sie prüfen einen Prozess, der sich über mehrere Unternehmensbereiche erstreckt, von denen alle bis auf einen die Anforderungen erfüllt haben. Die Fehler bzw. Versäumnisse dieses einen Unternehmensbereichs wirken sich jedoch auf den gesamten Prozess negativ aus. Ihr Prüfungsergebnis spiegelt dies in einer schlechten Gesamtnote wider. Einer der anderen Bereichsleiter beschwert sich daraufhin, dass er durch das Gesamtergebnis in Mitleidenschaft gerate, obwohl er doch in seinem Bereich alles richtig gemacht habe. Das Berichtslayout sieht jedoch nur eine Gesamtnote und nicht für jeden Unternehmensbereich eine eigene Note vor.
Kann man es da nicht verstehen, dass der Bereichsleiter wütend und frustriert ist?
PL: „Ich kann nachvollziehen, dass Sie nicht damit einverstanden sind, dass das Prüfungsergebnis in einer Gesamtnote zusammenfassend gezeigt wird."
FB: „Können Sie es nicht je Fachbereich separat zeigen?"
PL: „Es tut mir leid. Ich muss mich an meine Vorgaben halten."
FB: „Dann erhält doch der Vorstand ein falsches Bild! In meinem Bereich ist doch alles in Ordnung."
PL: „Vielleicht kann hervorgehoben werden, dass es hier um den Gesamtprozess geht. Vielleicht durch eine andere Darstellung des Titels, der Prüfungsabgrenzung oder der betroffenen Fachbereiche. Haben Sie dazu einen konkreten Vorschlag?"
FB: „Vielleicht so-und-so?"
PL: „Mal sehen. Ich werde darüber nachdenken und mich dann wieder bei Ihnen melden. Falls Sie noch einen weiteren guten Vorschlag haben, bin ich dankbar, wenn Sie ihn mir zukommen lassen."

So schnell kann eine Eskalation vermieden werden und das Konfliktpotenzial in ein zieldienliches Gespräch verwandelt werden.

► Beispiel: Gerangel um die Gewichtung der Maßnahmen
Sie haben die Maßnahmen bereits inhaltlich abgestimmt. Auch deren Erledigungstermin ist vereinbart. Der Fachbereich nimmt zu ihrem Bericht nun folgendermaßen Stellung: Eine bestimmte Maßnahme sei doch sicherlich in ihrer Wesentlichkeit nicht so hoch zu gewichten, sondern mindestens eine Stufe tiefer.

Sicherlich werden sich Maßnahmen manchmal im Graubereich zwischen zwei Einstufungen bewegen, sodass also ein Ermessensspielraum besteht. Aber Vorsicht! Bedenken Sie, dass Sie beobachtet werden. Nicht nur der betreffende Bereichsleiter, sondern auch viele andere würden durch Ihr Nachgeben dazu ermutigt werden, für immer mehr Maßnahmen eine niedrigere Gewichtung zu verlangen. Am einfachsten werden Sie es daher haben, wenn Sie Ihre Einstufungen bereits vorab sorgfältig überdenken und sich im Zweifelsfall auf klare allgemeine Regeln berufen können.
PL: „Herr X, ich bin bei der Einstufung der Wesentlichkeit von Maßnahmen an unsere revisionsinternen Regelungen gebunden. Diese Regeln wurden angewendet und haben zu der Ihnen bekannten Einstufung geführt."
FB: „Aber diese Einstufung können Sie doch ohne Weiteres ändern."
PL: „Selbst wenn ich wollte, könnte ich die Eingruppierung nicht ohne Weiteres ändern. Sie wurde revisionsintern abgestimmt."
FB: „Mit wem muss ich sprechen, dass diese Eingruppierung geändert wird?"
PL: „Sie könnten es bei meiner Führungskraft Herrn X versuchen."
FB: „Das werde ich machen. Darauf können Sie sich verlassen."
PL: „Das steht Ihnen selbstverständlich frei. Ich werde Herrn X Ihren Anruf ankündigen."

Manchmal versucht der Fachbereich nur zu drohen und auszuprobieren, ob Sie in Erwartung eines Rüffels Ihres Chefs vorauseilenden Gehorsam walten lassen. Das Ergebnis hängt vom Selbstverständnis und Auftreten der Internen Revision, des Revisionsmanagements und des Prüfungsleiters ab.

▶ Beispiel: Rückmeldung: Satz streichen – klingt so negativ
Falls Sie mit Ihrer Prüfung etwas „Exkommuniziertes" aufdecken, also z. B. ein offenes Geheimnis oder einen bitter nötigen, aber noch nicht existierenden Prozess, kann es vorkommen, dass die Stellungnahmen relativ heftig ausfallen.
FB: „Streichen Sie den Satz X aus Ihrem Bericht. Der klingt so negativ."
Einer Forderung, die derartig klar unserer Pflicht als Interne Revision zuwiderläuft, sollten Sie auf keinen Fall Folge leisten. Eine Rückmeldung zu dieser Stellungnahme sollten Sie dem Fachbereich indes trotzdem erteilen.
PL: „Sie haben in Ihrer Stellungnahme einen Satz markiert, weil er Ihnen zu negativ klingt. Was genau stört Sie denn so an dem Satz?"
FB: „Er ist so negativ."
Die Verallgemeinerung lässt sich am ehesten aufzulösen, indem Sie nach konkreten Anhaltspunkten fragen.
PL: „Was genau macht den Satz denn Ihrer Meinung nach so negativ?"
FB: „Er drückt aus, dass der Prozess nicht existiert."
PL: „Ja, das habe ich bei meiner Prüfung festgestellt."
FB: „Außerdem sagt er, dass der Prozess nötig ist."
PL: „Aus meiner Sicht ist der Prozess auch nötig."
FB: „Können Sie ihn denn nicht einfach weglassen?"
PL: „Nein. Es ist mein Job, den Vorstand darüber zu informieren."

FB: „Können Sie das nicht freundlicher schreiben?"
PL: „Welchen Vorschlag würden Sie mir dazu denn machen wollen?"
Nehmen Sie jeden Vorschlag ernst und diskutieren Sie ihn. Und wenn Sie sich nicht darauf einlassen wollen oder können, dann sagen Sie das auch klipp und klar.
PL: „Ganz ehrlich, spontan möchte ich Ihrem Vorschlag nicht folgen. Ich kann Ihnen aber versprechen, dass ich die Sache noch einmal durchdenken und mit meinem Chef besprechen werde." Oder ganz klar:
PL: „Ich kann Ihrem Vorschlag nicht folgen."

► Beispiel: Revisionspartner verschlimmert seine eigene Situation
Mit manchen Stellungnahmen verschlechtert der Fachbereich seine Situation noch weiter. Er habe von irgendetwas nicht gewusst (was er hätte wissen müssen); er habe ja keine Schulung gehabt (die er hätte anfordern müssen); etwas gehe ihn nichts an (obwohl es offiziell in seiner Zuständigkeit lag) usw.

Dass ich dazu rate, den Fachbereich darüber aufzuklären, wissen Sie aus dem früheren Beispiel. Allein die Tatsache, dass Sie so fair sind, kann die Beziehung zum Fachbereich verbessern und die Wahrscheinlichkeit erhöhen, dass dieser sich Ihnen gegenüber in Zukunft auch fair verhält. Erläutern Sie, wie Sie die Stellungnahme auffassen, und was Sie daraus ableiten. Fragen Sie den Fachbereich, ob er dies wirklich so dargestellt haben möchte. Natürlich können Sie auch alternative Formulierungsvorschläge anbieten.

► Beispiel: Drohungen der Revisionspartner
Auch massivster Druck vonseiten des Fachbereichs wird meist noch „durch die Blume" kommuniziert. Doch auch konkrete Drohungen sind nicht ausgeschlossen.
FB: „Mit Ihrem Bericht lösen Sie eine Katastrophe aus!"
Nun, zunächst kann es nicht schaden, Wertschätzung zu äußern.
PL: „Vielen Dank für Ihre Information."
Aber jemand, der so weit gegangen ist, wird weitermachen.
FB: „Ich wiederhole mich. Mit Ihrem Bericht lösen Sie eine Katastrophe aus. Lassen Sie alles zum Thema X weg."
Na, wenn das nun nicht konkret war. Wenn der Fall klar ist, dann bleiben Sie hart.
PL: „Ich werde nicht davon abrücken, dem Vorstand über die aktuelle Situation zu berichten. Das entspricht meiner Berufsauffassung und meinen Werten. Außerdem bin ich den ethischen Standards meines Berufes verpflichtet."
Auch das wird eventuell nicht genügen.
FB: „Verstehen Sie nicht, Sie können nicht bei dem Bericht bleiben. Die Passage muss raus."
Wiederholen Sie, was gesagt wurde.
PL: „Ich habe verstanden, dass Sie gerne hätten, dass die Passage aus dem Bericht entfernt wird."
Machen Sie eine Pause und warten Sie das *„Ja"* ab.
PL: „Solange ich den Bericht zu verantworten habe, werde ich mich dafür einsetzen, dass die Passage bestehen bleibt. Ich werde nicht davon abrücken, dem Vorstand

über die aktuelle Situation zu berichten. Das entspricht meiner Berufsauffassung und meinen Werten. "
FB: „Wieso sind Sie nur so wenig flexibel? Sie schaden sich selbst damit."
PL: „Das muss ich dann wohl in Kauf nehmen." [PAUSE]
PL: „Ich werde meine Führungskräfte darüber informieren, dass Sie angerufen haben und Ihr Anliegen weiterleiten. Mehr kann ich nicht tun."

Schlimmstenfalls wird man Sie daraufhin intern überstimmen. Der Ober sticht nun mal den Unter. Erstellen Sie auf jeden Fall zu dieser Angelegenheit einen Aktenvermerk und legen Sie diesen im Prüfungsordner ab.

5.4 Berichtsversand

5.4.1 Ziele des Berichtsversands

Das Ziel ist beinahe selbsterklärend: Alle zweckmäßigen Parteien sollen den finalen Bericht zeitnah erhalten. Zweckmäßig sind gemäß IIA Standards diejenigen, die sicherstellen können, dass die Prüfungsergebnisse angemessene Beachtung finden. Für die Freigabe des finalen Berichts und die Festlegung des Verteilers ist der Revisionsleiter verantwortlich, auch falls er diese Aufgabe delegiert haben sollte.

5.4.2 Mögliche Schwierigkeiten beim Berichtsversand

Grundsätzlich sollte der sachgerechte Berichtsweg wenig Schwierigkeiten bereiten, auch wenn die Tücke manchmal im Detail liegt. Vielleicht fehlt ein vordefiniertes Berichtslayout, wird ständig verändert oder bietet nicht genügend Platz. Beim Empfängerkreis können sowohl alphabetische als auch hierarchische Sortierungen wegen irrtümlicher „Beförderungen" oder „Degradierungen" Missmut hervorrufen. Umorganisationen und Projektmanagementstrukturen könnten übersehen oder missinterpretiert werden. Ebenfalls zu Schwierigkeiten führen kann ein zu später Berichtsversand, d. h. wenn ein Termin vereinbart wurde, aber nicht eingehalten wird. Außerdem müssen Sie von den eigentlichen Berichtsempfängern, den Vorständen, kritische Rückfragen zu Ihrem Bericht erwarten.

5.4.3 Wie kann die Erfolgswahrscheinlichkeit erhöht werden?

► Verwenden Sie, wenn vorhanden, das vordefinierte Layout

Falls dieses gelegentlich verändert wird, vergewissern Sie sich schon zu Beginn des Bericht-Verfassens, dass Sie die richtige Version benutzen. Die Texte nachträglich manuell dort hinein zu übertragen, wäre zu arbeitsaufwendig. Erkundigen Sie sich lieber vorher und halten Sie Rücksprache, falls Titel oder Empfängerkreis die Vorgaben sprengen.

► Berücksichtigen Sie die Sensibilität der Berichtsempfänger im Verteiler

In streng hierarchisch geführten Unternehmen ist üblicherweise die Hierarchie bis ins Feinste durch die Reihenfolge der Auflistung nachzubilden. Selbst die alphabetische Reihung der Vorstände kann falsch sein. Falls laufende Umorganisationen es Ihnen erschweren, die richtigen Empfänger zu identifizieren, orientieren Sie sich so weit wie möglich am offiziellen Organigramm. Achten Sie im Verteiler auf korrekte(n) Titel, Rang und Funktion aller gelisteten Personen (keine irrtümlichen „Beförderungen" oder „Degradierungen"). Am leichtesten fällt dies, wenn Layout und ein Standardverteiler inklusive der Reihung der Vorstände vorab festgelegt und abgestimmt sind.

► Achten Sie auf einen termingerechten Berichtsversand

Wenn Sie die vorherigen Kapitel ausreichend beherzigt haben, sollte dies gegeben sein.

► Rückfragen des Vorstands so schnell wie möglich beantworten
Bedenken Sie dabei immer, dass der Leser des Prüfungsberichts zwar durch die Art und Weise der Darstellung beeinflusst werden kann, die Revision aber letztendlich keine Macht über die Interpretation des Berichts hat.[137] Sollte sich der Vorstand bei Ihnen persönlich telefonisch melden, versuchen Sie ruhig zu bleiben, sich seiner Fragen zu vergewissern und diese zu notieren.
PL: „Ich möchte sichergehen, dass ich Ihre Frage richtig verstanden habe. Sie wollen wissen, ob ... Stimmt das?"
Machen Sie sich zur Frage Notizen. Falls Sie die Fragen aus dem Stegreif beantworten können, tun Sie das. Sollten Sie hierzu jedoch lieber Ihre Prüfungsunterlagen konsultieren wollen, dann antworten Sie z. B.:
PL: „Um Ihre Frage vollständig und richtig zu beantworten, möchte ich vorab meine Prüfungsunterlagen konsultieren." Oder
PL: „Spontan würde ich ... sagen. Das möchte ich aber nochmals in den Unterlagen verifizieren."
Bieten Sie an, die Antwort per Mail zu schicken. Wenn möglich, nennen Sie bereits jetzt einen Termin für die Antwort.
PL: „Darf ich Ihnen die Antwort per Mail bis heute Abend zusenden?"

Auch wenn Ihnen diese Mail anschließend bestimmt viel Kopfzerbrechen bereiten und Sie viel Zeit kosten wird, halten Sie den genannten Termin unter allen Umständen ein! Wägen Sie ab, ob Sie diese Zeit investieren wollen oder sich Ihrer Sache doch so sicher sind, dass Sie telefonisch antworten können. Letzteres macht auf alle Fälle einen sichereren Eindruck.

5.4.4 Reaktionsmöglichkeiten für auftretende Phänomene

► Beispiel: Nehme Bericht nicht zur Kenntnis
Falls Sie nach dem Berichtsversand von einem Ihrer Vorstände die Rückmeldung bekommen, er nehme Ihren Bericht nicht zur Kenntnis, dann grämen Sie sich nicht. Ihr Bericht war mit Ihrem Revisionsleiter abgestimmt bzw. wurde von diesem freigegeben. Rein rechtlich erfolgt Kenntnisnahme mit Zugang. D. h., mit Zugang des Berichtes wurde dieser automatisch zur Kenntnis genommen; ob das dem Vorstand nun gefällt oder nicht. Selbstverständlich sollten Sie das nicht so auf sich beruhen lassen. Informieren Sie das Revisionsmanagement über diese Rückmeldung und besprechen Sie das weitere Vorgehen.

► Beispiel: Bitte eines Empfängers, den Bericht nochmals zu schicken
Falls sich jemand bei Ihnen meldet, der den elektronisch versendeten Bericht erneut erhalten möchte, weil er z. B. ihn versehentlich gelöscht habe, dann gehen Sie wie folgt vor. Überprüfen Sie, ob derjenige tatsächlich dem Empfängerkreis angehörte. Falls das der Fall war, senden Sie ihm den Bericht erneut zu.

---

137 Vgl. Haferkorn, Petra: Systemische Prüfungen, S. 197.

▶ Beispiel: Jemand anderes möchte den Bericht zugesendet bekommen
Beim Versand von Berichten ist immer Vorsicht geboten! Meldet sich jemand bei Ihnen, der nicht dem ursprünglichen Empfängerkreis angehörte, ist ein anderes Vorgehen nötig.

▷ Neuer Leiter im geprüften Bereich
Handelt es sich z. B. um einen neuen Leiter eines Unternehmensbereichs, der persönlich nicht, sein neuer Bereich jedoch schon auf der Empfängerliste steht, ist das unproblematisch. Er kann den Bericht erhalten.

▷ Kein neuer Leiter im geprüften Bereich
In allen anderen Fällen sollten Sie als Prüfungsleiter die Herausgabe zunächst verweigern. Bitten Sie Ihren Gesprächspartner, sich den Bericht von einem der anderen Empfänger zu besorgen. Ihm die Kopie-Empfänger zu benennen, ist ebenfalls unproblematisch. Gerne können Sie ergänzen, er solle sich erneut bei Ihnen melden, falls er auf diesem Weg nicht zum Ziel komme. Dann würden Sie dies mit der Revisionsleitung besprechen. Dieses Angebot ist meist irrelevant, da Ihr Gesprächspartner sich den Bericht sicherlich auch auf anderem Wege beschaffen kann. Dennoch zeigt es ein gewisses Entgegenkommen Ihrerseits und dient der Beziehungspflege.

▶ Beispiel: Dissens – Der Fachbereich will die Maßnahme nicht umsetzen
Falls Sie Ihren Bericht mit einem Dissens versenden, wird sich der Fachbereich dementsprechend solange weigern, die betreffenden Maßnahmen umzusetzen, bis der Vorstand ihn dazu mittels eines Machtwortes verpflichtet. Achten Sie auf eine zeitnahe Rückmeldung.

6 Follow-up

6.1 Maßnahmenverfolgung

6.1.1 Ziele der Maßnahmenverfolgung

Die Maßnahmenverfolgung scheint auf den ersten Blick keine sonderlich schwierige Aufgabe zu sein. Revision und Fachbereich hatten sich bereits vor Wochen oder Monaten auf Maßnahmen geeinigt, die bis zu einem bestimmten Termin zu erledigen waren. Darüber wurde der Vorstand mit dem Revisionsbericht informiert. Um zu kontrollieren, ob alle vereinbarten Maßnahmen auch tatsächlich umgesetzt und erledigt wurden, richtet die Revision ein Follow-up-Verfahren ein. Es könnte so einfach sein, klingt so schlicht, und ist gleichzeitig doch so schwierig.

Könnte man nicht auf die Maßnahmenverfolgung verzichten? Eindeutig nein, denn sieht man von der aufmerksamkeitsbahnenden Wirkung einer Prüfung ab, ist ohne tatsächliche Erledigung der Maßnahme noch keine Veränderung im Unternehmen eingetreten. Die Prüfung würde keinen Effekt zeigen und wirkungslos bleiben. Die tatsächliche Erledigung der Maßnahmen ist essenziell, um im Unternehmen Veränderungen zu erreichen.

Der Vorstand muss davon ausgehen können, dass alles so, wie es im Bericht dargestellt wurde, d. h. wer was bis wann zu tun hat, auch tatsächlich umgesetzt wird. Das sind seine Erwartung und sein Informationsstand. Falls die Maßnahmen nicht wie vereinbart erledigt würden, lägen dem Vorstand falsche Informationen vor. Hätte der Vorstand wiederum falsche Informationen, könnte sich dies auf die Qualität seiner Entscheidungen negativ auswirken. Theoretisch müsste er auf Nachfrage durch die Fachbereiche ebenso gut informiert werden wie durch einen neutralen Dritten (die Revision). In der Praxis ist dies allerdings höchst fraglich. Denn würden die Fachbereiche im Gegensatz zur Revision „Hofberichterstattung“ betreiben und Negatives ausfiltern oder schönen, ergäben sich Unterschiede. Daher muss von der Revision insbesondere die Wirksamkeit der Maßnahmenumsetzung überprüft und die Frage beantwortet werden: Wurde das mit der Maßnahme intendierte Ziel tatsächlich nachhaltig für das Unternehmen erreicht?

Die Maßnahmenverfolgung dient folglich dem Ziel, darauf zu achten, dass der Vorstand über Veränderungsprozesse richtig informiert ist, damit er bestmögliche Entscheidungen treffen und das Unternehmen bestmöglich aufstellen kann. Sollte die Erledigung der Maßnahmen nicht wie vorgesehen erfolgen, hat die Revision den

Vorstand über das Follow-up-Reporting zu informieren und ggf. einen Eskalationsprozess einzuleiten.[138]

Die Maßnahmenverfolgung entspricht gewissermaßen der Stunde der Wahrheit für eine Revision, einen Prüfungsleiter oder einen Prüfer. Spätestens jetzt wird Ihnen jede Ungenauigkeit, jede Abkürzung des dargestellten schrittweisen Prüfungsvorgehens, jeder taktische Fehler bei der Maßnahmenvereinbarung[139] oder jede Schwäche der Revisionsprozesse wieder vor die Füße fallen. Spätestens jetzt zeigt sich, ob gemäß des Kommunikationsmodells von Konrad Lorenz tatsächlich gekonnt, gewollt, angewandt und beibehalten wurde. Die Maßnahmenverfolgung kann einen großer Teil des Mehrwerts der Internen Revision ausmachen; allerdings nur, wenn aufgrund der Prüfung bisherige Entscheidungen überdacht wurden und infolgedessen das Unternehmen dauerhaft anders handelt als zuvor.[140] Wenn das erreicht wurde, hat die Interne Revision zur Verbesserung des Unternehmens und zur Steigerung seiner Überlebenswahrscheinlichkeit beigetragen.

6.1.2 Mögliche Schwierigkeiten bei der Maßnahmenverfolgung

Die Maßnahmenverfolgung ist bei vielen Revisoren nicht beliebt. Sie erfolgt üblicherweise parallel zu anderweitiger Prüfungstätigkeit, kommt ungelegen und nimmt oft viel Zeit und Energie in Anspruch. Gleichzeitig führt sie sowohl Fehler der eigenen Arbeit als auch Schwächen der Revisionsprozesse sowie eine verbesserungsfähige Rückendeckung durch den Vorstand schonungslos vor Augen. Missstände zeigen sich in Form von nicht erledigten Maßnahmen und zahlreichen Verlängerungen.

Auf individueller **Ebene des Prüfers** werden Inhalt und Kommunikationsprozess zur Vereinbarung der Maßnahme auf den Prüfstand gestellt. Jeder einzelne Schritt bei der Vereinbarung von Maßnahmen kann auf der individuellen Ebene der Gesprächspartner scheitern und zu Schwierigkeiten im Follow-up führen.[141]

- Wurde das, was gedacht wurde, von den Gesprächspartnern tatsächlich auch ausgesprochen? Ist die Maßnahme klar und deutlich formuliert?
- Wurde das, was ausgesprochen wurde, auch tatsächlich von beiden Gesprächspartnern gehört? Findet sich dies im Maßnahmentext?
- Wurde das, was gehört wurde, auch tatsächlich von beiden Gesprächspartnern verstanden? Verstehen beide das gleiche unter der Maßnahme?
- Wird das, was verstanden wurde, auch tatsächlich vom Gesprächspartner gekonnt? Verfügt also die für die Maßnahme verantwortliche Person tatsächlich über ausreichende Kompetenzen?

---

138 Vgl. Kapitel 6.3 Eskalationsprozess durch die Interne Revision.

139 Vgl. Kapitel 4.2 Vereinbarung von Maßnahmen.

140 Vgl. Haferkorn, Petra: Systemische Prüfungen, S. 32 und S. 212.

141 Vgl. Kapitel 2.3.3 Missverständnisse und das Dilemma der Kommunikation vermeiden.

- Wird das, was gekonnt wird, auch tatsächlich vom Gesprächspartner gewollt? Oder war er vielleicht doch nie mit der Maßnahme einverstanden? Dann werden die Erledigungsmeldungen keine echten Erledigungen enthalten, sondern bestenfalls Stückwerk oder Teilerledigungsmeldungen, oder man möchte Sie „herunterhandeln".
- War Ihr Gesprächspartner vielleicht einverstanden, aber es mangelte an der Durchführung, d. h., er hatte nur keine Zeit oder Ressourcen? Z. B. wenn für die Erledigung der Maßnahme ein Projekt erforderlich war, das Projekt aber nicht genehmigt wurde, und die Maßnahme folglich offen bleibt.
- Wurde doch keine dauerhafte Veränderung umgesetzt, sondern nur eine einmalige Aktivität durchgeführt?

Die Stunde der Wahrheit kann schmerzlich sein und Ihnen jede Kleinigkeit vor Augen führen, die nicht optimal verlief. Doch auch trotz einer sehr guten individuellen Maßnahmenvereinbarung können Probleme auftreten, nämlich dann, wenn der gesamte **Follow-up-Prozess** nicht optimal funktioniert und die Revision trotzdem oder gerade deshalb zu viel Zeit und Aufwand in das Follow-up investiert, z. B. weil der Vorstand der Revision nicht den Rücken stärkt. Das wäre allerdings gewissermaßen der Super-GAU, da dann die Gefahr bestände, dass das Unternehmen auf Dauer nicht lebensfähig ist, weil es nicht (schnell genug) aus den auftretenden Problemen lernt.[142] Bei der Maßnahmenverfolgung können sich z. B. folgende Probleme (ohne Verlängerung oder Eskalation) zeigen:

- Die Erledigungsmeldungen der Fachbereiche werden nicht unaufgefordert zugesandt, sondern müssen von den Revisoren mühsam und zeitaufwendig angefordert und eingetrieben werden. Die Revision begibt sich in eine Verfolgerrolle, um von den Fachbereichen Informationen zu erhalten.
- Der Fachbereich begeht regelmäßig formale Fehler (z. B. wurde die Bereichsleitung im Fachbereich nicht als Kopie-Empfänger gelistet, die Meldung wird nicht dem korrekten Empfänger in der Revision zugeleitet).
- Die Erledigungsmeldung enthält keine klare Aussage, ob der Fachbereich selbst die Maßnahme als erledigt betrachtet, sondern z. B. nur seitenlange Beschreibungen unternommener oder geplanter Aktivitäten.
- Die effiziente Kontrolle der Erledigung wird durch ein Übermaß oder das vollständige Fehlen von überprüfbaren Belegen oder Nachweisen erschwert.
- Der Fachbereich baut gegenüber den Revisoren Druck auf, damit diese die Erledigung vorschnell bestätigen.
- Es kommt zu Diskussionen zwischen Revision und Fachbereich, da letzterer die Schwächen des Follow-up-Prozesses als Machtmittel ausnutzt. Z. B. wird der Sinn noch unerledigter Maßnahmen zum Ende der Erledigungsfrist unversehens wieder grundsätzlich infrage gestellt.

142 Vgl. Haferkorn, Petra: Systemische Prüfungen, S. 104.

- Der Fachbereich reduziert in seiner Rückmeldung den Umfang der ursprünglichen Maßnahme. Es kommt mehr oder weniger versteckt zu nur formalen, teilweisen, aber keinen materiellen Erledigungen und zu plötzlichen Umdeutungen und „Missverständnissen" durch das Sezieren des geschriebenen Wortes.

6.1.3 Wie kann die Erfolgswahrscheinlichkeit erhöht werden?

▶ Mit Widerstand gegen nachhaltige Veränderungen rechnen

Nachhaltige, evolutionäre Veränderungen erfolgen immer in drei Stufen: Variation, Selektion und Retention.[143] Mit der Variation entstehen neue Verfahrensweisen, unter denen eine ausgewählt wird (Selektion). Nach der Wahl erfolgt die Retention, d. h. die Stabilisierung durch Wiederholung. Denn nur das, was laufend wiederholt und immer wieder aufs Neue realisiert wird, wird dauerhaft beibehalten.[144] Auch für die Erledigung von Maßnahmen genügt sehr selten eine einmalige Aktivität des Fachbereichs. Jeder Revisor weiß, dass für den langfristigen Erfolg die Beibehaltung dieser Aktivität das Entscheidende ist.[145] Die dauerhafte Erledigung einer Maßnahme kommt einer Veränderung, einem Change, im Unternehmen gleich. Während etwas bislang auf eine bestimmte Art und Weise – oder vielleicht auch noch gar nicht – erledigt wurde, soll es ab jetzt von innen heraus dauerhaft anders – bzw. neu – erfolgen. Um in der Organisation also für einen nachhaltigen Change bzw. für Lernen zu sorgen, muss die Revision darauf achten, dass neue oder geänderte Prozesse und Handlungen dauerhaft wiederholt werden. So tut die Revision z. B. gut daran, bei wiederholten Mängeln oder nicht erledigtem Follow-up die Wesentlichkeit der Maßnahme in die nächsthöhere Kategorie einzustufen.

Dass nachhaltige Veränderungen – wie jeder Change – nicht auf Gegenliebe, sondern Widerstand stoßen, ist nicht verwunderlich. Offener oder verdeckter Widerstand ist bei Veränderungen an der Tagesordnung und entspricht einer vollkommen normalen Reaktion, wenn man die eigenen Interessen bedroht sieht.[146] Oft zeigt er sich auch nicht sofort – es wird erst einmal nach dem Motto abgewartet: Keine Suppe wird so heiß gegessen, wie sie gekocht wird. Aus diesem Grund seien Sie nicht verwundert, wenn nun aus dem Nichts Widerstand erkennbar wird. Betrachten Sie dies als wertvollen Hinweis, die Gespräche und den Kontakt mit dem Fachbereich weiter aufrechtzuerhalten bzw. zu vertiefen. Die Maßnahmenverfolgung bietet Ihnen gleichzeitig die Gelegenheit, an interessanten Themen dranzubleiben.

---

[143] Vgl. Simon, Fritz B.: Einführung in Systemtheorie und Konstruktivismus, S. 83–84.

[144] Vgl. Simon, Fritz B.: Einführung in die systemische Organisationstheorie, S. 16.

[145] Vgl. Haferkorn, Petra: Systemische Prüfungen, S. 107–108.

[146] Vgl. Doppler, Klaus: Über Helden und Weise, S. 11–12.

► Aufbau von Druck bei gleichzeitig vertrauensvoller Zusammenarbeit
Wenn Sie den Anregungen dieses Buches bisher gefolgt sind, haben Sie die Wahrscheinlichkeit für eine funktionierende Maßnahmenverfolgung bereits erhöht. Zusätzlich erfordern nachhaltige Verbesserungen einen gewissen Druck, da Zugesagtes sonst je nach Unternehmenskultur (oft) nicht erledigt wird und es sich schnell herumspräche, dass Nichterledigung als vertretbare Alternative in die persönliche Entscheidungsfindung mit einbezogen werden kann. Damit hätten nicht nur die vereinbarten Maßnahmen, sondern die Prüfung ihren Sinn verloren. Eines der wichtigsten (manchmal allerdings nur unbewusst verwendeten) Steuerungs- und Führungsinstrumente innerhalb von Organisationen ist die Fokussierung der Aufmerksamkeit und damit die Steuerung der Beobachtung der Organisation.[147] Nehmen Sie bewusst die Kosten in Kauf, unkooperative Gesprächspartner disziplinieren zu lassen. Wegsehen ist nicht erlaubt. Eine Revision, die wegsieht oder alles schönredet, macht sich lächerlich und wird zu einem zahnlosen Tiger.

Missstände anzusprechen und Sanktionen in der Hinterhand zu haben, ist für die Interne Revision bereits bei jeglicher Form von schleppender Zusammenarbeit vonseiten der Fachbereiche notwendig – insbesondere bei „kreativen" Erledigungsmeldungen und unkommentierten Fristüberschreitungen im Follow-up. Das ist kein einfaches Thema, da die Interne Revision an einer positiven und vertrauensvollen Zusammenarbeit und Kooperation interessiert ist.

Vertrauensvoll bedeutet insbesondere:

- Meinen, was man sagt.
- Nicht lange erklären, wie vertrauensvoll und vertrauenswürdig man selbst ist, sondern das entsprechende Verhalten dauerhaft und konsistent zeigen.
- Verlässlich handeln – so, wie man es angekündigt und versprochen hat.

Vertrauensvolle Zusammenarbeit bedeutet nicht, dass die Interne Revision regelmäßig den Kürzeren zieht und sich gezwungen sieht, nachzugeben. Es gilt, eine gute Balance zwischen Vertrauen und Sanktionen zu erreichen. Unser Ziel sollte sein, den Fachbereich dazu zu bringen, sich „freiwillig" möglichst so zu entscheiden, wie wir es möchten; denn Sanktionen tatsächlich vollziehen zu müssen, ist immer ein Zeichen der Machtlosigkeit.[148] „Auch heftigstes schmerzliches Feedback muss niemand dazu veranlassen, die als gültig gehandelten Regelungen zu befolgen, ebenso kann sich jemand gegen noch so belohnendes Feedback abgrenzen."[149]

Mit der „Tit for Tat"-Strategie, wie sie Reinhard K. Sprenger in seinem Buch „Vertrauen führt" beschreibt, kann Vertrauen unter dem Strich mehr Gewinn als Verlust

[147] Vgl. Simon, Fritz B.: Einführung in die systemische Organisationstheorie, S. 115–116.
[148] Vgl. Simon, Fritz B., Einführung in die systemische Organisationstheorie, S. 89.
[149] Schmidt, Gunther: Einführung in die hypnosystemische Therapie und Beratung, S. 56–57.

ergeben:[150] Hier bietet eine Partei (die Revision) – der anderen Partei (dem Fachbereich) – immer zuerst Kooperation und Vertrauen an. Bestätigt der Fachbereich dieses Vertrauen, beantwortet die Revision dies ihrerseits mit Vertrauen. Auf diese Weise ist gemeinsam ein höherer Nutzen zu erzielen, als wenn sich Fachbereich und Revision gegenseitig ausspielen. Verhält sich der Fachbereich plötzlich unkooperativ, missbraucht er das in ihn gesetzte Vertrauen zu seinem Vorteil, reagiert die Revision mit Abbruch der Kooperation und entzieht ihm mit aller Entschiedenheit und Klarheit das Vertrauen. Nach angemessener Zeit erneuert die Revision aber ihr Vertrauensangebot wieder und gibt dem Fachbereich die Möglichkeit, dies wiederum zu honorieren und seinen vorherigen Vertrauensbruch wiedergutzumachen. Der Fachbereich konnte Erfahrung sammeln und erhält nun die Chance, aus diesen Erfahrungen zu lernen. Die Revision sollte dieses Angebot nur noch einmal, jedoch kein drittes Mal mehr machen. Denn auch eine offene, klare Konfrontation kann Vertrauen schaffen, da sie berechenbar macht. Harmoniesucht und fehlende Sanktionsmöglichkeiten schwächen die Revision. Die Regeln lassen sich demnach folgendermaßen zusammenfassen:[151]

- Kooperieren Sie! Bieten Sie immer zunächst Kooperation an!
- Wenn die Kooperation erwidert wird, stellen Sie das Vertrauen auf Dauer! Wenn nicht kooperiert wird, bestrafen Sie sofort und unnachsichtig!
- Machen Sie nach einer gewissen Zeit wieder ein Vertrauensangebot!

Dies gilt übrigens nicht nur für eine holprige Maßnahmenerledigung, sondern ganz generell. Ein Unternehmen funktioniert nur auf Basis von Regeln und Kooperation. Falls sich ein Mitglied nicht an die Vereinbarungen hält, muss es Mittel geben, dies zu sanktionieren. Selbstverständlich würde die Interne Revision eine sofortige und unnachsichtige Bestrafung nicht selbst durchführen, sondern lediglich darauf hinwirken, dass sie erfolgt. Sei es durch Empfehlungen im Bericht oder durch konsequente Transparenz im Follow-up-Reporting oder Gespräche mit dem Vorstand.

► Das Konzept von Hol- und Bringschuld etablieren
Wie Sie wissen, hat die Interne Revision die fristgerechte Beseitigung der in Prüfungen festgestellten Mängel zu überwachen. Zu diesem Zweck von sich aus auf die Fachbereiche zuzugehen, den aktuellen Stand in Erfahrung zu bringen, sich die Informationen also zu „holen", hätte die folgenden Nachteile: Erstens wäre der Zeitaufwand dafür zu hoch. Zweitens erschiene dies, als seien die Fachbereiche einem geringeren Druck ausgesetzt, die Maßnahmen zu erledigen, als die Revision, diese Erledigung zu melden. Natürlich sollte derjenige den größeren Druck verspüren, der für die Erledigung tatsächlich zuständig ist, also die Fachbereiche, oder besser noch, die zuständigen Fachvorstände. Um dies zu gewährleisten, sollte die Erledigungs-

[150] Vgl. Sprenger, Reinhard K.: VERTRAUEN FÜHRT, S. 170–171.
[151] Sprenger, Reinhard K.: VERTRAUEN FÜHRT, S. 171.

meldung als **Bringschuld** des Fachbereichs etabliert werden. D. h., nicht die Revision holt für ihr Reporting die Informationen (was bei einer **Holschuld** der Fall wäre), sondern der Fachbereich bringt die Information unaufgefordert. Liefert er sie nicht, geht die Revision grundsätzlich davon aus, dass die Maßnahme noch nicht erledigt wurde. Das ist die Grundhaltung. Selbstverständlich ist die Revision auf kollegialer Ebene bereit, den Fachbereich zu erinnern.

► Das Lernen der Organisation mittels Klarheit und einheitlicher Reaktion lenken
Je klarer die formalen und inhaltlichen Anforderungen an eine Erledigungsmeldung sowie ihr Prozess formuliert sind, umso eindeutiger kann letzterer gelebt und im Unternehmen manifestiert werden. Die **formalen** Kriterien variieren von Revision zu Revision, sollten aber möglichst dafür sorgen, dass der Fachbereichsleiter später nicht behaupten kann, er hätte von nichts gewusst. Aus diesem Grund werden viele Antworten nur dann als „offiziell" vom Fachbereich abgegeben, wenn der jeweilige Bereichsleiter davon Kenntnis hatte, also z. B. als Kopie-Empfänger der Erledigungsmeldung gelistet wurde. Bezüglich des **Inhalts** muss die Erledigungsmeldung klare und eindeutige Aussagen des Fachbereichs zum Umsetzungsstatus enthalten: Erstens, dass der Fachbereich die festgestellten Mängel nachhaltig behoben hat, und zweitens, womit er dies belegt. Dies dient dazu, der Revision wertvolle Zeit zu sparen und den Erledigungsdruck beim Fachbereich zu belassen.

Je einheitlicher, klarer und eindeutiger die Revision auf unzureichende Erledigungsmeldungen reagiert, umso besser, da die Berechenbarkeit in diesem Fall auch ein umso berechenbareres Verhalten der Fachbereiche nach sich ziehen wird. Das schafft beobachtbare Erfahrungswerte im Unternehmen, denn jede Wiederholung bestehender Verhaltens- und Kommunikationsmuster im Unternehmen bestätigt die Handlungsmuster und damit das Wissen der Organisation – also auch das der Fachbereiche.[152] Das Gute, aber auch das Fatale ist, dass die Organisation durch jede Handlung und jedes Verhalten lernt und ihre Kultur ausbildet. Die Interne Revision muss sich dessen bewusst sein, dass ihre Interaktion mit den geprüften Fachbereichen einen gegenseitigen Lernprozess darstellt. Jeder lernt den anderen einzuschätzen und dessen Reaktionen abzuschätzen. Lernt der Fachbereich z. B., dass er sich nur vehement genug über bestimmte Maßnahmen beschweren muss, damit diese zurückgezogen oder angepasst werden, wird er diese Strategie zukünftig verstärkt einsetzen. Sie führt ja zum Erfolg. Lernt der Fachbereich hingegen, dass auch eine vehemente Beschwerde nichts an seiner Lage ändert, wird er seine Ressourcen weniger in Diskussionen und mehr in Lösungen stecken. So wie Sie als Revisor im Fachbereich Ihre Pappenheimer kennen, weiß man dort auch, welche Revisoren ein erratisches oder nachgebendes Verhalten zeigen. Diese Kollegen werden öfter Protesten ausgesetzt sein als solche, die konsequent die Bringschuld einfordern. Beobachten Sie also, ob der Fachbereich Ihnen gegenüber mehr oder weniger Druck aufbaut als gegenüber

152 Vgl. Simon, Fritz B.: Einführung in die systemische Organisationstheorie, S. 62–63.

Ihren Kollegen. Je konsequenter Sie in der Vergangenheit handelten, umso berechenbarer sind Sie für die Fachbereiche. Selbstverständlich werden diese von Zeit zu Zeit trotzdem überprüfen, ob Beschwerden immer noch unnütz sind.

▶ Der Unterschied zwischen einer rein formalen und einer materiellen Erledigung
Bei einer rein formalen Erledigung, hält sich der Fachbereich buchstabengetreu an den Wortlaut der Maßnahme. Er erstellt z. B. wie vereinbart eine neue Arbeitsanweisung, veröffentlicht diese jedoch nicht, da dies nicht explizit vereinbart war, und verlangt dennoch von der Revision, die Maßnahme als erledigt zu werten. Was Sie jedoch erreichen wollten, ist eine neue Arbeitsanweisung, an die sich die betroffenen Mitarbeiter auch tatsächlich halten, also die materielle und nachhaltige Umsetzung der Maßnahme und nicht nur eine formelle Aktion des Fachbereichs. Sie sollte eine nachhaltige Änderung ergeben, die auch zukünftig wiederholt und dauerhaft angewandt wird. Denn nur dann wird sie zu einer nachhaltigen Verbesserung führen. Dies macht es so wichtig, nur rein formale Erledigungen frühzeitig zu erkennen und auf materielle Erledigungen zu drängen.

6.1.4 Reaktionsmöglichkeiten für auftretende Phänomene

▶ Beispiel: Der Fachbereich bittet um Erläuterung der Maßnahme
Kurz vor Erledigungstermin (also viel zu spät) fragt der Fachbereich bei Ihnen nach, was er eigentlich tun soll.
FB: „Wegen Maßnahme X. Was soll ich da tun? Ich verstehe das nicht (mehr).“

Reflektieren Sie die vergangenen Gespräche und die damalige Maßnahmenvereinbarung. Hatte der Gesprächspartner die Maßnahme in seinen Worten formuliert? War die Art und Weise der Erledigung sein Vorschlag? War er wirklich einverstanden, oder haben Sie ihm die Maßnahme aufgezwungen? Fragen Sie sich also, ob auf Ihrer Seite Verbesserungsmöglichkeiten bestehen. Nehmen Sie aber bitte nicht automatisch alle Schuld auf sich, denn bei der Interaktion zwischen Revision und Fachbereich treten oft Phänomene auf, die nichts mit Ihrer Person, Ihrer Arbeit oder Ihrem Verhalten zu tun haben, sondern mit der generellen Machtverteilung und dem Ansehen der Revision in Ihrem Unternehmen.

Bei der Maßnahmenverfolgung kann es durchaus vorkommen, dass der Fachbereich versucht, durch Taktieren, Täuschungsmanöver, Lügen, Intrigen und Geklüngel Zeit zu gewinnen oder sich ganz aus der Affäre zu ziehen. Das lässt sich nicht verhindern. Zeigen Sie auf menschlicher Ebene dafür Verständnis, zumindest für die harmloseren der aufgezählten Varianten, und überlegen Sie sich, was Sie davon vielleicht sogar durchgehen lassen können. Selbstverständlich könnten Sie jetzt alles erneut erläutern. Aber wäre das zielführend? Würde der Fachbereich dann nicht zukünftig die gleiche Strategie verfolgen? Das gefährdet, wenn es öfter passiert, die zeitnahe Erledigung der Maßnahmen. Zu kontern: *„Das hatten wir doch damals ausführlich besprochen“*, wäre ebenfalls nicht zielführend. Unter Anwendung der „Tit for Tat“-

Strategie sollten Sie zeigen, dass Sie über die plötzlichen Verständnisschwierigkeiten nicht glücklich sind, aber dennoch freundlich die Maßnahme erläutern. Falls Sie sich an Einzelheiten der Vereinbarung erinnern können, verwenden Sie diese.
PL: „Na, dann habe ich aber einen gut bei Ihnen. Das war so-und-so. Da hatten Sie doch den-und-den Vorschlag." Oder, wenn Sie eine Taktik vermuten:
PL: „Ts, ts, ts. Das kostet. Treffen wir uns auf einen Kaffee? Sie geben einen aus, und ich erläutere Ihnen die Maßnahme?" Oder alternativ:
PL: „Ts, ts, ts. Diesmal erkläre ich es Ihnen noch so. Beim nächsten Mal geben Sie mir einen aus!"

Achtung: Bei Auswahl der letzten Variante müssen Sie das auch konsequent umsetzen, sonst signalisieren Sie, dass Ihre Aussagen nicht ernst zu nehmen sind.

► Beispiel: Fachbereich stellt die Maßnahmenvereinbarung nachträglich infrage
Im Follow-up behauptet der Fachbereich über eine ehemals akzeptierte Maßnahme:
FB: „Das hatten wir damals nie so vereinbart."
Sie werden sich wahrscheinlich sinngemäß denken: *„Hey, da kann ich mich aber selbst noch dran erinnern."* Oder *„Was fällt dem ein!"* Oder *„Der ist ja dreist."* Oder Ähnliches. Ich schlage vor, Sie bieten auch hier wieder Kooperation an, d. h. erklären die Maßnahme noch einmal, gehen anschließend auf die Metaebene und fragen nach Ideen, wie so eine Situation zukünftig zu vermeiden ist.
PL: „Herr X, das glaube ich zwar nicht, mich interessiert aber trotzdem, wie Sie darauf kommen."
FB: „Wenn ich so etwas vereinbart hätte, dann würde ich mich daran erinnern."
PL: „Wissen Sie, das spielt jetzt eigentlich [Abschwächer] *auch keine Rolle mehr. Die Maßnahme ist in Kraft getreten und zu erledigen."* [PAUSE]
PL: „Würde es Sie trotzdem interessieren, wie es dazu kam? Das haben wir bestimmt in unseren Unterlagen festgehalten, wer aus Ihrem Unternehmensbereich dieser Maßnahme zugestimmt hat."
Üblicherweise nimmt dies dem Gespräch unnötige Emotionen. Entweder will der Gesprächspartner, dass Sie das für Ihn recherchieren (vielleicht war er ja im Urlaub oder die Abstimmung wurde zu jemand anderem delegiert o.Ä.) oder er lässt die Sache auf sich beruhen und wollte nur seinem Ärger Luft machen. Ja, auch als Blitzableiter für hochkochende Emotionen sollten wir dienen können. Orientieren Sie sich an den fernöstlichen Kampfsportarten, um mit dieser Energie zielführend umzugehen.[153]

► Beispiel: Maßnahme mit Vorgänger vereinbart
In Zeiten hoher Fluktuation, d. h. häufigem Wechsel der betroffenen Personen im Fachbereich, ist es nicht unwahrscheinlich, dass Sie mit jemandem eine Maßnahme

153 Vgl. 3.3.4 Beispiel: Stresssituationen „entschleunigen" (allgemein).

vereinbart haben, der die betreffende Abteilung oder sogar das Unternehmen anschließend verlassen hat, und somit ein Nachfolger für die Umsetzung verantwortlich ist. Dieser ist hiervon nicht begeistert:
FB: „Ich musste diese Maßnahme von meinem Vorgänger übernehmen. Ich sage Ihnen, wenn ich damals schon hier gewesen wäre, hätte ich diese Maßnahme nie akzeptiert. Und ich akzeptiere sie auch jetzt nicht."
Wieso sollte der Nachfolger nicht versuchen, diese Maßnahme wegzudiskutieren? Er muss sich doch einarbeiten und hat sowieso schon viel zu tun.
PL: „Herr X, Sie haben Recht. Die Maßnahme wurde von Ihrem Vorgänger vereinbart. Jetzt ist sie nun einmal in Kraft getreten und zu erledigen."
Egal, was darauf erwidert wird – geben Sie diesem menschlich verständlichen, aber aussichtslosen Versuch der Arbeitsvermeidung auf keinen Fall nach! Erinnern Sie sich an den „Sprung in der Schallplatte" und wiederholen Sie Ihre obige Erwiderung. Erweitern Sie ggf. sein Wissen über Revisionsprozesse.
PL: „Herr X, es ist gar nicht so einfach, eine unerledigte Maßnahme aus der Welt zu schaffen. Wenn Sie dafür einen Gesamtvorstandsbeschluss erwirken und mir zuleiten, kann ich das einer Erledigungsmeldung gleichsetzen."

Damit dürfte die Diskussion aller Wahrscheinlichkeit nach beendet sein.

▶ Beispiel: Der Fachbereich drängt Sie, die Maßnahme zurückzuziehen
Was, wenn es in Ihrem Unternehmen Usus ist, zunächst Maßnahmen zu akzeptieren, um sie später abzulehnen, und auf die Revision Druck auszuüben, die Maßnahme zurückzuziehen oder zu schließen?

Auch wenn dies zweifelsohne eine schwierige Situation ist, so werden Sie solch einer destruktiven Praxis zumindest schnell gewahr werden. Und das ist bereits der erste Schritt zur Lösung. Auf den können Sie stolz sein. Als Nächstes sollten Sie die Revisionsleitlinien heranziehen. Überprüfen Sie, ob Sie sich auf diese stützen können, um dem Drängen ein Ende zu bereiten. Sollten die Revisionsleitlinien Sie in Ihrer Haltung nicht unterstützen, dann können Sie entweder versuchen, über Ihr konkretes Beispiel eine Anpassung der Leitlinien revisionsintern zu erwirken, oder sich selbst eigene Leitlinien setzen. Dazu können Sie mit den zuständigen Personen, dem Revisionsmanagement oder Ihren Revisionskollegen das Gespräch suchen und eine Veränderung anstoßen. Sollte dies (nicht schnell genug) funktionieren, definieren Sie Ihre eigenen Leitlinien, auf die Sie sich berufen. Revision ist Ihr Beruf und diesen Beruf üben Sie nach Ihrer Vorstellung aus – angelehnt an die IIA Standards und Ihre eigenen Wertmaßstäbe.

Wenn Sie in Diskussionen geraten, zitieren Sie entweder die Revisionsleitlinien, oder erzählen Sie von Ihren eigenen Wertmaßstäben. Z. B. können Sie erklären, dass Sie Ihrer persönlichen Überzeugung folgend Maßnahmen nur dann schließen, wenn Sie es ruhigen Gewissens tun können. Sprich, wenn Sie sich ausreichend vergewissert haben, dass die Maßnahme tatsächlich erledigt ist. Der Nachteil ist natürlich, dass Sie das jedes Mal wieder aufs Neue angehen müssen; zumindest solange es sich im Unternehmen noch nicht herumgesprochen hat, wie Sie Ihre Arbeit handhaben.

► Beispiel: Erledigungsmeldung erfolgt nicht unaufgefordert
Zum Erledigungstermin erhalten Sie unaufgefordert weder Erledigungsmeldungen noch Nachweise, obwohl im Fachbereich die gleichen Personen zuständig sind. Es ist vollkommen normal, dass in Ihnen Ärger aufkommt und innere Dialoge entstehen: *„Wie kann das sein?", „Das war doch vereinbart!", „Muss ich denen jetzt schon wieder hinterherlaufen?"*

Reflektieren Sie noch einmal den Prozess der **Maßnahmenvereinbarung**.[154] Lief dieser doch nicht so gut, wie Sie dachten? War die aufgebaute Arbeitsbeziehung doch nicht so belastbar? Bestand doch kein Einvernehmen? Haben Sie sich wirklich ein persönliches Versprechen (mit Blickkontakt) geben lassen? Haben Sie in Ihrer Haltung unmissverständlich zum Ausdruck gebracht, dass Sie keine späteren Zugeständnisse machen werden? Versäumnisse in diesen Punkten sind zu erwarten. Seien Sie versichert, dass sie mit zunehmender Erfahrung und bekannten Gesprächspartnern weniger werden.

Vielleicht liegt es aber auch an den nicht optimalen **Revisionsprozessen** und fehlenden Vorgaben von Hol- und Bringschuld. Wie ist das in Ihrem Unternehmen organisiert? Hätten Sie den Fachbereich rechtzeitig an die Erledigungstermine erinnern müssen, oder ist er verpflichtet, unaufgefordert zu liefern? Hat er dazu Zugriff auf die Follow-up-Datenbank oder erhält er regelmäßig Auszüge der offenen Termine? Auch darin können Probleme liegen.

Achtung: Falls Ihr direkter Vorgesetzter eine weniger konsequente und harte Linie als Sie vertritt, werden die Fachbereiche dies schnell entdecken. Dann werden sie, in der Hoffnung auf ein schnelles Einlenken der Revision, zunehmend Themen an Ihren Vorgesetzten eskalieren. Sollte dies der Regelfall werden, suchen Sie aktiv ein Gespräch mit Ihrem Chef. Es besteht die Gefahr, dass das Problem nicht stringenter Revisionsprozesse nun von Ihrem Chef zu Ihrem persönlichen Problem umgedeutet wird und in Ihre jährliche Beurteilung Einzug findet. Bauen Sie dem vor, indem Sie Ihrem Chef die Problematik, Ihre Werte und Ihre Haltung erläutern. Lenken Sie das Gespräch weg von Ihrer Person und hin zu den Revisionsprozessen. Nutzen Sie folgende Argumentationslinie: Grundsätzlich kann davon ausgegangen werden, dass die Fachbereiche die Maßnahme ordentlich erledigt haben. Hierdurch verfügt der Fachbereich über alle Informationen, welche Aktivitäten wie und wo für die Erledigung welcher Maßnahme ergriffen wurden. Diese Informationen können die Fachbereiche mit geringem Aufwand der Revision zur Verfügung stellen. Müsste die Revision die Informationen erneut recherchieren, könnte dies viel Zeit kosten und mangels Informationsgrundlage zu Irrtümern oder falschen Schlussfolgerungen füh-

[154] Vgl. Kapitel 4.2 Vereinbarung von Maßnahmen.

ren. Letztendlich würde dies unnötige Kosten verursachen und das Risiko vermeidbarer Fehlinformationen an Vorstand und Aufsichtsrat erhöhen. Daher ist eine Erledigungsmeldung als Bringschuld der Fachbereiche zu definieren.

Sollten die Revisionsprozesse an sich in Ordnung, aber der **Erledigungsdruck** im Fachbereich zu gering sein,[155] dann besprechen Sie das revisionsintern mit den dafür zuständigen Leuten und versuchen Sie so, Veränderungen anzustoßen.

▶ Beispiel: Geänderte Vorgehensweise – Maßnahme interessiert nicht mehr
Der Fachbereich behauptet in seiner „Erledigungsmeldung“, die jetzige Situation sei eine ganz andere als zum Zeitpunkt der Prüfung. Mittlerweile habe sich dieses und jenes geändert, deshalb sei die Maßnahme nicht mehr nötig und damit automatisch, ohne jegliche weitere Aktivität des Fachbereichs, erledigt.

Es ist durchaus möglich, dass die Maßnahme nun wirklich nicht mehr nötig ist. Allerdings kann dies auch eine der Standard-Taktiken darstellen, mit denen der Fachbereich noch zu diesem späten Zeitpunkt versucht, die Maßnahme zu umgehen. Überlegen Sie:

- Was war der Sachverhalt (Ist-Zustand, Soll-Zustand, Abweichung)?
- Was waren das ursprüngliche Ziel und der Zweck der Maßnahme?

Fragen Sie nach und überlegen Sie:

- Was genau ist jetzt anders (Ist-Zustand, Soll-Zustand, Abweichung) und welche Belege gibt es jeweils dafür?
- Wird hiermit das ursprüngliche Ziel der Maßnahme erreicht?

Sollte der Fachbereich argumentieren, dass das Ziel irrelevant sei oder sich verändert habe, fragen Sie ebenfalls nach:

- Aus welchem Grund ist das ursprüngliche Ziel verworfen worden?
- Wie lautet das neue Ziel und ist es sinnvoll?
- Wie wird das neue Ziel erreicht?

Lassen Sie sich jeweils gute Begründungen und Belege liefern. Sollten diese nicht ausreichen, informieren Sie die Gesprächspartner darüber, dass Sie die Maßnahme solange offenlassen, bis sie entweder erledigt wurde, oder ihre Hinfälligkeit ausreichend begründet und belegt wurde.

▶ Beispiel: Umgehungsversuche – trotz gegebener Versprechen
Legen Sie zukünftig besonders viel Wert auf die echte Vereinbarung von Maßnahmen. Dann verfügen Sie über den psychologischen Vorteil, dass Ihnen jemand die

---

155 Vgl. Kapitel 6.1.3 Aufbau eines gewissen Drucks bei gleichzeitig vertrauensvoller Zusammenarbeit.

Umsetzung zugesagt und persönlich versprochen hat. Dann ist es für denjenigen viel schwieriger, diese Vereinbarung später anzufechten.
Wenn der Gesprächspartner nun trotz Ihres schrittweisen Vorgehens die Dreistigkeit besitzt und Sie abblitzen lassen möchte, dann sprechen Sie dies an. Sehen Sie demjenigen tief in die Augen und sagen Sie mit fester Stimme:
PL: „Das hatten wir beide so nicht vereinbart."
PL: „Herr X, wir hatten uns doch damals über diese Maßnahme ausgetauscht." [PAUSE] *„Damals hatten wir in meiner Erinnerung* [= ein Missverständnis ist möglich] *über den Zweck der Maßnahme ein einheitliches Verständnis erzielt."*
Warten Sie und zeigen Sie Ihre Betroffenheit.
PL: „Damals war das ja so-und-so und aus den-und-den Gründen wollten Sie das Ziel Z erreichen. Haben Sie den Zweck durch etwas anderes erreicht?"
Falls ja, hätte er Sie trotzdem zeitnah informieren müssen. Lassen Sie Ihren Gesprächspartner nun etwas schwitzen. Wenn Sie es geschafft hatten, eine gute Arbeitsbeziehung zum Revisionspartner aufzubauen, sollte eine Entschuldigung oder zumindest eine Ausrede erfolgen. Geben Sie sich damit nicht zufrieden. Vereinbaren Sie eine Vorgehensweise für die Zukunft.
PL: „Herr X, da wir ja auch künftig noch öfter miteinander zu tun haben werden, möchte ich gerne mit Ihnen einen Weg finden, wie wir so eine Situation in Zukunft vermeiden können. Ist auch Ihnen daran gelegen?"
Ein Nein wäre jetzt sehr unwahrscheinlich; hier für alle Fälle auch diese Variante:
FB: „Nein."
PL: „In der Revision bestehen bestimmte Regeln, an die ich mich zu halten habe. Eine Revisionsmaßnahme entspricht formal einem Vorstandsbeschluss. Ich muss transparent machen, wenn ich im Follow-up bemerke, dass eine Maßnahme nicht materiell erledigt wurde. Das ist hier der Fall. In so einem Fall muss ich meine Führungskraft darüber informieren und benötige von Ihnen einen von Ihrem Bereichsleiter/Vorstand unterschriebenen Verlängerungsantrag für diese Maßnahme. Da dies für uns beide aufwendig ist, möchte ich das gerne vermeiden. Ich könnte mir vorstellen, dass auch Sie das gerne vermeiden möchten. Ist dem so?"
Jetzt können Sie mit einem *„Ja"* rechnen.
PL: „Sind Sie bereit, mit mir einen Weg zu suchen, der uns beiden so eine Situation in Zukunft – wenn möglich – erspart?"
Jetzt müsste das *„Ja"* kommen.
PL: „Wie, denken Sie, können wir in Zukunft so eine Situation vermeiden?"
Hören Sie sich an, was vorgeschlagen wird. Was genau, ist meist nicht entscheidend. Die Tatsache, dass Sie den Revisionspartner zur Rede gestellt und sich das nicht einfach gefallen lassen haben, genügt meist schon. Sie werden sehen: In Zukunft wird die Maßnahmenvereinbarung und das Follow-up mit dieser Person besser funktionieren. Denn nichts schweißt mehr zusammen als gemeinsam überstandene Probleme. Und hier hatten Sie beide ein gemeinsames Problem.

▶ Beispiel: Fachbereichsleiter nicht bei Erledigungsmeldung einbezogen
Sie erhalten die Erledigungsmeldung aus dem Fachbereich. Ihnen fällt auf, dass die dortigen Führungskräfte in die Erledigungsmeldung nicht einbezogen wurden.

Falls Ihr Revisionsprozess es nicht vorsieht, dass Abteilungs- oder Bereichsleiter eine Kopie der betreffenden Mail erhalten, sollten Sie spätestens dann, wenn zum ersten Mal eine Führungskraft aus dem Fachbereich behauptet, nicht informiert gewesen zu sein, diesen Fall nutzen, um eine generelle Regelung zu erwirken. Solange Ihnen das noch nicht gelungen ist, fragen Sie den Sachbearbeiter, ob er die Erledigungsmeldung mit seinen Führungskräften abgestimmt hat oder nicht. Lassen Sie ihn die erfolgte Abstimmung per Mail bestätigen oder fertigen Sie selbst eine Aktennotiz an. Diese können Sie dann bei Bedarf nutzen.

Falls der Revisionsprozess die Einbeziehung der Führungskräfte des Fachbereichs fordert, informieren Sie Ihren Gesprächspartner, dass die erforderlichen Formalien nicht eingehalten wurden.

PL: „Ich sehe, dass Sie Ihren Bereichsleiter nicht im cc der Mail gelistet haben."

PL: „Ohne Ihren Bereichsleiter im cc darf ich Ihre Mail nicht als ‚offiziell eingegangen' werten. Bitte schicken Sie sie mir erneut und diesmal mit Ihrem Bereichsleiter als Kopie-Empfänger."

▶ Beispiel: Der Fachbereich stößt an Grenzen
Besonders in Zeiten der Budget- und Ressourcenkürzungen kann es passieren, dass der Fachbereich zurückmeldet, er habe alles In-seiner-Macht-Stehende getan und sei vielleicht auch schon bis zu einem bestimmten Punkt fortgeschritten, komme jetzt aber aus Budget- oder Ressourcengründen nicht weiter. Sie möchten die Maßnahme doch bitte schließen, da sich keine weiteren Fortschritte erzielen ließen.
Das klingt knifflig, ist für Sie aber trotzdem kein Problem. Orientieren Sie sich wieder am Ziel der Maßnahme und fordern Sie einen Vorstandsbeschluss ein.
PL: „Das ist sehr bedauerlich. Die Maßnahme hatte das Ziel, das-und-das zu erreichen."
FB: „Ja, ich weiß. Es ist nun nur leider nicht möglich."
PL: „Ich kann eine Maßnahme nicht einfach schließen. Sehen Sie, ein Revisionsbericht ist einem Vorstandsbeschluss gleichzusetzen."
FB: „Das tut nichts zur Sache. Es ist mir trotzdem nicht möglich, noch weitere Schritte zu unternehmen."
PL: „In diesem Fall benötige ich einen Vorstandsbeschluss, dass diese Maßnahme nicht umzusetzen ist."
Der Fachbereich kann nun beim Vorstand die notwendigen Ressourcen anfordern oder um Schließung der Maßnahme bitten. Wenn Sie möchten, können Sie die Brücke für den gesichtswahrenden Ausweg gleich mitliefern:
PL: „In dem Vorstandsbeschluss müssen meines Wissens Alternativen und Auswirkungen dieser Alternativen genannt werden. Stellen Sie die Situation dem Vorstand

dar und lassen ihn entscheiden, Ihnen entweder zusätzliche Ressourcen zur Verfügung zu stellen oder die Nichtumsetzung der Maßnahme zu beschließen."
So bleibt die Bringschuld beim Fachbereich. Die Entscheidung und das Risiko der Auswirkungen bleiben ebenfalls beim Fachbereich bzw. zuständigen Vorstand.

▶ Beispiel: Sie erhalten eine übermäßige Menge an Unterlagen
Manchmal versucht der Fachbereich bei der Maßnahmenerledigung eine ähnliche Strategie anzuwenden wie während einer Prüfung: Sie werden mit Unterlagen geradezu erschlagen. Anstelle bestimmter Informationen erhalten Sie z. B. mehr als 80 Seiten Text – ohne Hinweis darauf, wo darin die Erledigung versteckt ist.
PL: „Herr X, vielen Dank für die Unterlagen. An welcher Stelle genau finde ich nun die Erledigung der Maßnahme? Bitte zeigen Sie sie mir."
Das funktioniert üblicherweise. Es kommt meiner Erfahrung nach nur sehr selten vor, dass der Fachbereich unwirsch reagiert.
FB: „Suchen Sie sich das doch selbst raus."
Meist ist das betreffende Dokument dann der angesprochenen Person nicht bekannt. Lassen Sie sich davon nicht irritieren und fragen weiter nach.
PL: „Soweit ich verstanden habe, ist dieses Dokument Ihre Arbeitsanweisung/Dokumentation/eine von Ihrer Abteilung erstellte Analyse. Richtig?"
Darauf wird wohl ein „Ja" erfolgen.
PL: „Ich gehe davon aus, dass Sie diese Unterlage besser kennen als ich. Bitte weisen Sie mich auf die Stelle hin, an der ich die Antwort zu meiner Frage finde. Seite und Abschnitt genügen."
Spätestens jetzt gibt es für den Gesprächspartner keine Ausflüchte mehr, da Sie sonst in Ihr Follow-up aufnehmen müssten, dass dem Revisionspartner seine Arbeitsanweisung/Dokumentation/Analyse nicht ausreichend bekannt ist. Sollte jetzt doch noch eine Gegenreaktion kommen, machen Sie diese Tatsache transparent.
PL: „Wenn Sie mir die Stelle nicht zeigen könnten, müsste ich davon ausgehen, dass Sie Ihre Arbeitsanweisung nicht ausreichend kennen. Das würde im Follow-up-Reporting keinen guten Eindruck hinterlassen." [PAUSE]
Der Konjunktiv eignet sich hier hervorragend, denn damit bauen Sie eine Brücke, um Ihrem Gesprächspartner einen gesichtswahrenden Ausweg zu lassen.
PL: „Sie können das gerne in Ruhe heraussuchen. Ich habe jetzt gleich einen Termin. Rufen Sie mich doch heute Nachmittag um 15 Uhr noch einmal an. Danke."
Jetzt kann Ihr Gesprächspartner entweder in Ruhe suchen oder einen Kollegen fragen und so tun, als hätte er es die ganze Zeit gewusst. Der praktische Nebeneffekt: Durch die Suchaktion setzt er sich mit seiner eigenen Dokumentation oder Analyse oder Arbeitsanweisung auseinander.

▶ Beispiel: Sie erhalten vage Rückmeldungen
Fordern Sie bei nebulösen Rückmeldungen Konkretisierungen und klare Aussagen an. So, dass es für einen Sachverständigen Dritten nachvollziehbar ist.
PL: „Herr X, bitte konkretisieren Sie Ihre Rückmeldung."
PL: „So ist das nicht nachvollziehbar." [= allgemeine Aussage im Passiv]

PL: „So kann ich das nicht nachvollziehen.“ [= die Sache auf sich beziehen]
Letzteres birgt allerdings die Gefahr von Retourkutschen. Wägen Sie also genau ab, wem gegenüber Sie welche Formulierung verwenden.
FB: „Jetzt stellen Sie sich doch nicht so an.“ Oder
FB: „Das bestätigt nur Ihre Inkompetenz.“
PL: „Ihre Rückmeldung muss für einen Sachverständigen Dritten nachvollziehbar sein. Dieses Kriterium ist nicht erfüllt. Bitte konkretisieren Sie Ihre Rückmeldung.“
FB: „Dafür habe ich keine Zeit.“
Erinnern Sie sich daran, dass Sie trotz aller Kooperationsbereitschaft klare Grenzen ziehen müssen und beim Follow-up am längeren Hebel sitzen.
PL: „Wenn Sie diese Konkretisierung nicht vornehmen, kann ich die Maßnahme nicht als erledigt betrachten. Ich nehme an, dies wäre nicht in Ihrem Interesse.“
Wahrscheinlich wird sich der Revisionspartner nun doch die Zeit nehmen, die Antwort zu konkretisieren.

▶ Beispiel: Der Fachbereich versucht, Sie unter Zeitdruck zu setzen
Es kann passieren, dass jemand aus dem Fachbereich versucht, Sie unter Zeitdruck zu setzen. Dann erhalten Sie z. B. mit der Erledigungsmeldung einen Telefonanruf und bekommen zu hören, dass Sie sofort zustimmen müssten; vielleicht garniert mit einer Drohung, was sonst alles passieren würde, oder mit Anschuldigungen der Inkompetenz.
FB: „Sind Sie bald mal fertig? Ich benötige Ihr O.K. auf der Stelle!/in den nächsten fünf Minuten!“
Durch den Zeitdruck versucht man ggf. zu verhindern, dass Sie die Erledigungsmeldung überprüfen. Sobald Sie diese Strategie durchschauen, fragen Sie nach dem Grund der Dringlichkeit. Üblicherweise wird revisionsintern eine Zeitspanne von ein bis zwei Wochen zur Überprüfung der Erledigungsmeldung gewährt.
PL: „Was macht die Sache für Sie so eilig?“
Hören Sie sich den Grund an.
FB: „Weil ich das heute noch abschließen will.“
PL: „Aus welchem Grund ginge das nicht auch morgen?“
FB: „Ab morgen bin ich für drei Wochen im Urlaub.“ (Fall 1) Oder
FB: „Weil ich heute Abend unser internes Reporting an den Vorstand verschicken muss. Darin brauche ich Ihre Aussage, ob die Maßnahme erledigt ist.“ (Fall 2)
In beiden Fällen sollten Sie zunächst anmerken, dass Sie dieses Anliegen zwar gerne unterstützen, aber solch zeitkritische Anfragen zukünftig zu avisieren sind.
PL: „Sie wissen, dass die Revision eine kollegiale Zusammenarbeit mit den Fachbereichen wünscht. Selbstverständlich unterstütze ich, diesem Wunsch folgend, grundsätzlich gerne solche zeitkritischen Anfragen. Zur kollegialen Zusammenarbeit gehört jedoch auch, dass Sie mir solche Anfragen avisieren. Bitte avisieren Sie mir zukünftig zeitkritische Anfragen.“

▷ Fall 1: künstlicher Zeitdruck

Falls Sie den Eindruck haben, dass ein künstlicher Zeitdruck geschaffen wurde, um die Tiefe und Qualität Ihrer Prüfungshandlungen zu reduzieren, blocken Sie ab.

PL: „Dass Sie morgen in Urlaub gehen, mir das erst heute am späten Nachmittag mitteilen und mich unter Druck setzen, kann ich so nicht akzeptieren." [PAUSE]

PL: „Sie haben doch sicherlich einen Vertreter, der dies übernehmen kann?"

Hiermit deuten Sie an, dass sonst die gültige Vertreterregelung nicht eingehalten wäre. Wenn Ihr Gesprächspartner nun mit NEIN antworten würde, dann könnten Sie diesen Weg verfolgen. Jedes Unternehmen muss sich, um sein Fortbestehen zu sichern, von den handelnden Personen unabhängig machen. Mit hoher Wahrscheinlichkeit werden Sie nun also den Namen des Vertreters erfahren, mit dem Sie die Erledigungsmeldung in den folgenden Tagen in Ruhe besprechen können.

▷ Fall 2: echter Zeitdruck (z. B. dringendes Vorstandsreporting)

Wenn Sie den Eindruck haben, dass echter Zeitdruck besteht, und es vielleicht für Ihren Gesprächspartner nur „dumm gelaufen" ist, dann können Sie ihm, falls möglich, entgegenkommen. Dann sollte aber jede Information, die Sie hierfür benötigen, mundgerecht auf dem Silbertablett gereicht werden.

PL: „Herr X, ich werde sehen, was ich machen kann." [PAUSE] *„Je besser die Qualität der eingereichten Unterlagen, umso schneller wird es gehen. Ggf. werde ich noch weitere Unterlagen benötigen. Stehen Sie mir in der nächsten Stunde für Rückfragen zur Verfügung?"*

Falls es Ihnen nicht möglich ist, die Erledigungsmeldung zeitnah zu beantworten, informieren Sie Ihren Gesprächspartner darüber.

PL: „Es tut mir leid, aber mit so einer geringen Vorlauffrist ist es mir nicht möglich, die Erledigungsmeldung so kurzfristig zu bearbeiten."

▶ Beispiel: Getarnte Nichterledigung/Unverständliche Analysen/Maßnahme nur formal, nicht aber materiell umgesetzt

Als Sie sich die Erledigungsmeldung inklusive Erläuterung durchlesen, erkennen Sie, dass der Fachbereich etwas zu Papier gebracht hat, das schlau aussieht (z. B. ist es mit Formeln gespickt oder ist unverständlich geschrieben), aber kein Fazit enthält. Sie verstehen die Unterlage oder die Begründung nicht und bezweifeln, dass das Ziel der Maßnahme materiell erreicht wird.

Es wäre fatal, wenn Sie nun dieses fehlende Verständnis allein auf Ihr eigenes Unvermögen beziehen würden. Vielleicht tut der Fachbereich ja auch nur so schlau, schreibt viele komplizierte Formeln auf und meint, er kann dadurch eine Erledigung der Maßnahme erreichen. Bitten Sie um klare Aussagen zur Erledigung inklusive Erläuterung, aus welchen Gründen er dieser Ansicht ist.

PL: „Herr X, ich habe Ihre Erledigungsmeldung erhalten. Bitte erläutern Sie mir diese Rückmeldung."

FB: „Das ist doch nicht nötig. Da steht doch alles drin!"

PL: „Das mag sein. Bitte erläutern Sie es mir trotzdem Schritt für Schritt."

Klopfen Sie die Annahmen und die Schlussfolgerungen ab. Bilden Sie sich ein Urteil über die Vorgehensweise. Sollten Sie erkennen, dass es sich nur um heiße Luft bzw. bedrucktes Papier handelt, ohne dass etwas dahinter ist, ziehen Sie die Konsequenzen und lassen die Maßnahme weiterhin offen.

▶ Beispiel: Rückmeldung als Beschreibung – nicht als Erledigung
Sie stellen fest, Sie haben vom Fachbereich eine Beschreibung der Aktivitäten erhalten und ggf. Informationen, wie dabei vorgegangen wurde. Das ist ja ganz schön und gut, aber da fehlt etwas Entscheidendes: die Schlussfolgerung bzw. die konkrete Aussage: *„Damit betrachten wir die Maßnahme als erledigt".* In diesem Fall hätte der Fachbereich gerne, dass Sie für ihn eine Entscheidung treffen, ob die entfalteten Aktivitäten zur Schließung der Maßnahme genügen oder nicht. Damit wird gleichzeitig versucht, der Internen Revision die Risiken aus einer Fehlentscheidung zu übertragen. Bitten Sie den Fachbereich um eine konkrete Aussage.
PL: „Herr X, Sie haben mir zur Maßnahme M eine Rückmeldung geschickt. Aus dieser Rückmeldung geht Ihre Einschätzung der Erledigung nicht hervor. Bitte holen Sie das schriftlich nach."
Klar hört sich das jetzt so an, als würde die Revision wieder einmal Erbsen zählen. Aber stimmt das? Üblicherweise treten solche beschreibenden Rückmeldungen ohne klare Aussage genau dann auf, wenn es um heikle Dinge geht, oder um Themen die nicht richtig greifbar sind. Es ist und bleibt die Aufgabe des Fachbereichs, Entscheidungen zu treffen. Die Revision bildet sich anschließend eine eigene Meinung. Nehmen Sie dem Fachbereich seine Entscheidung nicht ab – so gern Sie dies auch tun möchten. Es ist Sache des Fachbereichs, das Risiko selbst zu tragen.

▶ Beispiel: Die Aktivität des Fachbereichs erfüllt nicht das Ziel der Maßnahme
Sie lesen sich die Erledigungsmeldung inklusive Erläuterung durch und stellen fest: Es wurde nicht das umgesetzt, was Sie vereinbart hatten.
So nett Sie auch sein wollen und so kollegial Sie sich verhalten wollen: Es hilft nichts. Geben Sie eine klare und eindeutige Rückmeldung.
PL: „Die beschriebenen Aktivitäten erfüllen nicht das Ziel der Maßnahme."
Erläutern Sie dies kurz und fordern Sie die kurzfristige Erledigung der Maßnahme.
PL: „Solange die Maßnahme nicht erledigt ist, wird Sie in unserem Reporting als offen und überfällig gezeigt." Oder
PL: „Um den Erledigungstermin der Maßnahme zu verlängern, benötige ich einen Verlängerungsantrag. Solange dem nicht kompetenzgerecht zugestimmt wurde, wird die Maßnahme in unserem Reporting als offen und überfällig gezeigt."

▶ Beispiel: Getarnte Teilerledigung mit dem Versuch, zu feilschen
Ganz ähnlich zu obigem Beispiel der schlechten Erledigungsqualität verhält es sich, wenn der Fachbereich versucht, mit einer Teilerledigung durchzukommen. Die Erledigung ist für einen Teilbereich qualitativ sehr gut, nur wurden leider andere entscheidende Teilbereiche übersehen oder weggelassen. Sprechen Sie den Fachbereich klar und deutlich darauf an.

PL: „Herr X, wir hatten uns darauf geeinigt, dass das Ziel der Maßnahme ist, Z zu erreichen. Aus Ihrer Erledigungsmeldung geht hervor, dass Sie nur Teile des Ziels erreichen. C und D ist nicht in Ihrer Rückmeldung enthalten. Ich kann die Maßnahme nicht als erledigt betrachten."
FB: „Ach seien Sie doch nicht so kleinkariert. Ich habe schließlich was gemacht!"
PL: „Ja, Herr X, ich habe gesehen, dass Sie A und B gemacht haben. Das deckt jedoch nur Teile der Maßnahme ab. Das Ziel der Maßnahme ist, Z (=A+B+C+D) zu erreichen. Da das nicht erreicht ist, kann ich die Maßnahme nicht als erledigt betrachten."
Falls der Fachbereich nun versucht, mit Ihnen zu feilschen, ist das eine Strategie, der viele Revisoren erliegen, da man uns oft die Notwendigkeit kollegialer Zusammenarbeit eingebläut hat. Gerade Frauen glauben oft: *„Wenn ich denen jetzt entgegenkomme, müssen die mir später auch entgegenkommen."* Sorry. So funktioniert das vielleicht im familiären Umfeld, aber nicht im Berufsleben. Wenn Sie dieses Verhalten zeigen, dann signalisieren Sie dem Fachbereich nicht Ihre Kompromissbereitschaft, sondern Ihre Schwäche. Bedenken Sie: Jedes Mal, wenn Sie ein Stück von Ihrer ursprünglichen Forderung zurückweichen, verlieren Sie ein Stück an Glaubwürdigkeit. Die Geschäftswelt funktioniert so nicht. Da gelten andere Regeln. Die Schwäche des inhaltlichen Entgegenkommens wird sofort und gnadenlos ausgenutzt werden. D. h., es wird nicht bei einem Mal bleiben, sondern sich immer wieder und wieder wiederholen. Dabei entfernen Sie sich scheibchenweise und Stück für Stück vom ursprünglichen Ziel Ihrer Maßnahme. Erst kommt nur Stückwerk, dann nur ein „Quick Fix" oder eine Näherungslösung, dann bittet man Sie, ein Auge zuzudrücken, den Termin zu verlängern und später von der Verlängerung über den Vorstand noch etwas abzusehen, weil man ja gleich fertig würde, oder schon mal die Erledigung zu bestätigen, schließlich fehle ja nur noch eine Formalie.

Soll man es da dem Revisionspartner verdenken, dass er es versucht, wo es doch so gut klappt? Wir würden ja an seiner Stelle wahrscheinlich ähnlich handeln. Bedenken Sie auch die Auswirkungen von einem regelmäßigen Entgegenkommen. Der Fachbereich beobachtet Ihre Reaktion. Es wird sich unter den Fachbereichen bald herumsprechen, dass man mit Ihrem Entgegenkommen rechnen kann. Man kann es den Fachbereichen nicht verdenken, dass sie diese optimale Lösungsstrategie für ungeliebte Maßnahmen dann wieder und wieder bei Ihnen anzuwenden versuchen.

Wenn Sie allerdings bei Ihren Forderungen bleiben, dann wirkt die laufende Beobachtung durch den Fachbereich ebenfalls. Es wird sich herumsprechen, dass Sie nicht gleich nachgeben. Und dann wird der Fachbereich es bei Ihnen auch nicht mehr so penetrant versuchen.

► Beispiel: Ein unmoralisches Angebot
Es gibt auch den Fall, dass die Fachbereiche versuchen, mit der Revision gemeinsame Sache im Sinne geringerer Arbeitsbelastung zu machen. Dann erhalten Sie das unmoralische Angebot, eine Maßnahme als erledigt zu kennzeichnen, auch wenn beide Seiten wissen, dass dies nicht gerechtfertigt ist.

FB: „Können Sie nicht mit diesen drei Seiten, die ich Ihnen geschickt habe, die Maßnahme formal erledigen [auch wenn wir beide wissen, dass sie nicht materiell erledigt ist]?"
Damit gar nicht erst falsche Hoffnungen entstehen, antworten Sie kurz und klar.
PL: „Sorry, diese drei Seiten genügen nicht. Damit kann ich die Maßnahme nicht schließen."

▶ Beispiel: Der Fachbereich zeigt eine Basar-Mentalität
Manche Gesprächspartner aus den Fachbereichen versuchen Sie nicht nur bei der Vereinbarung einer Maßnahme, sondern auch bei Erreichen des Erledigungstermins herunterzuhandeln. Was können Sie tun?

Hier ist Prävention wichtig. Wehret den Anfängen, heißt die Devise. Behalten Sie immer im Hinterkopf, dass es nicht Aufgabe der Revision ist, nachträglich zu begründen, warum eine Maßnahme so, wie sie vereinbart wurde, sinnvoll ist. Darüber hat der Vorstand beschlossen. Die Maßnahme ist in der Welt und kann nur entweder erledigt oder vom Vorstand als nicht umzusetzen beschlossen werden (Ausnahme: Ihre Revisionsrahmenbedingungen sehen andere Alternativen vor). Es liegt am Fachbereich, Sie zu überzeugen, dass die Erledigungsaktivitäten das Ziel der Maßnahme erreichen, also die neue Lösung gut ist, und nicht umgekehrt.
Die erste Reaktion auf nachträgliche Änderungswünsche – nachdem Sie selbstverständlich zugehört haben und Sie den Eindruck haben, dass der Fachbereich Sie runterhandeln will – sollte erst mal abschreckend wirken.
PL: „Ein Revisionsbericht ist einem Vorstandsbeschluss gleichzusetzen. Damit entsprechen die Maßnahmen eines Revisionsberichtes Vorstandsbeschlüssen."
Hier zahlt es sich natürlich aus, all das anzuführen, was Ihre Revisionsrahmenbedingungen hergeben. Je komplizierter es ist, eine Maßnahme zu ändern oder zurückzuziehen, umso besser für Ihre Argumentation. Erläutern Sie die notwendigen Formalien ausführlich. Das schreckt ab.
Falls Sie sich nicht sicher sind, was die Revisionsregeln hergeben, erklären Sie, dass Sie sich erst kundig machen müssen, was in so einem Fall zu tun ist. Damit gewinnen Sie Zeit und können nicht so stark unter Druck gesetzt werden.
PL: „Da muss ich mich erst mal kundig machen, welche Anforderungen in so einem Fall intern gelten. Ich melde mich dann bei Ihnen."
Ich möchte noch einmal betonen, dass es natürlich auch Situationen geben kann, in denen es für das Unternehmen richtig ist, auf die Umsetzung der Maßnahme zu verzichten. Z. B. wenn eine Aktivität im Unternehmen nachweislich eingestellt wird. Das versteht sich von selbst. Es geht mir hier wirklich nur darum zu zeigen, wie Sie nicht über den Tisch gezogen werden.

Mit dieser ersten Abschreckung hat der Fachbereich also gesehen, dass die Sache mit dem Herunterhandeln nicht so einfach ist. Falls er auf frühere Zeiten verweist:
FB: „Aber in dem-und-dem Fall war das doch auch nicht so."
Kontern Sie z. B. wie folgt:

PL: „Unsere revisionsinternen Regelungen zum Umgang mit Verlängerungen wurden zwischenzeitlich angepasst. ([Und: Falls Ihnen bekannt ist, dass es so ist] *Hierüber sollte Ihr Unternehmensbereich informiert worden sein.)"*
Wenn der Fachbereich weiterhin an seinem Vorhaben festhält und auch gerne alle formalen Hürden (Zustimmung Bereichsleitung/Vorstand/Revisionsleitung) nehmen möchte, dann, und erst dann, lassen Sie sich auf die Diskussion möglicher Änderungsoptionen ein. Erinnern Sie sich daran, was das Ziel der Maßnahme war. Gleichen Sie jeweils ab, ob mit der neuen Vorgehensweise oder der neuen Lösung dieses Ziel erreicht werden kann oder nicht.
PL: „Das Ziel der Maßnahme war, Z zu erreichen. Mit Ihrem Vorschlag sehe ich dieses Ziel gefährdet/nicht erreicht." [PAUSE]
Es liegt am Fachbereich, Sie zu überzeugen, dass die neue Lösung gut ist und nicht umgekehrt. Es liegt nicht an der Revision, nachträglich zu begründen, warum die Maßnahme sinnvoll ist. Darüber hat der Vorstand per Revisionsbericht entschieden. Die Maßnahme ist in der Welt. Ich schlage vor, Sie entspannen sich und lassen den Fachbereich „vortanzen". Aus dieser mentalen Haltung heraus geraten Sie nicht unter Druck. Wenn Sie nicht unter Druck geraten, haben Sie bessere Voraussetzungen, die Sache objektiv, also von mehreren Seiten zu betrachten. Und wenn Sie etwas von mehreren Seiten betrachten können, können Sie auch leichter im Sinne des gesamten Unternehmens handeln.

Setzen Sie sich auch nicht unter Druck, dass Ihre Maßnahme, die Sie mal vereinbart haben, partout umgesetzt werden muss, weil das sonst schlecht für Sie aussehen würde. Manchmal war eine Maßnahme zu einem bestimmten Zeitpunkt sinnvoll und ist es später – durch welche Umstände auch immer – nicht mehr. Das ist nicht schlimm und hindert Sie nicht daran, zukünftig mit dem Fachbereich gute und sinnvolle Maßnahmen zu vereinbaren.

► Beispiel: Sezieren des Wortlauts, Wortklauberei und Haarspalterei
Manche Fachbereiche vereinbaren Maßnahmen und haben später die Hoffnung, durch Sezieren des Wortlauts, Wortklaubereien, Um-Definitionen von verwendeten Begriffen und Haarspalterei den Umfang der Maßnahme nachträglich einschränken zu können.[156]

Besonders problematisch ist, dass Sie vielleicht wirklich keine optimal formulierten Maßnahmen vereinbart haben und dies nachträglich nur schwer zu korrigieren ist. Seien Sie beruhigt, dass die oben genannten Versuche optimale Lernchancen für zukünftige Formulierungen frei Haus bieten. Ihre Strategie sollte sein, sich immer am Ziel der Maßnahme zu orientieren. Was soll durch die Umsetzung der Maßnahme erreicht werden? Erinnern Sie sich an dieses Zielbild. Stellen Sie dieses in Ihrer Argumentation immer in den Vordergrund.

---

[156] Vgl. auch 6.2.4 Beispiel: Umgehungsversuche – trotz gegebenem Versprechen.

PL: „Das Ziel der Maßnahme war, Z zu erreichen. Mit Ihrem Vorschlag sehe ich dieses Ziel gefährdet/nicht erreicht.“

► Beispiel: Sehr schlechte Erledigungsqualität
Der Fachbereich sollte die Risiken einer bestehenden Methodik analysieren und unter Kosten-Nutzen-Aspekten entscheiden, ob die Methodik zu verbessern oder das bestehende Risiko in Kauf zu nehmen ist. Sie erhalten eine Erledigungsmeldung mit sehr schlechter Qualität. Es wirkt, als sei sie unter Zeitdruck oberflächlich erstellt worden. Sie haben den Eindruck, der Fachbereich wollte wohl von Anfang an bei der bestehenden Methodik bleiben und hat nun lediglich ein Papier erstellt, um diese Entscheidung zu rechtfertigen. Wie reagieren Sie?

Es wäre verständlich, wenn Sie diese schlechte Qualität akzeptieren und die Maßnahme schließen würden, um sich weitere Follow-up-Aktivitäten und Auseinandersetzungen mit dem Fachbereich zu ersparen. Schließlich liegt Ihnen die Analyse schriftlich vor. Schließlich sollen Sie ja prüfen und nicht Ihre Zeit mit Follow-up verschwenden. Aber Achtung: Was passiert dann? Welche Auswirkungen hätte dieses Verhalten? Doch nur, dass der Fachbereich lernt, eine Taktik, die sich schon einmal ausgezahlt hatte, in Zukunft wieder anzuwenden. Bedenken Sie: Die nachhaltige Verbesserung des Unternehmens ist erst erreicht, wenn die Maßnahmen auch im Sinne der damit verbundenen Ziele umgesetzt wurden. Erfüllt die Erledigung der Maßnahme nicht den ihr zugedachten Zweck, bleibt sie wirkungslos. Dann war Ihre gesamte Arbeit der Prüfung, der Maßnahmenvereinbarung und des Berichtschreibens vergebens.

Wenn Sie die Maßnahme also nicht schließen, sondern die Erledigungsmeldung stattdessen anzweifeln, können Sie folgendermaßen vorgehen:

- Überlegen Sie, was Sie konkret stört.
  Hier: Sie halten die „Analyse“ für oberflächlich.
- Überlegen Sie, warum Sie genau das stört. Das ist der Grund für die nicht akzeptable Erledigung.
  Hier: Sie bezweifeln, dass die „Analyse“ das Ziel der Maßnahme erfüllt.
- Legen Sie fest, was geändert werden sollte. Definieren Sie, was mindestens vorhanden sein muss, um die Maßnahme als erledigt betrachten können.

Klären Sie das zunächst für sich selbst, bevor Sie dem Fachbereich mitteilen, was geändert werden soll. Sorgen Sie dafür, dass Ihre Minimalforderung auf jeden Fall erfüllt wird, indem Sie dem Fachbereich die schlechteste Alternative zu einer Einigung vor Augen führen. Vergessen Sie nicht: Dass es vergeblich ist, Sie mit bloßen Erledigungsphrasen abzuspeisen, wird sich im gesamten Unternehmen herumsprechen. Dahingehende Versuche werden daher mit der Zeit weniger werden, wenn nicht sogar ganz unterbleiben.

▶ Beispiel: Dient nur dazu, andere zufriedenzustellen
Ihnen wird mitgeteilt oder Sie merken selbst, dass die Erledigungsmeldung nur dazu dient, die Revision oder andere (den Wirtschaftsprüfer, die Aufsichtsbehörde usw.) zufriedenzustellen. Der Fachbereich steht nicht hinter der Erledigungsmeldung und Sie müssen befürchten, dass die geforderte Aktivität sofort eingestellt wird, sobald Sie der Sache den Rücken zu kehren.

Dies ist eine schwierige Situation. Denn die mangelnde Motivation des Fachbereichs resultiert aus der Phase der Maßnahmenvereinbarung. Bereits hier wurde die Maßnahme als notwendiges Übel betrachtet und nicht als Chance zur Verbesserung. Jetzt ist es zu spät, um noch viel zu ändern. Gemäß Konrad Lorenz sind wir nun an dem Punkt: umgesetzt ist nicht beibehalten.
Wenn die formal vorliegende Erledigungsmeldung „auf dem Papier" ausreicht, die Maßnahme zu schließen, können Sie wenig tun. Weisen Sie den Fachbereich aber auf alle Fälle darauf hin, dass Sie intern vorschlagen werden, hierfür in den nächsten Jahren eine eingehende Prüfung der nachhaltigen Umsetzung früherer Maßnahmen durchzuführen. Vielleicht zeigt dies noch etwas Wirkung, um die Kollegen bei der Stange zu halten. Jedenfalls sollte in dieser späteren Prüfung die erneute Vereinbarung von Maßnahmen sehr gewissenhaft und ausführlich sowie mit noch stärkerer Einbindung des Fachbereichs erfolgen.

▶ Beispiel: Absichtliche Schlechtmeldung, um eine Eskalation auszulösen
Ihre Überprüfung der Erledigungsmeldung ergibt, dass sie nicht ausreicht, um die Maßnahme zu schließen. Sie informieren den Fachbereich hierüber und erhalten folgende Reaktion.
FB: „Wissen Sie, das war Absicht, um das Thema eskalieren zu lassen. Es sind, wie Sie wissen, noch andere Bereiche involviert. Die unterstützen mich sonst nicht."
Das ist eigenartig, aber nachvollziehbar. Für eine nachhaltige Erledigung von Maßnahmen kann man sich als Revision auch gelegentlich instrumentalisieren lassen, wenn die Zusammenarbeit der Fachbereiche sonst nicht funktionieren würde. Dann fungiert die Revision als gemeinsamer Außenfeind, gegen den sich alle anderen verbünden.
PL: „O.K. Was ist Ihre Idee?" [PAUSE] *„Was benötigen Sie, um sich der Unterstützung der anderen Fachbereiche sicher sein zu können?"*
Hören Sie sich das zunächst an. Lassen Sie sich nicht unter Zeitdruck setzen. Sie müssen nicht sofort reagieren. Antworten Sie, Sie würden es sich überlegen.

▶ Beispiel: Falschmeldung – angeblich Erledigtes wurde gar nicht erledigt
Falls Sie bemerken, dass die gemeldete Erledigung nicht den Tatsachen entspricht, sprechen Sie den Fachbereich hierauf an – sobald Sie sich beruhigt haben. Wenden Sie sich zunächst an den Absender der Erledigungsmeldung. Informieren Sie ihn über Ihre Sicht der Dinge, halten Sie sich aber eine gesichtswahrende Rückzugsmöglichkeit offen, für den Fall, dass Sie etwas übersehen haben.
PL: „Ich kann nicht nachvollziehen, dass Sie die Maßnahme als erledigt betrachten."

Entweder werden Sie nun nach Ihren Gründen gefragt oder an den fachlichen Ansprechpartner verwiesen werden, der im Fachbereich die Begründung der Erledigung erarbeitet hat. In letzterem Fall beginnen Sie wie oben. Diesmal werden Sie Ihre Begründung zu liefern haben. Überprüfen Sie im Dialog, ob es weitere Aspekte gibt, die Sie übersehen haben könnten. Fragen Sie ggf. nach, auch wenn Sie sich zu blamieren befürchten. Bedenken Sie, dass die Blamage viel größer wäre, wenn die Sache eskaliert und sich unter Einbeziehung Ihrer Führungskräfte herausstellen sollte, dass Sie etwas übersehen oder nicht verstanden haben. Momentan führen Sie ein Gespräch unter vier Augen – und ohne Ihren Chef.

PL: „Aus welchen Gründen sind Sie der Ansicht, dass die Maßnahme erledigt ist?“

Lassen Sie es sich erklären; wenn Sie dabei dazulernen, umso besser. Falls Sie jedoch mit Ihrem Verdacht richtigliegen, sprechen Sie es explizit an.

PL: „Herr X, das war eine Falschmeldung. So lasse ich nicht mit mir umgehen.“

[PAUSE]

PL: „Ohne diese Falschmeldung hätten wir beide uns viel Arbeit und Zeit sparen können. Allein dieses Gespräch dauert schon so-und-so lange.“

Je nachdem, wie Sie die Lage einschätzen, können Sie ergänzen, dass Sie Ihren Chef oder den des Gesprächspartners hierüber informieren werden. Schildern Sie die möglichen Folgen, z. B. dass das Revisionsmanagement diesen Vorfall zum Anlass nimmt, um die Zusammenarbeit zwischen Revision und diesem Fachbereich auf höherer Ebene zu thematisieren.

▶ Beispiel: Der Umgang mit Sammelmaßnahmen

In manchen Unternehmen wird die Qualität der Fachbereiche unter anderem an der Anzahl an Revisionsfeststellungen gemessen. Ich persönlich halte das für einen schlechten und nicht zu empfehlenden Key-Performance-Indicator. Schließlich kann die Revision die Anzahl der Maßnahmen in einem Bericht fast beliebig über nach Themen gruppierte Sammelmaßnahmen variieren. Letztendlich kommt es mehr darauf an, Maßnahmen schnell zu erledigen, weniger Maßnahmen von externen Prüfern zu erhalten und nicht zu viel Zeit für nicht zielführende Diskussionen zu verschwenden.

Die Nutzung von Sammelmaßnahmen stellt Sie, je nach Follow-up-Systematik, vor besondere Herausforderungen. Ist z. B. nur der Status „erledigt“ oder „offen“, nicht jedoch „teilweise erledigt“ vorgesehen, dann kann es passieren, dass ein großer Umfang an bereits erledigter Arbeit im Follow-up Reporting nicht auftaucht, was den betreffenden Fachbereich frustrieren wird. Denn wurden von 20 Arbeitsanweisungen 19 bereits angepasst, aber eine fehlt noch, ist die Maßnahme weiterhin offen. Lassen Sie sich hierdurch nicht unter Druck setzen, die Maßnahme zu schließen, nur weil das meiste schon erledigt wurde. Weisen Sie bei der Vereinbarung der Maßnahmen lieber schon darauf hin, dass Sie im Follow-up genau so und nicht anders vorgehen werden. Stellen Sie den Fachbereich vor die Wahl, 20 einzelne Maßnahmen zu erhalten oder hinterher die oben beschriebene frustrierende Situation ertragen zu müssen. So können Sie später, wenn nötig, darauf zurückkommen, dass das Vorgehen vom Fachbereich explizit gewünscht wurde.

► Beispiel: Sie merken, Sie sind frustriert
Verzweifeln Sie nicht, wenn Sie bei der Überprüfung von Erledigungsmeldungen frustrierende Erfahrungen machen. Sie können in Ihrer Arbeit nur so gut sein, wie Ihr Arbeitskontext es zulässt. Es gilt jedoch, die jeweiligen Einflüsse im Zusammenspiel der verschiedensten Wechselwirkungen genau zu analysieren:

- Ihr eigenes Agieren.
    - Kam es trotz all Ihrer Bemühungen dennoch zu Missverständnissen?
    - Erkennen Sie handwerkliche Fehler?
- Das Agieren der Revision.
- Die grundsätzliche Situation zwischen Revision und Fachbereich.
- Das Agieren Ihrer Gesprächspartner im Fachbereich.
- Das Agieren weiterer Personen im Fachbereich.
- Den vom Vorstand vorgegebenen Kontext.
- Die Entwicklungsphase und Situation Ihres Unternehmens und seiner Branche.

Alle diese Punkte befinden sich nach Stephen R. Covey[157] in Ihrem „Circle of Concern“, also dem Bereich, der Sie interessiert und beschäftigt. Wenn Sie nun überlegen, wie viele dieser Punkte Sie beeinflussen können, werden Sie einen Unterschied erkennen. Die Dinge, die Sie auf die eine oder andere Weise beeinflussen können, liegen in Ihrem „Circle of Influence“, der üblicherweise deutlich kleiner als der „Circle of Concern“ ist. Im äußeren Ring liegen all die Dinge, über die Sie sich zwar Gedanken machen, auf die Sie aber keinen Einfluss haben.

Wenn Sie nun Frustration empfinden, überlegen Sie sich, worüber Sie sich negative Gedanken machen: über Dinge des „Circle of Influence“, die Sie selbst direkt (eigenes Verhalten) oder indirekt (d. h. andere) beeinflussen könnten, oder über etwas, was außerhalb Ihres Einflussbereichs im „Circle of Concern“ liegt (z. B. das Unternehmensumfeld)? Bedenken Sie, dass Sie nur Ihr eigenes Verhalten verändern, nicht aber Ihren Gesprächspartner oder den Fachbereich dazu zwingen können, ein bestimmtes Verhalten zu zeigen. Falls Sie Dinge erkennen, die innerhalb Ihres „Circle of Influence“ verbesserungsfähig sind, interpretieren Sie diese als wertvolle Rückmeldung für weitere Lernchancen. Der Frustrationsspirale entkommen Sie, wenn Sie sich gemäß der Erkenntnis „Energy flows where attention goes ...“[158] ausschließlich auf Ihr eigenes Verhalten sowie die Möglichkeiten Ihrer Einflussnahme konzentrieren, während Sie alles, was außerhalb Ihres Einflussbereichs liegt, als gegebenen Kontext akzeptieren. Denken Sie an den Ausspruch:

---

157 Vgl. Covey, Stephen, R.: The 7 Habits of Highly Effecitve People, S. 71–86.

158 Schmidt, Gunther: Liebesaffären zwischen Problem und Lösung, S. 51.

Gott, gib mir
die Gelassenheit, Dinge hinzunehmen, die ich nicht ändern kann,
den Mut, Dinge zu ändern, die ich ändern kann,
und die Weisheit, das eine vom andern zu unterscheiden.

Dies führt nicht nur zu positiveren Gedanken und mehr Energie, sondern auch dazu, dass Ihr „Circle of Influence“ langsam immer größer wird und sich weiter in Ihrem „Circle of Concern“ ausweitet.

6.2 Verlängerung von Maßnahmen

6.2.1 Ziele der Maßnahmenverlängerung

Wird eine Maßnahme vom Fachbereich nicht termingerecht erledigt, wird diese als „offen" und „überfällig" gekennzeichnet. Die unternehmensspezifischen Revisionsrahmenbedingungen sehen meist vor, dass auf Antrag des Fachbereichs ein neuer Erledigungstermin vereinbart werden kann. Entsprechend den gültigen Kompetenzregelungen kann eine Maßnahme dann von der Revision verlängert werden. Das mag sehr formal und bürokratisch und nach überbordenden Akten und komplexen Zustimmungsprozessen klingen, die schlanker gestaltet werden könnten. Wozu der Aufwand?

Der Bericht entspricht, wie Sie wissen, einem Vorstandsbeschluss. Der Vorstand geht von dem genannten Erledigungsdatum aus. Wenn es nach seiner Einschätzung zum Zeitpunkt der Berichterstattung angemessen ist, wird er keine weiteren Aktivitäten einleiten. Wüsste der Vorstand schon von Anfang an, dass die tatsächliche Erledigung nicht zu dem genannten, sondern zu dem späteren Datum (nach Verlängerung) erfolgen wird, würde er eventuell weitere flankierende Maßnahmen z. B. als „Quick-fix Lösung" fordern oder auf eine frühere Erledigung drängen. Solange die Maßnahmen nicht erledigt wurden, hat sich die Situation des Unternehmens und seiner Prozesse noch nicht verbessert.

Ist dem Fachbereich aus der Vergangenheit bekannt, dass es für ihn weniger negative Auswirkungen hat, die Fristen der Maßnahmenerledigung einzuhalten als sie zu überziehen, werden Sie nur in absoluten Ausnahmefällen Verlängerungsanträge erhalten. Herrscht jedoch die Ansicht, die Vorteile der Nichterledigung überwögen, weil die erste Terminverlängerung (z. B. durch die Revision) einem Automatismus gleicht und die zweite (z. B. durch den Vorstand) mit wenig Mühe zu erreichen ist, dann schürt das insbesondere die Hoffnung, die Maßnahme könne so lange offen gelassen werden, bis sie im Zuge universeller Veränderungen obsolet würde.

Die Anreize einer fristgerechten Erledigung sollten also maximiert werden. Hierzu muss die Verlängerung eine gewisse Hürde darstellen, z. B. mittels eines formal richtigen und fristgerecht an die Revision zu stellenden Verlängerungsantrags, der eine möglichst sinnvolle Begründung für die Terminverlängerung enthält. Ob diesem zugestimmt werden kann, wird daraufhin von der Revision überprüft. Sowohl für die Antragstellung als auch für die Zustimmung sollten entsprechend der Kompetenzregelung möglichst hohe Managementebenen erforderlich sein. Dies dient dazu, das Topmanagement möglichst durch den Fachbereich informieren zu lassen. Rückfragen aus dem Topmanagement sind damit nicht nur möglich, sondern vielmehr sogar intendiert.

6.2.2 Mögliche Schwierigkeiten bei der Maßnahmenverlängerung

Dazu gehören selbstverständlich die fehlende Einhaltung der Formalien wie Frist, Antragsteller, Unterschriften, Empfänger usw. Weniger offensichtlich und schwieriger zu handhaben sind Scheinbegründungen, unrealistische Meilensteintermine oder zu weit in der Zukunft liegende Termine. Unangenehm kann es werden, wenn die nicht rechtzeitige Erledigung der Internen Revision angelastet wird. Steht letztere unter so großem Druck, praktisch keine offenen überfälligen Maßnahmen melden zu dürfen, wird der Verlängerungsprozess schnell zu einem Automatismus: Sobald die Formalien eingehalten sind und akzeptabel klingende Begründungen vorliegen, wird die Revision die offenen und überfälligen Maßnahmen „automatisch" verlängern. Damit entstehen sehr viele oder mehrfache Verlängerungen von Maßnahmen, die über Jahre offen sind oder pro forma geschlossen und unter neuem Namen neu eröffnet werden, um die noch nicht erfolgte Erledigung zu verschleiern.

6.2.3 Wie kann die Erfolgswahrscheinlichkeit erhöht werden?

▶ Interessen- und Auswirkungsanalysen

„Das traditionelle Managementmodell geht stillschweigend von der Vorstellung aus, Unternehmen seien so etwas wie ‚triviale Maschinen'."[159] Hierbei folgt aus A immer B. Diesem Denken folgen die klassischen Instrumente der Internen Revision. Auf Mangel folgt Feststellung, folgt Maßnahme, folgt Lösung. Nun ist die Welt oder ein Unternehmen aber nicht linear-kausal bzw. trivial. Aus A folgt nicht immer B, sondern manchmal C oder D oder etwas anderes. Nicht-Triviale Systeme sind u. a. analytisch unbestimmbar und vergangenheitsabhängig und damit nicht im Sinne geradliniger Ursache-Wirkungs-Beziehungen steuerbar.[160] Das bedeutet allerdings nicht, dass Organisationen nicht zielgerichtet beeinflussbar wären.[161] Nur, dass das klassische Revisoren-Handwerkszeug nicht mehr immer funktioniert. Stattdessen gilt es, die Relationen und Wechselbeziehungen zwischen den verschiedenen Interessengruppen, deren Aktivitäten und die damit verbundenen Auswirkungen zu betrachten.

Allen Auswirkungen liegt ein bestimmtes Verhalten zugrunde. Und dieses Verhalten wird unter bestimmten Umständen von den beteiligten Interessengruppen (einzelnen Personen oder Organisationseinheiten) gezeigt. Es basiert grundsätzlich auf den zugrunde liegenden Interessen dieser Personen oder Organisationseinheiten. Unternehmen steuern dies durch die Vergabe von Aufträgen und Zielvorgaben zur Strategieumsetzung. Interessen können jedoch auch in persönlichen Partikularinteressen begründet sein. Damit wird versucht, die Interessen der Gesamtorganisation mit den Interessen der Organisationseinheiten und Personen in Einklang zu bringen. Um hierbei möglichst erfolgreich zu sein, versucht ein Unternehmen, das gewünschte Verhalten der Individuen zusätzlich über Belohnungen und Bestrafungen flankierend zu steuern. Gewünschtes Verhalten wird incentiviert und z. B. über die variable Vergütung belohnt. Ungewünschtes Verhalten wird sanktioniert und kann neben einer geringeren variablen Vergütung im Unternehmen z. B. zu Statusverlusten, Degradierungen oder dazu führen, durch Umorganisation für das Unternehmen überflüssig zu werden. Dass Individuen immer auch ein abweichendes Verhalten zeigen können

[159] Simon, Fritz B.: „Gemeinsam sind wir blöd!?, S. 315.

[160] Vgl. Simon, Fritz B.: Einführung in Systemtheorie und Konstruktivismus, S. 39 und 40.

[161] Vgl. Simon, Fritz B.: Einführung in Systemtheorie und Konstruktivismus, S. 40.

und dafür bereit sind, einen hohen Preis zu zahlen, bestätigt sich z. B. im Fall von Edward Snowden.

Um also eine gewünschte Auswirkung zu erhalten, muss immer auch nach der Aktivierung der zugrunde liegenden Interessen gefragt werden. Überlegen Sie:

- Welche Interessengruppen bestehen?
  Dies können Organisationseinheiten oder einzelne Personen sein.
  - Welche Interessen liegen dieser Interessengruppe zugrunde?
  - Diese können z. B. Auftrag, Zielvorgaben oder auch persönliche „Hobbies“ oder Interessen sein.
- Welches Verhalten zeigen die unterschiedlichen Interessengruppen?
- Durch welche beabsichtigten oder unbeabsichtigten Anreize wird das erwünschte oder unerwünschte Verhalten beeinflusst?
  - Was wird wie belohnt?
  - Was wird wie sanktioniert?
- Welche Auswirkungen hat das
  - Je Interessengruppe?
  - Für die Gesamtorganisation?

Da aber manchmal die „richtigen“ Aufgabenstellungen, „Verzielungen“, Incentivierungen oder Sanktionen auch unerwünschte Nebenwirkungen haben können, fragen Sie auch nach diesen:

- Welche Auswirkungen könnten bestehende Aufgaben und Ziele (sonst noch) haben?
- In welche Richtungen wirken Incentivierungen und Sanktionsmechanismen?
- Wer wird in Ihrem Unternehmen als Schuldiger identifiziert, wenn eine Maßnahme nicht fristgerecht erledigt wurde und verlängert wird? Die Revision? Der Fachbereich? Der für den Fachbereich zuständige Vorstand?
- Ist dies immer die gewünschte Richtung, oder sind auch andere Auswirkungen möglich?

Aus Sicht der Revision sollten Anreize zur Erledigung der Maßnahmen motivieren, sodass der Fachbereich diese im eigenen Interesse „freiwillig“ anstrebt. Nur falls all die folgenden Punkte nicht ausreichen, sollten Sanktionen ins Spiel kommen.

- Die Bringschuld für den Fachbereich etablieren und einfordern.
- Aus der Sicht des Fachbereichs bürokratische, unangenehme und aufwendige Hürden für Verlängerungsanträge etablieren. (Für die Revision sollten sie schlank gestaltet sein).
- Bei unzureichenden Begründungen extensive inhaltliche Rückfragen stellen.
- Die Motivation des Fachbereichs aktiv hinterfragen.
  „Aus welchen Gründen soll ich nun davon ausgehen können, dass Sie Ihre Terminzusage diesmal halten werden?“

„Was macht Sie so sicher, dass Sie diesmal den vereinbarten Termin werden halten können?“

- Die Unsicherheit der Zustimmung durch die Revision zelebrieren. Der Fachbereich sollte sich nie 100 % sicher sein, dass die Revision seinem Antrag automatisch zustimmt.
- Den Spannungsbogen durch die Reihenfolge der Bearbeitung aufbauen:
    - Inhaltliche Erstellung des Verlängerungsantrags durch den Fachbereich
    - Unterschrift des zuständigen Bereichsleiters im Fachbereich.
    - Ggf. Unterschrift des zuständigen Fachvorstands des Fachbereichs
    - Entscheidung durch den zuständigen Revisor.
    - Entscheidung durch das Revisionsmanagement.
    - Ggf. Unterschrift des für die Revision zuständigen Vorstands oder des Gesamtvorstands.

  Diese schrittweise Bearbeitung der Verlängerungsmeldung dient auch dazu, dem Management im Fachbereich und dem Vorstand die Gelegenheit zu bieten, die Verlängerung intern diskutieren zu können. Auch das Revisionsmanagement kann so mit dem Management ins Gespräch kommen und auch mit den zuständigen Vorständen die Termintreue diskutieren.

Der Fachbereich sollte also möglichst ins Schwitzen kommen, bevor ihm die Verlängerung einer Maßnahme bewilligt wird – nicht als böswillige Schikane, sondern um den Beschlüssen und Wünschen des Vorstands Gewicht zu verleihen. Vorstandsbeschlüsse dürfen in einer Organisation nicht einfach unbeachtet bleiben.

6.2.4 Reaktionsmöglichkeiten für auftretende Phänomene

▶ Beispiel: Formalien nicht eingehalten

Kontrollieren Sie bei Verlängerungsanträgen immer die Formalien wie z. B. Frist, Antragsteller, Unterschriften und Empfänger. Sollten Formalien nicht eingehalten sein, fordern Sie eine Nachbesserung durch den Fachbereich. Übernehmen Sie diese Aufgabe nicht für den Fachbereich. Lassen Sie nachbessern. Dies gilt insbesondere für ausstehende Vorstandsunterschriften. Halten Sie die oben genannte Reihenfolge ein. Lassen Sie sich nicht in die Position manövrieren, dass Sie für den Fachbereich Vorstandsunterschriften einzuholen haben.

▶ Beispiel: Scheinbegründung

Sollten Sie schlechte Begründungen oder sogar Scheinbegründungen erhalten, stellen Sie sich dumm. Lassen Sie es sich lang und breit erklären. Fragen Sie nach. Lassen Sie nachbessern. Übernehmen Sie auf keinen Fall die Aufgabe, eine bessere Begründung zu formulieren, da Sie sonst Gefahr laufen, dass Ihnen die Schuld an der unzulänglichen Begründung oder gar Nichterledigung zugeschoben werden kann. Lassen Sie also formulieren – bestehen Sie auf einer nachvollziehbaren und verständlich formulierten Begründung.

Gerade wenn er seinen Vorstand einbeziehen muss, wäre dem Fachbereich eine schlechte Begründung wirklich peinlich. Genügt Ihnen die Formulierung trotz avisierter Vorstandsunterschrift nicht – schließlich haben Vorstände wenig Zeit, sich mit allen Themen intensiv auseinanderzusetzen –, sollten Sie sich bei sehr wichtigen Themen nicht dazu bewegen lassen, solch schlechte Qualität zu akzeptieren. Bleiben Sie hart, denn auch der zuständige Fachvorstand hat ein Recht darauf zu erfahren, dass man ihm schlechte Qualität vorgelegt hat und die Interne Revision die Interessen des Unternehmens konsequent vertritt. Informieren Sie den Fachbereich, dass Sie aus Revisionssicht der Verlängerung aufgrund der schlechten Begründungsqualität nicht zustimmen werden und bieten Sie ihm an, Sie selbstverständlich zukünftig gerne vorab um eine Einschätzung bitten zu können.

▶ Beispiel: Neue Termine weit in der Zukunft
Liegt der neu zu verhandelnde Erledigungstermin sehr weit in der Zukunft, z. B. doppelt so lang wie ursprünglich vereinbart, ist Vorsicht geboten.

Der Vorstand geht davon aus, dass das Thema bereits viel früher erledigt wurde. Also scheuen Sie sich nicht und fragen Sie nach:
PL: „Aus welchen Gründen wollen Sie die Sache erst so spät erledigen?“ Oder *„Was spricht dagegen, es früher zu erledigen?“*
Lassen Sie sich hier nicht mit irgendwelchen „Projektanträgen“ und „IT-Umsetzungen“ abspeisen. Denn solcherlei musste bereits bei der ursprünglichen Terminvereinbarung bekannt gewesen sein. Sollte der Fachbereich Ihnen wirklich keine neu aufgetretenen externen Faktoren nennen können, wollen Sie nun wissen:
PL: „Hätte Ihnen nicht klar sein müssen, dass die Zeit nicht ausreicht?“
PL: „Aus welchen Gründen haben Sie den ursprünglichen Termin mit mir vereinbart?“ [Hier nutzen Sie die inzwischen aufgebaute persönliche Beziehung.]
Werfen Sie bei Bedarf auch den Schatten der Zukunft auf zukünftige Maßnahmenvereinbarungen.
PL: „Damit haben Sie sich für unsere nächsten Terminvereinbarungen unglaubwürdiger gemacht.“ [PAUSE]
Dann warten Sie auf eine Reaktion.
Sollten Sie ein noch deutlicheres Signal senden und nicht immer nur „nette“ und „freundliche“ Reaktionen zeigen wollen, wäre auch die folgende Alternative denkbar. Beachten Sie hier jedoch unbedingt den Kontext und die Auswirkungen.
PL: „Was meinen Sie? Machen Ihre Aussagen Sie für mich bei zukünftigen Terminvereinbarungen glaubwürdiger?“

▶ Beispiel: Unrealistische neue Meilensteinplanung
Sie erhalten gemeinsam mit dem neuen Terminvorschlag zur Erledigung der offenen Maßnahme einen neuen Meilensteinplan, der Ihnen unrealistisch erscheint.
Überlegen Sie sich, aus welchen Gründen Sie den Meilensteinplan für unrealistisch halten. Suchen Sie das Gespräch mit dem Fachbereich und lassen Sie sich erklären, aufgrund welcher Überlegungen er diesen Meilensteinplan für realistisch hält. Stellen Sie den Begründungen Ihre eigenen Gründe in einer ausführlichen Diskussion

gegenüber, um gemeinsam die beste Lösung oder Antwort zu finden. „Gewinner" eines solchen Gespräches sollte weder Fachbereich noch Revision, sondern das Gesamtunternehmen sein.

▶ Beispiel: Versuch, Entscheidungen auf die Revision zu verlagern
Der Fachbereich versucht, Entscheidungen von sich auf die Revision abzuwälzen. Z. B. werden verschiedene Wege zur Erledigung einer Maßnahme mit jeweils unterschiedlichen Kosten und Terminen genannt und die Revision soll sich dann für eine der Varianten entscheiden.
Lassen Sie es nicht dazu kommen. Verlangen Sie immer ein Votum durch den Fachbereich. Die Revision ist nicht operativ tätig. Allerdings besitzt sie ein Vetorecht. Sorgen Sie dafür, dass Sie sich stets nur zwischen „Akzeptieren" und „Veto" zu entscheiden haben. Welcher Weg, welche Kosten, welches Risiko muss jeweils zuerst vom Fachbereich als dessen Entscheidung vorliegen.

▶ Beispiel: Verlängerungsautomatismen
Sollten Sie erkennen, dass sich in der Revision die oben angesprochene „automatische", d. h. zu häufige und aufwendige Maßnahmenverlängerung eingeschliffen hat, sprechen Sie dies vorsichtig beim Revisionsmanagement an.

Da sich hieran wahrscheinlich kurzfristig nicht viel ändern wird, sorgen Sie dafür, dass Sie sich selbst ausreichend absichern und Ihre Aktenlage vorbildlich ist. Dies ist das Bestmögliche, was Sie unter den gegebenen Umständen tun können. Achten Sie auf die Einhaltung der Formalien, protokollieren Sie Gespräche. Lassen Sie sich Begründungen schriftlich geben. Werden Sie revisionsintern überstimmt, fertigen Sie hierüber eine Gesprächsnotiz an und legen Sie diese Ihrer Akte bei.

6.3 Eskalationsprozess durch die Interne Revision

6.3.1 Ziele des Eskalationsprozesses durch die Interne Revision

Eskalationsprozesse werden in Organisationen in den Fällen genutzt, in denen zwei oder mehr Personen bzw. Bereiche, die in keinem Über- oder Unterordnungsverhältnis zueinander stehen (wie z. B. Revision und Fachbereich), sich nicht einigen konnten. Denn wenn es zwischen ihnen ein klares hierarchisches Gefälle gäbe, also einer der Chef des anderen wäre, könnte der Chef den Untergebenen anweisen, was er zu tun hat. Bisher wurde die vom Fachbereich ausgelöste Eskalation an den Vorstand angesprochen, die vom Fachbereich genutzt werden kann, um z. B. unliebsame Maßnahmen nicht erledigen zu müssen. Dieses Kapitel betrachtet die Eskalationsprozesse, die durch die Interne Revision gestartet werden. Sie greift zu diesem Mittel, um erstens den nächst höheren Hierarchen, den Vorstand, z. B. über ausstehende Rückmeldungen oder fehlende bzw. unvollständige Maßnahmenerledigungen zu informieren und um zweitens ein Machtwort bzw. eine Entscheidung zu erwirken. Da es sich bei einem Bericht um einen Vorstandsbeschluss handelt, sollte der Vorstand auch erfahren, wenn die Erledigung nicht wie geplant erfolgt, damit er rechtzeitig eingreifen kann.

6.3.2 Mögliche Schwierigkeiten beim Eskalationsprozess durch die Revision

Für die Einleitung eines Eskalationsprozesses müssen Sie, falls die Revisionsprozesse Sie nicht aufgrund klarer Vorgaben zu einem gewissen Grad schützen, zunächst einmal sich selbst darüber klar werden, ob Sie die Auswirkungen in Kauf nehmen wollen. Falls Sie sich für die Eskalation entscheiden, müssen Sie zweitens Ihren Revisionsleiter davon überzeugen, damit dieser die Eskalation unterstützt und in die Wege leitet. Durch die Schaffung eines schriftlichen Vorgangs machen Sie etwas aktenkundig, was Ihren Revisionsleiter unter Zugzwang setzt. Er muss sich dieses Vorgangs nun – ob er will oder nicht – annehmen und den Vorstand informieren, oder es auf seine Kappe nehmen, dass er die Information zurückgehalten hat. Steht Ihr Revisionsleiter (z. B. mangels Rückendeckung durch den Vorstand) selbst unter Druck – die Hand die ihn füttert, kann ihn schließlich auch töten –, kann es passieren, dass Sie sich als Revisor dafür rechtfertigen müssen, einen Eskalationsprozess veranlassen zu wollen. Dadurch, dass Sie sich aus Ihrer Zwickmühle befreien, schaffen Sie eine ebensolche für Ihren Chef. Das kann schwierig werden.

Der Worst Case wäre, wenn der Revisionsleiter den Aufsichtsrat informieren muss.

- Die Nichterledigung der Maßnahmen wird nicht ausreichend eskaliert und zieht keine Sanktionen für die Fachbereiche nach sich.
- Die Interne Revision wird von Vorstand und Aufsichtsrat für die ausstehende Erledigung von Maßnahmen verantwortlich gemacht.

Insbesondere im letzten Punkt zeigt sich, wie sehr ein effektives Verfahren zur Maßnahmenverfolgung vom „Tone at the Top“ der Unternehmensleitung (Vorstand und Aufsichtsrat) abhängt. Gemäß den IIA Standards muss der Leiter der Internen Revision „nur“ ein Follow-up-Verfahren einrichten, mit dem er überwacht und sicherstellt, dass die vereinbarten Maßnahmen wirksam umgesetzt werden, und dokumentieren, wenn die Geschäftsleitung das Risiko auf sich nimmt, keine Maßnahmen durchzuführen. Gemäß IIA Standard 2600 muss der Leiter der Internen Revision, sollte er zu dem Schluss kommen, dass die Führungskräfte ein für die Organisation nicht tragbares Risiko akzeptieren, die Sachlage mit der Geschäftsleitung besprechen. Ein nicht tragbares Risiko dürfte immer dann bestehen, wenn bedeutende zukünftige Schäden für das Unternehmen zu befürchten sind, oder sogar das Überleben gefährdet ist.[162] Die Erläuterung zu diesem Standard erhält den dankenswerten Hinweis, dass es nicht in der Verantwortung des Revisionsleiters liegt, bestehende Risiken zu beseitigen. Wenn z. B. bei einem Dissens der Vorstand entscheidet, bestehende Risiken zu akzeptieren und auf die Maßnahmenumsetzung zu verzichten, ist dies von der Revision zu reflektieren. Sollte der Revisionsleiter der Auffassung sein, dass die Angelegenheit vom Vorstand nicht zufriedenstellend gelöst wurde, muss er diese dem Aufsichtsrat vortragen. Damit muss er also quasi seinen Vorstand, der über sein Wohl und Wehe entscheidet, beim Aufsichtsrat „verpetzen“. Wenn das nicht eine gewaltige Herausforderung ist ...

Zusätzlich beobachten die Fachbereiche, wie die Revision mit eskalationswürdigen Situationen umgeht. Das gezeigte Verhalten wird ebenfalls Auswirkungen haben, die zu beachten sind.

Schließlich kann ein Eskalationsprozess zu einem Machtwort des Vorstands führen, welches in Ihrem Sinne ist oder nicht. Dies kann Ihre zukünftige Arbeit erleichtern oder erschweren. In letzterem Fall ist dies eine Restriktion, mit der Sie zukünftig umzugehen haben.

6.3.3 Wie kann die Erfolgswahrscheinlichkeit erhöht werden?

► Klarheit über das eigene Wertesystem schaffen
Sollten die Revisionsprozesse Sie nicht ausreichend schützen, ist es natürlich immer eine Frage Ihrer Werte, ob Sie eine unerwünschte Eskalation einleiten oder nicht. Was ist Ihnen wichtiger, sich chefkonform zu verhalten und die Hand, die Sie füttert, nicht zu beißen, oder sich, einen Jobwechsel in Kauf nehmend, entsprechend Ihrer Werte und Ihres Revisionsverständnisses zu verhalten? Wie immer sind hier die Auswirkungen zu bedenken, die Ihr Verhalten nach sich ziehen könnte.

► Eskalationsprozesse vorab definieren
Sofern Sie in einer kleineren Revision tätig sind und über Einwirkungsmöglichkeiten auf die Revisionsprozesse verfügen, sollten Sie – möglichst schon vor Eintritt eines entsprechenden Falles – die Eskalationsprozesse so gestalten, dass Inhalte und Informationswege (Wer hat wen wann worüber und wie zu informieren?) klar definiert sind, Entscheidungsspielräume möglichst eliminieren und eine Zwangsläufigkeit

---

162 Vgl. Haferkorn, Petra: Systemische Prüfungen, S. 165.

darstellen. Bei optimaler struktureller und prozessualer Regelung wird die Eskalation dann unabhängig vom Mut und dem Willen einzelner Personen.[163]

► Rechtzeitig die relevanten Hierarchieträger informieren
Die rechtzeitige Information der Hierarchieträger (allen, denen Sie unterstellt sind) in Eskalationsprozessen ist essenziell, da diese sonst nicht eingreifen können. Passieren hier Fehler, wird schnell ein rangniederer „Sündenbock“ ausgemacht, der für die Organisation leicht austauschbar ist. Die Information Ihres Chefs sollten Sie immer schriftlich vornehmen, um sich abzusichern. Achten Sie bei sich andeutenden Schwierigkeiten auf eine überdurchschnittlich gute Aktenführung.

► Der Tone at the Top
Wie vieles andere ist auch die Erfolgswahrscheinlichkeit Ihres Eskalationsprozesses vom „Tone at the Top“ des Vorstands abhängig. Versteht sich der Vorstand als „issue owner“, der sich selbstständig darum kümmert, dass alle Maßnahmen in seinem Zuständigkeitsbereich erledigt werden – herzlichen Glückwunsch! Dann wird er dafür sorgen, dass derjenige, welcher die Maßnahmen erledigen muss, der „Issue Implementer“ (ein Bereich, eine Abteilung, eine Gruppe), dies auch in Abstimmung mit dem „Process Owner“ (demjenigen, dem der Prozess „gehört“ bzw. der für den Prozess verantwortlich ist) tatsächlich umsetzt.

6.3.4 Reaktionsmöglichkeiten für auftretende Phänomene

► Beispiel: Zurechtweisung wegen Einleitung des Eskalationsprozesses
Falls Sie eine Eskalation einleiten, hat der Revisionsmanager nun das Problem, dass Sie etwas aktenkundig gemacht haben, das nicht so leicht aus der Welt geschafft werden kann. Er kann nun den Eskalationsprozess fortsetzen, oder ihn mit seiner Macht, aber auch seinem Risiko begraben. Denn falls der Wirtschaftsprüfer sich diesen Fall nun ansehen sollte, wird er sehen, dass Sie entsprechend der Revisionsprozesse, oder vielleicht nur aufgrund Ihres Revisionsverständnisses und in Anlehnung an die IIA Standards und den Code of Ethics, korrekt gehandelt haben. So ist es durchaus nachvollziehbar, wenn Sie zurechtgewiesen werden.
IR-Manager: „Wie konnten Sie nur so etwas tun? Jetzt haben Sie einen Vorgang geschaffen, um den ich mich kümmern muss!“

Egal, welche Motive Sie hatten, oder welche Werte zugrunde lagen – es ist hier bereits geschehen. Sie können nun nur nach vorne schauen und die Auswirkungen in Kauf nehmen. Wenn Sie als mögliche Auswirkungen einen Verbleib in Ihrem Unternehmen unter Inkaufnahme eines Karriereknicks in Erwägung gezogen haben, können Sie sich entschuldigen, sich dumm stellen und nachfragen.
PL: „Das verstehe ich nicht. Ist das nicht meine Aufgabe? – Entschuldigung.“
Würden Sie in Kauf nehmen, Ihr Unternehmen zu verlassen, verweisen Sie auf den Revisionsprozess und nennen Sie Ihre (ethischen) Beweggründe.

---

163 Vgl. Doppler, Klaus: Über Helden und Weise, S. 12.

▶ Beispiel: Der Wirtschaftsprüfer fragt bei Ihnen nach
Falls der Wirtschaftsprüfer Sie zu einem Gespräch auffordert, z. B. wegen offener Follow-up-Punkte oder einer nicht erfolgten Eskalation, überprüfen Sie vorab Ihre Akte. Rufen Sie sich die Situation und die Rahmenbedingungen ins Gedächtnis. Je besser die Akte und je konsequenter Sie sich an die Revisionsprozesse gehalten haben, umso beruhigter können Sie in das Gespräch gehen.

▶ Beispiel: Der Vorstand bittet Sie zum Gespräch
Falls der Vorstand Sie zum Gespräch bittet, gilt zunächst das Gleiche wie beim Wirtschaftsprüfer. Nur könnte dies für Sie persönlich von größerer Bedeutung sein. Schaffen Sie sich Klarheit über Ihre Werte und die möglichen Auswirkungen Ihrer Verhaltensoptionen. Bedenken Sie, dass in Unternehmen nichts wahrscheinlicher, aber auch für das Unternehmen tödlicher ist, als vorauseilender Gehorsam.[164]

▶ Beispiel: Vorstand oder Aufsichtsrat bitten den Revisionsleiter zum Gespräch
Falls Vorstand oder Aufsichtsrat den Revisionsleiter zum Gespräch bitten, können Sie nicht mehr tun, als Ihren Revisionsleiter optimal auf das Gespräch vorzubereiten. Stellen Sie ihm alle notwendigen Informationen zusammen. Erinnern Sie ihn an die Argumentationskette und ergänzen Sie die Unterlagen durch Auszüge aus den vom Vorstand verabschiedeten Revisionsrahmenbedingungen, aus den IIA Standards oder aus relevanten Artikeln.

▶ Beispiel: Der Vorstand entscheidet gegen die Revision
Sollte der Vorstand nicht der Meinung der Revision folgen, grämen Sie sich nicht. Sie haben Ihren Job getan. Vertreten Sie diese Haltung nach innen und nach außen gegenüber den Fachbereichen. Agieren Sie wie ein fairer Sportler, der die Entscheidung des Schiedsrichters ohne Murren hinnimmt.

164 Vgl. Simon, Fritz B.: Gemeinsam sind wir blöd!?, S. 38.

7 Fazit

Wenn Sie jetzt der Meinung sind, es würde sich ja ganz gut anhören, eine deeskalierende Gesprächsführung zu nutzen, schneller Prüfungen durchzuführen und einen Konsens über die Berichterstattung zu erreichen, also insgesamt wirksamer und gleichzeitig effizienter zu werden sowie Mehrwert zu schaffen, nur leider sei das nicht so einfach, dann gebe ich Ihnen aus vollem Herzen recht. Mehr als die Erfolgswahrscheinlichkeit zu erhöhen ist nicht möglich. Allein von unserer Seite aus kann der Erfolg nicht sichergestellt werden. „Niemand kann einseitig festlegen, wie sein eigenes Verhalten von anderen verstanden wird.“[165] Im Revisionskontext bestehen sehr viele komplexe Wirkungszusammenhänge, die von der Revision nicht einseitig kontrolliert werden können. Daher wäre es kontraproduktiv, Erfolgsverpflichtungen einzugehen und sich einem überhöhten Erfolgsdruck auszusetzen.

Dies bedeutet jedoch nicht, dass die Revision oder Sie als Prüfer oder Prüfungsleiter machtlos wären. Je nach Kontext, also den Rahmenbedingungen der Revision, ist es mehr oder weniger möglich, die Überlebensfähigkeit des Unternehmens zu verbessern. Jeder einzelne Prüfer kann mit seinen verschiedensten Mitteln, seinen Fähigkeiten, seinem Wissen und seinen Erfahrungen darauf hinwirken, dass sich das Unternehmen weiterentwickelt und die Evolution des Unternehmens gefördert und immer wieder in Balance gebracht wird. Selbstverständlich steht und fällt alles mit dem Willen, der eigenen Bereitschaft und den eigenen Werten. Denn nur mit der optimalen Kombination von Kooperations- und Konfliktkompetenz können nachhaltige Veränderungen bewirkt werden. Bedenken Sie immer, dass konfliktfreie Organisationen auf Dauer nicht in der Lage sind, zu überleben. Auch werden alle Ihre möglichen Verhaltensoptionen jeweils unterschiedlich schmerzhafte Auswirkungen haben.

Die Evolution des Unternehmens dauert. Aber im Gegensatz zu einem externen Berater hat die Interne Revision diese Zeit. Sie ist dauerhaft im Einsatz und beobachtet laufend das Unternehmen. Wo immer sie auch ansetzt, werden sich an den betrachteten, aber auch an anderen Stellen Wirkungen zeigen. Und da sich die Umwelt, der Kontext und mit ihr die Organisation laufend wandeln, gibt es keinen Schlusspunkt. Die Revision kann daher mit ihrer Arbeit niemals fertig werden, da sie sich immer von Neuem mit dem inzwischen gewandelten Unternehmen konfrontiert. Hier ist der Weg eindeutig das Ziel.

---

165 Simon, Fritz B.: Einführung in die systemische Organisationstheorie, S. 21.

Meine eigene Revisionserfahrung bestätigt deutlich den Spruch „Der Unterschied zwischen Theorie und Praxis ist in der Praxis größer als in der Theorie“. Dies könnte entmutigen, hört sich doch die Theorie so einfach an, während gleichzeitig die Umsetzung in die Praxis oft so unsagbar schwer ist. Aber bedenken Sie: Es handelt sich oft um Ihre Reaktionen auf Stresssituationen. Und wer kann schon von sich behaupten, in stressreichen Situationen immer, also ohne Ausnahme, optimal zu reagieren? Ich sicher nicht. Und dennoch setze ich meine Bemühungen fort. Ich lade Sie dazu ein, in der Prüfungspraxis auch unter schwierigsten Kontexten eine reizvolle Tätigkeit und persönliche Wachstumschancen zu entdecken. Viel Spaß in Ihrer Forschung in eigener Sache, am Ausprobieren und an Ihren nachhaltigen Prüfungserfolgen.

Seien Sie gewiss, die Welt ist bunt. Sollten Sie der Meinung sein, die Beispiele wären noch gar nichts, es gehe noch bunter – vielleicht in Neonfarben, blinkend oder mit fluoreszierenden Effekten – dann senden Sie mir gerne Ihre anonymisierten Beispiele aus Ihrer Prüfungspraxis zu. Ich habe es mir zum Hobby gemacht, sie zu sammeln. Über Ihr Einverständnis zur anonymisierten Veröffentlichung Ihrer Rückmeldungen, Beispiele und Erfahrungsberichte freue ich mich besonders.

Sie erreichen mich unter:

www.puhani.com
info@puhani.com

Ich freue mich auf Ihre Rückmeldungen, Beispiele und Erfahrungsberichte.

Danksagung

Dieses Buch wäre mir ohne Unterstützung nicht möglich gewesen.

Zunächst einmal bedurfte es der herausfordernden Situationen, an denen ich wachsen konnte – sonst hätte ich nie den Bedarf verspürt, mich weiterzuentwickeln. Hierzu möchte ich all denjenigen, die ich jemals geprüft habe, für die mir bereiteten Lernchancen danken. Auch wenn ich diese zunächst nicht als solche betrachtet habe, erscheinen sie mir rückblickend wirklich wertvoll und bereichernd. Einige waren besondere Lernchancengeber, bei denen ich mich ganz besonders bedanken möchte. Vielen herzlichen Dank. Hier schließt sich selbstverständlich der Dank an all meine verschiedenen Chefs und Revisionskollegen an, die mir teilweise selbst Lernchancen bereitet haben, oder mich an Ihren Erfahrungen haben teilhaben lassen. Ohne Euch wäre ich nicht da, wo ich jetzt bin. Vielen Dank!

Ein weiterer Dank geht an meine Seminarteilnehmer und an die Gemeinschaft der Internen Revisoren, welche mir die Möglichkeit gaben, mich mit ihnen auf vertraulicher Ebene auszutauschen. Vielen Dank für die vielen Beispiele aus Eurer bzw. Ihrer Revisionspraxis und die damit entstandene Gewissheit, dass jeder Revisor vor ähnlichen Herausforderungen steht.

Vielen Dank an den Erich Schmidt Verlag, der es mir ermöglicht hat, dieses für Revisoren etwas unübliche Buch zu veröffentlichen. Insbesondere danken möchte ich Frau Claudia Splittgerber, Herrn Christoph Landgraf und Frau Inge Platz, welche mir mit Rat und Tat zur Seite standen.

Ein dickes Dankeschön geht an meine Familie, die mich tatkräftig unterstützt.

Über die Jahre hatte ich das Glück, in meinen Lernprozessen von Menschen begleitet zu werden, denen ich viel zu verdanken habe:

Frau Gerti Stanzl für die mit in den letzten Jahrzehnten geführten zahlreichen Gespräche, ihre Lebensweisheit, ihre Energie und ihre Zuversicht.

Herr Dr. Klaus Westerbeck, der mich mehr unterstützte, als ich erwarten durfte.

Herr Tobias Rieder, der mich insbesondere in meiner Rolle als Führungskraft mit seinen wertvollen und richtungsweisenden Hinweisen nachhaltig geprägt hat. Auch Jahre später habe ich diese noch präsent.

Herr Norbert Fackler, der mir eine neue Welt eröffnete und mich in der Reflexion und Verbesserung meiner bisherigen Kommunikations- und Konfliktkultur nachhaltig voranbrachte. Er ließ mich erleben, wie befriedigend es sein kann, auch scheinbar verfahrene Situationen und eskalierte Konflikte im beiderseitigen Interesse und zum gegenseitigen Nutzen zum Positiven zu wenden oder aufzulösen.

Herr Prof. Dr. Fritz B. Simon, dessen Erklärungsansätze der systemischen Organisationstheorie mir in meiner Revisionsarbeit nicht nur eine nützliche Perspektive auf Unternehmen und Aktionen der dort agierenden Individuen geben, sondern auch Ansätze für wirksame Interventionsmöglichkeiten bereiten.

Herr Prof. Dr. Rudolf Wimmer, der mir zu wichtigen Erkenntnissen verhalf.

Ein ganz besonderer Dank geht an Herrn Dr. Gunther Schmidt, der den Mut hatte, seine Ausbildungsreihen, Seminare und Vorträge als Livemitschnitte zu veröffentlichen und mir so die Möglichkeit gab, bereits seit ca. einem Jahrzehnt auf meinem Weg zunächst virtuell und später persönlich begleitet zu werden. Die von ihm propagierte und vorgelebte Haltung, aber auch seine Ansätze und Konzepte öffneten mir die Augen, bereichern mich immer wieder und erweiterten mein Handlungsrepertoire entscheidend. Mit seiner Hilfe gewann ich zunehmend Freude an meiner Arbeit in der Internen Revision. Mittlerweile baute sich diese Freude sogar zur Begeisterung aus – auch oder gerade weil es sich hierbei um einen schwierigen Arbeitskontext handelt. Es freut mich außerordentlich, dass er mir für dieses Buch, das ohne seine Konzepte nie möglich gewesen wäre, einen Text geschrieben hat. Dieser folgt im Anschluss und enthält seine für mich wegweisende Anekdote von den Creeping Devils (vgl. Vorwort).

Kiel, im Juni 2014, Silvia Puhani

Anekdote von den Creeping Devils – Überleben und arbeiten in schwierigsten Kontexten (von Dr. Gunther Schmidt)

Das hier vorliegende Buch beeindruckt mich sehr. Viele Veröffentlichungen im Feld der Revisionstätigkeit konzentrieren sich fast nur auf „sachliche“, fachlich-technische Aspekte, die ja auch sehr wichtig sind. Es kann dabei aber auch der Eindruck entstehen, als ob es sich bei diesen wichtigen Aufgaben praktisch fast nur um Zahlen, Daten, „Fakten“ gehen würde, man das alles am besten nur kognitiv „rational“ angehen könnte und sollte und Anderes überflüssig, ja sogar störend sein könnte.

In meiner mehr als dreißigjährigen Erfahrung auch als Berater, Coach, Experte für Team- und Organisationsentwicklung haben sich solche Sichtweisen aber als eher destruktiv wirkende Trugschlüsse erwiesen. Gerade Revisoren unterliegen strukturellen Vorgaben, die sie selbst nicht ändern können. Sie erleben (und manchmal auch erleiden) in ihrer Arbeit fast täglich schwierige Zwickmühlen, die für sie eingrenzende Restriktionen darstellen. Unter solchen Umständen wird die Wahrscheinlichkeit hoch, dass man selbst unter massiven inneren Druck gerät und den Eindruck hat, nicht allem gerecht geworden zu sein. Dies wirft man sich dann vor, wertet sich selbst oder Andere ab. Solche Reaktionen wirken destruktiv auf die Möglichkeit optimaler Ergebnisse. Die sind eben fast nie durch die „reinen Fakten“ erreichbar. Denn die „Fakten“ sind immer interpretations- und bewertungsfähig und bergen so auch immer Konfliktpotenzial.

Der Autorin ist es in diesem mutigen Buch gelungen, die enorme Komplexität der Beziehungsdynamik bei diesen schwierigen professionellen Aufgaben differenziert zu erfassen und viele hilfreiche Ideen für nützliche Haltungen, konstruktive Kommunikationsprozesse und zieldienliche Interventionsstrategien anzubieten. Das hilft sicher sehr dabei, das vielschichtige Aufgabenfeld, auf welches es sich bezieht, mit den nötigen Kompetenzen für optimale Beziehungsgestaltung zu bereichern. Anwender können so die schwierigen Zwickmühlen angehen nach dem Motto von Herbert Achternbusch „Du hast keine Chance, nutze sie!“ Und mit dem reichen Schatz an Ideen hier kann man sie sehr gut nutzen und aus einer zunächst sehr „trocken“ anmutenden Aufgabe eine spannende, kreative und innovative Tätigkeit machen. So kann auch eine Organisationskultur der Kooperation, wechselseitiger Achtung, Wertschätzung und Unterstützung gefördert werden.

Der Bitte der Autorin komme ich hier gerne nach, als metaphorisches Beispiel eine Anekdote beizusteuern, die ich in einer Weiterbildung einmal erzählt habe. Sie beschreibt ein Erlebnis, welches ich in Begegnungen mit Milton Erickson hatte. Milton Erickson gilt weltweit als der entscheidende Pionier der modernen Hypnotherapie im 20. Jahrhundert und quasi als Vater aller aktueller kompetenz- und ressourcenorientierten Beratungs- und Therapie-Modelle. Auch das von mir entwickelte hypnosystemische Modell baut auf seiner entscheidenden Vorarbeit auf. Ich hatte Ende der 1970er Jahre das große Glück, noch direkt von ihm (in Phoenix, Arizona, wo er lebte) lernen zu dürfen, was mein gesamtes berufliches und privates Leben entscheidend beeinflusst hat.

Nun zum Erlebnis: Ich arbeitete damals als Stationsarzt in einer psychiatrischen Klinik. Der übliche, dort vorherrschende pathologie- und defizitorientierte Blick erschien mir zu kurz gegriffen. Ich wollte, so wie in meiner „Nebentätigkeit" bei Helm Stierlin – dem europaweit führenden Pionier der systemischen Familientherapie – stärker den Sinn-Kontext betrachten und die Sinnhaftigkeit des Verhaltens der Klienten (auch von Symptomen) in den Vordergrund stellen, musste aber für meine Qualifikation zum Facharzt noch mindestens zwei Jahre in dieser Psychiatrie arbeiten. Die Arbeit in der Psychiatrie erlebte ich wie ein mühsames Werkeln in öder Wüste. Für den Umgang damit bat ich Milton um Unterstützung.

Zu meiner Überraschung und Frustration schlug er mir vor, ich solle einen Besuch im botanischen Garten von Phoenix machen und ihm dann meine Erfahrungen dort erzählen. Meinen ursprünglichen Wunsch nach einer Trance-Induktion schlug er trotz mehrerer Versuche von mir ab. Ich ging frustriert in den botanischen Garten, in der Hoffnung, danach doch noch die gewünschte Trance-Induktion zu bekommen. In der wüstenähnlichen Umgebung von Phoenix fand ich dort vor allem zahlreiche Arten von Kakteen. Schließlich fuhr ich zurück zu Milton, in der Erwartung, nun meine gewünschte Trance zu bekommen. Er aber wollte, dass ich meine Erfahrungen dort schildere. Ich hatte wenig zu erzählen, da mich Kakteen nicht besonders interessiert hatten. Dann fragte er mich, ob ich denn auch die Creeping Devils gesehen hätte. Von denen hatte ich noch nie gehört. Wie ich lernte, meinte er damit eine bestimmte Kakteenart, die für mich sehr unscheinbar war und auf dem Boden liegend wächst. Die hatte ich nicht beachtet. Deshalb forderte er mich auf, gerade noch einmal hinzufahren und sie zu betrachten. Frustrierter als zuvor machte ich das schließlich, fand und betrachtete sie, was mich nicht sehr ansprach. Irritiert und etwas ratlos fuhr ich zu Milton zurück, und wieder sollte ich ausführlich von den Creeping Devils erzählen. Ich hatte auch jetzt nicht viel zu bieten. Daraufhin schilderte er mir ca. 20 Minuten lang, welche wundersamen Wesen doch diese Creeping Devils seien. Sie würden es nicht nur schaffen, in öder, wüster Umgebung ihr Überleben zu sichern, sondern dabei auch noch schöne Blüten zu treiben usw. Seine positive Schilderung kam mir übertrieben vor für solch unscheinbare Kakteen. Schließlich schaute er mich schmunzelnd an und sagte, ich wisse wahrscheinlich auf bewusster Ebene nicht, wie man von den Creeping Devils und ihren Fähigkeiten lernen könnte, mit schwierigen Kontexten so erfolgreich umzugehen wie sie. Er wisse aber genau, dass mein Unbewusstes das ganz eigenständig entscheiden und umsetzen könne, auch zum jeweils passenden Zeitpunkt. Das tröstete mich gar nicht, ich war frustriert, weil ich meine gewünschte Trance wieder nicht bekam.

Mit dieser Haltung fuhr ich schließlich auch wieder nach Deutschland zurück, überzeugt davon, dass mir diese Beiträge von Milton für den Umgang mit dem Psychiatrie-Kontext sicher nichts nutzen würden. Als ich aber wieder in das Umfeld der Psychiatrie-Klinik kam, stellte ich erstaunt fest, dass praktisch jedes Mal, wenn ich mit Frustration über einseitige Pathologie-Zuschreibungen für Klienten reagieren wollte, intuitiv spontan Bilder von Creeping Devils in meiner Vorstellung auftauchten, die

Reaktionen von Humor, Gelassenheit und von vielen kreativen Ideen in mir aufriefen. Das half sehr dabei, mit diesen Situationen ähnlich wirksam und kreativ wie die Creeping Devils umzugehen. Dabei wurde mir bewusst, dass meine Beschreibung, die Psychiatrie käme mir wie eine öde Wüste vor, Milton dazu veranlasst hatte, mir genau diese Creeping Devils-Intervention vorzuschlagen, denn sie passte metaphorisch exakt zu meinem Kontext-Erleben. Und meine spontanen Creeping Devils-Imaginationen im Alltag der Psychiatrie halfen mir, eine völlig andere Beobachter- und Steuer-Haltung für die äußerlich gleichen Kontexte aufzurufen, ganz unwillkürlich, ohne jede Mühe. So transformierte mein Unwillkürliches einen „Wüsten-Kontext" in einen spannend-herausfordernden, oft sogar lustig wirkenden Kreativ-Kontext, der mir sehr half und bis heute hilft, schwierigste Situationen flexibel und mit passender Handlungsfähigkeit zu beantworten, wo ich früher eher mit „Opfer-Haltung" reagiert hätte.

Diese und viele ähnliche Erfahrungen habe ich wie bei mir auch bei Tausenden von Klienten als klaren Beweis erlebt für die vielen in unserem unbewussten Erfahrungs-Repertoire schlummernden Kompetenzen und kreativen Lösungspotenziale. Das gilt auch für Menschen, die über lange Zeit den Eindruck machten, dass sie über keine solchen Potenziale verfügen und sich als unfähig erleben. Von diesen oberflächlichen Erscheinungsbildern sollten wir uns also nicht entmutigen und täuschen lassen. All unsere Kommunikations- und Verhaltensbeiträge sollten wir so gestalten, dass die schlummernden Potenziale wieder gebahnt und reaktiviert werden können.

Dieses Buch hier bietet eine wahre Fundgrube an ermutigenden und hilfreichen Anregungen genau dafür. Ich wünsche ihm und seiner Autorin deshalb viel Erfolg und kann jedem Leser zu seiner Wahl nur gratulieren.

Dr. med. Dipl. rer. pol. Gunther Schmidt

Ärztlicher Direktor der sysTelios-Klinik für
psychosomatische Gesundheitsentwicklung, Siedelsbrunn
Leiter des Milton-Erickson-Instituts Heidelberg

Literaturverzeichnis

Blau, Martin Maria: Persönliche Nachricht in einem Coaching in 2013.

Covey, Stephen, R.: The 7 Habits of Highly Effecitve People, Fanklin Covey Co., First Fireside Edition, 1990.

Covey, Stephen, R.: The 8th Habit, From Effectiveness to Greatness, FREE PRESS, New York, first paperback edition 2005.

Doppler, Klaus: Über Helden und Weise, Von heldenhafter Führung im System zu weiser Führung am System, in: OrganisationsEntwicklung, Nr. 2, 2009, S. 4–13.

Fisher, Roger, Ury, William, Patton, Bruce, M.: Das Harvard-Konzept, Der Klassiker der Verhandlungstechnik, Campus Verlag, Frankfurt/New York, 22. Auflage, 2004.

Glasl, Friedrich: Konfliktmanagement, Ein Handbuch für Führungskräfte, Beraterinnen und Berater, Haupt Verlag, Bern, 10. Auflage, 2011.

Haferkorn, Petra: Mehr als nur ein paar Fragen, Eine Methode zur Befragung mit Beispielen zur Prüfung des IKS, in: ZIR 2006, S. 186–196.

Haferkorn, Petra: Systemische Prüfungen, Systemtheoretische Prüfungstheorie und systemische Prüfungsansätze zur Einschätzung der Lebensfähigkeit von Organisationen, Carl-Auer Verlag, Heidelberg, 1. Auflage, 2010.

IIA, Practice Advisory 2320-2: Root Cause Analysis, The Institute of Internal Auditors, December 2011.

Knaths, Marion: Spiele mit der Macht, Hoffmann und Campe Verlag, Hamburg, 4. Auflage, 2008.

Lang, Dunja: Take a Walk on the Wild Side, Mit dem „Faktor Mensch“ auf Risiko-Safari im Dschungel komplexer Projekte, in: projekt MANAGMENT aktuell, 5/2013, S. 37–43.

Malik, Fredmund: Unternehmenspolitik und Corporate Governance, Wie Organisationen sich selbst organisieren, Campus Verlag, Frankfurt am Main, 2. Auflage, 2013.

Nur-Zitate.com, https://www.nur-zitate.com/zitat/11098, Abfrage: 11.9.2021.

Prior, Manfred: MiniMax-Interventionen, 15 minimale Interventionen mit maximaler Wirkung, Carl-Auer Verlag, Heidelberg, 10. Auflage 2012.

Puhani, Silvia: Revision als Vermittler zwischen Unternehmensbereichen – Chancen für das Unternehmen, in: Förschler, Dominik: Innovative Prüfungstechniken und Revisionsvorgehensweisen, Bankakademie-Verlag, 1. Auflage, 2007.

Puhani, Silvia: Der Revisor als moderner Hofnarr, in: Risk, Compliance & Audit, 3/2012, S 41–46.

Puhani, Silvia: Mediation in der Internen Revision, in: RevisionsPraktiker, 12-01/2014, S. 280–286.

Rosenberg, Marshall B.: Gewaltfreie Kommunikation, Junfermann Verlag, Paderborn, 11. Auflage, 2013.

Schmidt, Gunther: Einführung in die hypnosystemische Therapie und Beratung, Carl-Auer-Systeme Verlag, 2. Auflage, 2008.
Schmidt, Gunther: Liebesaffären zwischen Problem und Lösung, Hypnosystemisches Arbeiten in schwierigen Kontexten, Carl-Auer Verlag, 4. Auflage, 2012.
Schulz von Thun, Friedemann: Miteinander reden: 1, Störungen und Klärungen, Rowohlt Taschenbuch Verlag, Sonderausgabe April 2011.
Schulz von Thun, Friedemann: Miteinander reden: 2, Stile, Werte und Persönlichkeitsentwicklung, Rowohlt Taschenbuch Verlag, Sonderausgabe April 2011.
Schulz von Thun, Friedemann: Miteinander reden: 3, Das „Innere Team" und situationsgerechte Kommunikation, Rowohlt Taschenbuch Verlag, Sonderausgabe April 2011.
Simon, Fritz B.: Einführung in die systemische Organisationstheorie, Carl-Auer-Systeme Verlag, Heidelberg, 2007.
Simon, Fritz B., Einführung in Systemtheorie und Konstruktivismus, Carl-Auer-Systeme Verlag, 4. Auflage, 2009.
Simon, Fritz B.: Gemeinsam sind wir blöd!?, Die Intelligenz von Unternehmen, Managern und Märkten, Carl-Auer Verlag, 3. Auflage, 2009.
Simon, Fritz B.: Einführung in die Systemtheorie des Konflikts, Carl-Auer-Systeme Verlag, Heidelberg, 1. Auflage, 2010, S. 79.
Simon, Fritz, B.: Wer stört, gilt als gestört, 2013, https://www.brandeins.de/magazine/brand-eins-wirtschaftsmagazin/2013/normal/wer-stoert-gilt-als-gestoert,
Abfrage: 11.9.2021.
Sprenger, Reinhard K., VERTRAUEN FÜHRT, Worauf es im Unternehmen wirklich ankommt, Campus Verlag GmbH, Frankfurt am Main, 2. Auflage 2002.
Sprenger, Reinhard K., Radikal führen, Campus Verlag GmbH, Frankfurt am Main, 2012.

Thiele, Albert: Argumentieren unter Stress, Wie man unfaire Angriffe erfolgreich abwehrt, Frankfurter Allgemeine Buch, Frankfurt am Main, 2004.
Thiele, Albert: Sag es stärker!, Das Trainingsprogramm für den verbalen Schlagabtausch, Campus Verlag GmbH, Frankfurt am Main, 2012.

Wikipedia
https://de.wikipedia.org/wiki/Die_blinden_Männer_und_der_Elefant; Elephant and the Blind Men. In: Jain Stories. JainWorld.com. Abfrage: 11.9.2021.

Stichwortverzeichnis

A oder B Technik 26, 40, 65, 179, 210f., 271
Aber ..., aber ..., aber ... 199
Ablage 142, 156f.
Ablehnung 80, 130, 167, 174f., 179, 193, 218
Ablenkung 61, 143, 145
Abnicktermine 233
Abschlussbesprechung 77, 81, 130f., 161, 169, 173f., 182, 217ff., 232, 266, 275
Abschreckung 196, 312
Abschweifen 141
Abstimmschleifen 259, 269, 281
Abstimmungsmodalitäten 210
Affekt 149, 277
Aggressiv 52, 102, 127f., 137
Aktualisierung 283f.
Alpha-Tier 57, 179, 238, 280
Amtseinführung 74
Angepasst 130, 299, 313, 316
Angriff 64, 78, 82, 84, 136, 166, 181, 223, 227
– Anspringen 92, 134
– persönlich 227
– Unfair 226
Angst 72f., 84, 98, 100, 104, 111, 126, 133, 164
– Angst vor Auswirkungen 261
– Versagen 262
Annahmen 44, 46, 93f., 310
Annullierung bereits fixierter Ergebnisse 221
Anreiz 46, 117, 319ff.
Ansprechen 23, 25, 38, 76, 79, 81, 91, 104, 120, 125, 135, 160, 162, 165, 167, 172, 180, 182, 191, 199, 205, 226f., 241, 266, 272, 280
Arbeitsanweisung 68, 175, 300, 307, 316
Arbeitsbeziehung 38, 71, 79, 82, 91, 97ff., 115, 118f., 127, 131, 159, 161, 169, 209, 226, 303, 305
Arbeitsebene 60, 97, 182
Ärger 203, 221, 258f., 261, 280, 301, 303
Auf den Punkt bringen 87, 166
Aufgabe 23, 26ff., 31, 36, 45, 66, 71f., 74, 87, 101, 105, 114, 118, 148, 151, 171, 194ff., 199, 201, 206, 212f., 223, 227
– der Revision 75, 85, 87, 97, 99, 101, 113, 116, 140, 145, 198f., 206, 222, 225, 228, 312
Aufgebrachter Gesprächspartner 136, 225
Aufmarsch 225
Aufräumarbeiten 247
Auftrag 23, 34, 71, 75, 82, 104, 109, 112, 143, 181, 205, 207, 218, 238, 243, 247, 253, 264, 321
Auftragsklärung 15, 34
Ausflüchte 189, 202, 307
Auswirkungen 23, 33, 36, 38, 43, 49, 52f., 69, 90, 99, 121, 123, 127, 129f., 140, 151, 157, 161, 170, 174, 178, 181f., 184ff., 188, 193f., 196, 208, 216, 218, 221, 225, 236, 241f., 247, 260, 263, 265, 267, 277, 284, 307, 311, 314, 319f., 323, 325ff.
Authentizität 99

Bad Cop 193, 240
Basar-Mentalität 312
Befragung 46
Befürchtungen 163, 271
Beobachtung 44, 93, 101ff., 114, 121, 136, 151, 158, 161, 169f., 259, 277, 297, 311
Berichterstellung 251
Berichtsabstimmung
– Berichtsabstimmung extern 275
– Berichtsabstimmung intern 263
Berichtspassagen 44, 171
Berichtsversand 163, 181, 268, 275, 289
Beschimpfung 64f.
Beschuldigung 30
Beschwerde 63, 104, 111, 147, 160, 177, 280, 282ff., 299
– Mindestbeschwerdeanzahl 111
Beurteilung 44, 57, 73, 83, 95, 103, 116, 121, 123, 146, 153, 166, 167, 170, 173, 177, 188, 209, 217f., 235, 251, 254, 256, 263, 269f., 303
Bewertung 101, 103, 114, 122, 158, 169, 177, 251, 259

Blackout 47, 146
Blamage 133, 316
Blickkontakt 70, 112, 133, 189, 202, 213, 221, 235, 237, 246f., 303
Blockade 98, 108, 114, 118, 199, 240f., 255, 278, 290, 309
Bringschuld 47, 244, 299, 303, 307, 321
Brisante Ergebnisse 228
Brückensatz 135, 192
Brüllen 110, 224, 247
Budgetkürzung 306

Change 202, 296
Chef 24, 28, 30f., 39f., 77, 105, 179, 181, 207, 209ff., 215, 217, 222f., 228, 230, 236, 238, 240, 252, 254f., 258f., 264ff., 271, 274, 283, 286f., 303, 316, 325ff.
Circle of Concern 317
Circle of Influence 317
Code of Ethics 216, 327
Covey, Stephen R. 94, 116, 149, 317

Das war schon immer so 198
Datenanalyse 34, 113
Denkmuster 115, 125
Detaillierungsgrad 48, 256
Detailverächter 269
Dialog 59f., 73, 79, 106, 113, 117, 127, 159, 220, 277, 316
– Abbruch 80
– Gesprächsteilnehmer 74
– innerer Dialog 125, 131, 135, 186, 252, 274, 303
– Innerer Dialog 203
– konfrontativer Dialog 73
– Konfrontativer Dialog 188
Dilemma der Kommunikation 36
Dissens 189, 195, 198, 219, 230, 237, 253, 275f., 291, 326
Dokumentation 29, 41, 44, 57, 66, 142, 144, 153, 155f., 158, 164, 192, 211, 253, 256, 279, 307
– Standards 154
– Vorgaben 155
Dominanz 55, 57, 73, 97
Drei-Affen-Argumentation 202
Drohung 65, 111f., 142, 205, 227, 229f., 282, 287, 308
Druck 302, 312f., 316, 320, 325
Dumm stellen 111, 129, 137f., 201, 322, 327

Effektivität 45, 60, 90, 208, 218, 263, 325
Effizienz 32, 46, 68, 102, 104, 196, 208, 255
Eingangsgespräch 49, 71, 97, 111, 147, 160, 165, 222, 225, 233
Einmischung 225
Einschränkende Zustimmung 131, 169, 174
Einschüchterungsversuch 110, 226, 241, 277
Einvernehmen 15f., 27, 29, 33, 62, 75, 169f., 182, 207, 221, 233, 275f.
– Fehlendes Einvernehmen 214, 263, 303
Einwand 25, 61, 104, 149, 171f., 179, 181, 194, 206, 216, 221, 227f., 241, 249
Elevator Pitch 166, 255
Emotion 67, 73, 79f., 93, 94, 101, 107, 115, 127, 129, 134, 136f., 142, 148, 169, 181f., 188, 218, 233, 270, 301, 317
Entscheidung 32, 38, 40, 100, 135, 151, 176, 195, 197, 199, 208f., 216, 222, 224, 233, 237, 260, 273, 293, 297, 307, 310, 314, 322, 325, 328
– Entscheidungsfreiheit 282
– Entscheidungskompetenz 65, 151, 170, 179, 181, 183, 232f., 238ff.
– Entscheidungsproblem 259
– Entscheidungsspielraum 326
– Fehlentscheidung 310
– Verlagerung von Entscheidungen 324
Entschuldigung 62f., 95, 123f., 129, 140, 165, 220, 305, 327
Erfolgserlebnis 95, 274
Erfolgswahrscheinlichkeit 17
Ergebnisbesprechung 85, 207, 217, 232f., 241, 247, 261
Erinnerungshilfe 16, 42, 94, 139
Erledigung 183, 195, 205, 265, 273, 293, 296, 300, 310
– Erledigungsdruck 299, 304
– Erledigungsmeldung 164, 297, 299, 302ff., 306, 308f., 315
– Erledigungsqualität 310, 314
– Erledigungstermin 52, 181, 218, 319, 323
– Falschmeldung 315
– Motivation 183, 319, 321
– Nichterledigung 189, 297, 309, 319, 322, 325
– Teilerledigung 189, 310
Erstarrung 92, 126, 135, 181, 223
Erwartung 28, 60, 73, 214, 229, 259, 276, 286, 293
Eskalation 42, 52, 61, 128, 147, 149, 160, 189, 230, 244, 246, 277, 280, 282, 315

– Eskalationsprozess 81, 294, 325
– Eskalationsspirale 224, 229, 271
– Eskalationsstufe 79, 115
Existenzbedrohendes Ereignis 198
Exkommuniziertes 180, 227f., 286

Fachkompetenz 127, 183
Fachverliebt 269
Falsche Fährte 35, 41f.
Fehler 35, 69f., 76, 102, 107, 115, 125, 127, 139, 141, 156, 162, 164, 167, 171, 174, 185, 187, 191, 251, 254, 261, 275f., 279f., 285, 294f., 317, 327
– Fehlerkultur 202
Fehlverhalten 24, 82, 148, 158, 223
Feilschen 101, 310f.
Feindbild 72, 114, 259
Flucht 92, 126, 135, 148, 178, 181, 223
Fluktuation 301
Fokussierung der Aufmerksamkeit 98, 297
Follow-up 38, 51f., 164, 180, 200ff., 205, 261, 293
Formalien 208, 255, 306, 312, 319, 322, 324
Formatvorlagen 156
Formulierungen 85, 118, 121, 124f., 191, 254, 257f., 260f., 263, 266, 272, 275, 277, 284, 313
Fragen 16, 25, 34, 37, 45, 47, 59, 61, 66, 76, 81, 83, 100, 104, 114, 120, 123, 129f., 132f., 136, 155, 161, 187, 209, 221, 316, 321ff.
– Befragungstechnik 118
– Fragenkatalog 45, 132
– Gegenfragen 204
– Hinterfragen 15, 38, 73, 113, 117, 185
– Lösungsorientert 126
– Nachfragen 24, 28f., 37, 40, 42f., 61, 64, 67, 76, 80, 82, 85, 87, 99, 102, 112, 118, 137, 171, 196, 304, 327
– Neue Fragen 215, 217
– Nicht beantworten 140
– Rückfrage 48, 108, 138, 140, 212, 289f., 319, 321
– Sich selbst 49, 53, 69f., 77, 97, 117, 144, 150f., 260, 300
– Trichterförmig 188
– Verständnisfragen 138
Freier Bericht 119
Führung von oben 209
Führung von unten 209
Führungskompetenz 148
Gedankliche Trennungen 101f., 125
Gelassenheit 95, 133, 148, 318
Gernhardt, Robert 262
Gesamtergebnis 150, 285
Gesamtnote 229, 285
Gesamtwürdigung 77, 253f.
Geschäft wird eingestellt 84
Gesichtsverlust 29, 38, 67, 83, 171, 174, 178, 182, 275
Gespräch beim Vorstand 328
Gesprächsabbruch 138, 178
Gesprächsführung 140f., 160f., 229
Gesprächspartner 170, 183, 238
Gesprächsprotokoll 137
Gesprächsstrategie 139
Gesprächstermin 35, 97, 177
Glaubenssätze 93, 95
Gliederung 45, 252, 254, 257
Good Cop 193, 240
Grenzen ziehen 112, 136, 308
Gruppendynamik 217, 232

Haltung 37ff., 59, 73, 81, 85, 98f., 103, 108, 124, 126, 149, 166, 176, 191, 196, 205, 219, 237, 251, 302f., 313, 328
Handlungsdruck 28, 144, 145, 180, 191
Harmoniesucht 298
Harvard-Konzept 73, 101
Hierarchieträger 146, 327
Hilflos 94, 129
Höhere Macht 62, 65, 67, 87, 121, 129, 178, 225, 279
Holschuld 47, 299
Humor 41, 107, 112, 137, 177, 224f., 270, 273, 282
Ich-Botschaft 48, 121, 136, 158, 188
Idee 187, 257, 273, 301
Ignorieren 16, 24, 41, 64, 79, 81, 107, 135, 138, 177, 179, 225, 229, 240, 256, 277, 280
Information 29, 34, 67, 76, 104, 209, 217, 252, 298, 327
– Asymmetrie 24, 114
– Existiert nicht 145
– Fehlerhaft 153, 156, 293, 304
– Informationsflut 35, 41, 76, 144, 150, 214, 307
– Informationsgrundlage 38, 159, 253, 303
– Informationsrecht 38, 54, 89
– Informationsverhalten 213, 325
– Informationswunsch 81, 91
– Neu 77, 164, 214, 222
– Nicht rechtzeitig 63
– Über Zwischenstand 210
– Über Zwischenstände 159
– Unvollständig 16, 160

Innere Distanz 73, 135, 184, 264, 267
Instrumentalisieren 25, 73, 114, 185, 196, 315
Integrität 159, 233, 260
Interesse 29, 33, 46, 55, 61, 67, 80, 83, 87, 92, 101, 112, 117, 120, 136, 144, 160, 172, 180, 182, 186, 188, 199, 204, 210, 215, 218, 234f., 239, 241, 259f., 271, 281, 296, 308, 320f., 323
– Eigeninteresse 44, 56, 186, 232, 236, 278
– Interessenkonflikt 131
– Unternehmensinteresse 117, 190, 236f., 242
Interpersonale Aspekte 27, 115f.
Intrapersonale Aspekte 27, 115f., 131
Ironie 79
Ist-Zustand 60, 117, 169f., 176, 218, 256, 304

Ja-Haltung 66, 120, 123, 136
Jubiläum 270

Kampf 74, 92, 126, 135, 223
– Kampfdialektik 73, 114, 127, 130, 142, 193
– Kampfsport 135, 137, 301
Key-Performance-Indicator 316
Klarheit 29, 125, 153, 251, 278, 298, 299, 326, 328
Kleinmacher 91, 123
Köder 35, 41f., 67, 129
Komfortzone 26
Kommunikation 122, 124, 126, 180, 210, 215, 277, 281, 294
– Gewaltfreie Kommunikation 122, 136, 277
– Modell 294
– Muster 299
– Störung 37
Kompetenz 24, 27, 29ff., 38f., 48, 65, 78, 110, 123, 129, 134, 151, 178, 219, 234, 282, 294, 308
– Regelung 319
Kompliment 39, 63, 78f., 241
Konflikt 28, 52, 59, 63, 94, 105, 114f., 128, 130f., 137, 148, 167f., 189, 210, 217, 219, 234
– Direkte Konfrontation 182
– Eskalation 102, 115, 207
– Gespräch 200
– Konfliktkompetenz 233, 277
– Konfliktpotential 48, 182, 217
– Potential 204
Konjunktiv 24, 37, 40, 48, 122f., 161, 185f., 188, 191, 203, 218, 224, 236f., 265, 307
Konkretisierung 134, 137, 272, 307
Konsenssucht 275
Konterstrategie 79, 140
Kooperation 232, 235, 237, 259, 297, 301, 308
– Fehlende Kooperation 203, 225
Körperhaltung 133
Kosten 102, 154, 187, 200, 205, 208, 248, 304, 324
– Kosten-Nutzen-Aspekt 222, 314
– Kostenverrechnung 43
– Maßnahmenumsetzung 196

Laserstrahlen im Kopf 255
Lässig 128
Layout 267, 289
– Berichtslayout 90, 285, 289
Lernchance 70, 110f., 148, 167, 298, 313, 317
lernen 156
Lernen 48, 95, 124f., 167, 296, 299
Lorenz, Konrad 37, 181, 294, 315
Lösungsorientiert 99, 126, 235
Loyalität 23, 205
Lüge 51, 141, 202, 300

Macht 56, 59, 94, 133, 219, 263, 274, 290, 297, 300, 327
– Demonstration 55, 106, 109, 111, 114, 127
– Eigene 17, 193
– Leihen 99, 121, 162, 233, 235, 242
– Machtwort 190, 291, 325, 326
– Ungleichgewicht 55, 75, 132, 162, 248
Mail-Account 157
Management Summary 76, 253ff.
Managementebene 160f., 170, 182f., 319
Managementeinschätzung 88
Maßnahme 131, 153, 164, 170, 225, 232, 237, 256, 278
– Erläuterung 300
– Erledigung 164
– Formulierung 188, 237, 300
– Gewichtung 261, 285, 296
– Sammelmaßnahme 316
– Vereinbarung 130, 180, 183, 218, 294
– Verfolgung 293
– Verlängerung 319
– Zurückziehen 302
Matrixorganisation 234
Mediation 200, 235

Mehrwert 57, 60, 273, 294
Meilensteinplan 33, 50, 205, 207, 323
Metaebene 79, 126, 135, 137, 160, 162, 175, 199, 204, 213, 219, 224, 228, 270, 282
Misstrauen 55f., 98, 106, 259
Missverständnis 28f., 36, 38, 114, 116, 122, 137, 161, 263, 305
Mitschrift 123, 154, 256
Moving Target 283, 284

Nachprüfen 215, 284
Nachträgliche Kontrolle 197
Nachträgliches Hinterfragen 301
Näherungslösung 311
Nebenwirkung 232, 237, 321
Nichtexistenz 51
Nicht-Triviale Systeme 320
Nonverbal 93, 107, 161

Objektivität 171, 251, 275
Ort 132, 234

Pattsituation 90, 195, 228, 261, 265
Pauschalkritik 191, 195, 271
Personelle Konsequenzen 24, 82
Perspektive 29, 73, 82, 101, 103, 162, 171f., 209, 215, 218, 221, 263
Perspektivenwechsel 73f., 204
Position 11, 25, 57, 75, 87, 93ff., 101, 116, 122, 127f., 179, 182, 189, 228, 259, 263, 278
Produktverantwortung 192
Provokation 136f., 142
Prozessverantwortung 192f.
Prüfung
- „Technik" 117
- Ankündigung 54
- Auftrag 15, 27, 56
- Konzept 44
- Prozessprüfung 147, 285
- Prüfungsdurchführung 113
- Prüfungsplanung 86
- Qualität 278, 280
- Start im Fachbereich 97
- Systemisch 103
- Thema 15, 26, 33, 59
- Verlauf 147, 160
- Vorbereitung im engeren Sinne 33
Prüfungskategorie 17
Pyramide 253

Qualität 57, 176, 180, 259, 275, 314, 316, 323
Qualitätskriterien 251
Qualitätssicherung 142, 264
Quick Fix 311

Rachegelüste 94
Rahmenbedingung 23, 36, 40, 42, 104, 155
Reaktionsmuster 126
Rechtfertigung 55, 95, 179, 228, 241, 279
Redeschwall 140
Referenzierung 153
Reflecting Team 107, 186, 222, 236, 240
Reframing 226, 227
Relativierung 174, 187, 242
Ressourcen 16, 25, 34, 39, 105, 196, 306
Revisionsauftritt 219
Revisionsberichtswesen 252
Revisionshandbuch 30f., 42
Revisionsinterne Abstimmung 207
Revisionskompetenz 134
Revisionsleitlinien 302
Revisionsprozess 279, 281f., 294, 303, 306, 326f.
Risiken 23, 33, 36, 49, 86, 170, 182, 185f., 188
Risikoanalyse 33, 42, 58
Risikoübernahme 190, 195
Rollenklärung 27
Rosenberg, Marshall B. 122, 277
Rückendeckung 90, 190, 220, 237, 263, 284
Rückmeldung 267, 276, 310
- Kryptisch 271, 284
- Nicht zeitnah 211
- Vage 307
Rückzugsmöglichkeit 188f., 315

Sachverhalte fixieren 169f.
Sanktion 192, 297, 320f.
Satir, Virginia 126
Schatten der Zukunft 65, 108, 121, 127, 129, 137f., 204, 219, 224, 228, 270, 279, 323
Scheinbegründung 322
Schlechte Nachricht 114, 167
Schlupfloch 189, 197
Schmidt, Gunther 17, 53, 66, 73
Schockstarre 130, 173
Schreibblockade 252, 255
Schuldfrage 47f., 148, 243
Schulz von Thun 36, 116, 122, 204
Schweigen 120, 130, 173, 227
Schwerpunkte 15f., 25, 32ff., 253
Sehnsuchtsziel 53
Seitenmodell 186

Selbstbild 273
Selbstverantwortung 260
Selbstverständnis 82, 87, 125, 165, 286
Sensibilität der Berichtsempfänger 289
Show 315
Simon, Fritz B. 46, 77, 114, 215
Sinn 172, 235, 240, 279, 304, 312f.
– Anweisung 175
– Austausch 30
– Maßnahme 180
– Prüfung 16, 23, 71, 75, 97, 136, 297
– Prüfungshandlung 45
– Revisionsarbeit 113, 282
– Zielvorgabe 117
Sinneskanal 36, 210
Sitzordnung 119, 133
Small Talk 99, 106, 119
SMART-Kriterien 181
Sollvorgabe 46, 49, 117, 175, 236, 255
Sollvorstellung 176, 256
Soll-Zustand 117, 169ff., 184, 191, 218, 256, 304
Somatische Marker 95, 260
Souveränität 95, 133, 136, 168
Späteinsteiger 264
Sprache 161, 254, 259, 262
Sprenger, Reinhard K. 297
Sprung in der Schallplatte 26, 65, 68, 70, 108, 199, 203f., 228, 249, 302
Statusverlust 106, 177
Stellungnahme 145, 228, 230, 238, 253, 275, 277, 280, 284, 286
– verarbeiten 279
– Verschlimmerung der Situation 287
Story 16, 33f., 44f., 47, 209, 252, 254f.
Stress 33, 49, 55, 81, 93ff., 124, 134, 151, 161, 168, 224, 226
Stressreaktion 72, 92, 181, 186, 224, 330
Stressreaktionen 126
Systemische Organisationstheorie 180, 204, 259

Teamprüfung 74, 117, 148, 208, 258
Termin 24, 105, 132, 139, 210f., 223, 233, 290
– Folgetermin 178
– Präsenz 138
– unrealistisch 323
– Vereinbarung 92, 177, 210, 272
– Vorgabe 200f.
Thema 25, 34, 39, 45, 50, 57, 67, 82f., 85, 134, 150, 168, 204, 235, 256, 284
Tit for Tat - Strategie 297, 301
Tone at the Top 190, 325, 327
Transparenz 36, 56, 71, 75, 97, 104, 121, 131, 178, 235
Triangulation 235, 246

Überblick 33, 35, 41, 119, 134, 141, 169, 212, 235, 264
Übergehen 61, 81, 228, 238
Überstimmung durch Vorstand 328
Ultimatum 190, 237
Umgehung 274, 304
Unabhängigkeit 61, 71, 266
– Klüngeleien 215
Unangenehmes 23, 52, 140, 167, 190, 321
Unlösbares 23, 199, 260
Unmoralisches Angebot 311
Unternehmenskultur 50, 52, 77, 183, 233, 274, 281, 297
Unterstellung 84, 121, 137, 279
Unterwerfung 57, 97, 123, 165
Ursachen 44, 48, 50, 103, 114, 117, 124, 148, 160, 186, 247, 256, 264
Ursachenanalyse 46, 151, 217, 243
Utilisieren 96, 142

Verallgemeinerung 122, 127, 186, 236, 271
Veränderung 166, 183, 273, 293, 295f., 302, 304
– Zwischenzeitlich 273
Verantwortung 23, 29, 32, 40, 68, 74, 129, 191f., 195, 205, 208, 234, 326
Verbindlichkeit 29, 189
Vereinbarung 25, 29, 105, 130, 183, 189, 212, 232, 247, 298, 304
Verhalten 37, 73, 95, 99, 101f., 106, 116, 124, 126, 159, 167f., 189, 219, 259, 297, 299, 317, 320, 329
Verlängerungsautomatismen 324
Vermeiden 36, 100, 120f., 133, 161, 164, 168, 185, 191, 199, 209, 215, 254, 261
Versprechen 76, 126, 130, 182, 202, 277, 303f.
verstehen 219
Verstehen 37, 122, 126, 138, 294
Vertrauen 55, 62, 75, 297
Vertreter 71, 93, 226, 232f., 238ff., 309
Verzögerungstaktik 108, 165, 240, 277
Vorgänger 301
Vorgehensweise 24f., 32f., 36f., 44, 49, 51, 62, 71, 76, 87, 90, 104, 109, 111, 132, 155, 166, 185, 190, 205, 207, 210, 212, 221, 235f., 240, 247, 252, 276, 281, 305, 310
– Geändert 304

Vorgeschichte 209
Vorhaltung 147
Vorkenntnisse 25, 32, 109
Vorstand 190, 198f., 206, 227, 229, 237, 252, 290f., 293f., 306, 312, 319, 322f., 325, 327f.
Vorurteil 56, 159
Vorwurf 29, 39, 54, 58, 82, 86f., 102, 107, 169, 194ff., 201, 205, 225, 244, 282

Wahrscheinlichkeit 37, 97, 99, 122, 182, 187, 234
Was-wäre-wenn 30, 73, 184f., 193, 221
Wechselbeziehung 320
Weichmacher 121f.
Werte 125, 172, 175, 216, 260, 271, 303, 326, 328
Wertschätzung 109, 114, 278, 287
Widerspruch 90, 103, 114, 123, 131, 138, 195, 215, 228, 233, 259f., 265
Widerstand 273, 296
Wirtschaftsprüfer 44, 90, 153f., 206, 248, 270, 315, 327f.
Wissenschaftlicher Trichter 253
Worst-Case 69, 90, 104, 132, 233f.
Wortklauberei 313
Wutausbruch 64

Zeit 15, 33, 122, 132, 157, 229, 265, 274, 276, 285, 290, 295, 298, 329
– Dieb 140, 145, 160, 162
– Druck 15, 72, 132, 134f., 139, 154, 208, 210, 266f., 279, 303, 308, 312, 314f.
– Management 34, 52, 91f., 99, 118, 133, 143f., 146, 151, 155f., 186, 223f., 234, 259, 261, 299
– Planung 16, 33ff., 44, 48, 97, 207, 233, 265
– Verschwendung 145, 150, 156, 237, 239, 241, 314, 316
– Verzögerung 47, 80, 178, 212, 268f., 276, 300
– Zeitpunkt 66, 75, 82, 149
Zielverfehlung 310
Zufall 179
Zugeständnis 66, 100, 215, 230, 278, 303
Zuhören 28, 59, 102, 118, 149, 162, 210, 247
Zukunftsorientierung 76, 244, 246
Zulieferung 76, 130, 143, 220
– Berichtspassagen fehlen 258
– Berichtspassagen heterogen 258
– Fehlende Unterlagen 69
– Späte Nachlieferung 164
– Unvollständige Zulieferung 69, 105
Zurechtweisung 327
Zusammenarbeit 130, 142, 159, 171, 199, 212f., 232, 258, 280, 297, 311, 315f.
Zuständigkeit 60, 74, 143, 145, 183, 188, 191ff., 234
Zwangsläufigkeit 326
Zynisch 127